U0295656

大飞机出版工程

总主编　顾诵芬

夹层结构手册

The Handbook of Sandwich Construction

【瑞典】丹·森科特　著

陈秀华　胡　培　王　杰　译

上海交通大学出版社
SHANGHAI JIAO TONG UNIVERSITY PRESS

内容提要

  本书概述夹层结构材料的基本特性,总结现有的理论和设计方法并覆盖新的研究成果,对夹层结构涉及的方方面面给出一个综合的论述。读者可以直接使用书中的内容。书中提供了工程设计的实际结果及其对应的使用方法。本书既可以作为一个简单的工业部门产品设计手册和知识库,也可以作为工科研究生教科书。

上海市版权局著作权合同登记号:09 - 2016 - 794

图书在版编目(CIP)数据

夹层结构手册/(瑞典)丹·森科特(Dan Zenkert)著;陈秀华,胡培,王杰译. —上海:上海交通大学出版社,2016
(大飞机出版工程)
ISBN 978 - 7 - 313 - 16411 - 7

Ⅰ.①夹… Ⅱ.①丹…②陈…③胡…④王… Ⅲ.①航空器-夹层构件-手册
Ⅳ.①V229 - 62

中国版本图书馆 CIP 数据核字(2016)第 319275 号

夹层结构手册

著　者:【瑞典】丹·森科特	译　者:陈秀华　胡　培　王　杰
出版发行:上海交通大学出版社	地　址:上海市番禺路 951 号
邮政编码:200030	电　话:021 - 64071208
出 版 人:郑益慧	
印　制:上海盛通时代印刷有限公司	经　销:全国新华书店
开　本:787mm×1092mm　1/16	印　张:24.75
字　数:481 千字	
版　次:2016 年 12 月第 1 版	印　次:2016 年 12 月第 1 次印刷
书　号:ISBN 978 - 7 - 313 - 16411 - 7/V	
定　价:158.00 元	

版权所有　侵权必究
告读者:如发现本书有印装质量问题请与印刷厂质量科联系
联系电话:021 - 61453770

译 者 序

10 多年前，中国开展大型飞机研发工作，随着科研工作的展开，我们也开始全面接触夹层结构，当初国内还未有专门论述夹层结构的著作，只能参考复合材料相关著作中关于夹层结构的章节。

KTH(瑞典皇家理工学院)等北欧的大学、研究所和相关企业，对夹层结构开展了全面、深入而持久的研究，并取得了很多实用并令人瞩目的成果，积极地推动了夹层结构的应用，但是文献分布比较分散。

本书对欧洲近期对夹层结构的一系列的研究做了汇总，全面综合地叙述了夹层结构的材料特征、结构分析、无损检测、制造工艺、测试方法和节点设计等，除了声学和电性能以外，几乎涵盖了夹层结构应用的相关课题，尤其是泡沫芯材夹层结构。

本书的译者们来自上海交通大学、中国商飞、湖南兆恒公司、东方航空公司等，他们均在理论研究、型号的研发、设计、生产工作中具有充分的实际经验，因此通过对本书的理解，翻译并汇总了本书的内容，期望能够对读者有所帮助。本书结合 HEXCEL 公司 Tom Bitzer 著《Honeycomb Technology》和 Lorna. J. Gibson/Michael F. Ashby 著《多孔固体的结构与性能》，读者会对整个多孔固体和夹层结构有非常深入的了解，译者希望能够通过本书的翻译和出版，推动夹层结构在国内的应用和发展。

全书由陈秀华统稿，各章节的翻译和校对人员如下：

第 1 章介绍由范海涛翻译，陈秀华审校；第 2 章材料和材料性能由范海涛翻译，胡培审校；第 3 章梁的分析和第 4 章平板分析由王杰翻译，余音审校；第 5 章设计过程由刘兴宇翻译，余音审校；第 6 章有限元分析与设计由陈秀华翻译，刘衰财审校；第 7 章曲梁和板的设计由王爱军翻译，王杰审校；第 8 章局部载荷由伍春波翻译，刘衰财审校；第 9 章夹层板的嵌入件由刘衰财翻译，王爱军审校；第 10 章夹层板的连接由王爱军翻译，陈秀华审校；第 11 章材料、构件和结构的试验由陈秀华翻译,伍春波审校;第 12 章热绝缘和第 13 章无损检测由胡培翻译,陈秀华审校;第 14 章损伤评估由廉伟翻译,陈秀华审校;第 15 章制造由廉伟翻译,刘沛禹审校。

　　本书在编写过程中得到了上海交通大学出版社钱方针、陈昕伊、王珍编辑的大力协助,也正是在几位编辑的帮助和督促下,本书得以按照进度完成。本书同时得到了湖南兆恒公司的大力协助,再次一并表示感谢。并且本书的作者也针对本书完成了部分设计软件,软件可以在 http://www.vbean.com.cn 网站上下载。

译者
2016 年 10 月

序

多年来，北欧的大学、研究机构和工业部门共同对夹层结构各个方面做了深入研究。然而，人们普遍认为，夹层结构概念想要进一步发展，不仅需要通过深入研究获取专业知识，也许更需要广大的工程师和设计师更多地掌握一些基本知识，并以更广的视角看待夹层概念。大多数工程师对金属和复合材料的设计、选材等已非常熟练且经验丰富，但对夹层结构的设计却缺乏基本理论知识、经验和信心。事实上很多人对夹层结构尤其是芯材既陌生又新鲜，且充满了疑虑。虽然夹层结构的许多问题仍有待深入研究，但大家普遍认为，如果大多数工程师和设计师有机会获得夹层结构的基本知识和概念，那么在未来几年夹层结构的应用有望快速增长。

目前尚没有一个详细的关于夹层结构的分析方法、材料特征、设计准则以及最先进研究结果的公开著作。现有文献都是各种期刊上的十分学术化的论文或者分散的简报。

本书的目的是概述典型材料的基本特性，总结现有的理论和设计方法并覆盖新的研究成果，也即对夹层结构涉及的方方面面给出一个综合的论述。希望读者可以理解并直接使用书中的内容。书中没有冗长的推导过程，只提供实际的结果及其对应的使用方法。本书既可以作为一个简单的设计手册和知识库，也可以作为工科研究生教科书。

本书的初衷是总结现有知识，创建一个合适的论坛，并从工程的角度展示北欧工业基金(NI)框架内的研究结果。书中每一章的内容大多来源于一个或几个NI赞助研究的技术项目，包括：

项目编号	项目名称	本书章节
P89038	夹层结构损伤容限	11, 13, 14
P89185	玻璃纤维夹层结构耐久性	6, 11
P90044	单曲夹层板壳的设计准则	7

（续表）

项目编号	项目名称	本书章节
P90149	夹层结构研究的结果普及	1～5，12
P92043	夹层结构的破坏和回收	
P93211	动载荷下的夹层结构	11
P93212	复合材料连接和夹层结构	8～10
P93214	高性能热塑性复合材料以及夹层构件的制造	15
P93215	海上复合材料结构	
P93216	热固性复合材料的回收	
P93218	联合工作以及手册编写	所有

符　　号

下面是本书中使用的一些标记和符号。有些符号在不同的章节意义不同,在文章中给出了具体的定义,其余的符号在文章中没有给出定义。

拉丁字母	意义	单位
C	柔度系数	mm/N
C_E , C_G , C_τ	定义夹芯材料性能的常数	
D	弯曲刚度	N・mm
D_0 , D_f , D_c	夹层结构中各组分的弯曲刚度	N・mm
E	杨氏弹性模量	N/mm^2(MPa)
G	剪切模量	N/mm^2
G	能量释放率	N/mm
K	屈曲系数	——
K_I , K_{II}	模型Ⅰ和模型Ⅱ的应力强度因子	MPa$\sqrt{m}$
$K_x K_z$	模数	N/mm^3
L	梁的长度	mm
M	弯曲力矩	N・mm
N	法向力	N/mm
P	载荷(线载荷)	N/mm
Q	集中载荷	N
Q	14 章中的广义应力强度因子	N・mm$^{\lambda-2}$
R	壳体的反作用力或者初始半径	N/mm 或者 mm
$\mathscr{R}$	转动惯量	kg・m^2
S	抗剪刚度	N/mm
T	横向力	N/mm
T_1 , T_2 , T_m	温度	K
U	应力能;势能	N・mm
W	质量	kg

Z	曲率参数	—
A，B，D	延伸矩阵，耦合矩阵，弯曲刚度矩阵	
a，b	矩形板的边长（梁的宽度）	mm
a	热传递系数	$W/m^2 \cdot K$
d	夹层板形心之间的距离	mm
e	中性轴的位置	mm
k	热传导系数	$W/m^2 \cdot K$
k_b，k_s	梁和板的变形系数	—
k_T，k_M	负载常数，外形常数	—
m，n	模式，指数	—
p_x，p_z	表面载荷	N/mm^2
q_x，q_z	第 8 章的界面应力分量	N/mm^2
q	分布载荷（力/表面积）或热流密度	N/mm^2 或 W/m^2
r，φ，z	圆柱坐标	mm，rad，mm
t	部件厚度	mm
u，v，w	x，y，z 方向的变形量	mm
w_b，w_s	由于弯曲和剪切各自引起的变形	mm
x，y，z	笛卡尔直角坐标系	mm
x^*	衰减长度	mm
z_f	单面的局部坐标 z 轴	mm
希腊字母	**意义**	**单位**
α	热膨胀系数	K^{-1}
ε	应变	—
κ	曲率	mm^{-1}
γ，γ_0	横向剪切应变和面内剪切应变	—
η	弯曲效率因子	—
λ	波长或热传导率	mm 或 W/mk
θ	泊松比	—
ρ	FEM 中的剪力系数或节点旋转量	kg/m^3
ρ^*	单位表面积上的质量	kg/m^2
σ	正应力	N/mm^2（MPa）
τ	剪应力	N/mm^2（MPa）
下标	**意义**	
x，y，z	笛卡尔坐标下各方向的性能	
r，φ，z	圆柱坐标下各方向的性能	

c	夹芯的性能
f	面板的性能
1，2 或 f1，f2	不同层上的性能
L，R	左,右
Ⅰ，Ⅱ，Ⅰc，Ⅱc	模式Ⅰ和模式Ⅱ，c表示临界值
elastic, plastic	弹性的,塑性的
max，min	最大值,最小值
tan	正切缩写
tot	总量
b	纯弯曲
r	减缩模量
s	纯剪切
y	屈服点
上标	**意义**
$\wedge$	极限值
—	最大值
运算符	**意义**
d/dx_i	微分
$\partial/\partial x$	偏微分
Δ	拉普拉斯算子

目　　录

1　介绍　1

1.1　历史背景　1

1.2　夹层板的定义　2

1.3　优点和缺点　3

1.4　应用　4

参考文献　7

2　材料和材料性能　9

2.1　面板材料　9

2.1.1　金属面板材料　10

2.1.2　非金属面板材料　11

2.1.3　纤维复合材料性能的估算　15

2.2　夹芯材料　20

2.2.1　Balsa 木　21

2.2.2　蜂窝夹芯　22

2.2.3　多孔泡沫　30

2.2.4　性能估算　33

2.2.5　疲劳特性　34

2.2.6　断裂韧性　39

2.2.7　夹芯材料的制备和定制　39

2.3　胶黏剂　41

2.3.1　对胶黏剂的要求　41

2.3.2　胶黏剂及其性能　43

参考文献　45

3　梁的分析　47

3.1　定义和符号　47

3.2　弯曲刚度　48

3.3　应力和应变　49

3.4　横向剪切变形和剪切刚度　51

3.5　变形分量　52

3.6　惯性载荷　53

3.7　平衡方程　54

3.8　梁的控制方程　54

3.9　刚性夹芯　56

3.10　一般屈曲　56

3.11　夹层梁的局部屈曲　57

3.12　扭转　60

3.13　案例　60

　　　3.13.1　悬臂梁　60

　　　3.13.2　在点载荷作用下的双支承梁　61

　　　3.13.3　在单位分布载荷作用下的双支承梁　64

　　　3.13.4　在静水压作用下的双支承梁　66

　　　3.13.5　超静定梁计算范例　67

　　　3.13.6　梁的自由振动　68

参考文献　70

4　平板分析　71

4.1　定义及符号约定　71

4.2　截面特性　72

4.3　应力和应变　73

4.4　热应力和应变　75

4.5　平衡方程　77

4.6　变形分量　78

4.7　夹层板的控制方程　78

4.8　边界条件　81

4.9　旋转对称板　83

4.10　矩形板的弯曲　85

　　　4.10.1　各向同性、薄面板简支板——均布载荷　85

　　　4.10.2　各向同性、厚面板简支板——均布载荷　87

4.10.3 各向同性、简支厚面板——集中载荷 88

4.10.4 正交各向异性的简支、薄面板——均布载荷 89

4.10.5 均匀载荷分布下薄面板夹层板的近似解 95

4.11 矩形板的屈曲 99

4.11.1 简支、各向同性、薄面板夹层板的屈曲 99

4.11.2 简支、各向同性厚面板夹层板的屈曲 101

4.11.3 简支、正交各向异性、薄面板夹层板的屈曲 101

4.11.4 各向异性薄面板夹层板在各种边界条件下的近似屈曲方程 104

4.11.5 剪切屈曲 109

4.12 复合屈曲及横向载荷 110

4.13 矩形板的自由振动 111

4.13.1 简支各向同性薄面板夹层板 111

4.13.2 简支、各向同性厚面板夹层板 111

参考文献 112

5 设计过程 114

5.1 梁和板的失效 115

5.2 失效模型图 119

5.3 其他设计约束 121

5.4 设计过程 121

5.4.1 厚度的选择 122

5.4.2 确定尺寸的过程 123

5.4.3 单一参数优化 125

5.4.4 给定的刚度下最小的重量 125

5.4.5 在给定强度下的最小重量 127

5.4.6 通常的优化设计方法 128

参考文献 128

6 有限元分析与设计 130

6.1 一般说明 130

6.2 对夹层结构的特殊考虑 131

6.3 线性分析 131

6.4 局部影响：连接和载荷引入 136

6.5 动力学问题和稳定性 137

6.6 优化设计 137

6.7　非线性分析　138

　　6.7.1　非线性夹芯材料　139

　　6.7.2　非线性面板材料　141

　　6.7.3　大位移平板分析　142

　　6.7.4　杂项　144

参考文献　145

7　曲梁和曲板的设计　147

7.1　曲夹层板承受压缩载荷作用　147

　　7.1.1　各向同性夹芯　147

　　7.1.2　不同厚度面板的影响　150

　　7.1.3　曲板的褶皱　153

7.2　曲夹层梁受弯曲　154

　　7.2.1　应力和变形　154

　　7.2.2　曲夹层梁的手工计算　154

　　7.2.3　曲夹层梁弯曲时的强度　155

参考文献　156

8　局部载荷　157

8.1　理论背景——基本弹性分析　157

8.2　考虑局部载荷的设计　160

　　8.2.1　工程设计问题的解决方法　160

　　8.2.2　实例　161

　　8.2.3　参数影响　163

8.3　设计图解法　164

　　8.3.1　单位集中载荷 P_0　165

　　8.3.2　均布载荷 p_0　167

　　8.3.3　单位弯矩载荷 M_0　169

8.4　案例　171

　　8.4.1　案例1　171

　　8.4.2　案例2　173

8.5　总结　175

致谢　176

参考文献　176

9　夹层板的嵌入件　178

9.1　嵌入的目的　178

　　9.1.1　影响区域　179

9.2　包含的元件　180

　　9.2.1　不同嵌入形式　180

　　9.2.2　夹层板　181

　　9.2.3　固定组分　182

9.3　元件间的载荷传递　182

　　9.3.1　面板/嵌入界面　183

　　9.3.2　夹层/嵌入的交界　184

9.4　被动嵌入　184

　　9.4.1　面板开孔　184

　　9.4.2　嵌入件壁板受剪　185

9.5　总结　185

9.6　算例　186

　　9.6.1　自行嵌入的螺钉或铆钉　188

　　9.6.2　部分嵌入　189

　　9.6.3　贯穿板厚的嵌入　192

　　9.6.4　带有法兰翻边端部的贯穿板厚的嵌入　192

参考文献　193

10　夹层板的连接　194

10.1　基本类型　194

10.2　载荷传递　194

10.3　T 型连接　195

10.4　L 型连接　196

10.5　V 型连接　198

10.6　局部变形　199

　　10.6.1　挠度　199

　　10.6.2　面板的弯曲应力　201

10.7　算例(T 型连接)　202

10.8　算例(L 型连接)　203

10.9　T 型连接的试验和观察　204

参考文献　207

11 材料、构件和结构的试验 208

11.1 材料试验的基本知识 208

参考文献 210

11.2 面板材料 210

11.2.1 拉伸试验 210

11.2.2 压缩试验 213

参考文献 215

11.2.3 面内剪切试验 216

11.2.4 层间剪切试验 222

参考文献 223

11.2.5 弯曲试验 223

参考文献 225

11.2.6 冲击试验 225

参考文献 229

11.2.7 冲击后的压缩 230

参考文献 231

11.2.8 疲劳试验 231

参考文献 232

11.2.9 动态性能测试 232

参考文献 234

11.2.10 断裂韧性试验 235

参考文献 243

11.2.11 高应变率 243

参考文献 245

11.2.12 蠕变试验 245

参考文献 248

11.2.13 纤维体积分数试验 251

参考文献 252

11.2.14 孔隙率试验 252

参考文献 253

11.2.15 固化度 253

参考文献 254

11.2.16 其他试验 254

参考文献 255

11.3 夹芯材料 256

11.3.1　拉伸试验　257

参考文献　257

11.3.2　压缩试验　259

参考文献　259

11.3.3　剪切试验　261

参考文献　261

11.3.4　弯曲试验　262

参考文献　262

11.3.5　疲劳试验(剪切块试验)　262

参考文献　263

11.3.6　断裂韧性试验　263

参考文献　264

11.3.7　高应变率　267

参考文献　267

11.3.8　蠕变试验　269

参考文献　269

11.3.9　密度试验　269

参考文献　269

11.3.10　热传导特性试验　270

参考文献　270

11.3.11　热膨胀系数　271

参考文献　272

11.3.12　吸湿试验　272

参考文献　272

11.3.13　透湿性　273

参考文献　273

11.3.14　其他试验　274

参考文献　274

11.4　夹层结构(包括芯材/面板的粘接)　275

11.4.1　拉伸试验　278

参考文献　278

11.4.2　面外剪切试验　279

参考文献　280

11.4.3　面内剪切试验　281

参考文献　281

11.4.4　弯曲试验　283

参考文献　283

11.4.5　夹层板的冲击试验　286

参考文献　287

11.4.6　压缩和失稳试验　287

参考文献　288

11.4.7　均布压力下的矩形板　290

参考文献　292

11.4.8　断裂韧性试验　292

参考文献　294

11.4.9　疲劳试验　297

参考文献　299

11.4.10　其他试验　299

参考文献　300

11.5　杂项　305

11.5.1　剪切应变片　305

参考文献　306

11.5.2　振动试验　306

参考文献　308

12　热绝缘　309

12.1　定义　309

12.2　隔热的评估　310

1）传导　310

2）对流　310

3）辐射　311

参考文献　312

13　无损检测　313

13.1　为什么采用 NDT　313

13.2　NDT 技术的基本概念　314

13.2.1　基本案例　314

13.2.2　安全量　314

13.2.3　选择方法时的考虑　314

13.2.4　夹层结构 NDT 的特点　315

13.2.5　缺陷类型　316

13.3　夹层结构的 NDT 技术　317

13.3.1　声发射　317

13.3.2　全息成像检测　317

13.3.3　机械阻抗法　317

13.3.4　射线照相法　317

13.3.5　超声波　318

13.4　夹层结构上适用的 NDT 技术　318

13.4.1　声发射　318

13.4.2　全息成像检测　319

13.4.3　射线照相法　319

13.4.4　超声波　319

13.5　泡沫夹层结构的热成像 NDT 技术　319

13.5.1　缺陷类型　320

13.5.2　NDT 技术的要求　320

13.5.3　物理原理　320

13.5.4　方法　321

13.5.5　红外辐射测温仪　322

13.5.6　热源　323

13.5.7　校准　323

13.5.8　材料属性　323

13.6　热成像 NDT 实测案例　324

13.6.1　空洞　324

13.6.2　脱胶　324

13.6.3　剪切裂纹　327

13.6.4　J 接头　328

13.7　NDT 的前景　329

参考文献　329

14　损伤评估　331

14.1　缺陷　331

14.2　夹芯脱粘　333

14.3　面板/夹芯内部面脱粘　335

14.4　拼接处的缺陷　341

参考文献　344

15 制造 345

15.1 面板材料 345

15.2 芯材 346

15.3 湿法铺贴 346

  15.3.1 工艺过程 347

  15.3.2 特性与特点 350

  15.3.3 应用 350

15.4 预浸料铺贴 351

  15.4.1 工艺过程 352

  15.4.2 特点与特性 353

  15.4.3 应用领域 354

15.5 胶接 354

  15.5.1 工艺过程 355

  15.5.2 特点与特性 356

  15.5.3 应用 356

15.6 液体成型 357

  15.6.1 工艺过程 357

  15.6.2 特点与特性 359

  15.6.3 应用 360

15.7 连续叠层结构 362

15.8 其他工艺 363

15.9 展望 365

参考文献 366

1 介　　绍

1.1　历史背景

　　John Montagu (1718—1792)，Sandwich(英国一个历史悠久的小镇)的第四代伯爵，也是美国独立战争期间英国海军大臣，将他的名字(可能是没有时间去好好想，也或者是有一个健康的食欲)命名了一顿夹在两个会议之间的午饭，指的是行为的时间、空间或者其他东西[1]。另外一个典故是 John Montagu，一个忠实的台球选手，发明了在台球桌上吃东西[2]，1762 年，他曾在台球桌旁只靠吃三明治度过了 24 个小时[3]。三明治两边是面包片，中间夹有肉。本文讨论的夹层结构与食用的三明治相似，是用高性能的材料薄板代替面包片，中间用低密度材料填充。

　　1820 年，法国人 Duleau 首先阐述了使用夹层结构的优点，后来 Fairbairn 对此也进行了讨论，从那时起 110 年之后，这个概念才开始在商业上使用[4]。第一次世界大战时，曾使用过中间层为纤维板、上下表面为石棉的夹层板。第二次世界大战前夕，夹层板开始在一些小型飞机上应用。20 世纪 30 年代，发明了结构胶黏剂，在英国和美国被广泛接受后，多层粘合的夹层复合材料得到了应用。第二次世界大战英国生产 Mosquito 飞机时，夹层板开始第一次大规模生产，板的上下面板为胶合板，中间夹芯是轻质木材[5]。最初的应用原因是其他材料的短缺。到第二次世界大战结束时，最初关于夹层结构的理论研究开始发表。后来，夹层板技术得到了显著的提高，今天，夹层板得到广泛的应用。

　　为了减少夹层板的重量，夹芯材料从 20 世纪 40 年代一直发展到今天。最初的夹芯材料——轻质木材，仍然在重量要求不严格的快艇和发射器上应用，虽然很重，但还是优于单一的面板设计。40 年代末到 50 年代，随着航空工业的发展，蜂窝夹芯材料出现。蜂窝夹芯具有非常高的比强度和比刚度，但是需要和面板之间具有足够的黏合性。蜂窝夹芯材料以不同的形式生产，得到了大量的应用。蜂窝夹芯一般采用六角形晶格结构以得到最高的效率。蜂窝夹芯的高成本将其主要应用领域限制在了航空业。

20 世纪 50 年代后期到 60 年代初期,出现了聚氯乙烯(PVC)和聚氨酯(PUR)夹芯材料,它们的中低成本使其在今天得到了广泛的应用。虽然 PVC 泡沫塑料在 40 年代初期就出现了,但是直到 15 年后才因为其具有的柔软性而得到商业应用。后来 20 年里,几种夹芯材料的发展方向主要是面板材料和夹芯材料的粘合技术。开发中的下一代夹芯材料是热塑性夹芯,热塑性材料的性能适合于多孔结构。

二战后,从 1945—1955 年,夹层结构的理论分析相关研究陆续发表,研究内容主要是关于夹层梁、夹层柱和夹层板的强度和稳定性。1960 年,Plantema 在他出版的书里对这些早期的工作进行了全面且完整的记录[6]。从 1940 年到现在,理论研究已经超过了夹层结构的实际应用。早期的研究出发点主要是一些实际的困难,如面板和夹芯的粘合、夹芯的刚度、可靠的修复和检测程序。现在,类似的问题仍限制着夹层复合材料在某些方面的应用,如军机结构。夹层复合材料的早期研究大部分都是在 United States Forest Service 的 Forest Products 实验室进行的[7],这些工作有理论性和实验性的,其中有几项工作非常重要。相关研究论文给出了解决梁和板粘合问题的方法,并通过一些简化来解决各种不同的问题,具体的在本书后续内容会提到。在这期间,Reissner 发表了有关夹层板的著名理论,推导了夹层板变形挠度的微分方程[8]。Libove、Batdorf、Hoff 和 Mindlin 完成了其他几项重要的工作。Libove 和 Batdorf 推导了上下面板为薄板的正交各向异性板的变形、剪切力的微分方程[9]。Hoff 认为夹层板的应变能以板的横向变形储存,并且推导了上下面板为厚板的各向同性夹层板的主要方程[10]。Mindlin 推导了考虑横向剪切变形和旋转惯量的各向同性面板夹层板的运动控制方程[11]。1960 年,Plantema 和 Allen 发表了关于夹层结构的两篇重要文章。这些理论为本书奠定了基础[12]。

后来 20 年里,理论研究的重点转向板的优化,利用有限元分析来解决板的分析问题。因为在推导和求解夹层板变形的微分方程时得不到精确的解,所以夹层板的理论分析工作没有进一步进行。目前,这些理论应用在实际的复合材料板时,经常忽略近似方法中的误差,但是,我们应该考虑这个问题。有限元方法可以对夹层结构设计问题进行准确的分析。许多现有的分析方法都需要进行几种近似,并利用几种有限的方法来解微分方程,所以有限元方法比现有的分析方法都准确。过去二十几年里,夹层结构的研究主要围绕结构的冲击阻抗、疲劳和断裂分析,这些与航空业的发展关系密切。这些研究有助于生产出用于飞机主结构的复合材料。航空业喜欢用有限元分析来进行设计,所以夹层梁和板的理论分析没有得到航空业的重视。

1.2 夹层板的定义

夹层板由 3 部分构成,如图 1.1 所示。上下表面是强度高的薄板,中间由厚、轻且强度低的夹芯填充。为了在结构部件中传递载荷,两个面板和夹芯需要紧密地粘合起来。

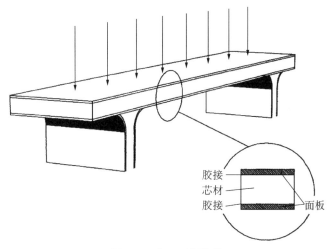

图 1.1　夹 层 板 结 构

ASTM 定义夹层结构如下:

"夹层结构板是一种特殊形式的层板复合材料,由几种不同的材料构成并且这些材料相互连接,利用组分的性能来提高整体的性能。"

夹层结构与工字梁很相似,工字梁是一种非常有效的结构形状,尽可能多的材料被放在工字梁的缘条上,离弯曲中心和中性轴最远。在与工字梁腹板的连接处应有足够的材料,这样缘条能有效地平衡剪切力。在夹层结构中,上下面板取代工字梁的缘条,夹芯取代工字梁的腹板。不同的是夹层结构的夹芯材料和上下面板的材料不同,且夹芯连续分布以支持上下面板,而工字梁的中间部分集中在很窄的腹板上。上下面板会形成一对压力或阻力矩来平衡外部的弯曲力矩。夹芯平衡剪切力,稳定上下面板防止扭曲和起皱。两面板和夹芯的连接要足够强,以平衡相互之间的剪切力和拉伸应力。因此,面板和夹芯之间的胶黏剂非常重要。

本书中夹层板的上下面板是高性能的薄板,中间由厚、轻、低性能的夹芯填充。为了在结构部件中传递载荷,两个面板和夹芯被紧密地粘合起来。结构组分的选择主要依靠特定的应用和设计准则。夹层结构的设计过程是外形设计和材料选择的综合过程。

1.3　优点和缺点

夹层结构可以通过有效的设计使每一种材料组分的性能达到极限值。由各种材料组成的整体最明显的优点就是可以获得高的刚度-重量比和抗弯强度-重量比。夹层结构能增加结构的弯曲刚度,不用增加结构的重量就已经优于其他的复合材料。这些材料的强度可以与铝合金、钢铁的强度一样,或者更高,但是其刚度较差。通过夹层结构材料的复合可以克服这些问题。与刚性结构不一样,夹层结构的面板即使在足够大的压力下也不会发生扭曲,而且能保持平板状态。这在飞机结构中非常重要,就是控制面即使承受载荷,仍要保持光滑。夹层结构在多种应用中都显示其具有较好的疲劳强度,但是这个问题还有待于进一步研究。夹层结构还能隔音,与单一结构相比,由于其强加的短频膨胀波,在变形区域能成倍地吸收机械能。由于大多数蜂窝夹芯具有低的热传导率,蜂窝夹芯材料的使用就意味着不需要再在结构上增加绝热部分,这样可以获得较轻的结构重量。夹层结构可以用大的薄板生产,不用铆钉和螺栓连接就能生产出大的光滑表面,从而简化结构,降低成本。当面板使用纤维复合材料时,可以一次或多次生产出更大的结构,节约装配费用,并确保光滑连续的加载路径,不会产生应力集中。

夹层结构的应用也存在许多问题,最大障碍之一就是工程师和设计师对夹层概念和材料使用知识的缺乏。对于大学生和已经毕业的人,这个问题可以通过教育来改善。"学习新东西什么时候都不迟"。因为夹层概念对许多人来说还很新,所以在许多领域需要进一步地研究和提高。另一个障碍就是许多制造方法还不成熟,仍需要耗费大量的劳动力,而且这些制造方法的灵活度比较小,这使得产品质量很难控制,本书针对这个问题给出了自动控制的解决方法。夹层结构中的许多材料都比较新,设计者对这些材料不太了解,拥有的数据资料有限,设计者在设计时比较谨慎、保守,因此设计出来的结构比需要的结构要重,这就与使用夹层结构设计的最初目的"减小重量"相矛盾。夹层结构及其材料的疲劳性能还需要进一步研究,不仅包括无损伤的 S-N 曲线,还包括有损伤时的疲劳寿命等许多复杂问题。损伤可以在生产过程中产生,属于生产缺陷,也可以在使用过程中产生。前种情况下夹芯里会有空隙、层脱落等缺陷,后种情况下损伤是由过载、疲劳和冲击等引起的。本书给出了损伤对残余净应力的影响,损伤会使疲劳寿命降低。

1.4　应用

下面是夹层结构应用的一些图片和说明,光看一个结构外表并不能判断其就是夹层结构设计。更多的应用将在第 15 章根据相应的生产方法给出,这里不多做陈述。夹层结构几乎已经应用到从建筑到航空的每一个工业部门。

图 15.12 中的运输车为了获得更高的刚度、强度以及整体绝热性,在部分结构采用了夹层结构。车的一个显著特点是结构重量较轻,有利于在大雪天气下行驶。卡车的结构重量的降低后可以相应提高卡车的载重。使用夹层结构,可以获得更高的刚度和强度以及整体绝热性,如图 1.2 所示。图 1.2 中的卡车箱体的优点为重量轻、整体制造和隔热。

与卡车结构相似的一个应用是夹层板容器,重量较轻、绝热性好的结构容器适合运送冷食,例如水果等食物,如图 1.3 所示。图 1.3 中的夹层结构容器的优点为重量轻、整体制造和隔热。

图 1.2　夹层结构的卡车箱体　　　　　图 1.3　夹层结构的容器

夹层结构在其他运输工具上如轿车、地铁、火车等都有应用，图 15.16 就是其中一例，目的是通过减轻重量来减少排放、通过整合细节来降低制造成本。整体隔音和绝热是夹层结构的一个优点。图 1.4 为丹麦 IC3 火车，其部分结构采用了夹层结构设计，包括地板、内部和外部的板面。

图 1.4　IC3 火车夹层结构车厢

许多游艇和帆船上采用了夹层结构设计。游船上的甲板和船身一般都采用夹层结构设计。图 1.5 和图 1.6 是相关的例子。

图 15.5 中的 SMYGE 是比较大的船，其采用了 GRP 夹层结构设计。图 1.7 中的最新舰船 YS2000，采用夹层结构设计是为了使用结构重量轻、具有较高能量吸收能力的无磁材料。图 1.7 中的巡逻艇的优点为重量轻、无磁和高能量吸收能力。

图 1.8 为最新设计的具有铝合金外壳的渡船，为了减轻重量，在上层结构、前部、甲板等处使用了夹层结构设计。小型 SES 有时全部采用夹层结构设计。

图 1.5　玻璃纤维/夹层材料的游艇结构

图 1.6　夹层结构的帆船

图 1.7　YS2000 攻击巡逻艇采用了碳纤维/夹层
　　　　结构设计

图 1.8　上层结构、前部、甲板等处采用夹层结
　　　　构设计

　　夹层结构一个比较新的应用是在北海石油管道的源头保护结构上,如图 1.9
所示。把保护结构放在海面上石油管道的顶部可以防止管道被外界物体破坏。
保护结构的主要特点是高的耐冲击强度,耐腐蚀性和较轻的结构重量也是其重要
特点。

图 1.9　北海石油管道的源头玻璃纤维/夹层结构保护装置

为了减轻重量、绝热,民用发动机上应用夹层结构已有很长时间了。如图 15.9 所示的斯德哥尔摩球形天线,利用夹层单元构成一个承载的铝合金框架。其他的例子还包括图 1.10 中的风车叶片和图 1.11 中的车库门。

图1.10 玻璃纤维/夹层结构的风车叶片

图 1.11 大型夹层结构的门

在航空方面,夹层结构已经有长时间的应用,包括军机和民机的机翼、门、控制面、天线屏蔽器、水平安定面和稳定器等。图 15.7 中的瑞士 SAAB JAS 39 Gripen 的多个部件都采用了夹层结构设计。某些空间结构,如天线和太阳电池板也都采用了夹层结构设计。

参考文献

[1] The American Heritage Dictionary [M]. Second collage Edition, Houghton Miffin Company.

[2] The American Peoples Encyclopaedia [M]. Grolier Inc. , 1964.

[3] Encyclopaedia Britannica [M]. vol 10, 15 edition, Encyclopaedia British Inc. , 1985.

[4] Fairbairn W. An Account of the Construction of the Britannia and Conway Tubular Bridges [M]. John Weale, et al. , London, 1849.

[5] Flight [J]. 17 Nov. , 1938.

[6] Plantema F J. Sandwich Construction [M]. John Wiley & Sons, New York, 1966.

[7] March H W. Effects of Shear Deformation in the Core of a Flat Rectangular Sandwich Pannel-1. Buckling under Compressive End Load, 2. Defection under Uniform Transverse Load [R]. U. S. Forest Products Laboratory Report 1583,1948.

[8] Reissner E. The Effect of Transverse Shear Deformation on the Bending of Elastic Plates [J]. Journal of Applied Mechanics, transactions of the ASME, 1945,12: A69 - A77.

[9] Libove C, Batdorf S B. A General Small-Deflection Theory for Flat Sandwich Plate [R].

NACA TN 1526,1948,also in CNCA report 899.

[10] Hoff N J. Bending and Buckling of Rectangular Sandwich Plates [M]. NACA TN 2225,1950.

[11] Mindlin R D. The Influence of Rotary Inertia and Flexural Motions of Isotropic, Elastic Plates [J]. Journal of Applied Mechanics, Transactions of the ASME, 1951,18:31 - 38.

[12] Allen H G. Analysis and Design of Structural Sandwich Panels [M]. Pergamon Press, Oxford,1969.

2 材料和材料性能[①]

前面提到,夹层结构由 3 个或 3 个以上的部分(面板、夹芯和胶黏剂)构成。一般来说,根据结构和制造工艺的需要,两个面板的材料可以不同,甚至两个胶接面所用的胶黏剂也可以不同。面板材料的选择非常多,由于纤维材料的引入,面板材料可以从性能不同的无数种材料中选取。近几年蜂窝塑料的大量引入使得可选择的夹芯材料数量急剧增加。夹层结构设计包括材料选择和尺寸选择,大量的材料选择增加了设计的复杂性,但这是夹层结构设计的主要特点。最适合某一特定用途的材料,其缺陷可以通过改变几何尺寸来克服。例如,许多增强塑料缺少钢铁所具有的刚度,但是通过增加夹芯的厚度可以得到合理的刚度。材料的选择不仅要根据设计原则,还要考虑环境耐性、表面加工、特定制造方法的使用、成本和耐磨性等。

下面将介绍一般用于承载夹层结构的材料。给出的数据是从不同途径获得的平均值,不能保证其正确性。材料的数据比较分散,特别是纤维复合材料,因为其依赖于生产过程,所以给出的数据都是平均值。

2.1 面板材料

Allen 提到"几乎任何薄板形式的结构材料都可以用于夹层结构的面板"[1],对面板材料选择的多样性进行了概括,这是夹层结构最重要的特点。设计者可以通过有效的设计来使各种材料的性能达到极限值。面板应具有的重要性能包括:

(1)良好的刚度和弯曲刚度;

(2)良好的拉伸强度和压缩强度;

(3)耐冲击能力;

(4)表面处理和加工;

(5)环境耐性;

(6)耐磨性。

---

① 本章缺参考文献[29]、[30]的引用标志,原书亦无。——编注

大体来说，面板材料分为两类，即金属材料和非金属材料。前者包括钢铁、不锈钢和铝合金等，不同的合金具有不同的强度性能，但是刚度变化有限。应用比较多的是非金属材料，其包括胶合板、增强塑料和纤维复合材料。

最重要的非金属材料是纤维复合材料，其引入对夹层结构的应用起到了重要的作用。一个原因是大多数复合材料的强度和金属的强度差不多，甚至比金属强度还要高，但是复合材料的刚度很差。因此，为了提高刚度，复合材料被设计成具有轻质夹芯的夹层结构。另一个原因是复合材料面板夹层结构的制造比金属面板夹层结构的制造容易。复合材料具有各向异性，不同的设计会对应不同的性能。最初，工程师认为设计复合材料很复杂，但实际上，复合材料经过合理设计后能在承载的方向得到合适的性能。例如，在一个方向上放置足够多的纤维，就可以在该方向上承受载荷，所以在不同的方向可以承受不同的载荷。因此，各个方向上的性能不是要达到最大，而是要使其优化。

2.1.1　金属面板材料

各种钢铁、铝合金和钛合金都可以根据应用需求被选作面板材料。采用金属面板材料的优点是刚度和强度高、成本低、良好的表面处理和冲击阻抗；缺点是密度大、生产夹层结构比较困难。用钢铁材料生产出带有双曲面的夹层结构比较困难。

金属的密度和杨氏模量不会因合金成分的变化改变多少，但是强度随不同的合金成分变化很大。由于种类太多，表 2.1 中只列出了其中一些数据，更详细的资料可以从不同的书中和材料制造商、供应商处获得，包括疲劳、蠕变性能、耐热和耐化学性能等。

表 2.1　典型金属面板材料的力学性能

材料	ρ /(kg/m³)	E /GPa	v	α /℃·10^{-6}	$\hat{\sigma}$ /MPa	λ /(W/m·℃)
中碳钢	7 800	206	0.29	13	360[1]	46
冷轧钢 HS	7 800	206	0.3	11	800[1]	
不锈钢 SIS2301	7 700	196	0.29	11	250	110
不锈钢(18 - 8)	7 900	196	0.29	18	200	110
不锈钢(17 - 7)	7 900	199	0.25	—	1 000	110
铝合金 2024 - T4	2 700	73	0.3	23	300	140~190
铝合金 5052	2 700	70	0.3		170	140~190
铝合金 6061	2 700	69	0.3	—	240	140~190
铝合金 7075 - T6	2 700	70	0.3	23	470	140~190
退火钛合金	4 500	108	0.25	9	550	
热处理钛合金	4 500	108	0.25	9	980	

2.1.2　非金属面板材料

下面简单介绍纤维复合材料的组分,纤维复合材料是夹层结构中应用最广泛的非金属面板材料。

玻璃纤维:承载夹层结构的纤维复合材料中,E-玻璃纤维是应用最广泛的增强材料。具有较好的力学性能和环境耐性,相对较低的价格使其具有很强的市场竞争力。其他几种玻璃纤维增强体,如 S-玻璃纤维、R-玻璃纤维,其力学性能比 E-玻璃纤维的稍好,但是价格却高很多。玻璃纤维中最主要的元素是 SiO_2,占 $50\%\sim70\%$[3],其他的添加氧化物有 Al_2O_3、Fe_2O_3、CaO。玻璃增强纤维最主要的缺陷是弹性模量相对低,密度比其他增强体高。

芳香尼龙纤维:这种类型的纤维最有名的就是 Kevlar 纤维,但是当今还有许多由其他制造商生产的芳香尼龙纤维。这种纤维由芳香尼龙构成,密度低、高模量、高强度、极其耐磨,但生产这种纤维板非常困难。在所有的纤维中,其具有最高的强度-重量比,但是压缩强度较低。

碳纤维:碳纤维由长的碳-碳分子链生成的硬纤维构成,碳纤维的发展趋势分为两个方向,一个方向是具有高拉伸强度、高失效应变($1\%\sim1.5\%$)的高强度纤维(HS),另一个方向是具有高刚度的高模量纤维(HM)。后者在先进航空业中应用很多,特别是高刚度轻质材料的应用非常重要。碳纤维具有低的热膨胀系数、良好的摩擦性能和 X 射线穿透性,而且是无磁的。其主要缺点是成本高,而且所有的碳纤维复合材料都易碎。

不同类型的增强纤维的力学性能变化很大。表 2.2 给出了一些典型数据。

表 2.2　一些纤维的典型力学性能[3, 4, 5]

材料	ρ /(kg/m³)	E /GPa	α /℃·10⁻⁶	$\hat{\sigma}$ /MPa
E-玻璃纤维	2 600	70	5.4	2 500
S-玻璃	2 600	85	—	4 800
芳纶(kevlar49)	1 400	125	—	2 200
碳纤维 HS	1 750	220	—	3 000
碳纤维 HM	1 950	400	—	2 500
硼纤维	2 600	400	—	3 400

基体:很多基体材料都可以用来连接增强体,如聚酯、环氧、酚醛塑料、聚氨脂,从而形成热固性增强塑料。热固是指低黏度的液体通过化学交链,把低分子量的单体和预聚物凝固成高分子量的聚合物[6]。在不可逆的化学反应中会散发大量热量。热塑性基体材料的数量也在增加,与热固性塑料相比,热塑性塑料在室温下就是固体,其由高分子量的聚合物构成,不需要化学链之间的交联反应。因此,在可逆反应中,温度升高使其熔化,温度降低使其凝固。总之,不同的基体材料具有不同的优缺点,基体材料

的选择主要取决于其应用。大多数热固性树脂都可以适用于不同的纤维体系和应用目标,如化学稳定性和低收缩性。表2.3给出了一些基体的典型力学性能。

表 2.3　基体材料的典型力学性能[3, 7]

材料	ρ /(kg/m³)	E /GPa	α /℃·10⁻⁶	$\hat{\sigma}$ /MPa	$T_{max}^{(1)}$ /℃
Iso‑聚酯	1 100	4	—	40	—
Orto‑聚酯	1 100	4	—	40	—
乙烯酯树脂	1 100	8	—	50	—
环氧基树脂	1 100	12	—	60	—
聚醚酮树脂	1 310	3.8	40~47	80	334
聚苯硫醚树脂	1 400	4	49	65	285
聚丙烯树脂	900	1.7	80~100	35	170
聚酰亚胺树脂(Nylon 6)	1 070	1.0	10~80	60	210

(1)表示热固性材料允许的最大温度,或热塑性材料的熔化温度。

　　纤维复合材料:纤维和基体共同构成了复合材料,不同的材料组合和加工技术使得复合材料有无数种构造方法。然而,复合材料的特征是利用纤维的强度和刚度来提高结构件的性能,可以在加载的方向上放置更多的纤维,还可以根据复合材料的工作环境来选择具有优秀环境耐性的基体材料。复合材料比金属轻,在许多情况下比金属的强度高很多,但是刚度比较低。目前,研究人员对纤维复合材料已进行了大量的研究,从微观机理到生产技术等,发表的文章也在增多。本书不包含复合材料及其与夹层结构在承载结构中的应用的方方面面。表2.4和表2.5给出了不同材料体系的力学性能。复合材料的性能不仅仅取决于组分的性质,很大程度上还取决于制造方法,因此,纤维复合材料的力学性能比较分散。

表 2.4　木材和纤维复合材料的典型弹性性能

材料	v_f /%	ρ/ (kg/m³)	$E_x^{(1)}$ /GPa	$E_v^{(1)}$ /GPa	$G_{xv}^{(1)}$ /GPa	$v_{xv}^{(1)}$	α /℃·10⁻⁶	λ /(W/m·℃)
木材[2, 8, 9]								—
松木	—	520	12	—	—	—	4	—
冷杉胶合木	—	580	12.4	12.4	—	0.1	—	—
松木胶合木	—	580	12.4	12.4	—	0.1	—	—
单向预浸料[4]								
T300/520 碳纤维/环氧树脂	70	1 600	180	10	7.2	0.28	5~11	0.3~0.35
B4/5505 碳纤维/环氧树脂	50	2 000	204	19	5.6	0.23	5~11	0.3~0.35

（续表）

材料	v_f/%	ρ/(kg/m³)	$E_x^{(1)}$/GPa	$E_v^{(1)}$/GPa	$G_{xv}^{(1)}$/GPa	$v_{xv}^{(1)}$	α/℃·10⁻⁶	λ/(W/m·℃)
AS/3501 碳纤维/环氧树脂	66	1 600	138	9.0	7.1	0.26	5～11	0.3～0.35
Scotchply1001 玻璃纤维	45	1 800	39	8.3	4.1	0.26	5～11	0.3～0.35
Kevlar49/环氧树脂	60	1 500	76	5.5	2.3	0.34	5～11	0.3～0.35
单向手工铺叠[9]								
E-玻璃纤维/聚酯树脂	36	1 700	26	6	—	—	5～14	0.3～0.35
S-玻璃纤维/聚酯树脂	40	1 800	34	7	—	—	5～14	0.3～0.35
Kevlar/聚酯树脂	40	1 300	53	3	—	—	5～14	0.3～0.35
碳纤维/聚酯树脂	45	1 400	104	6	—	—	5～14	0.3～0.35
双向预浸料[11]								
MXB/7701/7781 玻璃纤维	45	1 900	22	22	—	—		
双向手工铺叠[10]								
E-玻璃纤维梭织布	34	1 700	15	15	—	—	9～11	0.3～0.35
E-玻璃纤维无捻布	28	1 600	11	11	—	—	9～11	0.3～0.35
S-玻璃纤维梭织布	36	1 700	18	18	—	—	9～11	0.3～0.35
Kevlar 纤维梭织布	35	1 300	18	18	—	—	9～11	0.3～0.35
碳纤维梭织布	38	1 400	44	44	—	—	9～11	0.3～0.35
随机手工铺叠[12]								
E-玻璃纤维 CSM-毡	19	1 500	6.9	6.9	—	—	18～33	0.2～0.3
E-玻璃纤维喷射成形	15	1 500	5.1	5.1	—	—	22～36	0.2～0.23
模压料[12]								
SMC 聚酯	20	1 800	9	9	—	—	20～35	0.2～0.25

（1）x 表示纤维方向，y 表示横向纤维方向。

表 2.5 木材和纤维复合材料的典型强度性能

材料	拉伸		压缩		面内剪切	层间剪切	
	$\hat{\sigma}_1$/MPa	$\hat{\sigma}_2$/MPa	$\hat{\sigma}_1$/MPa	$\hat{\sigma}_2$/MPa	$\hat{\tau}_{12}$/MPa	$\hat{\tau}_{13}$/MPa	v_f/%
木材[2,8,9]							
松木	46	7	—	—	—	—	—
冷杉胶合木	18	18					
松木胶合木	21	21					
单向预浸料[4]							
T300/520 碳纤维/环氧树脂	1 500	40	1 500	250	68	—	0.70
B4/5505 碳纤维/环氧树脂	1 260	61	2 500	202	67	—	0.50
AS/3501 碳纤维/环氧树脂	1 450	52	1 447	206	93	—	0.66
Scotchply 1001 玻璃纤维	1 060	31	610	118	72	—	0.45
Kevlar49/环氧树脂	1 400	12	235	53	34	—	0.60
APC - 2							
Plytron							
单向手工铺叠[10]							
E-玻璃纤维/聚酯树脂	550	30	350	100	—	—	36
S-玻璃纤维/聚酯树脂	850	40	500	120	—	—	36
Kevlar 纤维/聚酯树脂	870	20	190	60	—	—	40
碳纤维/聚酯树脂	1 000	30	720	95			45
双向预浸料[11]							
MXB/7701/7781							
双向手工铺叠[10]							
E-玻璃纤维梭织布	270	270	230	230	70	—	34
E-玻璃纤维无捻布	200	200	160	160	70	—	28
S-玻璃纤维梭织布	350	350	300	300	70	—	36
Kevlar 纤维梭织布	380	380	140	140	70	—	35
碳纤维梭织布	425	425	280	280	70	—	38
随机手工铺叠[12]							
E-玻璃纤维 CSM -毡	90	90	120	120	—	—	19
E-玻璃纤维喷射成形	65	65	95	95	70	—	15
模压料[12]							
SMC 聚酯	60	60	250	250	70	—	20

木材:由于木材内部由纤维质构成,本身就是各向异性材料,可以把其看做具有明显纤维方向(生长方向)的复合材料。像所有单向复合材料一样,纤维方向具有好的力学性能,而与之垂直的方向性能比较差。从硬质木材栎木到软质木材西印度轻木,不同的木材力学性能变化较大。像制造复合材料一样,通过组合不同方向上的薄木板构成胶合板,能克服垂直方向上强度低等缺点。木材便宜而且重量轻,但

是与纤维增强复合材料相比,刚度和强度性能相对较低。

2.1.3 纤维复合材料性能的估算

一些已有的先进方法可以用来估计和设计纤维复合材料,其中应用最广的是经典层压板理论[5]。因为许多实际的原因,工程师经常采用混合律来设计和分析增强体的一些比较简单的铺叠,例如参考文献[12]。根据这个准则设计的简单方案似乎能很好地满足大多数工程师的要求,特别是刚度性能。强度性能的估算相对比较困难。

这节主要讲述复合材料性能的估算,金属材料的性能可以从试验和手册中获得。首先讲述如何通过微观材料成分的性能来估算复合材料的性能。主要目的是建立单层板的组成材料与其近似性能的函数关系。然后可以利用单层板的性能来计算夹层结构层压面板的性能。

单层板是复合材料的一个正交各向异性薄层,是复合材料层压板在宏观上的最小构造元素。将单层板近似地看做正交各向异性,原因有几个。单层板通常由单方向、双向或任意方向的

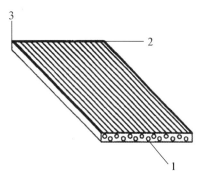

图 2.1 复合材料单向带

增强体构成,作为正交各向异性材料处理的话,近似程度较高。用正交各向异性而非各向异性来表征单层板,可以大大地减少计算。图 2.1 为复合材料单向带示意图。

混合律

(1) E_1 的计算。

根据混合律估算单方向的复合材料单层板在纤维方向的平均模量为

$$E_1 = E_f v_f + E_m v_m \tag{2.1}$$

式中:v_f 和 v_m 是体积分数;E_f 是纤维模量;E_m 是基体模量。这个方程最一般的形式是

$$E_1 = \sum_i E_i v_i \tag{2.2}$$

其中综合考虑了所有材料组分。这种近似称为并联模型,其对应的 Voigt 材料的弹性模量是其构成的复合材料的弹性模量的上限。复合材料的应力是各组分应力关于体积分数的加权平均。

$$\sigma_1 = \sum_i \sigma_{1i} v_i \tag{2.3}$$

（2）E_2 的计算。

纤维横向上的杨氏模量可以用相似的方法估算：

$$\frac{1}{E_2} = \frac{v_f}{E_f} + \frac{v_m}{E_m} \quad \text{或} \quad \frac{1}{E_2} = \sum_i \frac{v_i}{E_i} \tag{2.4}$$

这种近似称为串联模型，其对应的 Reuss 材料的弹性模量是其构成的复合材料的弹性模量的下限。

（3）ν_{12} 的计算。

按照定义，泊松比 $\nu_{12} = -\varepsilon_2/\varepsilon_1$（经验法则：下标 1 为加载方向，下标 2 为变形方向），记 ν_f 为纤维的泊松比，ν_m 为基体的泊松比，则依照串联模型可得

$$\nu_{12} = v_f \nu_f + v_m \nu_m \quad \text{或} \quad \nu_{12} = \sum_i v_i \nu_i \tag{2.5}$$

（4）G_{12} 的计算。

面内剪切模量 G_{12} 建立在假定基体和纤维的剪切应力相等的基础上，若 G_f 为纤维的剪切模量，G_m 为基体的剪切模量，则单层板的平均剪切模量为

$$\frac{1}{G_{12}} = \frac{v_f}{G_f} + \frac{v_m}{G_m} \quad \text{或} \quad \frac{1}{G_{12}} = \sum_i \frac{v_i}{G_i} \tag{2.6}$$

实际的混合律

由过去的经验可知，Voigt 材料模型与实验符合较好，而 Reuss 材料模型与实验符合较差，特别是单向复合材料。用混合律可以预测单向复合材料的拉伸模量，但是实际的复合材料层压板可能是由织物（如梭织布、无捻布、毡及其与单向带的组合）构成的。为了考虑这些，引入增强体效率系数来修正纤维方向的混合律，从而将纤维方向的混合律变化为如下形式：

$$E_1 = \sum_i \alpha_i E_i v_i \tag{2.7}$$

实际上，这意味着仅考虑了所研究方向上层压板中的纤维数量。例如，双向对称梭织布的一半纤维在 1 方向上，另一半纤维在 2 方向上。因此，双向对称梭织布的增强体效率系数应为 0.5。增强体效率系数 α 即所研究方向上的纤维占比。对于不同的增强体，α 的值不同：

1　单向纤维和基体；

0.5　增强体双向对称；

0.375　增强体在平面内随机排布；

0.2　增强体在空间内随机排布。

对于其他增强体，也可以按照上面的定义来确定其增强体效率系数。例如，1 方向纤维占比为 70%、2 方向纤维占比为 30% 的梭织布的增强体效率系数是 0.7。

质量分数和体积分数的相互转化

多数复合材料计算都基于体积分数。而生产过程中一般使用质量分数。因此，需要将体积分数和质量分数相互转化。下面给出一些有用的公式：

总质量为
$$W = \sum_i W_i = \sum_i \rho_i V_i = V \sum_i \rho_i v_i \tag{2.8a}$$

质量分数为
$$w_i = \frac{W_i}{W} = \frac{\rho_i V_i}{V \sum_i \rho_i v_i} = \frac{\rho_i v_i}{\sum_i \rho_i v_i}, \quad \sum_i W_i = 1 \tag{2.8b}$$

总体积为
$$V = \sum_i V_i = \sum_i \frac{W_i}{\rho_i} = W \sum_i \frac{w_i}{\rho_i} \tag{2.8c}$$

体积分数为
$$v_i = \frac{V_i}{V} = \frac{W_i/\rho_i}{W \sum_i w_i/\rho_i} = \frac{w_i/\rho_i}{\sum_i w_i/\rho_i}, \quad \sum_i V_i = 1 \tag{2.8d}$$

厚度预测

复合材料厚度估算的最简单方法就是利用混合率。密度为 $\rho(\mathrm{kg/m^3})$，质量为 1 kg、面积为 1 m² 的材料的厚度为 $1/\rho(\mathrm{m})$，如果层压板中的材料 i 的质量为 W_i，则总体积为 $\sum W_i/\rho_i$，从而可以通过下式来估算厚度：

$$t = \sum_i \frac{W_i^*}{\rho_i} \tag{2.9}$$

式中：W_i^* 是单位面积的质量。通常质量分数 W_i 已知，可利用计算得到的各组分的总质量 W_f^*（单位面积增强体的质量）和 W_m^*（单位面积基体的质量）来估算厚度。实际的复合材料层压板中总是含有一些多余的颗粒或者气泡，会使厚度增大。制作过层压板（特别是手铺成型）的人都知道，整个层压板的厚度是不均匀的。

单层板的刚度性能

单层板很薄，处于平面应力状态，因此有

$$\sigma_3 = \tau_{23} = \tau_{31} = 0$$

对于单层板，胡克定律可以表示为

$$\begin{bmatrix} \varepsilon_1 \\ \varepsilon_2 \\ \gamma_{12} \end{bmatrix} = \begin{bmatrix} 1/E_1 & -\nu_{21}/E_2 & 0 \\ -\nu_{12}/E_1 & 1/E_2 & 0 \\ 0 & 0 & 1/G_{12} \end{bmatrix} \begin{bmatrix} \sigma_1 \\ \sigma_2 \\ \tau_{12} \end{bmatrix} \tag{2.10}$$

柔度矩阵的逆是

$$\begin{bmatrix} \sigma_1 \\ \sigma_2 \\ \tau_{12} \end{bmatrix} = \frac{1}{1 - \nu_{12}\nu_{21}} \begin{bmatrix} E_1 & \nu_{21}E_1 & 0 \\ \nu_{12}E_2 & E_2 & 0 \\ 0 & 0 & G_{12}(1 - \nu_{12}\nu_{21}) \end{bmatrix} \begin{bmatrix} \varepsilon_1 \\ \varepsilon_2 \\ \gamma_{12} \end{bmatrix} \tag{2.11}$$

或者简短形式 $\sigma_l = Q_l \varepsilon_l$，系数 l 代表单层板。

在制造复合材料层压板时，单层板在全局坐标系中按各自不同的方向一个个叠加起来。因此，如果想要描述层压板的行为，必须得知道单层板在全局坐标系(x, y, z)里的行为，而不是其在局部坐标里的行为(1, 2, 3)。通过变换矩阵可以求得单层板在全局坐标系 $x-y$ 上的刚度。如果局部坐标系 $1-2$ 相对全局坐标系 $x-y$ 旋转角度 θ，则变换矩阵为

$$\begin{Bmatrix} \sigma_1 \\ \sigma_2 \\ \tau_{12} \end{Bmatrix} = \begin{bmatrix} c^2 & s^2 & 2sc \\ s^2 & c^2 & -2sc \\ -sc & sc & c^2-s^2 \end{bmatrix} \begin{Bmatrix} \sigma_x \\ \sigma_y \\ \tau_{xy} \end{Bmatrix} \quad \text{或} \quad \sigma_l = T^{-1}\sigma \qquad (2.12a)$$

式中：$c = \cos\theta$；$s = \sin\theta$。也可以写为

$$\begin{Bmatrix} \sigma_x \\ \sigma_y \\ \tau_{xy} \end{Bmatrix} = \begin{bmatrix} c^2 & s^2 & -2sc \\ s^2 & c^2 & 2sc \\ sc & -sc & c^2-s^2 \end{bmatrix} \begin{Bmatrix} \sigma_1 \\ \sigma_2 \\ \tau_{12} \end{Bmatrix} \quad \text{或} \quad \sigma = T\sigma_l \qquad (2.12b)$$

T 为变换矩阵。同样应变可以写为

$$\begin{Bmatrix} \varepsilon_1 \\ \varepsilon_2 \\ \gamma_{12} \end{Bmatrix} = \begin{bmatrix} c^2 & s^2 & sc \\ s^2 & c^2 & -sc \\ -2sc & 2sc & c^2-s^2 \end{bmatrix} \begin{Bmatrix} \varepsilon_x \\ \varepsilon_y \\ \gamma_{xy} \end{Bmatrix} \quad \text{或} \quad \varepsilon_l = T^{\mathrm{T}}\varepsilon \qquad (2.12c)$$

同样有

$$\begin{Bmatrix} \varepsilon_x \\ \varepsilon_y \\ \gamma_{xy} \end{Bmatrix} = \begin{bmatrix} c^2 & s^2 & -sc \\ s^2 & c^2 & sc \\ 2sc & -2sc & c^2-s^2 \end{bmatrix} \begin{Bmatrix} \varepsilon_1 \\ \varepsilon_2 \\ \gamma_{12} \end{Bmatrix} \quad \text{或} \quad \varepsilon = (T^{-1})^{\mathrm{T}}\varepsilon_l \qquad (2.12d)$$

变换后的刚度矩阵为

$$Q = TQ_l T^{\mathrm{T}} \qquad (2.13)$$

从而全局坐标系内的应变-应力关系可以表示为

$$\begin{Bmatrix} \sigma_x \\ \sigma_y \\ \tau_{xy} \end{Bmatrix} = \begin{bmatrix} Q_{11} & Q_{12} & Q_{16} \\ Q_{12} & Q_{22} & Q_{26} \\ Q_{16} & Q_{26} & Q_{66} \end{bmatrix} \begin{Bmatrix} \varepsilon_x \\ \varepsilon_y \\ \gamma_{xy} \end{Bmatrix} \quad \text{或} \quad \sigma = Q\varepsilon$$

其中 Q 分量的完整形式为

$$Q_{11} = Q_{l11}\cos^4\theta + 2(Q_{l12} + 2Q_{l66})\cos^2\theta\sin^2\theta + Q_{l22}\sin^4\theta$$

$$Q_{12} = (Q_{l11} + Q_{l22} - 4Q_{l66})\cos^2\theta\sin^2\theta + Q_{l12}(\sin^4\theta + \cos^4\theta)$$

$$Q_{22} = Q_{l11}\sin^4\theta + 2(Q_{l12} + 2Q_{l66})\cos^2\theta\sin^2\theta + Q_{l22}\cos^4\theta$$

$$Q_{16} = (Q_{l11} - Q_{l12} - 2Q_{l66})\sin\theta\cos^3\theta + (Q_{l12} - Q_{l22} + 2Q_{l66})\sin^3\theta\cos\theta$$

$$Q_{26} = (Q_{l11} - Q_{l12} - 2Q_{l66})\sin^3\theta\cos\theta + (Q_{l12} - Q_{l22} + 2Q_{l66})\sin\theta\cos^3\theta$$

$$Q_{66} = (Q_{l11} + Q_{l22} - 2Q_{l12} - 2Q_{l66})\sin^2\theta\cos^2\theta + Q_{l66}(\sin^4\theta + \cos^4\theta)$$

此处,作为备选方案,也可以对柔度矩阵进行变换。如果

$$S = (T^{-1})^{\mathrm{T}}S_l T^{-1} \tag{2.14}$$

S 为变换后的柔度矩阵,其分量为

$$S_{11} = S_{l11}\cos^4\theta + (2S_{l12} + S_{l66})\cos^2\theta\sin^2\theta + S_{l22}\sin^4\theta$$

$$S_{12} = (S_{l11} + S_{l22} - S_{l66})\cos^2\theta\sin^2\theta + S_{l12}(\sin^4\theta + \cos^4\theta)$$

$$S_{22} = S_{l11}\sin^4\theta + (2S_{l12} + S_{l66})\cos^2\theta\sin^2\theta + S_{l22}\cos^4\theta$$

$$S_{16} = (2S_{l11} - 2S_{l12} - S_{l66})\sin\theta\cos^3\theta - (2S_{l22} - 2S_{l12} - S_{l66})\sin^3\theta\cos\theta$$

$$S_{26} = (2S_{l11} - 2S_{l12} - S_{l66})\sin^3\theta\cos\theta - (2S_{l22} - 2S_{l12} - S_{l66})\sin\theta\cos^3\theta$$

$$S_{66} = 2(2S_{l11} + 2S_{l22} - 4S_{l12} - S_{l66})\sin^2\theta\cos^2\theta + S_{l66}(\sin^4\theta + \cos^4\theta)$$

层压板的刚度性能

层压板是许多任意方向的单层板组合而成的板或壳,如图 2.2 所示。通常认为单层板很薄,因此只有面内刚度,没有弯曲刚度。层压板具有一定的厚度,因此认为其具有弯曲刚度。

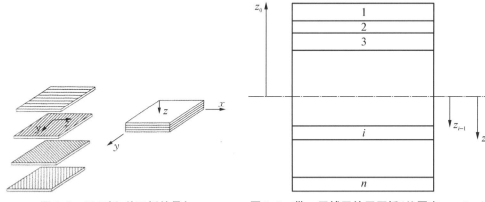

图 2.2 层压板-单层板的叠加   图 2.3 带 n 层铺层的层压板(总厚度 $t = 2z_0$)

记

$$N = [N_x, N_y, N_{xy}]^{\mathrm{T}}, \quad M = [M_x, M_y, M_{xy}]^{\mathrm{T}}$$

$$\sigma_0 = [\sigma_{xi}, \sigma_{yi}, \sigma_{xyi}]^{\mathrm{T}}, \quad \varepsilon_0 = [\varepsilon_{x0}, \varepsilon_{y0}, \varepsilon_{xy0}]^{\mathrm{T}}, \quad \kappa = [\kappa_x, \kappa_y, \kappa_{xy}]^{\mathrm{T}}$$

假设层压板中每一个单层板的厚度和位置已知,如图 2.3 所示。

力和弯矩与应变和曲率的关系可以表示为

$$
\binom{\boldsymbol{N}}{\boldsymbol{M}} = \sum_{i=1}^{n} \int_{z_{i-1}}^{z_i} \begin{bmatrix} \boldsymbol{Q}_i & \boldsymbol{Q}_i z \\ \boldsymbol{Q}_i z & \boldsymbol{Q}_i z^2 \end{bmatrix} \binom{\varepsilon_0}{\kappa} \mathrm{d}z = \begin{pmatrix} \boldsymbol{A} & \boldsymbol{B} \\ \boldsymbol{B} & \boldsymbol{D} \end{pmatrix} \binom{\varepsilon_0}{\kappa} \tag{2.15}
$$

$$
[\boldsymbol{A}, \boldsymbol{B}, \boldsymbol{D}] = \sum_{i=1}^{n} \boldsymbol{Q}_i \left[(z_i - z_{i-1}), \frac{1}{2}(z_i^2 - z_{i-1}^2), \frac{1}{3}(z_i^3 - z_{i-1}^3) \right] \tag{2.16}
$$

式中：A 为拉伸刚度矩阵；B 为拉弯耦合刚度矩阵；D 为弯曲刚度矩阵。

通过计算刚度矩阵的分量，可以估算面板所需的性能。假设面板是正交各向异性的（实际大多数情况下都是如此），那么可以得到泊松比为

$$
\nu_{21} = \frac{A_{12}}{A_{11}}, \quad \nu_{12} = \frac{A_{12}}{A_{22}} \tag{2.17}
$$

平均模量为

$$
E_x = \frac{A_{11}(1 - \nu_{12}\nu_{21})}{t}, \quad E_y = \frac{A_{22}(1 - \nu_{12}\nu_{21})}{t}, \quad G_{xy} = \frac{A_{66}}{t} \tag{2.18}
$$

式中：t 为层压板的厚度。对于对称铺层的层压板，$B=0$。对于正交各向异性的层压板，$D_{16} = D_{26} = 0$。层压板面板的局部弯曲刚度则为

$$
D_{fx} = \frac{D_{11}}{1 - \nu_{12}\nu_{21}}, \quad D_{fy} = \frac{D_{22}}{1 - \nu_{12}\nu_{21}}, \quad \text{并且有 } D_{fxy} = 2D_{66} \tag{2.19}
$$

强度预测

现存的复合材料层压板的失效准则几乎有无数多种，从基于混合律的简单估算，到旨在包含各种应力状态的所有可能效果和失效模式的极为复杂的多尺度准则。本书内容不包含这些准则，一些最常用的准则可以在参考文献[4，5]中查到。

2.2　夹芯材料

尽管初看上去没那么重要，但实际上夹芯材料大概是所有材料组分中最重要的。夹芯材料也是所有材料组分中工程师们了解最少的。承载型夹层结构中所用的夹芯材料主要有 4 类：波纹型、蜂窝型、balsa 轻木和泡沫型，如图 2.4 所示。首先所有的夹芯材料的密度应该尽量地小，这样就可以使夹层板的总重量增加较少。尽管使夹芯产生法向应力 σ_z 的横向力一般都很小，但由于夹芯厚度的稍微减少都会导致挠曲刚度的大幅度降低，因此夹芯必须具有较高的垂直于面板方向的杨氏模量。夹芯主要承受剪力，夹芯的剪切应变会导致整体变形并生成剪切应力。因此，作为夹芯材料，应当在受到横向载荷时不会失效，剪切模量应当足够大，以满足所需的剪切刚度。临界皱曲载荷是由夹芯的杨氏模量和剪切模量共同决定的。夹层结构的其他功能，如隔热与隔音，主要依赖于夹芯材料本身及其厚度大小。夹芯的主

波纹板　　　　蜂窝板　　　　轻质芯材板

图 2.4　夹芯材料的主要形式

要特性大致如下:

- 密度;
- 剪切模量;
- 剪切强度;
- 垂直于面板方向的刚度;
- 隔热;
- 隔音。

接下来的是承载型夹层结构中常用夹芯材料的描述以及从不同途径搜集到的其典型力学特性与物理特性。这里的数据远远不够完备,但是已列出了典型材料的数据。需要更多信息的话,读者可以查询材料制造商的数据清单。材料数据常常会由于改进(如新的制造方法、新的材料和新的测试方法等)而发生变化,因此这些数值仅仅用于指导和比较。

2.2.1　Balsa 木

Balsa 是第一个用于承载型夹层结构夹芯的材料。Balsa 是一种具有较高长宽比、具有紧密细胞结构的木头。其纤维和纹理都朝向生长方向(即轴向),生成的细胞的长度一般为 $0.5\sim$ 1 mm,直径约为 0.05 mm,从而可以算出细胞比大约为 $1:25$。因此 Balsa 在生长方向(A)上性能较高,而在其他方向上性能较低。如图 2.5 所示。

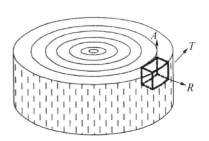

图 2.5　由树木截面定义的坐标系

根据质量高低,Balsa 具有 $100\sim300$ kg/m^3 的不同密度,对湿气十分敏感,其性能会随着含水量增加而迅速下降。为了克服这个问题,Balsa 大多数都以横纹形状进行应用。这意味着 Balsa 木被分割成正方体的小块再连接起来形成大的整体,其纤维方向与平面方向相垂直。这样处理有很多好处;纤维以及刚度的主要方向垂直于平面。湿度主要沿着纤维蔓延,因此湿度只会导致局部破坏。缺点是所有小的Balsa 块有着不同的密度,以及设计限制使得必须考虑这部分的最小特性。横纹

Balsa 是唯一可用的、具有有限种密度的材料。虽然受到最小密度的限制,其力学特性也比绝大多数小单元的塑料要好得多。表 2.6 给出了 Balsa 木的性能数据。

表 2.6 典型 Balsa 木的平均力学特性与物理特性

密度/(kg/m³)	λ/(W/m·℃)	$\hat{\sigma}_A^{(1)}$/MPa	$\hat{\sigma}_A^{(2)}$/MPa	$E_A^{(2)}$/MPa	$\hat{\tau}$/MPa	G/MPa
96	0.050 9	6.9	6.5	2 240	1.85	108
110	0.054 8	9.1	8.2	2 740	2.17	120
130	0.058 8	10.7	10.0	3 260	2.49	134
150	0.064 9	13.1	12.9	4 070	2.98	159
180	0.071 0	15.7	16.0	4 930	3.46	188
250	0.089 0	23.7	26.6	7 720	4.94	312

正如上面所述,Balsa 木具有很高的各向异性,其泊松比在文献[15]中给出:

$$\nu_{PT} = 0.66, \quad \nu_{PA} = 0.02, \quad \nu_{TP} = 0.24,$$
$$\nu_{TA} = 0.01, \quad \nu_{AP} = 0.23, \quad \nu_{AT} = 0.49$$

文献[14]中给出了热膨胀系数的估计值:

$$\alpha_T = 10.5 \times 10^{-6}, \quad \alpha_R = 7 \times 10^{-6}, \quad \alpha_A = 1.7 \times 10^{-6}$$

2.2.2 蜂窝夹芯

蜂窝类型的夹芯材料主要在航空航天领域得到应用发展。另外,造价低廉的、浸渍的纸蜂窝材料也应用于建筑行业。蜂窝材料可以制作成不同的单元形状,例如正方形、长方形、三角形或者波浪形,但最常用的是如图 2.6(a)所示的六边形。其他的有正方形[见图 2.6(b)]、拉长的六边形[见图 2.6(c)]以及所谓的"柔性芯"[见图 2.6(d)]。后两者的构造主要用于在制造夹层结构时芯材需要有较大的弯曲。拉长的六边形及柔性芯材的结构可以降低弯曲时相互相反的面产生的弯曲以及单元格胞壁的屈曲。这里还有其他单元形状,比如三角形和加强的六边形。

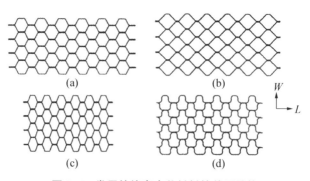

(a)   (b)
(c)   (d)

图 2.6 常用的蜂窝夹芯材料的单元结构

最常用的蜂窝结构是用铝、浸渍的玻璃钢或者尼龙纤维布制造的,例如Nomex。由于制造工艺方法的不同,多数蜂窝结构面外性能和面内性能都彼此不同。很容易看出,波纹成型和扩张成型的制造过程中会在一个方向产生重合的单元结构壁,而另一方向则产生单层的结构壁。拉长型蜂窝单元也会造成附加的各向异性。大多数蜂窝材料性能的描述采用 3 种主要的方向:宽度(W)方向,长度(L)方向和横向(T)(见图 2.6)。

蜂窝结构的制造有两种方法(见图 2.7)。波纹型的制造过程需要将预先弯曲好的金属薄片嵌入块状体中然后再粘接起来。当粘接固化好时,规定厚度的块状体可以从整体中切割出来。在制造高密度金属蜂窝结构时这种方法经常会用到。

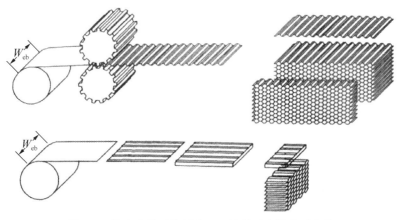

图 2.7　蜂窝夹芯层的制造——波纹型和扩张型步骤

扩张成型的制造是从一堆重叠的薄平板按事先画好的节点线粘结成网状结构开始制备,用这种方法粘接许多薄片几乎可以制造出固体块。粘接后,当 W 方向受到拉力时整体可以被拉长,直到形成所要求的单元形状为止。金属蜂窝可以在扩张成型之前切成规定厚度,这样扩张时由于材料的塑性屈服使得其可以保持自身的形状。非金属材料,例如高强度纤维薄片或纸材质,要在扩张后保持其形状,就要在把整体结构浸泡在树脂后进行热处理,把结构弯曲好放进烤炉中固化。通过这些步骤后,对制造好的夹芯进行切片(见图 2.7)。

Kraft 纸蜂窝芯材是用高强度的纸制作的,并用一些树脂增加其刚度、强度及防水性,这提供了一个既便宜、力学特性也很好的夹芯结构制造方法。为了增强隔热性能,一些制造甚至在 Kraft 纸蜂窝芯材结构单元中注入很轻的泡沫(通常是 PUR或是酚醛树脂)。表 2.7 是 Kraft 纸蜂窝芯材的典型力学性能。

表 2.7 Kraft 纸蜂窝芯材的典型力学性能[17]

密度/ (kg/m³)	单元尺寸 /mm	$E_T^{(1)}$/MPa	$\hat{\sigma}_T^{(1)}$/MPa	长度方向		宽度方向	
				G_{LT}/MPa	$\hat{\tau}_{LT}$/MPa	G_{TW}/MPa	$\hat{\tau}_{TW}$/MPa
23	12.5	—	0.21	33	0.24	10	0.09
26	12.5	—	0.27	42	0.35	15	0.11
34	12.5	—	0.37	61	0.52	18	0.19
29	9.6	—	0.28	39	0.33	14	0.14
36	9.6	—	0.49	67	0.60	24	0.23
45	9.6	—	0.63	109	0.88	34	0.22
44	6.3	—	0.55	70	0.70	27	0.30
51	6.3	—	0.88	131	1.24	36	0.39
56	6.3	—	0.96	141	1.31	38	0.48

(1) 压缩。
注：如图 2.8 所示，芯材的厚度不同，性能会有很大差异。

铝制的蜂窝模型在过去的几十年里广泛应用于航空航天领域，常采用铝合金 5052、5056 及 2024 制造。5052 是常规用途的铝，5056 是 5052 的高强度版，2024 则是经过热处理的铝合金，甚至在高温下也具有很好的性能。5052 铝及 5056 铝蜂窝可以在超过 180℃的环境使用，而 2024 则可以达到 210℃。蜂窝单元壁的箔片可以制备小孔用以排除固化过程的胶黏剂。各类蜂窝结构的典型力学性能如表 2.8～表 2.12 所示。

表 2.8 铝制六边形蜂窝结构的典型力学性能[18, 19]

密度/ (kg/m³)	单元尺寸 /mm	$E_T^{(1)}$/MPa	$\hat{\sigma}_T^{(1)}$/MPa	长度方向		宽度方向	
				G_{LT}/MPa	$\hat{\tau}_{LT}$/MPa	G_{TW}/MPa	$\hat{\tau}_{TW}$/MPa
波纹型六边形 5052 铝蜂窝结构[18, 19]							
192	3.2	—	15	—	13	—	10
350	3.2	—	35	—	20	—	14
610	3.2	—	58	—	29	—	15
扩张型六边形 5052 铝蜂窝结构[18, 19]							
50	3.2	510	1.9	310	1.4	151	0.89
72	3.2	1 030	3.7	480	2.3	210	1.5
98	3.2	1 650	6.9	670	3.7	280	2.2
130	3.2	2 410	10	930	5.0	370	3.1
32	4.8	230	1.1	180	0.83	98	0.48
50	4.8	510	2.1	310	1.4	150	0.89
70	4.8	1 000	3.8	460	2.2	200	1.5

(续表)

密度/ (kg/m³)	单元尺寸 /mm	$E_T^{(1)}$/MPa	$\hat{\sigma}_T^{(1)}$/MPa	长度方向		宽度方向	
				G_{LT}/MPa	$\hat{\tau}_{LT}$/MPa	G_{TW}/MPa	$\hat{\tau}_{TW}$/MPa
92	4.8	1 510	5.6	620	3.1	260	2.0
110	4.8	1 960	7.7	780	4.0	320	2.5
130	4.8	2 410	11	930	5.0	370	3.1
26	6.4	130	0.62	140	0.58	75	0.34
37	6.4	310	1.4	220	0.96	110	0.58
55	6.4	620	2.5	340	1.6	160	1.0
69	6.4	960	3.4	450	2.2	200	1.4
96	6.4	1 610	7.2	660	3.4	280	2.1
127	6.4	2 340	9.7	890	4.8	360	3.0
扩张型六边形 5056 铝蜂窝结构[18, 19]							
50	3.2	660	2.3	310	1.7	130	1.0
72	3.2	1 270	4.6	480	3.1	190	1.7
98	3.2	2 030	9.1	700	4.9	260	2.7
130	3.2	3 000	12	980	6.5	350	3.5
26	6.4	200	0.68	130	0.62	82	0.41
37	6.4	400	1.6	89	1.2	100	0.72
55	6.4	790	3.0	340	2.0	150	1.2
扩张型六边形 2024 铝蜂窝结构[18, 19]							
80	3.2	1 370	5.5	560	3.4	220	2.1
107	3.2	2 060	8.2	810	5.2	310	3.2
128	3.2	2 600	12	1 020	6.6	370	4.0
152	3.2	3 300	16	1 170	7.9	440	4.4

(1) 压缩。

注：根据图 2.8,不同厚度的芯材性能有很大不同。

表 2.9   铝制柔性蜂窝结构的一些典型力学性能[18, 19]

密度/ (kg/m³)	单元尺寸 /mm[1]	$E_T^{(2)}$/MPa	$\hat{\sigma}_T^{(2)}$/MPa	长度方向		宽度方向	
				G_{LT}/MPa	$\hat{\tau}_{LT}$/MPa	G_{TW}/MPa	$\hat{\tau}_{TW}$/MPa
柔性六边形 5052 铝蜂窝结构[18, 19]							
34	7.6	440	1.3	120	0.62	68	0.34
50	7.6	860	2.5	220	1.2	89	0.75
66	7.6	1 270	3.8	310	1.8	110	1.0
91	7.6	2 000	6.4	460	2.7	150	1.5
69	3.8	1 340	4.4	310	1.9	120	1.1
104	3.8	2 130	6.8	490	3.0	160	1.6
128	3.8	2 750	12	670	4.2	210	2.3
柔性六边形 5056 铝蜂窝结构[18,19]							
34	7.6	440	1.7	120	0.72	68	0.37

（续表）

密度/ (kg/m³)	单元尺寸 /mm[(1)]	$E_T^{(2)}$/MPa	$\hat{\sigma}_T^{(2)}$/MPa	长度方向		宽度方向	
				G_{LT}/MPa	$\hat{\tau}_{LT}$/MPa	G_{TW}/MPa	$\hat{\tau}_{TW}$/MPa
50	7.6	860	3.3	220	1.5	89	0.93
66	7.6	1 270	4.6	310	2.3	110	1.4
69	3.8	1 340	6.1	320	2.7	120	1.6
104	3.8	2 130	10	500	4.4	160	3.0
128	3.8	2 820	13	680	5.0	220	3.4

(1)平均单元长度,(2)压缩。
注：根据图2.8,不同厚度的芯材性能有很大不同。

表 2.10　不锈钢制蜂窝结构的一些典型力学性能[18, 19]

密度/ (kg/m³)	单元尺寸 /mm	$E_T^{(1)}$/MPa	$\hat{\sigma}_T^{(1)}$/MPa	长度方向		宽度方向	
				G_{LT}/MPa	$\hat{\tau}_{LT}$/MPa	G_{TW}/MPa	$\hat{\tau}_{TW}$/MPa
六边形单元粘接[13]							
123	9.6	—	2.6	510	2.2	200	0.96
149	6.4	—	4.5	1 040	2.5	600	1.6
方形单元焊接							
142[(2)]	6.4	—	3.7	680	2.0	390	1.8
152	6.4	—	8.0	530	2.8	340	2.4
128	4.8	—	3.4	650	1.5	540	1.5
147	4.8	—	3.4	750	1.9	—	—
186	4.8	—	5.2	—	—	440	1.8
125	6.4	—	4.8	640	2.4	520	2.3
139	6.4	—	6.6	1 030	3.4	520	2.3

(1)压缩,(2)波纹型箔片。
注：根据图2.8,不同厚度的芯材性能有很大不同。

表 2.11　玻璃和碳纤维增强蜂窝结构的一些典型力学性能[18, 19]

密度/ (kg/m³)	单元尺寸 /mm	$E_T^{(1)}$/MPa	$\hat{\sigma}_T^{(1)}$/MPa	长度方向		宽度方向	
				G_{LT}/MPa	$\hat{\tau}_{LT}$/MPa	G_{TW}/MPa	$\hat{\tau}_{TW}$/MPa
六边形玻璃/酚醛树脂							
64	4.8	390	3.8	96	1.9	48	1.1
88	4.8	650	6.0	131	3.0	75	1.6
112	4.8	930	8.4	206	4.0	89	2.0
128	4.8	1 130	10	234	4.7	130	3.0
192	4.8	1 700	17	330	6.4	190	4.2
56	6.4	310	3.1	62	1.5	34	0.89
72	6.4	480	4.8	100	2.4	55	1.3

（续表）

密度/	单元尺寸	$E_T^{(1)}$/MPa	$\hat{\sigma}_T^{(1)}$/MPa	长度方向		宽度方向	
(kg/m³)	/mm			G_{LT}/MPa	$\hat{\tau}_{LT}$/MPa	G_{TW}/MPa	$\hat{\tau}_{TW}$/MPa
35	9.6	89	1.3	41	0.79	14	0.44
51	9.6	260	3.0	82	1.4	34	0.72
72	9.6	440	4.7	96	2.0	55	1.3
96	9.6	680	6.8	170	3.4	82	2.0
柔性芯材玻璃/酚醛树脂							
56	0.6⁽²⁾	250	2.7	110	1.1	55	0.62
72	0.6⁽²⁾	330	4.1	170	1.8	89	0.96
88	0.6⁽²⁾	420	5.5	210	2.9	110	1.6
六边形玻璃/聚酰胺							
51	3.2	180	2.1	130	1.3	51	0.65
72	4.8	400	3.5	220	2.2	75	1.0
128	4.8	860	8.3	370	4.8	150	2.9
六边形碳/酚醛树脂							
80	6.4	700	6.4	630	4.1	240	2.0
72	9.6	690	5.8	500	2.7	180	1.8
96	4.8	690	6.7	900	3.6	340	2.4

(1)压缩,(2)平均单元长度。

注：根据图 2.8，不同厚度的芯材性能有很大不同。

表 2.12　Nomex$^\oplus$ 蜂窝结构的一些典型力学性能[18, 19, 16]

密度/	单元尺寸	$E_T^{(1)}$/MPa	$\hat{\sigma}_T^{(1)}$/MPa	长度方向		宽度方向	
(kg/m³)	/mm			G_{LT}/MPa	$\hat{\tau}_{LT}$/MPa	G_{TW}/MPa	$\hat{\tau}_{TW}$/MPa
六边形							
29	3.2	—	0.62	27	0.65	16	0.38
48	3.2	—	2.5	44	1.3	30	0.72
64	3.2	—	4.7	62	1.6	38	0.98
80	3.2	—	5.5	80	2.3	48	1.2
96	3.2	—	7.4	96	2.6	52	1.4
128	3.2	—	12	118	3.2	66	1.8
144	3.2	—	15	128	3.5	74	2.0
200	3.2	—	26	138	4.1	98	2.7
29	4.0	—	0.80	26	0.56	14	0.34
48	4.0	—	2.6	42	1.2	28	0.68
80	4.0	—	5.7	69	2.2	44	1.0
144	4.0	—	16	112	3.2	64	1.7

（续表）

密度/ (kg/m³)	单元尺寸 /mm	$E_T^{(1)}$/MPa	$\hat{\sigma}_T^{(1)}$/MPa	长度方向		宽度方向	
				G_{LT}/MPa	$\hat{\tau}_{LT}$/MPa	G_{TW}/MPa	$\hat{\tau}_{TW}$/MPa
32	6.4	—	1.1	30	0.72	18	0.42
48	4.8	—	3.1	40	1.1	28	0.64
64	4.8	—	4.6	64	2.0	46	1.1
96	4.8	—	9.5	94	2.6	58	1.5
24	6.4	—	0.70	20	0.52	14	0.26
32	6.4	—	1.0	32	0.72	18	0.40
50	6.4	—	3.1	44	1.2	28	0.72
64	6.4	—	4.6	60	1.6	40	1.1
24	9.6	—	0.66	20	0.52	14	0.26
32	9.6	—	1.0	27	0.66	17	0.38
48	9.6	—	1.8	36	1.0	20	0.58
32	12.8	—	0.95	20	0.56	12	0.26
64	12.8	—	3.4	64	1.8	36	1.1
24	19.2	—	0.62	16	0.56	11	0.28
柔性型							
40	8.7(2)	—	1.3	27	0.90	13	0.56
56	8.7(2)	—	2.7	39	1.4	19	0.69
72	8.7(2)	—	4.3	50	2.0	25	1.2
56	6.1(2)	—	2.4	52	1.1	21	0.55
72	6.1(2)	—	4.0	76	2.2	48	1.3
88	6.1(2)	—	5.5	96	2.7	55	1.6
扩张型							
29	4.8	—	0.76	14	0.41	21	0.41
48	4.8	—	2.5	21	0.86	41	0.96
64	4.8	—	4.1	32	0.91	58	1.1
48	6.4	—	2.4	21	0.76	41	0.79

(1)压缩,(2)平均单元长度。

注：根据图 2.8,不同厚度的芯材性能有很大不同。

非金属蜂窝,如纤维增强塑料蜂窝,是将预制好蜂窝形状的织物放在树脂池里进行简单的浸渍,然后湿润来制造。不同的蜂窝结构可以使用玻璃纤维、尼龙或者碳纤维增强结构。用来浸渍纤维的树脂是普通的酚醛树脂、隔热的酚醛树脂、聚酰胺或者聚酯材料。饱和类型的酚醛树脂工作温度最高能达到180℃,而聚酰胺能达到250℃,聚酯能到80℃。一种常见的浸渍纤维类型蜂窝是用 Nomex 纸制作的,是一种尼龙纤维,在浸渍树脂之前的工艺基本属于扩张型构造方式,与铝合金蜂窝结构之类的方式基本一致。由于具有较高的韧性和损伤容限能力,以及具有几乎与铝蜂窝结构一样的高力学性能,从而得到广泛应用。Nomex 蜂窝可以在高达 180℃ 的环境下使用,此时其强度仍然是相应室温下的 75%[16]。

在文献[15]中给出了蜂窝芯材的泊松比,从中可见其强烈依赖于单元的几何尺寸。事实上,当考虑到夹芯板时这个值就不那么重要了,因为板的整体性能很大程度上取决于面板的泊松比。在表 2.7～表 2.12 中给出的所有数值是针对芯材厚度为 12.7 mm (1/2 in)的。对于其他厚度,强度和模量应乘以图 2.8 中给出的厚度修正系数[8, 18]。

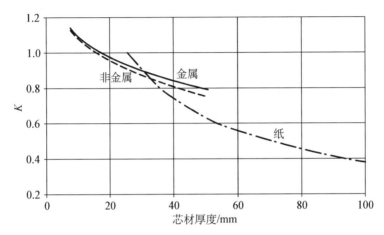

图 2.8　金属(实线)、非金属(虚线)、纸蜂窝(点划线)夹芯材料的厚度修正系数[8, 18]

蜂窝结构具有优良的力学性能,其垂直面内方向上刚度非常高,在相同重量下所有可用的夹芯材料都有着最高剪切刚度和强度。主要缺点在于成本高,以及很难控制夹层板单元的铺贴,并且不能使用湿法铺贴加工制造。虽然平整的面板很容易制造,但由于芯材受弯曲时产生的泊松效应,使得带有曲率的夹层板制造可能很难实现。这可以使用另一种蜂窝单元构型来实现[20]。一个例子就是通过改变六边形单元的构型,使得芯材可以做成负泊松比,因此,当一个方向弯曲,那么另一个方向的弯曲曲率也是相同的符号[见等式(9.2)]。因此,芯材可以制造成可以适应特定的双曲率或者单曲率构型。

所以,如果面内泊松比的 ν_{xy} 或 ν_{yx} 为零,则受到弯曲力矩时芯材板将会弯曲成一个圆筒。如果这泊松比是正的,就像六角形蜂窝一样,弯曲反向(κ_x 和 κ_y 为不同的正负符号),这将使薄板难以贴合双曲率的模具;但如果泊松比是负的,如图 2.9 所

图 2.9　蜂窝芯负泊松比的例子

示,单一弯矩的响应将相同(κ_x 和 κ_y 为相同符号),这样芯材薄板就会更容易处理。

不同的材料的蜂窝结构导热系数有着很大不同,金属蜂窝导热系数很高,热阻很小。但是,非金属蜂窝结构热阻高,因为芯材胞壁本身有低热导率,空气间隙是一个很好的热绝缘体。导热方面已经发现金属蜂窝结构的密度是一个比芯材形状更重要的因素,非金属蜂窝同样适用。不同蜂窝导热系数 λ 的值如表 2.13 所示。

表 2.13　室温下蜂窝结构的热传导系数 λ[18, 19]

金属蜂窝结构				
密度/(kg/m³)	32	64	96	128
λ/(W/m·℃)	3.9	5.4	8.8	14.4
非金属蜂窝结构				
孔隙大小/mm	3.2	4.8	6.4	9.6	19.2
λ/(W/m·℃)	0.066	0.077	0.086	0.098	0.114

关于导热系数随平均温度变化的有关详细信息,请读者参阅文献[18,19],但可以简单总结说,λ 值与温度成线性关系,因此表 2.14 所示的值当温度达到 220℃ 时,其值下降一半,温度到 -130℃ 时,其值应增加为两倍。

表 2.14　PUR 泡沫夹芯材料的典型力学和物理性能[3]

密度/(kg/m³)	α/(10⁻⁶/℃)	$\lambda^{(1)}$/(W/m·℃)	T_{max}/℃	$\hat{\sigma}_z^{(2)}$/MPa	$\hat{\sigma}_z^{(3)}$/MPa	$E_z^{(3)}$/MPa	$\hat{\tau}_{rz}^{(4)}$/MPa	$G_{rz}^{(4)}$/MPa
30	100	0.025	100	0.3	0.2	10	0.2	3
40	100	0.025	100	0.35	0.3	12	0.25	4
50	100	0.025	100	0.4	0.35	—	0.3	

(1)室温,(2)拉伸,(3)垂直于泡沫板平面的压缩,(4)面外。

2.2.3　多孔泡沫

最新开发的高密度、高品质的多孔泡沫,已经对泡沫夹层板的使用产生了重大影响。在相同重量下多孔泡沫不能提供与蜂窝结构同样高的刚度和强度,但具有其他非常重要的优势。首先,多孔泡沫总的来说比蜂窝便宜,但更为重要的是,从宏观的角度上看,这种固体使得制造夹层板变得更为容易;这种泡沫表面很容易粘接,表面处理与成形简单,通过胶接可以很容易地将相邻的夹芯板粘接起来。除此之外,多孔泡沫的隔热与隔音效果更好,大多数泡沫结构的封闭单元结构使其变得防水,因此水的渗透问题基本不存在。这里将介绍很多种类的泡沫,每种都有着不同的优缺点,其中的一些会在后面进行简明的介绍。

聚氨酯泡沫(PUR):聚氨酯聚合物是通过异氰酸酯和多元醇的反应形成的,同时将三氯碱甲烷的粉状物和二氧化碳作为发泡剂,借助放热反应释放的热量进行发泡。PUR 泡沫有很多不同形式,从开孔软泡沫到主要由闭孔构成的刚性泡沫,密度为 30～500 kg/m³。使用含磷添加剂后还具备防火功能。由于其分子量较高,PUR 泡沫热传导与发散效率低,具有非常好的热阻隔性能。刚性 PUR 泡沫的孔壁一般易碎,因此 PUR 夹芯韧性低,断裂伸长率也很低,其力学性能比多数其他多孔塑料夹芯的低。不过,PUR 泡沫很可能是所有可使用的夹芯材料中最便宜的一种。所以,PUR 主要用于隔音、隔热或次要承力结构。PUR 泡沫的另一个优势是其不仅可以制造成有限尺寸的泡沫板,还可以现场发泡,从而实现夹层结构的一体化制造。

聚苯乙烯泡沫(PS):聚苯乙烯泡沫是通过在密闭模具中挤压或膨胀来生产的。在这两种情况中都是将聚苯乙烯塑料和发泡剂混合在一起,然后发泡剂随着温度的升高逐渐发泡。一个主要的障碍在于使用 CFC 作为发泡剂,但近来 PS 泡沫通常在不使用危害环境的 CFC 气体的情况下发泡。PS 泡沫是闭孔泡沫,其密度范围为 15～300 kg/m³。PS 泡沫有着非常好的力学性能与隔热性能,并且价格低廉。其一个缺点是对溶剂很敏感,特别是苯乙烯,因此酯基基体不能用作其胶黏剂,但环氧树脂或聚氨酯可以。PS 主要用于隔热材料,但近年来也用于承力结构,例如低温储罐和容器。PS 泡沫的性能如表 2.15 所示。

表 2.15 挤压 PS 泡沫夹芯材料的典型力学和物理性能[21, 3]

密度/ (kg/m³)	α/ (10^{-6}/℃)	$\lambda^{(1)}$/ (W/m℃)	T_{max}/℃	$\hat{\sigma}_z^{(2)}$/MPa	$\hat{\sigma}_z^{(3)}$/MPa	$E_z^{(3)}$/MPa	$\hat{\tau}_{xz}^{(4)}$/MPa	$G_{xz}^{(4)}$/MPa
30	70	0.028	75	0.5	0.3	8～20	0.25	4.5
45	70	0.025	75	1.0	0.75	25～30	0.60	6.0
60	70	0.035	75	1.2	0.9	60	0.60	20

(1)室温,(2)拉伸,(3)垂直于泡沫板平面的压缩,(4)面外特性。

聚氯乙烯泡沫(PVC):PVC 泡沫以两种不同的形式存在:一种是纯粹的热塑性的,也称为线性 PVC 泡沫,另一种是交联的异氰酸酯改良类型。线性 PVC 有着高展延性,并且力学性能也相当好,但温度升高时会变软。交联的 PVC 更加坚硬,有着更高的强度和刚度,对热的敏感度低,但是更易碎。并且,交联的 PVC 在受拉状态下有着近 10% 的断裂伸长率,这比任何的 PUR 泡沫都要高很多。PVC 泡沫可以发泡成各种有限尺寸的泡沫板,密度范围为 30～400 kg/m³。PVC 的力学性能比 PUR 和 PS 的都要好很多,但价格也要贵很多。它是一种不燃的泡沫,燃烧过程中会释放出盐酸气体。PVC 泡沫可用于几乎所有类型的夹层板,应用范围从单纯的隔音、隔热到航空航天结构,因此是所有泡沫中甚至可能是所有夹芯材料中应用最为广泛的。然而,由于 PVC 泡沫的耐热性能一般限制在 100℃ 以下,所以通常不可以用于热压罐制造工艺中。低密度 PVC 泡沫具有约 95％ 闭孔率，高密度几乎全部闭孔，这一般会在关注吸湿问题的应用上得到青睐。PVC 泡沫的性能如表 2.16 所示。

表 2.16   PVC 泡沫夹芯材料的典型力学和物理性能[22, 23]

密度 /(kg/m³)	α/(10^{-6} /℃)	$\lambda^{(1)}$/(W /m·℃)	T_{max}/℃	$\hat{\sigma}_z^{(2)}$/MPa	$\hat{\sigma}_z^{(3)}$/MPa	$E_z^{(3)}$/MPa	$\hat{\tau}_{xz}^{(4)}$/MPa	$G_{xz}^{(4)}$/MPa
30	35	0.022	80	0.9	0.30	20	0.35	13
45	35	0.024	80	1.3	0.55	35	0.5	18
60	35	0.025	80	1.6	0.75	60	0.7	22
80	35	0.028	80	2.2	1.20	85	1.0	31
80(5)	45	0.035	60	1.8	0.95	60	1.2	21
100	35	0.030	80	3.1	1.70	125	1.4	40
130	35	0.034	80	4.2	2.50	175	2.0	52
160	35	0.038	80	5.1	3.40	230	2.6	66
200	35	0.043	80	6.4	4.40	310	3.3	85
250	35	0.048	80	8.8	5.80	400	4.5	108

(1)室温，(2)拉伸，(3)垂直于泡沫板平面的压缩，(4)面外特性，(5)线性 PVC。

聚甲基丙烯酰亚胺泡沫（PMI）：丙烯酰亚胺多孔塑料是由酰亚胺改性的聚丙烯酸酯发泡而成。其力学性能非常好，可能是所有市售多孔泡沫中最好的，但价格也是最贵的。PMI 十分易碎，受拉状态下的断裂伸长率约为 3％。其主要的优点在于抗热性能较高，使其可能与环氧树脂预浸料一起在超过 180℃ 的热压罐环境下共固化成型。PMI 泡沫具有十分优良的闭孔结构，其密度范围为 30～300 kg/m³。PMI 泡沫的性能如表 2.17 所示。

表 2.17   PMI 泡沫夹芯材料的典型力学和物理性能[24]

密度/ (kg/m³)	α/ (10^{-6}/℃)	$\lambda^{(1)}$/(W/ m·℃)	T_{max}/℃	$\hat{\sigma}_z^{(2)}$/MPa	$\hat{\sigma}_z^{(3)}$/MPa	$E_z^{(3)}$/MPa	$\hat{\tau}_{xz}^{(4)}$/MPa	$G_{xz}^{(4)}$/MPa
52	—	—	215	1.6	0.8	75	0.8	19
75	—	—	215	2.2	1.7	105	1.3	29
100	—	—	215	3.7	3.6	180	2.4	50
205	—	—	215	6.8	9.0	260	5.0	150
300	—	—	215	10	16	360	7.5	290

(1)室温，(2)拉伸，(3)垂直于泡沫板平面的压缩，(4)面外。

热传导系数随温度变化而变化；PMI 泡沫的热传导系数在 −160℃ 下约为 0.015 W/m·℃，在 +140℃ 下约为 0.048 W/m·℃，对于 PVC 泡沫来说，在

−10℃下约为 0.022 W/m・℃,在＋37℃下线性增加到约 0.05。详细数据可参阅文献[21−23]。

由于缺乏可靠数据,本节没有给出泡沫材料的泊松比。但是,一些没有公开发表的结果显示大多数泡沫的泊松比在 0.2～0.4 的范围内,尽管由于各向异性,各个方向的值会有所不同。多数泡沫夹芯只具有轻微的各向异性,其面内性能(xy 平面)往往相同。需要注意的是,弹性模量 E 是由面外方向(z)给出的,而这正是夹层结构夹芯的关键方向。

2.2.4　性能估算

Gibson 和 Ashby 写了一本很好的关于多孔材料行为的书,其中涵盖了蜂窝和泡沫材料。其理论背景是多孔材料变形的主要模式源于孔壁弯曲而非拉伸或压缩。推导得到的公式可以预测几乎所有力学性能,预测结果与实验结果吻合较好。但是,这些推导建立在未发泡材料的性能已知的前提下,有时微观几何形状如孔壁厚度、孔的形状等也必须是已知的。这种前提通常是不能保证的,而工程师主要关心的是宏观力学性能。因此,具体参见文献[15]。这里主要关注面外变形与应力。这些都已经在文献[15]中给出理论推导,而文献[13]则基于测试。

蜂窝夹芯:蜂窝夹芯的面外性能可以按照以下方法进行估算:

这里两个泊松比 ν_{TL} 和 ν_{TW} 必须与孔壁上的固体材料的泊松比相等。即

$$\nu_{TL} = \nu_{TW} = \nu_s \tag{2.20}$$

式中下标 s 指的是固体材料,例如铝、不锈钢或增强的酚醛树脂。根据相关性理论方法,这意味着

$$\nu_{LT} = \frac{E_L}{E_T}\nu_{TL} \approx 0 \quad \nu_{WT} = \frac{E_W}{E_T}\nu_{TW} \approx 0 \tag{2.21}$$

这是由于 T 方向的杨氏模量比蜂窝面内的杨氏模量高很多。T 方向的杨氏模量可以依据文献[13]进行估算:

$$E_T = \frac{\rho}{\rho_s}E_s \tag{2.22}$$

式中:ρ 是蜂窝的密度;ρ_s 是孔壁材料的密度。Gibson 和 Ashby[15]推导出蜂窝面外剪切模量的上下限是胞孔几何形状的函数,其中规则六边形的所有孔壁具有同等厚度。简化为

$$G_{LT} = G_{WT} = 1.15\left(\frac{t}{s}\right)G_s \tag{2.23}$$

式中:t 是孔壁厚度;s 是六角形胞孔内接圆的直径(见图 2.6)。然而,实际上由于制造的原因,蜂窝在 L 方向上有双层孔壁(见图 2.6),因此剪切模量的估计值应修

正为[13]

$$G_{LT} = \frac{4t}{3s}G_{\mathrm{s}} \quad G_{WT} = \frac{16t}{30s}G_{\mathrm{s}} \tag{2.24}$$

正方形胞孔的面外剪切模量可简单估算为[13]

$$G_{LT} = G_{WT} = \left(\frac{t}{s}\right)G_{\mathrm{s}} \tag{2.25}$$

T 方向上的强度可估算为[15, 13]

$$\hat{\sigma}_T = \frac{\rho}{\rho_{\mathrm{s}}}\hat{\sigma}_{\mathrm{s}} \tag{2.26}$$

多孔泡沫结构：大多数泡沫都具有较大的密度范围，因此首要的设计问题就是选择正确的密度。绝大多数蜂窝与泡沫的材料数据显示其力学性能会随着材料密度的变化而变化。因此，总的来说可得

$$E_{\mathrm{c}} = C_E\rho^k, \quad G_{\mathrm{c}} = C_G\rho^l, \quad \hat{\sigma}_{\mathrm{c}} = C_\sigma\rho^m, \quad \hat{\tau}_{\mathrm{c}} = C_\tau\rho^n \tag{2.27}$$

极限拉伸和压缩强度对应的常数和指数当然会有所不同。在文献[15]中建议开孔泡沫取 $k=2$。如果需要的话，可以很容易地根据本节给出的数据得到相应的曲线。然而需要注意的是，在材料制造商的努力下，材料的发展是一个持续的过程，因此材料的数据也随之经常改变。Gibson 和 Ashby[15] 推导出的公式以未发泡聚合物的特性已知为前提。分析过程中也假定其他一些通常不能获得的数据已知，例如开孔和闭孔的比例、孔壁厚度以及胞孔几何形状。假如一些或者全部特性已知，绝大多数力学特性可以通过 Gibson 和 Ashby[15] 给出的公式计算出。但是像刚才提到的，泡沫夹芯制造商对其产品进行了广泛的材料测试，并提供了较为全面的数据表，几乎可以找到所有力学和物理特性。

2.2.5 疲劳特性

即使在低于静强度许用值的情况下，重复性的应力或变形也常常造成损伤或失效。这种现象通常叫做疲劳，会发生在受波浪撞击的船体、振动的飞机和车辆非移动件或其他类型的受到重复性载荷的结构中。疲劳通常认为是导致结构失效的主要原因，但对于夹层结构却并非如此；众所周知，夹层结构具有优秀的抗疲劳性能。其中一个原因可能是面板在低于疲劳极限的载荷下就会发生局部失稳，同时由于缺乏夹芯材料的疲劳特性的知识，设计出的夹芯往往具有较高的安全裕度。一定要认识到夹层板的各个部分受到不同类型的载荷；面板呈现出几乎完全的薄膜拉伸/压缩特性，夹芯受到纯剪切载荷。在设计过程中可以很容易地将面板的疲劳考虑进来，因为通常来说，特别是对于金属材料和简单加载情况而言，疲劳特性是已知的。另一方面，夹芯受载情况更为复杂，而且几乎没有现成的疲劳数据。重复性的剪切

应力也可能导致胶接的疲劳破坏。还需要注意的是,多数胶黏剂和多孔泡沫夹芯具有较高的黏弹性,这使得疲劳问题变为更为复杂。

一些夹芯材料的无量纲化的剪切疲劳数据如图 2.10～图 2.17 所示。这里,τ_{max} 表示最大交变应力;τ_{cr} 表示夹芯的静态剪切强度;R 表示最小交变应力与最大交变应力的比值,即 $R = \tau_{min}/\tau_{max}$。因而在下面这些图中,$y$ 轴表示最大交变剪应力与极限剪切强度之比。

Werren[25] 的夹层板疲劳试验中使用的块状剪切样件与 ASTM C-273 中的夹芯材料试验样件是同一种类型。使用夹层板而不是夹芯材料纯粹是为了将胶接包含进去。试验材料有好几种,其中几种展示如下。因为面板和夹芯之间的胶接疲劳失效都筛掉了,所以这些试验数据中只有夹芯的疲劳失效。试验频率为 15 Hz,应力比为 $R=0.10$。

如图 2.10 所示为横纹 Balsa 木的一条 S-N 曲线。再次声明,数据仅对应一种密度的 Balsa 木,使用时需谨慎。通常认为,诸如温度和含水量等影响到 Balsa 木的静态特性的因素,可能对疲劳寿命的影响会更大。裂缝形成并沿纤维方向即 A 方向扩展,导致了 Balsa 夹芯的疲劳失效。

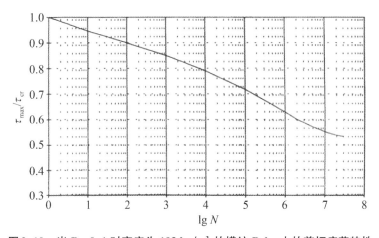

图 2.10 当 $R=0.1$ 时密度为 103 kg/m³ 的横纹 Balsa 木的剪切疲劳特性

接下来,图 2.11 为一种六边形树脂浸渍纸蜂窝的 S-N 曲线,数据出处同上。该曲线与 TW 和 TL 面有关,并且仅对应 80 kg/m³ 这一种密度。

Hexcel[26] 使用与上面描述近似的一种方法在他们的一些蜂窝产品上做剪切疲劳试验。然而,该项目中,试验频率为 20 Hz,且仅进行了 TL 面试验。然而,Werren 在玻璃纤维/酚醛树脂纸蜂窝上做的试验表明,TW 面与 TL 面的疲劳寿命非常相似。图 2.12～图 2.14 展示了该项目的试验结果。

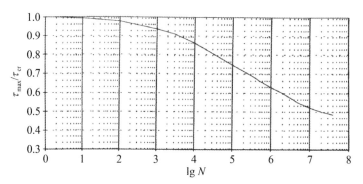

图 2.11 当 $R=0.1$ 时纸蜂窝的剪切疲劳特性[25]

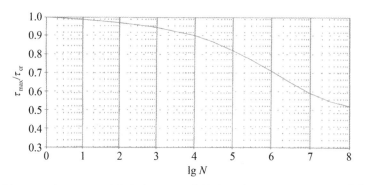

图 2.12 当 $R=0.1$ 时密度为 72 kg/m³ 的产品的 TL 面剪切疲劳特性[26]

注：产品为铝合金 5052(CRIII-1/8-5052-4.5)六边形蜂窝。

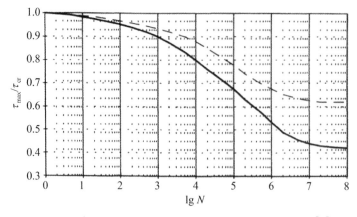

图 2.13 当 $R=0.1$ 时六边形蜂窝的 TL 面剪切疲劳特性[26]

注：实线是密度为 64 kg/m³ 的玻璃纤维/酚醛树脂(HFT-1/8-4.0-实线)；虚线是密度为 80 kg/m³ 碳纤维/酚醛树脂(HFT-G-1/4-5.0-虚线)。

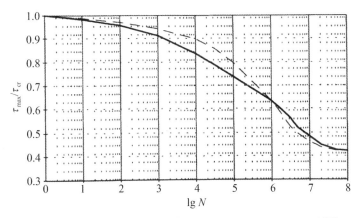

图 2.14 当 *R*＝0.1 时 Nomex⊕ 蜂窝的 *TL* 面剪切疲劳特性[26]

注：实线是密度为 64 kg/m³ 的六边形（HRH10‑1/8‑4.0）；虚线是密度
为 72 kg/m³ 的"柔性芯"（HRH/F50‑4.5）。

脆性的金属箔蜂窝在失稳前就会发生断裂失效，在这一点上不像疲劳性能那么好。穿孔金属箔蜂窝夹芯中疲劳断裂会加快，导致过早失效[13]。由于这些材料数据仅对应于非常有限的几种材料类型和密度，所以仅供参考。如上所述，由于其延展性有差别，各种铝合金蜂窝的疲劳性能都各不相同，使用不同的胶黏剂也会导致疲劳性能的差异。纤维增强蜂窝也是如此。

文献[27]中针对 PVC、PS 及 PUR 泡沫夹芯材料的疲劳性能进行了一项综合试验项目，结果如图 2.15～图 2.17 所示。试验对象是四点受弯的夹层梁，设计的失效模式是夹芯剪切断裂。在四点弯曲布局下，外侧和内侧支撑之间的横向力不变，进而夹芯的剪切应力也不变（见第 11 章）。

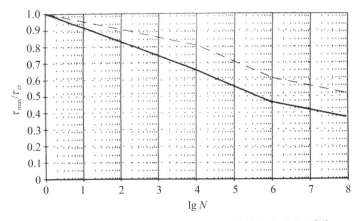

图 2.15 密度为 50 kg/m³ 的 PUR 泡沫的剪切疲劳特性[28]

注：虚线对应 *R*＝0.5，实线对应 *R*＝0.05。

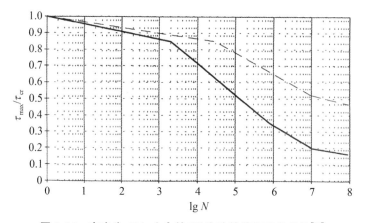

图 2.16　密度为 40 kg/m³ 的 PS 泡沫的剪切疲劳特性[28]

注：数据来自 Styrofoam RTMR。虚线对应 $R=0.5$，实线对应 $R=0.05$。

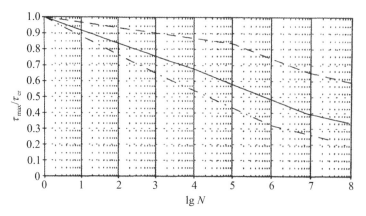

图 2.17　密度为 130 kg/m³ 的 PVC 的剪切疲劳特性[22]

注：数据来自 DivinycellRH130。虚线对应 $R=0.5$，实线对应 $R=0.05$，点划线对应 $R=-1$。

　　文献[27]中发现，夹芯的剪切破坏实际发生在外侧与内侧支撑的中间，几乎不受支撑周围的局部效应的影响。这种样件比块状剪切样件更有优势，因为其不包含导致应力集中的几何不规则，也即应力场较为平滑，内侧和外侧支撑之间的应力接近不变。$r=-1$ 情况下的试验频率为 1.5 Hz，其余均为 5 Hz。由于滞变、塑性流动或摩擦的作用，在使用这些频率的时候，样件不需要整体加热[27]。

　　像 PUR 这样的脆性泡沫会发生剪切失效，产生从一个面到另一面的 45°的剪切裂纹。对于如 PS 和 PVC 这种延展性更好的夹芯，内外支撑之间会发现有微裂纹。这些裂纹逐渐扩展聚集成宏观裂纹，导致最终失效，如图 2.18 所示。

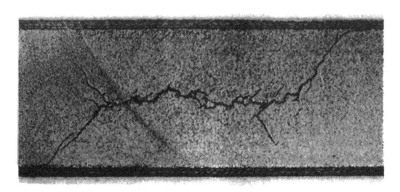

图 2.18　疲劳试验标本破坏区域的照片，标本采用 PVC 泡沫芯材

2.2.6　断裂韧性

夹芯材料的断裂韧性值一般无法在制造商的材料数据表单中找到，通常需要通过试验获得。第 11 章中给出了一些相关的测试方法。表 2.18 给出了一些来自参考文献[31]的断裂韧性数据。

表 2.18　一些泡沫夹芯材料的断裂韧性值[31]

夹芯材料	$K_{\mathrm{I}c}$/MPa $\sqrt{m}$	$K_{\mathrm{II}c}$(加入 ENF)/MPa $\sqrt{m}$	$K_{\mathrm{II}c}$(加入 CSB)/MPa $\sqrt{m}$
PVC 60/$(\mathrm{kg/m^3})$	0.12	0.16	—
PVC 80/$(\mathrm{kg/m^3})$	0.18	0.19	—
PVC 100/$(\mathrm{kg/m^3})$	0.21	0.21	0.48
PVC 200/$(\mathrm{kg/m^3})$	0.45	0.50	—
PMI 51/$(\mathrm{kg/m^3})$	0.08	0.13	0.27

表 2.18 中数据的区别是：$K_{\mathrm{I}c}$ 对应于 I 型加载和扩展，$K_{\mathrm{II}c}$（ENF 样件）对应于 II 型加载，但是裂纹可能会以 I 型扩展，最后 $K_{\mathrm{II}c}$（开裂的夹层梁 - CSB 样件）对应的样件中，载荷是 II 型的，裂纹沿着面板/夹芯界面扩展，也是 II 型的。更多信息参见第 11 章。

2.2.7　夹芯材料的制备和定制

在生产夹层结构前，首先要将块状或片状的夹芯材料制备或定制成特定的形状。很明显，对于现场发泡的夹芯来说，这道工序可以免掉，但对于预制夹芯来说，这就是必需的了。不同材料不同类型的夹芯的制备程序也不同，关于加工、切割速度等的详细信息可以从材料制造商处获得。有时，制造商甚至会提供制备过程等的详细信息或手册[22, 24]。蜂窝的制备与泡沫夹芯的制备有着很大区别，详细描述可见参考文献[13]。

金属蜂窝

铝蜂窝的一般形式是特定厚度的铝蜂窝板或薄片。可以用金属带锯切割或片切铝蜂窝板,最好使用较高的切割速度和细齿刀片。波浪形夹芯的批量生产中还会使用特种锯齿设备。可以用带锯或圆盘切割装置来切割钢制蜂窝。最终的精加工过程中,通常需要使用一些其他的方法来达到所需的公差。

非金属蜂窝

通常带锯可用于切割大多数的非金属蜂窝,但要使用一些特殊的刀刃。参考文献[13]中列出了非金属蜂窝切割的一些特征。Nomex 纸蜂窝是由芳纶纤维制成的(与 Kevlar 同类型),比玻璃纤维和碳纤维复合材料更难加工,因此对其定制时要更加小心。再强调一遍,最好的解决方案是从供应商或制造商处获取专门信息。

泡沫塑料

泡沫塑料可以用许多方法进行加工,如锯切、切割、打磨、铣削、平刨、钻孔、车削甚至热成形。锯切一般包括横截锯切、圆锯切和带锯切,使用的工具与木材和塑料的加工工具相似。必须仔细调整锯切速度,速度太低会导致表面粗糙,速度太高会导致夹芯过热和烧毁。为了获得最好的性能,对不同材料或不同厚度的材料,要选取不同的刀片和锯切速度。

薄片或薄板可以用普通刀片切割,厚一点的板应该先划线再切割,在诸如桌子的边缘以及类似的一些物体上进行。用这种简单的方法可以获得十分整洁的表面。但想要获得更高的切割质量,则需要使用机器,应当仔细调整切削速度以获取好的切割效果。

泡沫夹芯板可以打磨成形,用砂带甚至手工就能完成。打磨后的表面与切割的表面不同,在打磨后的表面上,变形的胞孔具有明显的方向,所以打磨表面的胶接性能比切割表面的差。

尽管标准的铣床和铣头就可以用来加工大多数泡沫夹芯材料,但是专门设计的铣头可以提供更好的加工效果。两刀铣头比四刀铣头好用。使用标准木工机器就可以对泡沫塑料进行平刨加工。尽管车削相比铣削要困难一些,但是铣削的规则在车削过程中也适用。

标准的钻床用来给泡沫夹芯钻孔,需要仔细调整钻头和进给速度以获取好的加工效果。

热成形是加热材料使其软化,在外部压力或真空的条件下,使其在模具里发生塑性变形而改变形状。热固性泡沫也可以热成形,但必须小心地将材料加热到不会发生分解的温度。只有薄板才能成功地进行热成形,厚板热成形比较困难,而且预热和成形需要很长的时间。热塑性泡沫也是这样,如果温度太高,泡沫会融化;如果温度太低,在成形过程中泡沫会断裂。

小批量产品可以使用木制模具,但是批量生产的产品应当使用金属模具。大单曲面产品最好用阳模成形,而小半径产品使用阴模成形的效果更好。成形前,通过循环热空气在炉中进行预热,或者使用 IR -加热器预热。一般材料制造商会给定预热时间和温度。热成形的压力可以由半面模具或者真空袋提供。

某些热固性泡沫和大多数热塑性泡沫也可以在加热的模具中成形。将一张泡沫板切割成比最终产品大些,然后将其置于加热的密封模具中,在一定的压力下成形。成形过程中,夹芯表面会坍缩或被压缩,但夹芯内部通常保持不变。热成形过程和复合材料层压板的热压成形相似。

2.3　胶黏剂

先讨论在夹层结构中使用的胶黏剂的基本特点,夹层结构中的胶黏剂使用要求与胶黏剂的通常使用有些不同,因为夹层结构的胶接涉及两种差别较大的结构组分,一种是较硬的面板部分,一种是较软的夹芯,所以选择胶黏剂时,必须考虑多方面因素。

2.3.1　对胶黏剂的要求

下面总结了夹层板胶接中对胶黏剂和黏接件的要求。

表面处理

金属材料和复合材料面板在进行类似金属-金属、复合材料-复合材料粘接前,需要进行表面处理。表面处理通常包括机械或化学清洁,有时还包括抛光处理。抛光预处理往往会显著提高金属表面的粘接效果。夹芯清洁起来可能比较困难,但是需要像对待所有夹芯一样对其进行必要的处理,应该把颗粒、油脂和其他影响粘接的物质清除掉。可以用真空吸尘器或无油的压缩空气除尘,金属蜂窝上的油脂可以用浸入液体(例如三氯乙烯)的方式除去。泡沫和木材去除油脂非常困难,最好确保粘接前夹芯不暴露在这些物质中。某些情况下,需要对夹芯进行锯切和打磨处理以去除表层,从而使夹芯的粘接表面变得干净。锯切和打磨泡沫要确保工具锋利,这样才能彻底切断所有的孔壁,如果工具不够锋利,就会使损坏的胞孔表面的一部分连在孔壁上,像盖子一样盖在胞孔上,这样,胶黏剂就会和盖子粘接,而没有渗入到表面的胞孔中,粘接效果比较差。

溶剂

某些夹芯材料对某些溶剂高度敏感,如聚苯乙烯泡沫对苯乙烯敏感,聚酯和乙烯基酯就不能用作胶黏剂,因为其包含苯乙烯。环氧树脂和聚氨酯可以用在聚苯乙烯(PS)泡沫上。选择胶黏剂前需要对相关情况进行一些调查研究。

固化挥发分

某些胶黏剂,如酚酸,固化时会释放挥发分。因为粘接面位于面板和夹芯之间的封闭空间里,所以固化挥发分会导致下面的一些问题:

（1）固化时，内部压力的积聚会阻止表面的粘接，导致脱粘。

（2）压力会损坏夹芯。

（3）固化时夹芯材料会移动，生成废件。

（4）挥发分的化学作用会腐蚀面板和夹芯材料。

粘接压力

在固化过程中，一些胶黏剂需要一定的粘接压力来阻止胶黏剂中气孔的产生，必须确保在施加粘接压力的时候不压坏夹芯。

胶黏剂黏度

粘接蜂窝夹芯时，胶黏剂的表面润湿性和控制流动必须正确匹配，才能不流入胞孔内[19]。若胶黏剂能够在一定程度上流到胞壁上，则能够增加夹芯的粘接面积。在泡沫和木材夹芯的夹层结构中，胶黏剂的黏度必须足够低以保证胶黏剂能够完全充满表面的胞孔，使余留的空气尽可能地少。施加粘接压力时，低黏度的胶黏剂有另外一个优点，就是胶黏剂能够从胶黏剂多的地方流向胶黏剂少的地方，使得粘接面厚度均匀。但另一方面，如果黏度太低，粘接压力会挤压面板和夹芯之间的胶黏剂，使得粘接面过薄。

粘接厚度

胶黏剂的量必须足够多以确保两个黏接面的适当湿润，没有干表面存在。根据胞孔的大小、胞孔形状和胶黏剂种类等，每种夹芯材料需要的胶黏剂的量都不同。夹芯材料制造商通常会提供这些信息。黏接面的厚度不应该大于必要的厚度，以免增加结构件的重量。

强度

胶接必须能够传递设计载荷，即胶接必须具有所需的拉伸强度和剪切强度。即使粘接具有所需要的静强度，但仍会由于疲劳导致过早失效。大多数胶黏剂的强度会随温度变化。使用的胶黏剂必须在其最终使用环境温度范围内具有足够的强度。

热应力

粘接失效的最常见原因是热应力。如果面板被太阳光或其他热源加热，会由于热膨胀而发生变形。大多数夹芯材料都是良好的隔热材料，因此，在黏接面上存在很大的热梯度。这意味着面板和夹芯之间的界面上的剪切应力会变大，导致脱粘。如果结构在这样的环境中使用，那么就需要使用具有高延展性的胶黏剂，也即具有高失效应变的胶黏剂。

韧性

胶黏剂的韧性关系到冲击载荷作用下胶黏剂对界面裂纹形成和扩展的抵抗能力。这里的韧性主要取决于几个参数，如胶黏剂的黏性、黏接厚度、表面处理、面板材料、夹芯材料和夹芯胞孔尺寸等[8]。现在市场上有一些可以提高耐冲击能力的增韧胶黏剂，通常是在普通的树脂里添加了橡胶等弹性体颗粒。

黏弹性

大多数胶黏剂都有明显的黏弹性行为,也就是其强度和刚度不仅依赖温度,还依赖加载速率。一般来说,由于应力松弛或者蠕变,胶黏剂会在加载速率降低时刚度下降、延展性提高。存在高的热梯度时,高黏弹性的胶黏剂具有优势。

固化收缩

某些胶黏剂树脂如聚酯,在固化时会有明显的体积变化。实际上,从没有固化到完全固化状态,通常体积缩减多达 7%。当黏接对象是高硬度夹芯材料例如高密度泡沫时,收缩会使界面上产生较大的剪切应力。当湿的层压板直接铺放到夹芯上面时,这种问题更突出,这时,树脂本身就起到胶黏剂的作用。如果只有一边的面板铺放在夹芯上,那么固化时整个板会弯曲。界面剪切应力值大到足以显著降低胶接强度[32]。

固化放热

多数热固性胶黏剂在固化过程中都会放热。由于胶层很薄并分布在较大面积上,放热通常不是问题。但如果一整块完全湿的层压板铺放在夹芯上固化,由于夹芯具有非常好的隔热性,热量只能从层压板的一个方向流出,那么放热就会使温度升高到足以损坏夹芯和层压板。

2.3.2　胶黏剂及其性能

现在存在大量的胶黏剂,本节提到了许多。大多数都是用于特殊目的,例如,特定的 PUR 用来粘接不锈钢,增韧环氧树脂用于粘接高温条件下的铝合金制件等。本节仅介绍了最常用的几种胶黏剂及其各自的主要特点。胶黏剂的选择,首要的是寻找一种胶黏剂,满足结构所需要的力学性能,并且根据结构的使用环境,使得胶黏剂能够具有良好黏合性,同时还要考虑疲劳、耐热性、强度、老化和蠕变等性能。所幸市场上有大量的胶黏剂,能够满足每种可能的夹层结构材料组合和粘接所需的力学性能要求。而且,胶黏剂必须满足其使用环境的要求。此外,健康考虑、制造技术、固化时间、固化温度和特殊工装需要等,也同样决定特定的应用条件和特定的生产环境下胶黏剂体系的选择,而且对选择有非常大的影响。

环氧树脂

环氧树脂是低温固化树脂,通常温度范围为 20～90℃,但有一些配方用于在高的温度下固化(130～220℃)。环氧树脂的优点是没有溶剂,固化时不产生易挥发副产品,而且具有低的体积收缩率。由于没有溶剂的特性,使得环氧树脂几乎能用在任何一种芯材材料上。环氧树脂可以以糊糊、粉末、薄膜或者固体胶黏剂的形式使用,通常具有很好的力学性能,在室温下剪切强度约为 20～25 MPa[13]。用抛光机对金属表面进行预处理,能提高金属间的黏接性能。环氧树脂的主要缺点是会引起严重的健康问题。

改性环氧树脂

增韧环氧树脂与普通的环氧树脂相似,但是其混有合成橡胶,如聚硫橡胶,能够显著提高抗剥离性能。橡胶所占比例越大,韧性越强,但蠕变趋势也相应地增大,同时耐热性也会降低。其他的改性为加入尼龙来改善倒角和控制流动,这些类型对湿度非常敏感。用丁腈代替尼龙混入环氧树脂中,可以获得相同的优点,而且能具有相同的抗湿性能。大多数增韧热固胶黏剂,通常使用温度约为150℃。增韧环氧树脂的剪切强度约为35 MPa,在粘接蜂窝夹层结构时,增韧环氧树脂薄膜是应用最常见的材料。

酚酸

酚酸胶黏剂具有非常好的强度、高温力学性能和延展性。主要缺点是固化时会产生水,这就需要通风排气。酚酸黏度很高,所以必须使用胶膜的形式。这些特点限制了酚酸的使用,在蜂窝夹芯的生产过程中,通风排气没有障碍,但是需要高温粘合。排气处理使得酚酸不适合用于粘接夹层结构[8],除非可以进行排气处理。酚酸胶黏剂经常添加合成橡胶来提高其韧性。

聚氨酯

聚氨酯(PUR)胶黏剂是粘接夹层结构应用最广泛的胶黏剂,可以粘接大多数材料,具有优良的黏合性能。在一定的黏度范围内,可以以浆糊或者液体形式使用,有或长或短的固化时间,具有耐火性和防水性[33]。PUR胶黏剂实际上没有溶剂,所以环境友好,具有很少的有毒树脂。有两种不同类型的PUR胶黏剂,分别为单组分湿法固化PUR胶黏剂和双组分PUR胶黏剂。单组分PUR胶黏剂就是预先反应的双组分PUR胶黏剂,当其暴露在潮湿气体中时,会继续固化,形成双组分PUR胶黏剂。粘接前在表面上喷水,可以得到固化所需的湿度,固化的开始可以从几分钟变化到几小时,这主要取决于胶黏剂的选取。双组分PUR胶黏剂由不同的多元醇、水性清除剂、催化剂、耐火剂、填料等构成。固化剂通常是聚亚甲基二苯基二异氰酸酯,其是所有异氰酸酯中挥发最少的。混合时,可用时间从5分钟到几小时的范围内变化,从液体到糊状。PUR胶黏剂适于喷洒、滚动和刷洗。固化必须在压力下进行,最好是机械压力,但是在制造夹层结构时一般采用真空。加热会大幅度降低固化时间。PUR胶黏剂主要应用在夹芯材料为泡沫和轻木的夹层结构的粘接上。

聚氨酯丙烯酸酯

聚氨酯丙烯酸酯是和聚酯和乙烯基酯兼容的一种树脂,实际上,丙烯酸酯如此兼容,可以在湿聚酯层板上合并。聚氨酯丙烯酸酯非常坚韧,几乎没有体积收缩。在泡沫芯的GRP夹层结构中,在第一个加固层上使用聚氨酯丙烯酸酯,就是离夹芯最近的那层,可以大幅度提高层板和夹芯的粘合性能[34]。其余的层板润湿后,在丙烯酸酯的顶部使用聚酯,仍会有良好的内部层板粘合。

聚酯和乙烯基酯

聚酯和乙烯基酯是在航空业以外应用最广泛的增强塑料复合材料基体。预先制造的层压板,在与泡沫或木材夹芯粘接时,可以使用层压板中用的树脂,而且在许多情况下,其能够提供足够的黏接性能。在上面的过程中,必须有足够的树脂来填充表面胞内,否则会在黏合线上留下干燥的区域,这些树脂的问题是其固化体积收缩会产生较高的界面剪切应力,降低收缩的影响应用一薄层树脂充填夹芯表面,仅填充那些再应用其他层压板之前可以发生固化的表面胞内。

参考文献

[1] Allen H G. Analysis and Design of Structural Sandwich Panels [M]. Pergamon Press, Oxford, 1969.

[2] Formelsamling i Hallfasthetslara. Department of Solid Mechanics, Kungliga Tekniska Hogskolan, Stockholm, Sweden, and Publikation 104 (in Swedish) [M]. 9 th Edition, 206 - 217.

[3] Jansson J - F, Olsson K - A, Sorelius S - E. Fiber Reinforced Plastics 1, Swedish Tech Books [M]. Solna, Sweden, 1979.

[4] Tsai S W, Hahn H T. Introduction to Composite Materials, Technomic [M]. Lancaster PA, USA.

[5] Jones R M. Mechanics of Composite Materials [M]. Scripta Book Company, Washington D. C. , 1975.

[6] Astrom B T. Analyses of Manufacturing Methods for Thermoplastic-Matrix Composites [R]. Department of Aeronautics, Kungliga Hogskolan, Stockholm, Sweden, Report 91 - 24, 1991.

[7] Modern Plastics Encyclopedia [M]. McGraw-Hill, New York, 1990.

[8] Marshall A. Sandwich Construction, in Handbook of Composites [M]. ed. George Lubin, Van Nostrand Reinhold Company, New York, 1982,557 - 601.

[9] Caprino G, Teti R. Sandwich Structures handbook [M]. Edizioni Il Prato, Padua, Italy,1989.

[10] High Modulus New Zealand Ltd. Materialdata for fiber-composite laminate [M].

[11] ICI Fiberrite Data Sheet, ICI [R].

[12] Design Data-ACI Fibreglass ACI Australia Limited [R].

[13] Structural Sandwich Composites. MIL - HDBK - 23A, Government Printing Office [S]. Washington D. C. , USA, Dec 1968.

[14] Baltek Corporation Technical Data Sheet [R]. 10 Fairway Court, P. O. Box 195,Northvale, NJ 07647,USA.

[15] Gibson L J, Ashby M F. Cellular Solids-Structure and Properties [M]. Pergamon Press, Oxford, 1988.

[16] ECA-honeycomb data sheet [R]. Euro Composites S. A. , P. B. 95, Zone Industrielle, L -

6401 Echternach, Luxenburg.

[17] Honeycomb Products Inc. , Vertical data sheet [R]. 9700 Bell Range Drive, Santa Fe Springs, CA 90670 - 2981, USA.

[18] Mechanical Properties of Hexcel Honeycomb Materials [S]. TSB 120, Hexcel Corporation, Dublin, California, 1982.

[19] The Basics on Bonded Sandwich Constructions [S]. TSB 124, Hexcel Corporation, Dublin, California, 1986.

[20] Caddock B D, Evans K E, Masters I G. Honeycomb Cores with Negative Poisson Ratio for Use in Composite Sandwich Panels [C]. Proceeding of the ICCM/VIII, 3 - E, 1991, Eds. G. S. Springer and S. W. Tsai.

[21] Styrofoam Data Sheet [R]. Dow Europe, Uxbridge, Middlesex, UK.

[22] Divinycell, Design Manual [R]. DIAB International AB, Laholm, Sweden.

[23] Airex, Technical Data Sheet [R]. Airex Ltd, Speciality Foams, Sins, Switzerland.

[24] Rohacell and Rogacell W F, Technical Data Sheet [R]. Rohm, Darmstadt, Germany

[25] Werren F. Shear-Fatigue Properties of Various Sandwich Constructions [R]. U. S. Forest Products Laboratory Report 1837, 1952.

[26] Hexcel Corporation [G]. Dublin, California, USA.

[27] Olsson K - A, Lonno A. Shear Fatigue of the Core and Peeling of Skins in GRP-Sandwich [R]. Department of Aeronautics, Kungliga Tekniska Hogskolan, Stockholm, Sweden, Report 90 - 4, 1990.

[28] Dow Europe [G]. Middlesex, UK.

[29] Zenkert D. Fracture Toughness of Cellular Foam Core Materials [R]. Department of Aeronautics, Kungliga Tekniska Hogskolan, Stockholm, Sweden, Report 91 - 1, 1991.

[30] Zenkert D, Groth H. The Influence of Flawed Butt-Joints on the Strength of Sandwich Beams [C]. in Processding of the First International Conference on Sandwich Constructions. Eds. Karl-Axel Olsson and R. P. Reichard, Srockholm,1989,EMAS Ltd. , UK, 363 - 381.

[31] Schubert O. Fracture Toughness Tests of Sandwich Core Materials [R]. Department of Aeronautics, Kungliga Tekniska Hogskolan, Stockholm, Sweden, 94 - 3,1994.

[32] Astrom B T. Curing Shrinkage in the Interface between the Core and the Face in Sandwich Panels [C]. M. Sc. thesis (in Swedish), Department of Aeronautics, Kungliga Tekniska Hogskolan, Stockholm, Sweden.

[33] Strobeck C. One-and Two-Component Polyurethane for Bonding Sandwich Elements [C]. in Proceeding of the First International Conference on Sandwich Constructions, Eds. Karl-Axel Olsson and R. P. Reichard, Stockholm, 1989, EMAS Ltd. ,UK, 261 - 277.

[34] Norwood L S. The Use of Tough Resin Systems for Improved Frame to Hull Bonding in GRP Ships [C]. in Proceeding of the First International Conference on Sandwich Constructions, Eds. Karl-Axel Olsson and R. P. Reichard, Stockholm, 1989, EMAS, Ltd. , UK, 272 - 290.

3　梁　的　分　析

本章给出了用于分析和设计夹层梁的公式。叙述中省略了公式的推导过程，只给出最终结果、相关公式的限制条件、是否为精确解或近似解、公式的精度和使用方法。本章的理论与考虑剪应力和横向剪切变形的普通工程梁理论是一样的，通常称作"铁木辛柯梁理论"。为了简化，所有梁都假设为单位宽度。因此，所有的载荷、弯矩、刚度等都定义为单位宽度的值。本章的理论仅仅是对 Allen[1] 和 Plantema[2] 所著书中内容的概括总结。

3.1　定义和符号

本章用到的符号如图 3.1 所示。力和应力指向坐标系正向或面的正法向时，为正值。图中，作用于右表面且沿 x 轴正向的 σ_x 为正。产生正向变形的弯矩为正值。

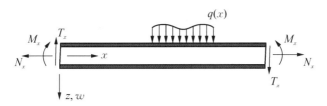

图 3.1　用于应力、载荷和弯矩的符号定义

u——沿全局坐标 x 方向的变形；
w——沿全局坐标 z 方向的变形。
应变为

$$\varepsilon_x = \frac{\partial u}{\partial x} = \frac{z}{R} = -z\frac{\partial^2 w}{\partial x^2}$$

$$\gamma_{xz} = \frac{\partial u}{\partial z} + \frac{\partial w}{\partial x} \tag{3.1}$$

这里曲率 κ_x 是曲率半径 R_x 的倒数。

3.2 弯曲刚度

1）对称夹层

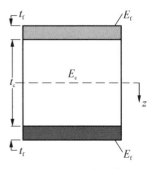

对于对称夹层截面，即上下面板采用相同材料且具有相同厚度，如图 3.2 所示，可推出

$$
\begin{aligned}
D = \int E z^2 \, \mathrm{d}z &= \frac{E_\mathrm{f} t_\mathrm{f}^3}{6} + 2 E_\mathrm{f} t_\mathrm{f} \left[\frac{d}{2} \right]^2 + \frac{E_\mathrm{c} t_\mathrm{c}^3}{12} \\
&= \frac{E_\mathrm{f} t_\mathrm{f}^3}{6} + \frac{E_\mathrm{f} t_\mathrm{f} d^2}{2} + \frac{E_\mathrm{c} t_\mathrm{c}^3}{12} \\
&= 2 D_\mathrm{f} + D_0 + D_\mathrm{c}
\end{aligned} \tag{3.2}
$$

图 3.2　对称夹层截面

式中：$2D_\mathrm{f}$ 是上下面板对其自身中轴线的弯曲刚度；D_0 是上下面板对中性轴的弯曲刚度；D_c 是夹芯的弯曲刚度；d 是上下面板中心间的距离，即 $d = t_\mathrm{f} + t_\mathrm{c}$。

面板较薄时的近似：

$$
\frac{2D_\mathrm{f}}{D_0} < 0.01, \ 若 \ 3 \left(\frac{d}{t_\mathrm{f}} \right)^2 > 100 \quad 或 \quad \frac{d}{t_\mathrm{f}} > 5.77 \tag{3.3}
$$

弱夹心时的近似：

$$
\frac{D_\mathrm{c}}{D_0} < 0.01, \ 若 \ \frac{6 E_\mathrm{f} t_\mathrm{f} d^2}{E_\mathrm{c} t_\mathrm{c}^3} > 100 \tag{3.4}
$$

若以上关系均满足，则近似为

$$
D = D_0 = \frac{E_\mathrm{f} t_\mathrm{f} d^2}{2} \tag{3.5}
$$

2）不对称夹层（不同面板）

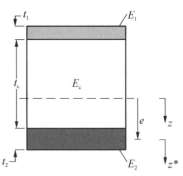

不对称夹层截面具有不同的面板，即上下面板的材料和/或厚度不同，如图 3.3 所示。

在计算此截面的弯曲刚度之前，要找出其中性轴的位置。对整个截面进行积分，静矩为零的位置即为中性轴。从下面板的中轴线到中性轴的距离 e 可由下式计算：

$$
\begin{aligned}
&E_1 t_1 \left(\frac{t_1}{2} + t_\mathrm{c} \right) + E_\mathrm{c} t_\mathrm{c} \left(\frac{t_\mathrm{c}}{2} + \frac{t_2}{2} \right) \\
&= e \left[E_1 t_1 + E_\mathrm{c} t_\mathrm{c} + E_2 t_2 \right]
\end{aligned}
$$

图 3.3　上下面板不同的夹层截面

弯曲刚度为

$$D = \frac{E_1 t_1^3}{12} + \frac{E_2 t_2^3}{12} + \frac{E_c t_c^3}{12} + E_1 t_1 (d-e)^2 + E_2 t_2 e^2 + E_c t_c \left(\frac{t_c + t_2}{2} - e \right)^2 \quad (3.6)$$

式中：$d = \frac{t_1}{2} + t_c + \frac{t_2}{2}$（面板中心线间的距离）。前两项的和可以写为 $2D_f$，第三项和第五项的和记为 D_c，第四项记为 D_0。

若夹心层较弱，$E_c \ll E_f$，弯曲刚度为（弱夹心近似）

$$D = \frac{E_1 t_1^3}{12} + \frac{E_2 t_2^3}{12} + \frac{E_1 t_1 E_2 t_2 d^2}{E_1 t_1 + E_2 t_2} \quad (3.7)$$

若夹心较弱，$E_c \ll E_f$，且面板为薄板，t_1，$t_2 \ll t_c$（薄板近似），则

$$D = D_0 = \frac{E_1 t_1 E_2 t_2 d^2}{E_1 t_1 + E_2 t_2} \quad (3.8)$$

3.3 应力和应变

1）正应力和正应变

由弯曲在面板和夹芯引起的正应力为

$$\varepsilon_x = \frac{M_x z}{D}, \text{因此} \ \sigma_f = \frac{M_x z E_f}{D} \quad (3.9)$$

因此，一个面板为拉应力，另一面板为压应力。z 坐标如图 3.2 和图 3.3 中定义的，需要在面板内测量，且模量应该是所计算面板的模量。

$$\varepsilon_c = \frac{M_x z}{D}, \text{因此} \ \sigma_c = \frac{M_x z E_c}{D} \quad (3.10)$$

其中 z 坐标要在夹芯内测量。因此，正应力在每一组分内线性变化，但会在面板/夹芯交界面出现跳跃。在薄板假设下，$(t_1$，$t_2 \ll t_c)$ 且夹心层较弱（$E_c \ll E_f$），可得到

$$\sigma_{f1} = -\frac{M_x(d-e)E_f}{D_0} \approx \pm \frac{M_x}{t_1 d}, \quad \sigma_{f2} = -\frac{M_x e E_f}{D_0} \approx \pm \frac{M_x}{t_2 d} \quad (3.11)$$

弯矩为正值时，上面板应力为负值，下面板应力为负值。面内载荷引起的正应力和正应变可以简单写为

$$\varepsilon_{x0} = \frac{N_x}{E_1 t_1 + E_2 t_2 + E_c t_c}, \quad \sigma_{f1} = \varepsilon_{x0} E_1, \ \sigma_{f2} = \varepsilon_{x0} E_2, \ \sigma_c = \varepsilon_{x0} E_c \quad (3.12)$$

其中 ε_{x0} 是沿中性轴的应变。然后，可以对由弯曲和面内载荷引起的应力和应变进行叠加。

2）剪应力

对称夹层板面板和夹心处的剪应力为

$$\tau_{\mathrm{f}}(z) = \frac{T_x}{(D_0 + 2D_{\mathrm{f}})} \frac{E_{\mathrm{f}}}{2}\left(\frac{t_{\mathrm{c}}^2}{4} + t_{\mathrm{c}}t_{\mathrm{f}} + t_{\mathrm{f}}^2 - z^2\right)$$

$$\tau_{\mathrm{c}}(z) = \frac{T_x}{D}\left[\frac{E_{\mathrm{f}}t_{\mathrm{f}}d}{2} + \frac{E_{\mathrm{c}}}{2}\left(\frac{t_{\mathrm{c}}^2}{4} - z^2\right)\right]$$

(3.13)

最大剪应力出现在中性轴上，即当 $z=0$ 时，在夹板/夹芯交界面上有最小夹芯剪应力：

$$\tau_{\mathrm{c,\,max}}(z=0) = \frac{T_x}{D}\left(\frac{E_{\mathrm{f}}t_{\mathrm{f}}d}{2} + \frac{E_{\mathrm{c}}t_{\mathrm{c}}^2}{8}\right), \quad \tau_{\mathrm{c,\,min}} = \tau_{\mathrm{f,\,max}} = \frac{T_x}{D}\left(\frac{E_{\mathrm{f}}t_{\mathrm{f}}d}{2}\right) \quad (3.14)$$

最大和最小剪应力的比值小于 1%，若

$$\frac{4E_{\mathrm{f}}t_{\mathrm{f}}d}{E_{\mathrm{c}}t_{\mathrm{c}}^2} > 100$$

(3.15)

则不对称夹层板的剪应力可写为：

对于 $z<0$（面板 1 和在面板 1 与中性轴间的夹芯部分）

$$\tau_{\mathrm{f1}}(z) = \frac{T_x}{D}\frac{E_1}{2}\left[\left(d - e + \frac{t_1}{2}\right)^2 - z^2\right]$$

$$\tau_{\mathrm{c}}(z) = \frac{T_x}{D}\left[E_1 t_1(d-e) + \frac{E_{\mathrm{c}}}{2}\left(d - e - \frac{t_1}{2}\right)^2 - z^2\right]$$

(3.16)

对于 $z>0$（面板 2 和在面板 2 与中性轴间的夹芯部分）

$$\tau_{\mathrm{f2}}(z) = \frac{T_x}{D}\frac{E_2}{2}\left[\left(e + \frac{t_2}{2}\right)^2 - z^2\right]$$

$$\tau_{\mathrm{c}}(z) = \frac{T_x}{D}\left[E_2 t_2 e + \frac{E_{\mathrm{c}}}{2}\left(e - \frac{t_2}{2}\right)^2 - z^2\right]$$

(3.17)

当假设夹芯部分很弱时，夹芯部分的最大剪应力写为

$$\tau_{\mathrm{c,\,max}} = \frac{T_x}{D}\frac{E_1 t_1 E_2 t_2 d}{E_1 t_1 + E_2 t_2}$$

(3.18)

当同时假设面板为薄板时，式（3.18）进一步简化为

$$\tau_{\mathrm{c,\,max}} = \frac{T_x}{d}$$

(3.19)

3）近似

以上方程的结论概括了夹层结构的研究方法或载荷和应力分布原则：上下面

板以拉应力和压应力的方式承担弯矩,夹芯以剪应力方式承担横向载荷。

对于上述不同程度近似的应力分布,可以将应力作为 z 的函数以图形形式表示出来,图 3.4 画出的是对称夹层板的应力随 z 变化关系图。

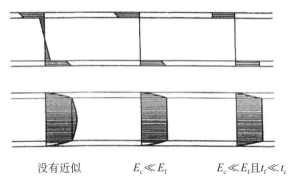

没有近似　　　　　　$E_c \ll E_f$　　　　　　$E_c \ll E_f$ 且 $t_f \ll t_c$

图 3.4　不同近似方案对应的正应力和剪应力

3.4　横向剪切变形和剪切刚度

如图 3.5 所示,当一个结构单元承受剪载荷时会产生形变,但体积不改变。这个变形可以分为两部分,横向[见图(b)]和面内[见图(c)]剪切变形。

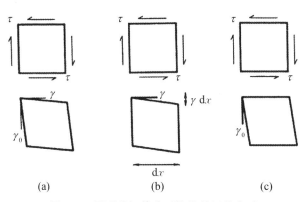

图 3.5　承受剪切载荷时结构单元的变形

如图 3.5 所示,单元的横向变形等于 $\gamma \mathrm{d}x$(这里是 γ_{zx}),为计算出总变形必须进行积分,如沿梁的长度积分。但是,必须首先知道剪应变和剪切刚度。对夹层梁截面来说,必须用能量平衡方程来计算剪切刚度。剪切刚度 S,通过计算截面的平均剪切角度得到,$\mathrm{d}w_s/\mathrm{d}x$,即

$$\frac{1}{2} T_x \frac{\mathrm{d}w_s}{\mathrm{d}x} = \frac{1}{2} \int \tau_{zx}(z) \gamma_{zx}(z) \mathrm{d}z$$

这里定义

$$\frac{\mathrm{d}^2 w_{\mathrm{s}}}{\mathrm{d}x^2} = \frac{1}{S}\frac{\mathrm{d}T_x}{\mathrm{d}x}。 \tag{3.20}$$

用夹层梁的薄面板近似处理，$t_{\mathrm{f}} \ll t_{\mathrm{c}}$，弱夹心：$E_{\mathrm{c}} \ll E_{\mathrm{f}}$，假设面板的剪切模量较大，又已知 $\tau_{xz} = T_x/d$，于是

$$S = \frac{G_{\mathrm{c}}d^2}{t_{\mathrm{c}}} \tag{3.21}$$

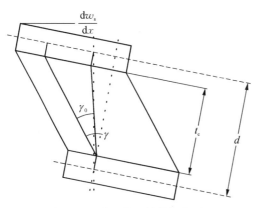

图 3.6　夹层单元的剪切变形

可见，这个表达式与上面用积分计算的是一致的。事实上，对于大多数夹层结构的尺寸和材料，真实值和近似值的差距往往小于 1%。剪切变形可能是横向的（对称加载），或面内的，或两者兼有（不对称加载）。如图 3.6 所示，假设剪切变形只发生在夹芯处且变形是线性的，如上面所示 $E_{\mathrm{c}} \ll E_{\mathrm{f}}$，得到的夹芯层剪应力和剪应变都为定值。

在图 3.6 中，给出了一个单元体的变形是横向和面内的，面内变形记作 γ_0，夹芯层的总变形记作 γ。由几何关系可得出

$$\frac{\mathrm{d}w_{\mathrm{s}}}{\mathrm{d}x}d = (\gamma - \gamma_0)t_{\mathrm{c}} \Rightarrow \frac{\mathrm{d}w_{\mathrm{s}}}{\mathrm{d}x} = \frac{T_x}{S} - \frac{\gamma_0 t_{\mathrm{c}}}{d} \tag{3.22}$$

由于 $\gamma = \tau_{\mathrm{c}}/G_{\mathrm{c}} = T_x/G_{\mathrm{c}}d$，因此，$S$ 等于 $G_{\mathrm{c}}d^2/t_{\mathrm{c}}$（也能通过上面的假设推出来）。于是，变形可由积分获得，为

$$w_{\mathrm{s}} = \int_0^x \left(\frac{T_x}{S} - \frac{\gamma_0 t_{\mathrm{c}}}{d} \right)\mathrm{d}x = \frac{M_x}{S} - \frac{\gamma_0 t_{\mathrm{c}} x}{d} + 常数 \tag{3.23}$$

余下两项未知的常数项由边界条件推出。在大多数情况下加载是对称的，使得 $\gamma_0 = 0$。

3.5　变形分量

对任何类型的夹层结构，变形通常分为两部分：

（1）弯矩引起的变形——弯曲 w_{b}；

（2）横向力引起的变形——剪切 w_{s}。

在经典的各向同性截面结构分析中,剪切变形一般可忽略,除非研究对象的跨度很小。因为剪切部分 w_s 通常只是弯矩 w_b 的一小部分。不过,对于短梁或剪切刚度比较低的截面,这个变形部分必须包含在内。对于夹层梁截面剪切刚度一般比较低。对于薄面板夹层梁,两变形分量可以叠加为 $w = w_b + w_s$,如图 3.7 所示。

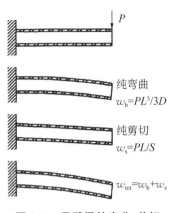

图 3.7　悬臂梁的弯曲、剪切和整体叠加变形

3.6　惯性载荷

1) 垂直惯性

垂直惯性载荷是承受加速度 $\partial^2 w/\partial t^2$ 时作用在单元上的体积力,为

$$f = \int \rho \frac{\partial^2 w}{\partial t^2} \mathrm{d}z = -\rho^* \frac{\partial^2 w}{\partial t^2}, \quad \rho^* = \int \rho \mathrm{d}z = \rho_1 t_1 + \rho_2 t_2 + \rho_c t_c \tag{3.24}$$

式中 ρ^* 为单位长度的质量。当梁是变截面时,此质量肯定是关于 x 的函数。因此,在正 w 方向的加速度(向下)就会引起一个反向(向上)的体积力。

2) 旋转惯性

弯曲时截面会发生转动,且这个转动等于 $\mathrm{d}w_b/\mathrm{d}x$。如果假设为薄面板,就意味着在截面内的剪应变是常数,则 x 位移可写为

$$u = -z \frac{\partial w_b}{\partial x}$$

因为 $\varepsilon_x = -z \dfrac{\partial^2 w_b}{\partial x^2}$,当有加速度时,弯矩惯性为

$$M_R = -\int \rho z \frac{\mathrm{d}^2 u}{\mathrm{d}t^2} \mathrm{d}z = \int \rho z^2 \frac{\mathrm{d}^3 w_b}{\mathrm{d}x\mathrm{d}t^2} \mathrm{d}z = R \frac{\mathrm{d}^3 w_b}{\mathrm{d}x\mathrm{d}t^2} \tag{3.25}$$

式中:M_R 当与 M_x 同向时定义为正向;R 是旋转惯性。也就是说,正的角加速度产生正的弯矩。这种计算 R 的方法与计算弯曲刚度 D 的方法是相同的,不过是把 E 换为 ρ。因此

$$R = \frac{\rho_1 t_1^3}{12} + \frac{\rho_2 t_2^3}{12} + \frac{\rho_c t_c^3}{12} + \rho_1 t_1 (d-e)^2 + \rho_2 t_2 (d-e)^2 + \rho_c t_c \left(\frac{t_c}{2} - e\right)^2 \tag{3.26}$$

注意在表达式中夹芯部分的贡献(第三项和第六项)可能很重要,因为 ρ_f/ρ_c 的值通常小于 E_f/E_c。

3.7 平衡方程

平衡方程有以下的形式：

垂直方向 $\qquad \dfrac{\partial T_x}{\partial x} + q + N_x \dfrac{\partial^2 w}{\partial x^2} - r^* \dfrac{\partial^2 w}{\partial t^2} = 0$ $\qquad$ (3.27)

力矩 $\qquad -T_x + \dfrac{R \partial^3 w_b}{\partial x \partial t^2} + \dfrac{\partial M_x}{\partial x} = 0$ $\qquad$ (3.28)

这里包含 ρ^* 和 R 的项源于惯性，在静态或是准静态加载下是可以省略的。如果载荷是静止的，就有

$$\frac{\partial T_x}{\partial x} = -q, \quad T_x = \frac{\partial M_x}{\partial x} \qquad (3.29)$$

3.8 梁的控制方程

1）静态梁方程——薄面板

静态载荷梁的控制方程，即仅有静态横向和面内载荷且面板较薄时为

$$D \frac{\mathrm{d}^4 w}{\mathrm{d}x^4} = \left(1 - \frac{D}{S} \frac{\mathrm{d}^2}{\mathrm{d}x^2}\right)\left(q + N_x \frac{\mathrm{d}^2 w}{\mathrm{d}x^2}\right) \qquad (3.30)$$

2）变形分量下的静态梁方程——薄面板

这个方程通过全变形场定义，也可以用下面的关系通过变形分量定义

$$S \frac{\mathrm{d}^2 w_s}{\mathrm{d}x^2} = -D \frac{\mathrm{d}^4 w_b}{\mathrm{d}x^4} \qquad (3.31)$$

并考虑到以下两个微分方程：

$$D \frac{\mathrm{d}^4 w_b}{\mathrm{d}x^4} = q + N_x \frac{\mathrm{d}^2 w}{\mathrm{d}x^2}, \quad -S \frac{\mathrm{d}^2 w_s}{\mathrm{d}x^2} = q + N_x \frac{\mathrm{d}^2 w}{\mathrm{d}x^2} \qquad (3.32)$$

式中：q 是横向压力；N_x 是面内载荷。

3）梁的运动方程——薄面板

$$D \frac{\mathrm{d}^4 w}{\mathrm{d}x^2} - \left[q + N_x \frac{\partial^2 w}{\partial x^2} - \rho^* \frac{\partial^2 w}{\partial t^2}\right] + \frac{D}{S} \frac{\partial^2}{\partial x^2}\left[q - N_x \frac{\partial^2 w}{\partial x^2} - \rho^* \frac{\partial^2 w}{\partial t^2}\right] -$$

$$\frac{R}{S} \frac{\partial^2}{\partial t^2}\left[q + N_x \frac{\partial^2 w}{\partial x^2} - \rho^* \frac{\partial^2 w}{\partial t^2}\right] - R \frac{\partial^4 w}{\partial x^2 \partial t^2} = 0 \qquad (3.33)$$

从上面的表达式可以看出，前两项是当忽略横向剪切变形时梁的普通微分方程。第三项是剪切变形，与前两项一起等于上述表达式。第四项是剪切和旋转惯性的组合，最后第五项是表示旋转惯性。有一点要非常注意的是所有的单位必须是一

致的,如用国际单位制,否则系数的量级不同。建议只采用千克、米、秒和牛顿,则所有项单位都为 kg/m·s² (或是 N/m²)。这与铁木辛柯[3]给出的方程是同样的,不过是用不同的符号描述。

对于自由无阻尼振动,即作用的载荷为零时控制方程缩减为

$$D \frac{\partial^4 w}{\partial x^4} + \rho^* \frac{\partial^2 w}{\partial t^2} - \frac{\rho^*}{S}\left(D \frac{\partial^4 w}{\partial x^2 \partial t^2} - R \frac{\partial^4 w}{\partial t^4}\right) - R \frac{\partial^4 w}{\partial x^2 \partial t^2} = 0 \quad (3.34)$$

需要注意的是,在大多数情形下旋转惯性项很小,可以省略,也不会造成太大误差。

4) 静态梁方程——厚面板

如果夹层板的面板具有一定厚度,即面板弯曲刚度的总和 $2D_f$ 相比 D_0 不能忽略,就采用以下的方程:

$$2D_f \frac{d^6 w}{dx^6} - \frac{(2D_f + D_0)S}{D_0} \frac{d^4 w}{dx^4} = \left(\frac{d^2}{dx^2} - \frac{S}{D_0}\right)\left(q + N_x \frac{d^2 w}{dx^2}\right) \quad (3.35)$$

可见,当 $2D_f$ 为零时,这个表达式等于控制方程(i)。如果上下面是不相同,$2D_f$ 应取为面板弯曲刚度的总和,即 $2D_f = D_{f1} + D_{f2}$。面板的厚度仅对梁的局部响应影响较大,例如固支边界处或载荷引入点。梁的总体变形受这些不规则的局部影响很小。因此,在考虑支撑、点载荷或夹紧边界附近的局部影响时必须考虑面板的厚度。但是,如果只需要计算总变形的话,可以更方便地用薄面板的控制方程,并利用 $D = D_0 + 2D_f$。

5) 应变能表达式

夹层梁中由变形 w 引起的内部应变能可写为

$$\begin{aligned} U &= \frac{1}{2}\int_0^L \left[(D_0 + D_c)\left(\frac{d^2 w_b}{dx^2}\right)^2 + 2D_f\left(\frac{d^2 w}{dx^2}\right)^2 + S\left(\frac{dw_s}{dx}\right)^2\right] dx \\ &\approx \frac{1}{2}\int_0^L \left[D\left(\frac{d^2 w_b}{dx^2}\right)^2 + S\left(\frac{dw_s}{dx}\right)^2\right] dx \end{aligned} \quad (3.36)$$

当夹层结构是薄面板和弱夹芯时表达式中的第二项可省略。面内载荷 N_x 产生的势能为

$$U_2 = \frac{1}{2} N_x \int_0^L \left(\frac{dw}{dx}\right)^2 dx \quad (3.37)$$

横向力 q 产生的势能为

$$U_3 = -\int_0^L q(x) w \, dx \quad (3.38)$$

最终,梁的动能为

$$U_4 = \frac{1}{2}\int_0^L \left[R\left(\frac{\partial^2 w_b}{\partial x \partial t}\right)^2 + \rho^*\left(\frac{\partial w}{\partial t}\right)^2 \right]\mathrm{d}x \tag{3.39}$$

系统的总能量可以写成

$$U = U_1 + U_2 + U_3 - U_4 \tag{3.40}$$

3.9　刚性夹芯

如果夹芯层较大,即 E_c 不比 E_f 小多少,上述方程同样适用,但用夹芯剪切模量 G_c^* 代替 G_c:

$$G_c^* = \frac{G_c}{1 + \dfrac{E_c t_c^2}{6E_f t_f d}} \tag{3.41}$$

以上方法得到的变形和面板应力是正确的,但夹芯剪应力不正确。不过,准确值可以用3.3节中的方程计算得到。

3.10　一般屈曲

1) 圆柱的屈曲——薄面板

在夹层圆柱的屈曲分析中,横向剪切变形是必须要考虑的。与一般欧拉屈曲分析相比,这将减小屈曲载荷。临界屈曲载荷大致可以写为

$$\frac{1}{P_{cr}} = \frac{1}{P_b} + \frac{1}{P_s} \tag{3.42}$$

式中: P_b 是在纯弯曲下的屈曲载荷; P_s 是纯剪下的屈曲载荷,其各自定义如下:

$$P_b = \frac{n^2 \pi^2 D}{(\beta L)^2}, \quad P_s = S \tag{3.43}$$

式中的因子 β 由图3.8所示的边界条件决定。屈曲载荷也可以写为

$$P = \frac{n^2 \pi^2 D/(\beta L)^2}{1 + n^2 \pi^2 D/S(\beta L)^2} \tag{3.44}$$

因此,当圆柱较长或/和剪切刚度有限时(纯弯),有

$$\lim_{S \to \infty \text{和/或} L \to \infty} P_{cr} = \frac{n^2 \pi^2 D}{L^2} = P_b$$

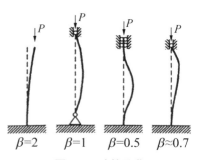

$\beta=2$　$\beta=1$　$\beta=0.5$　$\beta\approx0.7$

图3.8　欧拉屈曲

另一方面,如果梁很短或/和在剪切作用下较弱,极限为

$$\lim_{S \to 0 \text{和/或} L \to 0} P_{\mathrm{cr}} = S = P_{\mathrm{s}}$$

2）圆柱的屈曲——厚面板

当考虑面板厚度时，上述方程将略有不同，因为其必须由另一个控制方程导出。结果为

$$P = \frac{\dfrac{2n^4 \pi^4 D_{\mathrm{f}} D_0}{S(\beta L)^4} + \dfrac{n^2 \pi^2 D_0}{(\beta L)^2}}{1 + \dfrac{n^2 \pi^2 D_0}{S(\beta L)^2}} \tag{3.45}$$

在此状况下，当圆柱很短或在剪切作用下较弱时，极限为

$$\lim_{S \to 0 \text{和/或} L \to 0} P_{\mathrm{cr}} = \frac{2\pi^2 D_{\mathrm{f}}}{(\beta L)^2}$$

也就是说，即使对于短或/和剪切弱圆柱，屈曲载荷趋近于无限大。

3）屈曲应力超过弹性极限

如果采用上面的公式计算面上的应力超过比例极限，屈服应力或偏移强度，则面板的弹性模量必须用缩减的模量来替代以得到准确的屈曲载荷。因此，当 $\sigma_{\mathrm{f}} > \sigma_y$ 时，则依据以下关系用 E_{r} 代替 E_{f}：

$$E_{\mathrm{r}} = \frac{2E_{\mathrm{f}} E_{\mathrm{tan}}}{E_{\mathrm{f}} + E_{\mathrm{tan}}} \tag{3.46}$$

式中：E_{tan} 是相应点在应力-应变关系图上的切线模量，如图 3.9 所示；σ_y 是屈服强度。

在所考虑的应变域内，大多数夹芯材料可以视为线弹性。则圆柱的内部载荷为

$$P = 2t_{\mathrm{f}} \sigma_{\mathrm{f}} + t_{\mathrm{c}} E_{\mathrm{c}} \varepsilon_{\mathrm{f}} \tag{3.47}$$

因为屈曲载荷是 E_{tan} 的函数，同时也是 ε_{f} 的函数。于是，在应力-应变曲线上的某些点上，如上

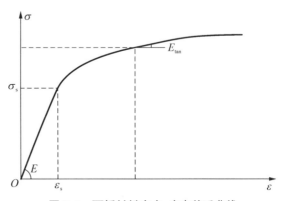

图 3.9 面板材料应力-应变关系曲线

面给出的内部载荷，等于第 1）和第 2）节中给出的计算结果，不过用 E_{r} 来代替 E。失稳载荷即为在应力-应变曲线上点的屈曲载荷等于内部载荷 P 的地方。

3.11 夹层梁的局部屈曲

局部屈曲是面板局部失稳的一种形式。其可以看做由连续或不连续的弹性基

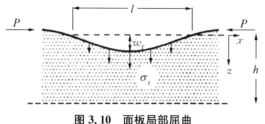

图 3.10　面板局部屈曲

体(夹芯)支撑的材料(面板)一窄条发生失稳,如图 3.10 所示。

这种类型的失稳发生于当面板受压时,即当面内合载荷为负值或者处于纯弯状态下:此时一个面板受拉,另一面板受压。

1) 局部屈曲方程

假设面板的变形如下:

$$w_f = W \sin \frac{\pi x}{L}$$

式中 L 是屈曲的波长,可以用下式进行估算:

$$L = \pi \left(\frac{4D_f^2}{E_c G_c} \right)^{\frac{1}{6}} \tag{3.48}$$

实际的失稳载荷可以用几种方式进行计算。屈曲模式从对称变为不对称取决于夹心层的厚度和实际的屈曲载荷,这由 t_f/t_c 的比值决定。这个问题的精确解是一个保守的结果,主要原因是初始缺陷对局部屈曲载荷有很大的影响。出于实用考虑,下面给出的方程可以得到很好的结果:

$$\sigma_f = 0.5 \sqrt[3]{E_f E_c G_c} \tag{3.49}$$

对于各向同性的板,可以用 $E_f/(1-v_f^2)$ 来代替 E_f,用 $E_c/(1-v_c^2)$ 来代替 E_c。

2) 超出弹性极限的屈曲

就像上面的一般屈曲,屈曲可能会超过面板的弹性极限。同样可以采用缩减模量。因此,当 $\sigma_f > \sigma_y$ 时,用下式代替 E_f:

$$E_r = \frac{4E_f E_{\tan}}{\left(\sqrt{E_f} + \sqrt{E_{\tan}} \right)^2} \tag{3.50}$$

正如一般屈曲的计算过程一样,采用如下的试凑法。面板应力-应变曲线上的一点(见图 3.9)定义了切线模量。像上面计算,这个模量定义了一个缩减模量,在屈曲应力方程中代入此缩减模量,就能得到临界应力。在应力-应变曲线上的某一点。这些应力值相等,则定义为真实屈曲应力。

3) 初始不规则的影响

真实的褶皱载荷受面板的任何褶皱影响都极大。一些设计准则对这些影响考虑在文献[1,2]中给出,同时可知,较高的褶皱将会造成褶皱载荷急剧降低。但是,一般都会避免面板上出现褶皱,不仅因为起皱应力的减小,更主要因为设计夹层梁时平滑的表面是设计者追求的特征。实际上,初始的不规则在理论上会减小 80% 的褶皱载荷。

4) 蜂窝夹心板的褶皱

蜂窝的夹芯层具有较高的各向异性,垂直于面板的弹性模量很高,而面内弹性模量则很低。蜂窝夹层板可能同样出现上述的局部弯曲,尤其是当蜂窝的单个窝格尺寸较小时。不过,在蜂窝或波纹夹芯的夹层板中,面板的一大部分都处于无支撑状态,当载荷引起的波长与无支撑区域的尺寸相等时,这些区域就会发生屈曲。

对于方形窝的蜂窝结构,屈曲应力可以用下式估计:

$$\sigma_{f, cr} = 2.5 E_f \left(\frac{t_f}{a} \right)^2, \quad \nu_f = 0.3 \tag{3.51}$$

这里 a 是窝格边缘的长度。针对有窝格尺寸一致的六边形蜂窝结构,文献[4]给出了以下一种经验公式:

$$\sigma_f = \frac{2 E_f}{1 - \nu_f^2} \left(\frac{t_f}{s} \right)^2 \tag{3.52}$$

式中 s 是六边形窝格内切圆的半径,如图 3.11 所示。如果这个应力超过了面板的弹性极限,可以使用与 2) 相同的方法。

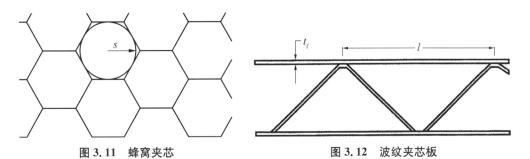

图 3.11 蜂窝夹芯   图 3.12 波纹夹芯板

5) 波纹夹芯板的褶皱

对于波纹夹芯层,如图 3.12 所示,窝格内部的面板可能会发生屈曲。这可以用普通各向同性板的屈曲理论来预测,应为

$$\sigma_{cr} = \frac{k \pi^2 E_f}{12 (1 - \nu_f^2)} \left(\frac{t_f}{l} \right)^2 \tag{3.53}$$

式中:k 是屈曲系数,取决于板的尺寸,即 l/b(b—宽度)和约束,即边界条件和在屈曲模态下的波长数。

3.12 扭转

承受扭矩 M_{Tx} 时(见图 3.13),梁
的扭转率写为

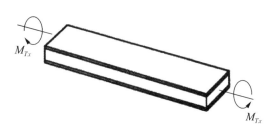

$$\frac{\mathrm{d}\varphi}{\mathrm{d}x} = \frac{M_{Tx}}{GJ} \qquad (3.54)$$

图 3.13   承受扭矩 M_{Tx} 的夹层梁

式中:GJ 是扭转刚度;φ 是扭转角。
假如面板是各向同性的,且梁较宽(b
比夹层板的厚度大得多),扭转刚度可以写为[5]

$$GJ = \frac{8}{3}\left[\left(1+\frac{t_{\mathrm{c}}}{2t_{\mathrm{f}}}\right) + \left(\frac{G_{\mathrm{cxy}}}{G_{\mathrm{f}}} - 1\right)\left(\frac{t_{\mathrm{c}}}{2t_{\mathrm{f}}}\right)^3\right]G_{\mathrm{f}}bt_{\mathrm{f}}^3 \qquad (3.55)$$

式中:b 是梁的宽度(y 方向尺寸)。当夹芯层的剪切模量远小于面板时(在绝大部分夹层
板中均为合理假设),梁表现为两面板相互独立扭转,扭转刚度缩减为如下著名的关系式:

$$GJ = \frac{8}{3}\left[\left(1+\frac{t_{\mathrm{c}}}{2t_{\mathrm{f}}}\right) - \left(\frac{t_{\mathrm{c}}}{2t_{\mathrm{f}}}\right)^3\right]G_{\mathrm{f}}bt_{\mathrm{f}}^3 = \frac{2D_0 b}{1+\nu} \qquad (3.56)$$

此关系式与第 4 节定义的扭转刚度 D_{xy} 相同。

3.13 案例

这部分给出了计算弯曲和剪切变形、剪力和弯矩的方程。用 3.3 节中给的关系
式可以很容易从后者计算出应力。所有关系式都假设夹层梁为薄面板,所以变形分
量可以进行叠加,比如,$w = w_{\mathrm{b}} + w_{\mathrm{s}}$。

3.13.1 悬臂梁

1)点载荷

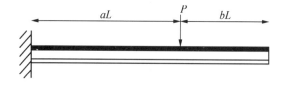

$$x < aL: T_x(x) = P, \quad M_x(x) = -P(aL - x),$$

$$w_{\mathrm{b}}(x) = \frac{PL^3}{6D}\left[3a\left(\frac{x}{L}\right)^2 - \left(\frac{x}{L}\right)^3\right], \quad w_{\mathrm{s}}(x) = \frac{Px}{S}$$

$$x > aL: T_x(x) = 0, \quad M_x(x) = 0,$$

$$w_{\mathrm{b}}(x) = \frac{PL^3}{6D}\left[2a^3 + 3a^2\left(\frac{x}{L} - a\right)\right], \quad w_{\mathrm{s}}(x) = \frac{PaL}{S}$$

2）均布载荷

$$T_x(x) = Q\left(1 - \frac{x}{L}\right), \quad M_x(x) = -\frac{Q}{2L}(L-x)^2$$

$$w_b(x) = \frac{qL^4}{24D}\left[\left(\frac{x}{L}\right)^4 - 4\left(\frac{x}{L}\right)^3 + 6\left(\frac{x}{L}\right)^2\right], \quad w_s(x) = \frac{qx}{2S}(2L - x)$$

这里总分布载荷为 $Q = qL$。

3）静水压力

$$T_x(x) = \frac{q_{max}L}{2}\left[1 - \left(\frac{x}{L}\right)^2\right], \quad M_x(x) = \frac{q_{max}L^2}{6}\left[3\left(\frac{x}{L}\right) - 2 - \left(\frac{x}{L}\right)^3\right]$$

$$w_b(x) = \frac{q_{max}L^4}{120D}\left[\left(\frac{x}{L}\right)^5 - 10\left(\frac{x}{L}\right)^3 + 20\left(\frac{x}{L}\right)^2\right], \quad w_s(x) = \frac{q_{max}Lx}{6S}\left[3 - \left(\frac{x}{L}\right)^2\right]$$

这里总载荷 $Q = \frac{q_{max}L}{2}$，分布载荷 $q(x) = \frac{q_{max}x}{L}$。

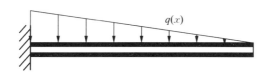

$$T_x(x) = \frac{q_{max}L}{2}\left(1 - \frac{x}{L}\right)^2, \quad M_x(x) = \frac{q_{max}L^2}{6}\left(1 - \frac{x}{L}\right)^3$$

$$w_b(x) = \frac{q_{max}L^4}{120D}\left[10\left(\frac{x}{L}\right)^2 - 10\left(\frac{x}{L}\right)^3 + 5\left(\frac{x}{L}\right)^4 - \left(\frac{x}{L}\right)^5\right]$$

$$w_s(x) = \frac{q_{max}Lx}{6S}\left[3 - 3\left(\frac{x}{L}\right) + \left(\frac{x}{L}\right)^2\right]$$

这里总载荷 $Q = \frac{q_{max}L}{2}$，分布载荷 $q(x) = \frac{q_{max}(L-x)}{L}$。

3.13.2　在点载荷作用下的双支承梁

1）简支梁

解决这个问题只需简单地用叠加弯曲和剪切引起的变形即可。也可以利用在

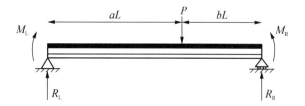

3.8 节中给出的 w_b 和 w_s 的关系式来得到剪切变形。结果是

$$R_L = Pb, \quad R_R = Pa, \quad M_L = M_R = 0$$

$$x \leqslant aL : w(x) = w_b(x) + w_s(x) = \frac{PL^3}{6D}b\left[(1-b^2)\left(\frac{x}{L}\right) - \left(\frac{x}{L}\right)^3\right] + \frac{Pbx}{S},$$

$$T_x(x) = R_L, \quad M_x(x) = R_L x$$

$$x \geqslant aL : w(x) = w_b(x) + w_s(x) = \frac{PL^3}{6D}a\left[(1-a^2)\left(\frac{L-x}{L}\right) - \left(\frac{L-x}{L}\right)^3\right] + \frac{Pa(L-x)}{S}$$

$$T_x(x) = -R_R, \quad M_x(x) = R_R(L-x)$$

这种简单叠加可以运用于两种极端案例,S 无限大或 D 无限大,引起相同的支反力,因此在各种模态下发生的变形都是相互独立的。

2) 一端简支,另一端固支

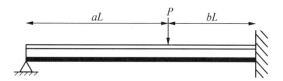

这种情况看上去不简单。考虑到普通力矩为 $PL/2b(3b-b^2-2)$,边缘处的夹紧力矩与剪切刚度 S 有关,如果 S 无限大,且如果 D 无限大,$M_R = 0$。这种现象将会造成不一致,因为夹紧端力矩 $M_R \neq 0$,如果支承处的载荷用梁弯曲理论和平衡方程来计算,横向剪切变形在载荷下不连续,它们与以上的(分别 bP 和 aP)不同,并且用支承力计算的剪切变形不同于那种会产生剪切变形 $w_s(L) \neq 0$ 的情况。纯弯曲状态下根据横向力计算的剪切变形为:左端的支反力乘以 aL/S,右端的支反力乘以 bL/S。可以看出这两者不相等,除非 $M_R = 0$,造成边界上的不相容。解决的办法是忽视 w_b 和 w_s 在一个边界上为零,而考虑在边界上它们的和为零这一事实。事实上,变形分量的概念也可以用在这里,不过夹紧力矩取决于剪切刚度,并且 w_b 和 w_s 是独立的,即其总和才是正确的变形场。现在,放松边界条件 $w_b(0) = w_s(0) = 0$,代替使用 $w_b(0) + w_s(0) = 0$,分别计算由弯曲和剪切引起的变形。因此,将梁看做为悬臂梁,但是确保自由端(在 $x = 0$ 处)的变形为零。两种变形分量都取决于支反力 R_R 和 R_L,可以用上面确定的边界条件解出。所需要的方程就是作为变形场函数的

支反力。则可以得到：

$$x \leqslant aL: \quad T(x) = R_{\mathrm{L}}, \quad M(x) = R_{\mathrm{L}}x$$

$$w_{\mathrm{b}}(x) = \frac{PL^3}{6D}\left[3b^2\left(1-\frac{x}{L}\right)-b^3\right] - \frac{R_{\mathrm{L}}L^3}{6D}\left[\left(\frac{x}{L}\right)^3 - 3\left(\frac{x}{L}\right)+2\right]$$

$$w_{\mathrm{s}}(x) = w_{\mathrm{s}}(0) + \frac{R_{\mathrm{L}}x}{S} = \frac{1}{S}\left[R_{\mathrm{R}}bL - R_{\mathrm{L}}(aL-x)\right]$$

$$x \geqslant aL, \quad T(x) = -R_{\mathrm{R}}, \quad M(x) = R_{\mathrm{L}}x - P(x-aL) = PaL - R_{\mathrm{R}}x$$

$$w_{\mathrm{b}}(x) = \frac{PL^3}{6D}\left[\left(\frac{x}{L}-a\right)^3 - 3b^2\left(\frac{x}{L}-a\right)+2b^3\right] - \frac{R_{\mathrm{L}}L^3}{6D}\left[\left(\frac{x}{L}\right)^3 - 3\left(\frac{x}{L}\right)+2\right]$$

$$w_{\mathrm{s}}(x) = w_{\mathrm{s}}(0) + \frac{R_{\mathrm{L}}aL}{S} - \frac{R_{\mathrm{R}}(x-aL)}{S} = 0 \quad \Rightarrow w_{\mathrm{s}}(0) = \frac{R_{\mathrm{R}}bL}{S} - \frac{R_{\mathrm{L}}aL}{S},$$

$$w_{\mathrm{s}}(x) = \frac{R_{\mathrm{R}}}{S}(L-x)$$

利用这些方程和两个独立的平衡方程，在经过一些处理后可以得到剪切因子 $\theta = D/L^2S$。

$$R_{\mathrm{L}} = \frac{P\left[6\theta b + (3b^2 - b^3)\right]}{2(1+3\theta)}, \quad R_{\mathrm{R}} = \frac{P\left[6\theta a + (2-3b^2+b^3)\right]}{2(1+3\theta)},$$

$$M_{\mathrm{R}} = \frac{PbL(3b-b^2-2)}{2(1+3\theta)}$$

可以看出 $w_{\mathrm{b}}(L) = w_{\mathrm{s}}(L) = 0$，但是 $w_{\mathrm{b}}(0)$ 和 $w_{\mathrm{s}}(0) \neq 0$，但可以证明 $w_{\mathrm{b}}(0) + w_{\mathrm{s}}(0) = 0$。也可以看出当 S 趋近无限大时，为纯弯曲案例（$\theta = 0$），于是

$$R_{\mathrm{L}} = \frac{P}{2}(3b^2 - b^3), \quad R_{\mathrm{R}} = \frac{P}{2}(2-3b^2+b^3), \quad M_{\mathrm{R}} = \frac{PbL}{2}(3b-b^2-2)$$

对于纯剪案例（$\theta = \infty$），得到

$$R_{\mathrm{L}} = Pb, \quad R_{\mathrm{R}} = Pa, \quad M_{\mathrm{R}} = 0$$

这与上面的简支案例一致。很容易发现，在 $x = 0$ 处的总变形确实等于零，但单独变形不为零。与准静定梁相反，超静定梁的支反力通常取决于变形场。

3）两端固支

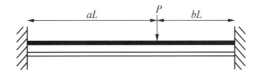

上面做过的推导在这里也要适用，即采用边界条件 $w_{\mathrm{b}}(0) + w_{\mathrm{s}}(0) = 0$、$\mathrm{d}w_{\mathrm{b}}/\mathrm{d}x = 0$ 和平衡方程。弯曲和剪切引起的变形可以直接写为支反力和夹紧力矩的函数，为

$$x \leqslant aL：T_x(x) = R_L, \quad M(x) = M_L - R_L x$$

$$w_b(x) = \frac{PL^3}{6D}\left[3b^2\left(1-\frac{x}{L}\right)-b^3\right] - \frac{R_L L^3}{6D}\left[\left(\frac{x}{L}\right)^3 - 3\left(\frac{x}{L}\right)+2\right] -$$
$$\frac{M_L L^2}{2D}\left[\left(\frac{x}{L}\right)^2 - 2\left(\frac{x}{L}\right)+1\right]$$

$$w_s(x) = \frac{1}{S}\left[R_R bL - R_L(aL - x)\right]$$

$$x \geqslant aL：T_x(x) = -R_R, \quad M(x) = M_R - R_L(L - x)$$

$$w_b(x) = \frac{PL^3}{6D}\left[\left(\frac{x}{L}-a\right)^3 - 3b^2\left(\frac{x}{L}-a\right)+2b^3\right] - \frac{R_L L^3}{6D}\left[\left(\frac{x}{L}\right)^3 -\right.$$
$$\left.3\left(\frac{x}{L}\right)+2\right] - \frac{M_L L^2}{2D}\left[\left(\frac{x}{L}\right)^2 - 2\left(\frac{x}{L}\right)+1\right]$$

$$w_s(x) = \frac{1}{S}R_R(L - x)$$

上面确定的边界条件产生了两个方程,它们和两个独立的平衡方程给出了四个未知量如下

$$R_L = \frac{P\left[b^2(1+2a)+12b\theta\right]}{1+12\theta}, \quad R_R = \frac{P\left[a^2(1+2b)+12a\theta\right]}{1+12\theta}$$

$$M_L = \frac{PLab(6\theta + b)}{1+12\theta}, \quad M_R = \frac{PLab(6\theta + a)}{1+12\theta}$$

现在可以发现,这些等式的极限分别与剪切刚度无限大和弯曲刚度无限大两种案例相等。因此

纯弯曲 $(\theta = 0)$：$R_L = Pb^2(1+2a), \quad R_R = Pa^2(1+2b), \quad M_L = -PLab^2,$
　　　　　　$M_R = -PLa^2 b$

纯剪切 $(\theta = \infty)$：$R_L = Pb, \quad R_R = Pa, \quad M_L = M_R = -\dfrac{PL}{2}ab$

于是,如果 $a = b$ 和 / 或 $\theta = \infty$,夹紧力矩 M_L 和 M_R 就相等,否则不相等。该条件同样适用于支反力 R_L 和 R_R。当 $a = b$,所有的力和力矩都等于纯弯曲下的力和力矩,而与剪切刚度无关。这个案例的一个有趣的现象是,弯矩在大多数情形下 $(a \neq b)$,当剪切刚度减小时,由一般夹紧力矩 $(\theta = 0)$ 变得相等。

3.13.3　在单位分布载荷作用下的双支承梁

1) 简支

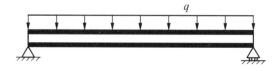

这个问题也可通过叠加弯曲和剪切引起的变形来解决。结果为

$$T_x(x) = R_L - qx, \quad M_x(x) = R_L x - \frac{qx^2}{2}$$

$$w_b(x) = \frac{qL^4}{24D}\left[\left(\frac{x}{L}\right)^4 - 2\left(\frac{x}{L}\right)^3 + \left(\frac{x}{L}\right)\right], \quad w_s(x) = \frac{q}{2S}(Lx - x^2)$$

$$R_L = R_R = \frac{Q}{2} = \frac{qL}{2}, \quad M_L = M_R = 0$$

2) 一端简支,另一端固支

这个问题可以用上面给出的点载荷方法来解,即用边界条件 $w_b(0) + w_s(0) = 0$ 和两个平衡方程联立来解三个未知量 R_L、R_R 和 M_R。结果为

$$T_x(x) = R_L - qx, \quad M_x(x) = R_L x - \frac{qx^2}{2}$$

$$w_b(x) = \frac{qL^4}{24D}\left[\left(\frac{x}{L}\right)^4 - 4\left(\frac{x}{L}\right) + 3\right] - \frac{R_L L^3}{6D}\left[\left(\frac{x}{L}\right)^3 - 3\left(\frac{x}{L}\right) + 2\right]$$

$$w_s(x) = \frac{1}{S}\left[R_L(x-L) + \frac{q}{2}(L^2 - x^2)\right]$$

用这些方程可以推出支反力和固支端力矩为

$$R_L = \frac{qL}{8}\left(\frac{3+12\theta}{1+3\theta}\right), \quad R_R = \frac{qL}{8}\left(\frac{5+12\theta}{1+3\theta}\right), \quad M_R = -\frac{qL^2}{8(1+3\theta)}$$

从上面的结果可以看出,当 $\theta = 0$ 和 $R_L = R_R = qL/2$ 以及当 $\theta = \infty$ 和 $M_R = 0$ 时,其支反力与一般弯曲是一致的。这和点载荷案例是相似的。

3) 两端固支

可以看到,在这种情况下由于对称,支反力相等且固支端力矩也相等。假设运用和以上相似的分析可以得到如下解:

$$T_x(x) = \frac{q}{2}(L - 2x), \quad M_x(x) = \frac{q}{2}\left(Lx - x^2 - \frac{L^2}{6}\right)$$

$$w_{\mathrm{b}}(x) = \frac{qL^4}{24D}\Big[\Big(\frac{x}{L}\Big)^4 - 2\Big(\frac{x}{L}\Big)^3 + \Big(\frac{x}{L}\Big)^2\Big], \quad w_{\mathrm{s}}(x) = \frac{q}{2S}(Lx - x^2)$$

这与叠加变形分量给出的解是同样的。支反力和固支端力矩为

$$R_{\mathrm{L}} = R_{\mathrm{R}} = \frac{qL}{2}, \quad M_{\mathrm{L}} = M_{\mathrm{R}} = -\frac{qL^2}{12}$$

3.13.4 在静水压作用下的双支承梁

1) 简支

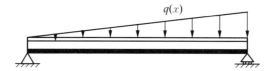

记 $q(L) = q_{\max}$ 于是总载荷 $Q = q_{\max}L/2$ 和 $q(x) = q_{\max}x/L$。

$$T_x(x) = \frac{q_{\max}L}{6}\Big[1 - 3\Big(\frac{x}{L}\Big)^2\Big], \quad M_x(x) = \frac{q_{\max}Lx}{6}\Big[1 - \Big(\frac{x}{L}\Big)^2\Big]$$

$$w_{\mathrm{b}}(x) = \frac{q_{\max}L^4}{360D}\Big[3\Big(\frac{x}{L}\Big)^5 - 10\Big(\frac{x}{L}\Big)^3 + 7\Big(\frac{x}{L}\Big)\Big], \quad w_{\mathrm{s}}(x) = \frac{q_{\max}Lx}{6S}\Big[1 - \Big(\frac{x}{L}\Big)^2\Big]$$

$$R_{\mathrm{L}} = \frac{q_{\max}L}{6}, \quad R_{\mathrm{R}} = \frac{q_{\max}L}{3}$$

2) 一端简支，另一端固支

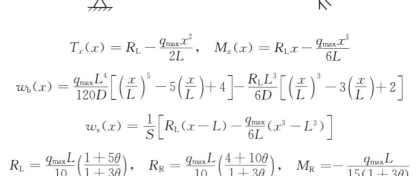

$$T_x(x) = R_{\mathrm{L}} - \frac{q_{\max}x^2}{2L}, \quad M_x(x) = R_{\mathrm{L}}x - \frac{q_{\max}x^3}{6L}$$

$$w_{\mathrm{b}}(x) = \frac{q_{\max}L^4}{120D}\Big[\Big(\frac{x}{L}\Big)^5 - 5\Big(\frac{x}{L}\Big) + 4\Big] - \frac{R_{\mathrm{L}}L^3}{6D}\Big[\Big(\frac{x}{L}\Big)^3 - 3\Big(\frac{x}{L}\Big) + 2\Big]$$

$$w_{\mathrm{s}}(x) = \frac{1}{S}\Big[R_{\mathrm{L}}(x - L) - \frac{q_{\max}}{6L}(x^3 - L^3)\Big]$$

$$R_{\mathrm{L}} = \frac{q_{\max}L}{10}\Big(\frac{1 + 5\theta}{1 + 3\theta}\Big), \quad R_{\mathrm{R}} = \frac{q_{\max}L}{10}\Big(\frac{4 + 10\theta}{1 + 3\theta}\Big), \quad M_{\mathrm{R}} = -\frac{q_{\max}L}{15(1 + 3\theta)}$$

$$T_x(x) = R_{\mathrm{L}} - \frac{q_{\max}x}{2}\Big(2 - \frac{x}{L}\Big), \quad M_x(x) = R_{\mathrm{L}}x - \frac{q_{\max}x^2}{6}\Big(3 - \frac{x}{L}\Big)$$

$$w_{\mathrm{b}}(x) = \frac{q_{\max}L^4}{120D}\Big[-\Big(\frac{x}{L}\Big)^5 + 5\Big(\frac{x}{L}\Big)^4 - 15\Big(\frac{x}{L}\Big) + 11\Big] - \frac{R_{\mathrm{L}}L^3}{6D}\Big[\Big(\frac{x}{L}\Big)^3 - 3\Big(\frac{x}{L}\Big) + 2\Big]$$

$$w_s(x) = \frac{1}{S}\Big[R_L(x-L) - \frac{q_{max}x^2}{2} + \frac{q_{max}L^2}{3} + \frac{q_{max}x^3}{6L}\Big]$$

$$R_L = \frac{q_{max}L}{40}\Big(\frac{11+40\theta}{1+3\theta}\Big), \quad R_R = \frac{q_{max}L}{40}\Big(\frac{9+20\theta}{1+3\theta}\Big), \quad M_R = -\frac{7q_{max}L^2}{120(1+3\theta)}$$

3）两端固支

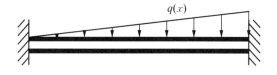

$$T_x(x) = R_L - \frac{q_{max}x^2}{2L}, \quad M_x(x) = R_Lx + M_L - \frac{q_{max}x^3}{6L}$$

$$w_b(x) = \frac{q_{max}L^4}{120D}\Big[\Big(\frac{x}{L}\Big)^5 - 5\Big(\frac{x}{L}\Big) + 4\Big] - \frac{R_LL^3}{6D}\Big[\Big(\frac{x}{L}\Big)^3 - 3\Big(\frac{x}{L}\Big) + 2\Big] - \frac{M_LL^2}{2D}\Big[\Big(\frac{x}{L}\Big)^2 - 2\Big(\frac{x}{L}\Big) + 1\Big]$$

$$w_s(x) = \frac{1}{S}\Big[R_L(x-L) - \frac{q_{max}}{6L}(x^3 - L^3)\Big]$$

$$R_L = \frac{q_{max}L}{20}\Big(\frac{3+40\theta}{1+12\theta}\Big), \quad R_R = \frac{q_{max}L}{20}\Big(\frac{7+80\theta}{1+12\theta}\Big)$$

$$M_L = -\frac{q_{max}L^2}{30}\Big(\frac{1+15\theta}{1+12\theta}\Big), \quad M_R = -\frac{q_{max}L^2}{20}\Big(\frac{1+10\theta}{1+12\theta}\Big)$$

3.13.5　超静定梁计算范例

考虑一种夹层梁的设计案例，一端简支，另一端固支，承受均布载荷如同 3.13.3 2)节。为了解释超静定梁的含义，假设所有材料和横截面几何形状已知，梁的长度为设计值。采用以下的例子：

$$t_f = 0.43 \text{ mm}, \quad E_f = 21\,000 \text{ MPa(钢)}, \quad \sigma_{f,cr} = 96 \text{ MPa}$$

$$t_c = 100 \text{ mm}, \quad G_c = 3 \text{ MPa(低密度 PUR)}, \quad \tau_{c,cr} = 0.1 \text{ MPa}$$

均布压强 $q = 1.2$ kPa

梁中间的最大允许变形 $\Delta = L/150$

其中：$D = 451\,500.000$ N·mm^2 和 $S = 300$ N 为单位宽度上的定义。于是，对梁有两个强度和一种刚度的要求。从例子 3.7.5 2)节联系方程(2.19)，解如下：

(1) $$w(x = L/2) = \frac{qL^4}{192D}\frac{1+31.5\theta+72\theta^2}{1+3\theta} < \frac{L}{150}$$

(2) $$\tau_{c,cr} > \frac{R_R}{d} = \frac{qL}{8d}\frac{5+12\theta}{1+3\theta}$$

(3)
$$\sigma_{\text{f, cr}} > \frac{qL^2}{8t_{\text{f}}d}\frac{1}{1+3\theta}$$

因为剪切因子 θ 是梁长度 L 的函数,上面的方程变得非常难解。不过,通过试凑法可以容易地找出对应每个设计约束的 L 的近似值。将 D 和 S 代入上述方程,重新调整方程,将 L 作为 θ 的函数,就能计算出在不同 $\theta(L)$ 下 L 的值。用以上的第三个约束来举例。

$$L = \sqrt{\frac{\sigma_{\text{f, cr}}16D(1+3\theta)}{qdE_{\text{f}}}}$$

代入:

$$L = 5\,000\text{ mm} \Rightarrow L = 5\,700\text{ mm}$$
$$L = 5\,700\text{ mm} \Rightarrow L = 5\,600\text{ mm}$$
$$L = 5\,600\text{ mm} \Rightarrow L = 5\,609\text{ mm}$$
$$\cdots\cdots$$

这样得到三种约束的结果为

(1) $L = 6\,075$ mm;

(2) $L = 13\,400$ mm;

(3) $L = 5\,610$ mm。

于是,梁的长度不能超过 $5\,610$ mm。同样的近似方法也能计算其他特征,因为厚度、材料和长度都取决于 θ。于是,无论在哪种设计状况下,求解都是一个反复试凑的过程。

3.13.6 梁的自由振动

1) 悬臂夹层梁

对于悬臂夹层梁,如 3.13.1 节所示,假设的空间/时间位移函数为

$$w(x,\,t) = \bar{w}\left[\cos\frac{(2m-1)\pi x}{2L}-1\right]\sin\omega t$$

这是近似解,但在 $x=0$ 处满足边界条件 $w=\partial w/\partial x=0$。在此假设中出现的错误是将固支端的弯曲斜率假设为零。但是,当面的厚度不是特别大时,以上假设对远离边界的整体变形几乎没有影响。将这个假设代入控制微分方程中并省略旋转惯性项,可以得到悬臂夹层梁横向剪切变形的固有频率(不包含旋转惯性)为

$$\omega_m = \frac{(2m-1)^2\pi^2\sqrt{\dfrac{D}{\rho^* L^4}}}{2\sqrt{1+\dfrac{(2m-1)^2\pi^2 D}{2L^2 S}}} = (2m-1)^2\pi^2\sqrt{\frac{D}{2\rho^* L^4[2^{①}+(2m-1)^2\pi^2\theta]}}$$

---

① 原文为 1,根据运算应为 2。—— 编注

旋转惯性对夹层梁几乎没有影响,因为通常其剪切刚度很低而弯曲刚度很高,这表明在控制方程中包含 D/S 的项会远大于包含 R/ρ^* 的项,因此后者可被省略。当同样忽略横向剪切变形的作用时,就是假设 S 无限大,可以得到普通梁的固有频率为

$$\omega_m = (2m-1)^2 \pi^2 \sqrt{\frac{D}{4\rho^* L^4}}$$

2) 两端简支的梁

在 3.13.2 1)节中满足梁的边界条件的位移函数为

$$w(x,\,t) = (W_b + W_s)\sin\frac{m\pi x}{L}\sin\omega t$$

事实上,这个假设不仅满足动力学边界条件 $w(0) = w(L) = 0$ 和自然边界条件 $M_x(0) = M_x(L) = 0$,也满足微分方程本身。因此,在这个案例的解就是精确解。通过将上述假设代入控制微分方程中且令 $R=0$,忽略旋转惯性,可以得到

$$\omega_m = \frac{m^2 \pi^2 \sqrt{\dfrac{D}{\rho^* L^4}}}{\sqrt{1 + \dfrac{m^2 \pi^2 D}{L^2 S}}} = m^2 \pi^2 \sqrt{\frac{D}{\rho^* L^4 (1 + m^2 \pi^2 \theta)}}$$

这对于剪切硬梁(S 非常大)缩减为

$$\omega_m = m^2 \pi^2 \sqrt{\frac{D}{\rho^* L^4}}$$

3) 两端固支梁

对于这种案例,无法找到一个既满足边界条件又满足控制方程的解。对于第一振动模态的,可以用 Rayleigh-Ritz 法找到近似解。在 3.13.2 3)节中,满足梁的边界条件的位移函数为

$$w(x,\,t) = (W_b + W_s)\sin^2\frac{\pi x}{L}\sin\omega t$$

这里同样出现了错误,即假设 w_s 的斜率在固支端为零。将这个假设代入能量方程,沿着梁的总长积分,使应变能等于动能,可得到关于 W_b 和 W_s 的方程。在对两个未知量微分后,可以获得满足方程的固有频率为

$$\omega_1 = 4\pi^2 \sqrt{\frac{D}{3\rho^* L^4 (1 + 4\pi^2 \theta)}}$$

这个固有频率比真实值略大。通过比较可以发现,当剪切因子 θ 从 0 变化至 1

时,用上述方程计算的固有频率比用有限元法[6]计算的值高 2%～15%。

参考文献

[1] Allen H G. Analysis and Design of Structural Sandwich Panels [M]. Pergamon Press, Oxford,1969.

[2] Plantema F J. Sandwich Constructions [M]. John Wiley & Sons, New York, 1966.

[3] Timoshenko S P. Vibration Problems in Engineering [M]. Second Edition, D. Van Nostrand Company Inc. , New York, N. Y. , 1937, 337.

[4] Norris C B. Short Column Strength of Sandwich Constructions as Affected by the Size of Cells of Honeycomb Core Material [R]. U. S. Forest Service Research Note FPL‐026, Forest Products Laboratory, Wisconsin,1964. Also in Morris C. B. And Komemers W. J. , U. S. Forest Products Laboratory Report 1817, 1950.

[5] Seide P. On the Torsion of Rectangular Sandwich Plates [J]. Journal of Applied Mechanics, 1956,23(2):191‐194.

[6] Wennerstrom H, Backlund J. Static, Free Vibration and Buckling Analysis of Sandwich Beams [R]. Department of Aeronautics, Royal institute of Technology, Report 86‐3, Stockholm 1986.

4 平 板 分 析[①]

接下来的这一章给出了平面夹层板弯曲、屈曲和振动的控制方程和基本方程的概述,只是简要总结了 Timoshenko 和 Woinowsky-Krieger[1]关于小变形弯曲板基本分析,他们在 Libove 和 Batdorf[2]工作的基础上进一步考虑了横向剪切变形。引入类似于梁分析方法中的变形分量。该理论假设夹芯层的横向法向刚度是无限大的,从而保证面板中心间的距离 d 为常数,也称为反平面夹芯[3]。该理论用于分析 x 轴和 y 轴为正交轴的正交异性夹层板,并且板内各性能为定值。这就是说这类板的特性可以完全由以下 7 个常量来描述:弯曲刚度 D_x 和 D_y,转动刚度 D_{xy},泊松比 ν_{yx} 和 ν_{xy},剪切刚度 S_x 和 S_y。

4.1 定义及符号约定

首先定义坐标系和载荷、弯矩的正方向,如图 4.1 所示。

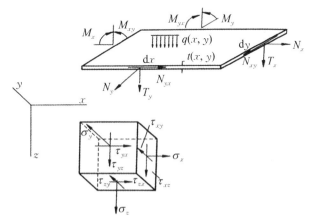

图 4.1 夹芯板的符号约定

变形定义如下：u - x 方向的变形

v - y 方向的变形

w - z 方向的变形

应变-位移的关系假设应变比单位 1 小得多,因此有[1]

$$\varepsilon_x = \frac{\partial u}{\partial x}, \quad \varepsilon_y = \frac{\partial v}{\partial y}, \quad \gamma_{xy} = \frac{\partial u}{\partial y} + \frac{\partial v}{\partial x} \tag{4.1}$$

曲率定义为半径的倒数,用变形场的形式表示为

$$\kappa_x = -\frac{\partial^2 w}{\partial x^2}, \quad \kappa_y = -\frac{\partial^2 w}{\partial y^2}, \quad \kappa_{xy} = -\frac{\partial^2 w}{\partial x \partial y} \tag{4.2}$$

前两个分别是 x, y 方向的曲率,第三个是扭曲。泊松比定义如下：

$$\nu_{xy} = -\frac{\partial^2 w/\partial y^2}{\partial^2 w/\partial x^2}, \quad \nu_{yx} = -\frac{\partial^2 w/\partial x^2}{\partial^2 w/\partial y^2} \tag{4.3}$$

(约定法则：第一个下标指受载方向,第二下标指应变方向,例如,κ_{xy} 是在 x 方向施加一个曲率在 y 方向测得的曲率。)

4.2　截面特性

对于梁,D_x 是施加于薄板条的弯矩 M_x 和相应的曲率 $\frac{\partial^2 w}{\partial x^2}$ 之间的关系。因此与 3.2 节和 3.3 节中梁一样,对于板计算如下：

$$D_x = \int z_x^2 E_x \mathrm{d}z_x \approx \frac{E_{x1} t_1 E_{x2} t_2 d^2}{E_{x1} t_1 + E_{x2} t_2} \tag{4.4}$$

以上公式针对薄面板弱夹芯夹层,1 和 2 分别指上面板和下面板,如图 4.2 所示。

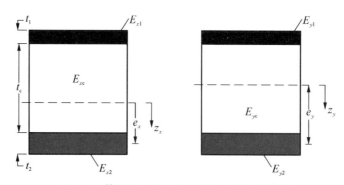

图 4.2　截面及 x 方向和 y 方向中性轴的位置

通常情况下,中性轴的位置在 x 方向和 y 方向不同(如果面板具有不同的正交

性),z_x 是在 xz 平面内的面外坐标,z_y 是在 yz 平面内的面外坐标。正如在 3.3 节中一样,如图 4.2 所示,中性轴的位置需要在 x 方向和 y 方向都确定。类似有

$$D_y = \int z_y^2 E_y \mathrm{d}z_y \approx \frac{E_{y1}t_1 E_{y2}t_2 d^2}{E_{y1}t_1 + E_{y2}t_2} \tag{4.5}$$

满足如下关系:

$$\frac{\nu_{xy}}{D_x} = \frac{\nu_{yx}}{D_y} \tag{4.6}$$

参见式(3.2)的解,得出在 x 轴与 y 轴的弯曲刚度的精确表达式。扭曲刚度的精确表达难以估算,但是通过其定义可以表达如下:

$$D_{xy} = \int 2z^2 G_{xy} \mathrm{d}z = \frac{2G_{xy1}t_1 G_{xy2}t_2 d^2}{G_{xy1}t_1 + G_{xy2}t_2} \tag{4.7}$$

假设其为薄面板弱夹芯的夹层[3]。剪切刚度 S_x、S_y 以计算梁的方法来计算,或者其近似值为[3, 4]

$$S_x = \frac{G_{cx}d^2}{t_c}, \quad S_y = \frac{G_{cy}d^2}{t_c} \tag{4.8}$$

对于转动的截面特性,夹层板的密度 ρ 和转动惯量 R 计算如下:

$$\rho^* = \rho_1 t_1 + \rho_c t_c + \rho_2 t_2 \tag{4.9}$$

ρ_i 为各个材料成分的密度,因此,ρ^* 为板的表面的重量。计算 R 与计算弯曲刚度 D 的方法一样,但是要用 ρ 替代 E,因此有

$$R_x = \frac{\rho_1 t_1^3}{12} + \frac{\rho_c t_c^3}{12} + \frac{\rho_2 t_2^3}{12} + \rho_1 t_1 (d - e_x)^2 + \rho_c t_c \left(\frac{t_c + t_f}{2} - e_x\right)^2 + \rho_2 t_2 e_x^2 \tag{4.10}$$

在 y 方向用 e_y 代替 e_x。注意表达式中的夹芯层的影响可能很重要(第三项和第四项),这是因为 ρ_f/ρ_c 通常比 E_f/E_c 小。重要的是所有的单位必须是一致的,如 SI 单位,否则系数的量级不同。建议仅用千克、米、秒、牛顿,这样所有的项的量纲为 kg/m·s^2(或者 N/m^2)。

实际上,垂直惯量对板影响很大,而转动惯量影响很小,甚至比对一个各向同性的横截面还小。

4.3 应力和应变

利用上面的结论,一旦计算了变形场、横向载荷和弯矩,就可以得到应力和应变。但是对一般的各向异性的横截面,x 和 y 方向的中性轴位置不同,使得计算应力、应变时更加复杂。更困难的是中面不容易定义。不同的中性轴使得中面的定义变得困难,在任何公开的文献中都没有解决这个问题。不进行太深入的应力分析,

也可以推导出如下精度不错的公式。

1）正应力

对面板厚度不等的薄面板弱夹芯夹层板,面板纯膜应力为

$$\sigma_x = \frac{M_x z_x E_x}{D_x}, \quad \sigma_y = \frac{M_y z_y E_y}{D_y} \tag{4.11}$$

简化为

$$\sigma_{fx1} \approx -\frac{M_x E_{x1} E_{x2} t_2 d}{D_x(E_{x1}t_1 + E_{x2}t_2)}, \quad \sigma_{fx2} \approx \frac{M_x E_{x1} E_{x2} t_1 d}{D_x(E_{x1}t_1 + E_{x2}t_2)}$$

$$\sigma_{fy1} \approx -\frac{M_y E_{y1} E_{y2} t_2 d}{D_y(E_{y1}t_1 + E_{y2}t_2)}, \quad \sigma_{fy2} \approx \frac{M_y E_{y1} E_{y2} t_1 d}{D_y(E_{y1}t_1 + E_{y2}t_2)}, \quad \sigma_c \approx 0$$

当面板很薄时(不需要厚度相等)简化为[3]

$$\sigma_{fx1} \approx -\frac{M_x}{t_1 d}, \quad \sigma_{fx2} \approx \frac{M_x}{t_2 d}, \quad \sigma_{fy1} \approx -\frac{M_y}{t_1 d}, \quad \sigma_{fy2} \approx \frac{M_y}{t_2 d}, \quad \sigma_c \approx 0 \tag{4.12}$$

这两个面的应力符号是不同的,对于正的弯矩,下面板的应力是拉应力,符号为正,上面板的应力是压应力。应变根据一般胡克定律

$$\varepsilon_x = \frac{\sigma_x}{E_x} - \nu_{yx}\frac{\sigma_y}{E_y}, \quad \varepsilon_y = \frac{\sigma_y}{E_y} - \nu_{xy}\frac{\sigma_x}{E_x} \tag{4.13}$$

或者写为

$$\sigma_x = \frac{E_x}{1 - \nu_{xy}\nu_{yx}}(\varepsilon_x + \nu_{xy}\varepsilon_y), \quad \sigma_y = \frac{E_y}{1 - \nu_{xy}\nu_{yx}}(\varepsilon_y + \nu_{xy}\varepsilon_x) \tag{4.14}$$

由面内载荷所产生的应力和应变的计算方法和梁相同。表达如下:

$$\varepsilon_{x0} = \frac{N_x}{E_{x1}t_1 + E_{xc}t_c + E_{x2}t_2} = \frac{N_x}{A_x}, \quad \varepsilon_{y0} = \frac{N_y}{E_{y1}t_1 + E_{yc}t_c + E_{y2}t_2} = \frac{N_y}{A_y}$$

$$\tag{4.15}$$

相应的应力根据胡克定律来计算。弯曲和面内载荷引起的应变和应力可以进行叠加。

2）面内剪切应力

面内剪切应力和应变对板和梁来说是第二重要的,对于薄面板弱夹芯夹层板有

$$\gamma_{xy} = \frac{2M_{xy}z}{D_{xy}}, \quad \tau_{xy} = G_{xy}\gamma_{xy}$$

简化为

$$\gamma_{xy} \approx \frac{M_{xy}}{G_{fxy}t_f d}, \quad 有 \ \tau_{fxy} = \pm \frac{M_{xy}}{t_f d}, \quad \tau_{cxy} = 0 \tag{4.16}$$

3）夹芯剪应力

精确应力的估计和梁的方法一样，可以利用 3.3 节的公式分别对 x 和 y 方向进行计算。对于薄面板弱夹芯夹层，近似为

$$\tau_{cxz} = \frac{T_x}{d}, \quad \tau_{cyz} = \frac{T_y}{d}, \quad \gamma_{cxz} = \frac{\tau_{cxz}}{G_{cx}}, \quad \gamma_{cyz} = \frac{\tau_{cyz}}{G_{cy}} \tag{4.17}$$

4.4　热应力和应变

材料内部温度的改变导致应变随温度成比例变化。因为通常情况下夹层板各向异性，因此这些应变可能会造成弯曲和扭曲效应。热弹性应力和应变的关系可以写为

$$\varepsilon_i = \sum_j S_{ij}\sigma_j + \delta_{ij}\alpha_i \Delta T$$

或颠倒过来为

$$\sigma_i = \sum_j C_{ij}(\varepsilon_j - \delta_{ij}\alpha_j \Delta T), \quad i = 1, \cdots, 6 \tag{4.18}$$

式中：α_i 为热膨胀因子；δ_{ij} 为克罗内克 δ 函数（当 $i=j$ 等于时 1，其他情况为 0）；S_{ij} 为材料的柔度矩阵；C_{ij} 材料的刚度矩阵。注意，热膨胀系数只对展向应变产生影响，对剪切应变不产生影响。因此，如果板的对称轴与各向异性轴重合，则热应变不会导致板的扭曲或者扭曲应变。

对于夹层板，面板和夹芯层通常都是各向异性的，面板通常较薄，即面内特征是主要关注对象，因此面板的刚度矩阵可缩减为 4 个独立的常数。如果应变受到约束，即板被硬框架固定，则将产生应力。另一方面，如果结构自由，则热应变会导致热变形。

上面的特性对夹层板有重要的影响。假设夹层板的面板不同，并具有不同的热膨胀系数 α_{1x}，α_{1y}，α_{2x}，α_{2y}，以及反平面夹芯（$E_c = 0$）。进一步假设整个面板内的温度和温度的变化都是相同的，而在两个面板内不一定相同。如果横向变形是自由的，当板面的一边的温度或者甚至整体的温度发生改变时，板会发生弯曲（典型的冷藏罐、货车厢、火车厢或建筑板）。整体的温度发生变化是最普通的，假设面板 1 的温度变化为 ΔT_1，面板 2 的温度变化为 ΔT_2。

1）约束变形

在各向异性的板中，变形受到约束就会产生应力。根据胡克定律，对面板 1，应力为（假设为平面应力）

$$\sigma_{1x}^{(T)} = -\frac{E_x \Delta T_1}{1 - \nu_{1xy}\nu_{1yx}}[\alpha_{1x} + \nu_{1yx}\alpha_{1y}], \quad \sigma_{1y}^{(T)} = -\frac{E_y \Delta T_1}{1 - \nu_{1xy}\nu_{1yx}}[\alpha_{1y} + \nu_{1xy}\alpha_{1x}]$$

$$(4.19)$$

对于面板 2 也一样。这些应力以力偶的形式作用,等同于弯矩和面内载荷。后者即为面板应力与面板厚度的乘积,得到

$$N_x^{(T)} = \sigma_{1x}^{(T)}t_1 + \sigma_{2x}^{(T)}t_2, \quad N_y^{(T)} = \sigma_{1y}^{(T)}t_1 + \sigma_{2y}^{(T)}t_2 \qquad (4.20)$$

因为面板的应变通常是不同的($\alpha_{1x} \neq \alpha_{2x}$,$\alpha_{1y} \neq \alpha_{2y}$ 或者 $\Delta T_1 \neq \Delta T_2$),不对称性意味着产生了力矩,可以推导为

$$M_x^{(T)} = \frac{D_x \Delta T_1}{(1 - \nu_{1xy}\nu_{1yx})d}[\alpha_{1x} + \nu_{1yx}\alpha_{1y}] - \frac{D_x \Delta T_2}{(1 - \nu_{2xy}\nu_{2yx})d}[\alpha_{2x} + \nu_{2yx}\alpha_{2y}]$$

$$M_y^{(T)} = \frac{D_y \Delta T_1}{(1 - \nu_{1xy}\nu_{1yx})d}[\alpha_{1y} + \nu_{1xy}\alpha_{1x}] - \frac{D_y \Delta T_2}{(1 - \nu_{2xy}\nu_{2yx})d}[\alpha_{2y} + \nu_{2xy}\alpha_{2x}] \quad (4.21a)$$

如果 $\nu_{1xy} = \nu_{2xy} = \nu_{xy}$ 及 $\nu_{1yx} = \nu_{2yx} = \nu_{yx}$,可以简化为

$$M_x^{(T)} = -\frac{D_x}{(1 - \nu_{xy}\nu_{yx})d}[\alpha_{2x}\Delta T_2 - \alpha_{1x}\Delta T_1 + \nu_{yx}(\alpha_{2y}\Delta T_2 - \alpha_{1y}\Delta T_1)]$$

$$M_y^{(T)} = -\frac{D_y}{(1 - \nu_{xy}\nu_{yx})d}[\alpha_{2y}\Delta T_2 - \alpha_{1y}\Delta T_1 + \nu_{xy}(\alpha_{2x}\Delta T_2 - \alpha_{1x}\Delta T_1)]$$

$$(4.21b)$$

如果是各向同性的板(所有的 α 相等),表达式简化,弯矩可表示为

$$M_x^{(T)} = M_y^{(T)} = -\frac{D\alpha}{(1 - \nu)d}[\Delta T_2 - \Delta T_1] \qquad (4.22)$$

因此,当热应变产生的变形受到约束时,必须考虑结构产生的力和弯矩。

2)自由变形

另一种情况是有热应变时,板的变形是自由的。与约束变形的情况相反,这种情况下,夹层板将出现面内变形和曲率,而不是面内载荷与弯矩。由于只有正应变作用在面板上,将没有整体横向剪切,曲率则和第 4 章的定义一样,但与面内剪切无关。热应变为

$$\varepsilon_x^{(T)} = \varepsilon_{x0}^{(T)} + z_x \kappa_x^{(T)} \text{ 及 } \varepsilon_y^{(T)} = \varepsilon_{y0}^{(T)} + z_y \kappa_y^{(T)} \qquad (4.23)$$

中性轴处的面内变形取决于面板的平均应变,可由下式得出:

$$\varepsilon_{x0}^{(T)} = \frac{1}{d}[\alpha_{2x}\Delta T_2(d - e_x) + \alpha_{1x}\Delta T_1 e_x] \approx \frac{\alpha_{2x}\Delta T_2 E_{2x}t_2 + \alpha_{1x}\Delta T_1 E_{1x}t_1}{E_{1x}t_1 + E_{2x}t_2}$$

$$\varepsilon_{y0}^{(T)} = \frac{1}{d}[\alpha_{2y}\Delta T_2(d - e_y) + \alpha_{1y}\Delta T_1 e_y] \approx \frac{\alpha_{2y}\Delta T_2 E_{2y}t_2 + \alpha_{1y}\Delta T_1 E_{1y}t_1}{E_{1y}t_1 + E_{2y}t_2}$$

$$(4.24)$$

式中:e_x 为沿 x 方向中性轴到面板 2 的距离;e_y 为沿 y 方向的距离。面板的应变也可写作曲率的函数为

$$\varepsilon_{x1}^{(T)} = \varepsilon_{x0}^{(T)} + (d-e)\kappa_x = -\alpha_{x1}\Delta T_1$$
$$\varepsilon_{x2}^{(T)} = \varepsilon_{x0}^{(T)} + e\kappa_x = -\alpha_{x2}\Delta T_2 \qquad (4.25)$$

公式 4.25 中第一个减去第二个得

$$\kappa_x^{(T)} = \frac{1}{d}(\alpha_{2x}\Delta T_2 - \alpha_{1x}\Delta T_1)$$

同样,

$$\kappa_y^{(T)} = \frac{1}{d}(\alpha_{2y}\Delta T_2 - \alpha_{1y}\Delta T_1) \qquad (4.26)$$

对于各向同性的夹层板,表达式简化为

$$\varepsilon_{x0}^{(T)} = \varepsilon_{y0}^{(T)} = \frac{E\alpha}{t_1+t_2}[t_1\Delta T_1 + t_2\Delta T_2] \ \text{及} \ \kappa_{x0}^{(T)} = \kappa_{y0}^{(T)} = \frac{\alpha}{d}(\Delta T_2 - \Delta T_1)$$

$$(4.27)$$

从这里可以看出,如果所有面板温度的变化相同,则夹层板只有面内变形,没有曲率变形。

4.5 平衡方程

1) 垂直面平衡方程

有三个力垂直面平衡方程,分别为 x, y, z 方向

$$\frac{\partial N_x}{\partial x} + \frac{\partial N_y}{\partial y} = 0, \quad \frac{\partial N_y}{\partial y} + \frac{\partial N_{xy}}{\partial x} = 0, \quad \frac{\partial T_x}{\partial x} + \frac{\partial T_y}{\partial y} + q^* - \rho^* \frac{\partial^2 w}{\partial t^2} = 0$$

$$(4.28)$$

注意到通常情况下,虽然很少出现在实际中,如果板的厚度是变化的,ρ 是一个函数 $\rho^*(x, y)$。q 是施加载荷的缩写,写为

$$q^* = q + N_x \frac{\partial^2 w}{\partial x^2} + 2N_{xy}\frac{\partial^2 w}{\partial x \partial y} + N_y \frac{\partial^2 w}{\partial y^2} \qquad (4.29)$$

2) 弯矩平衡

同理,在 y, x, z 方向的三个弯矩平衡方程为

$$T_x - \frac{\partial M_x}{\partial x} - \frac{\partial M_{xy}}{\partial y} - R_x \frac{\partial^3 w_b}{\partial x \partial t^2} = 0, \quad T_y - \frac{\partial M_y}{\partial y} - \frac{\partial M_{xy}}{\partial y} - R_y \frac{\partial^3 w_b}{\partial y \partial t^2} = 0$$
$$N_{xy} = N_{yx} \qquad (4.30)$$

4.6　变形分量

上面梁的变形分量也一样适用于板。如前面一样,假设由弯曲和剪切产生的变形一次只出现一种。对于具有不同面板的夹层板,这是近似解,但是可以通过方程简化来判断。假设可以将由弯曲引起的变形 w_b 和横向剪切变形 w_s 分离,则加起来为

$$w = w_b + w_s \tag{4.31}$$

这样,在 4.1 节中定义的转动就有了更合理的解释。弯曲导致横截面转动,剪切导致滑移,而没有转动作用。在此假设下可以得到

$$M_x = \int \sigma_x z \,\mathrm{d}z = -\frac{D_x}{1-\nu_{xy}\nu_{yx}}\left[\frac{\partial^2 w_b}{\partial x^2} + \nu_{yx}\frac{\partial^2 w_b}{\partial y^2}\right]$$

$$M_y = \int \sigma_y z \,\mathrm{d}z = -\frac{D_y}{1-\nu_{xy}\nu_{yx}}\left[\frac{\partial^2 w_b}{\partial y^2} + \nu_{xy}\frac{\partial^2 w_b}{\partial x^2}\right] \tag{4.32}$$

$$M_{xy} = \int \tau_{xy} z \,\mathrm{d}z = -D_{xy}\frac{\partial^2 w_b}{\partial x \partial y}, \qquad \frac{\partial T_x}{\partial x} = S_x\frac{\partial^2 w_s}{\partial x^2}, \qquad \frac{\partial T_y}{\partial y} = S_y\frac{\partial^2 w_s}{\partial y^2}$$

可以看出,变形分量 w_b 代表经典板的弯曲变形,因为剪切变形不会造成截面转动,则弯矩仅依赖于 w_b,横向力仅依赖于 w_s。

4.7　夹层板的控制方程

1)薄面板夹层板的控制方程

通过替代平衡方程,可以得到用横向载荷和弯矩场表示的如下控制方程:

$$\frac{\partial^2 M_x}{\partial x^2} + 2\frac{\partial^2 M_{xy}}{\partial x \partial y} + \frac{\partial^2 M_y}{\partial y^2} = -q^* + \rho^*\frac{\partial^2 w}{\partial t^2} - \frac{\partial^2}{\partial t^2}\left(R_x\frac{\partial^2 w_b}{\partial x^2} + R_y\frac{\partial^2 w_b}{\partial y^2}\right)$$

$$\tag{4.33}$$

弯矩可以用变形和横向载荷来表示:

$$M_x = -\frac{D_x}{1-\nu_{xy}\nu_{yx}}\left[\frac{\partial}{\partial x}\left(\frac{\partial w}{\partial x} - \frac{T_x}{S_x}\right) + \nu_{yx}\frac{\partial}{\partial y}\left(\frac{\partial w}{\partial y} - \frac{T_y}{S_x}\right)\right] = 0$$

$$M_y = -\frac{D_y}{1-\nu_{xy}\nu_{yx}}\left[\frac{\partial}{\partial y}\left(\frac{\partial w}{\partial y} - \frac{T_y}{S_y}\right) + \nu_{xy}\frac{\partial}{\partial x}\left(\frac{\partial w}{\partial x} - \frac{T_x}{S_x}\right)\right] = 0 \tag{4.34}$$

$$M_{xy} = -\frac{D_{xy}}{2}\left[\frac{\partial}{\partial x}\left(\frac{\partial w}{\partial y} - \frac{T_y}{S_y}\right) + \frac{\partial}{\partial y}\left(\frac{\partial w}{\partial x} - \frac{T_x}{S_x}\right)\right] = 0$$

可以证明,从以上公式中去掉弯矩对解方程是有用的,因为许多解都包含了假设的形式,不但对变形 w 如此,对横向载荷 T 也是如此。这样,假设的场可以作为施加载荷的函数来求解。替代的结果为

$$\frac{D_x}{1-\nu_{xy}\nu_{yx}}\frac{\partial^3 w}{\partial x^3}+\left(\frac{\nu_{yx}D_x}{1-\nu_{xy}\nu_{yx}}+D_{xy}\right)\frac{\partial^3 w}{\partial x\partial y^2}-\frac{D_x}{S_x(1-\nu_{xy}\nu_{yx})}\frac{\partial^2 T_x}{\partial x^2}-$$

$$\left(\frac{\nu_{yx}D_x}{S_y(1-\nu_{xy}\nu_{yx})}+\frac{D_{xy}}{2S_y}\right)\frac{\partial^2 T_y}{\partial x\partial y}-\frac{D_{xy}}{2S_y}\frac{\partial^2 T_x}{\partial y^2}+T_x=R_x\left(\frac{\partial^3 w}{\partial x\partial t^2}-\frac{1}{S_x}\frac{\partial^2 T_x}{\partial t^2}\right)$$

$$\frac{D_y}{1-\nu_{xy}\nu_{yx}}\frac{\partial^3 w}{\partial y^3}+\left(\frac{\nu_{xy}D_y}{1-\nu_{xy}\nu_{yx}}+D_{xy}\right)\frac{\partial^3 w}{\partial x^2\partial y}-\frac{D_y}{S_y(1-\nu_{xy}\nu_{yx})}\frac{\partial^2 T_y}{\partial y^2}-$$

$$\left(\frac{\nu_{xy}D_y}{S_x(1-\nu_{xy}\nu_{yx})}+\frac{D_{xy}}{2S_x}\right)\frac{\partial^2 T_x}{\partial x\partial y}-\frac{D_{xy}}{2S_y}\frac{\partial^2 T_y}{\partial x^2}+T_y=R_y\left(\frac{\partial^3 w}{\partial y\partial t^2}-\frac{1}{S_y}\frac{\partial^2 T_y}{\partial t^2}\right)$$

$$(4.35)$$

这三个方程与垂直方面 z 方向的平衡方程联立,可以同时求解夹层板的三个未知数: w, T_x, T_y。这个解对一般各向异性夹层板适用。

2) 用变形分量表示的静态基本方程—薄面板

以上的方程比较复杂,做静态分析时通常简化为变形分量的形式,表示为

$$\frac{D_x}{1-\nu_{xy}\nu_{yx}}\frac{\partial^4 w_b}{\partial x^4}+\left(\frac{\nu_{yx}D_x+\nu_{xy}D_y}{1-\nu_{xy}\nu_{yx}}+2D_{xy}\right)\frac{\partial^4 w_b}{\partial x^2\partial y^2}-\frac{D_y}{1-\nu_{xy}\nu_{yx}}\frac{\partial^4 w_b}{\partial y^4}=q^*$$

$$(4.36)$$

忽略动力项时,它等同于一般正交各向异性板纯弯曲的微分方程[4]。以上方程可变换形式为

$$S_x\frac{\partial^2 w_s}{\partial x^2}+S_y\frac{\partial^2 w_s}{\partial y^2}=-q^* \qquad (4.37)$$

利用 w_b 和 w_s 的关系,对于正交异性夹层板可表达为

$$S_x\frac{\partial^2 w_s}{\partial x^2}=-\frac{D_x}{1-\nu_{xy}\nu_{yx}}\left(\frac{\partial^4 w_b}{\partial x^4}+\nu_{yx}\frac{\partial^4 w_b}{\partial x^2\partial y^2}\right)-D_{xy}\frac{\partial^4 w_b}{\partial x^2\partial y^2}$$

$$S_y\frac{\partial^2 w_s}{\partial y^2}=-\frac{D_y}{1-\nu_{xy}\nu_{yx}}\left(\frac{\partial^4 w_b}{\partial y^4}+\nu_{xy}\frac{\partial^4 w_b}{\partial x^2\partial y^2}\right)-D_{xy}\frac{\partial^4 w_b}{\partial x^2\partial y^2}$$

$$(4.38)$$

3) 各向同性夹层板—薄面板

对于各向同性的夹层板有

$$D_x=D_y=D, \quad D_{xy}=D/(1+\nu), \quad \nu_{yx}=\nu_{xy}=\nu, \quad S_x=S_y=S$$
$$R_x=R_y=R \qquad (4.39)$$

上面的控制微分方程简化为

$$\frac{D}{1-\nu^2}\Delta^2 w-\left(1-\frac{D\Delta}{S(1-\nu^2)}+\frac{R}{S}\frac{\partial^2}{\partial t^2}\right)\left[q^*-\rho^*\frac{\partial^2 w}{\partial t^2}\right]-R\frac{\partial^2}{\partial t^2}\Delta w=0$$

$$(4.40)$$

这就是著名的 Mindlin 板方程[5]，这也是在 3.8 节定义的二维铁木辛柯梁方程[6]。对于实际中的大部分材料组合和尺寸，考虑横向切应力，使 $R=0$ 而忽略旋转惯性，方程简化为

$$\frac{D}{1-\nu^2}\Delta^2 w = \left[1 - \frac{D\Delta}{S(1-\nu^2)}\right]\left(q^* - \rho^* \frac{\partial^2 w}{\partial t^2}\right) \tag{4.41}$$

如果让 S 趋近无限大，将横截面剪力忽略，则化简为

$$\frac{D}{1-\nu^2}\Delta^2 w + \rho^* \frac{\partial^2 w}{\partial t^2} = q^* \tag{4.42}$$

忽略垂直惯性则有

$$\frac{D}{1-\nu^2}\Delta^2 w = \left[1 - \frac{D\Delta}{S(1-\nu^2)}\right]q^* \tag{4.43}$$

利用变形分量的关系 $\quad \Delta w_s = -\frac{D}{S(1-\nu^2)}\Delta^2 w_b \tag{4.44}$

则方程分解为两个独立的关于 w_s 和 w_b 的方程

$$\frac{D}{(1-\nu^2)}\Delta^2 w_b = q^*, \quad -S\Delta w_s = q^* \tag{4.45}$$

式中：w_s 为有限剪切刚度 S 和无限弯曲刚度 D 板的挠度。Plantema 指出：在边界处，一般 w_s 和 w_b 不会单独为零，但两者的和为零[4]。只有当 Δw_b 是常数或者为零时，在板的周边，w_s 和 w_b 才可能单独为零。

4) 各向同性板—厚面板—静态控制方程

Hoff 用变分原理推导出厚面板夹层板的控制微分方程，即包含面板绕其中性轴旋转时产生的应变能[8]。若采用推导厚面板夹层梁微分方程时采用的方法，则变得简单直接。两者具有同样的结果：

$$\frac{2D_f}{1-\nu^2}\Delta^3 w - \frac{D}{D_0+D_c}S\Delta^2 w = \left[\Delta - \frac{S(1-\nu^2)}{D_0+D_c}\right]q^* \tag{4.46}$$

假设为薄面板，$D_f = 0$，则简化为上面所述方程。如果上下面板不同，则 $2D_f$ 为各面板的弯曲刚度之和，即：$2D_f = D_{f1} + D_{f2}$。面板的厚度仅在梁的固定边界或集中载荷处影响梁的局部响应。因此，在考虑支撑、点载荷和固定边界周边的影响时，必须考虑面板的厚度。否则，如果只要求得整体变形，则用薄面板的控制方程更适用，但是这时要用 $D = D_0 + 2D_f$。

5) 能量表达式

夹层板的应变能有多种表达形式，用载荷的形式表达为

$$U_1 = \frac{1}{2}\iint\left[\frac{M_x^2}{D_x} - \left(\frac{\nu_{xy}}{D_x} + \frac{\nu_{yx}}{D_y}\right)M_x M_y + \frac{M_y^2}{D_y} + 2\frac{M_{xy}^2}{D_{xy}} + \frac{T_x^2}{S_x} + \frac{T_y^2}{S_y}\right]\mathrm{d}x\mathrm{d}y \quad (4.47)$$

或者应变能用总变形和横向剪切角表示：

$$U_1 = \frac{1}{2}\iint\left[\begin{array}{l}\dfrac{D_x}{1-\nu_{xy}\nu_{yx}}\left\{\dfrac{\partial}{\partial x}\left(\dfrac{\partial w}{\partial x} - \dfrac{T_x}{S_x}\right)\right\}^2 + \dfrac{D_y}{1-\nu_{xy}\nu_{yx}}\left\{\dfrac{\partial}{\partial y}\left(\dfrac{\partial w}{\partial y} - \dfrac{T_y}{S_y}\right)\right\}^2 + \\[3mm] \left(\dfrac{\nu_{yx}D_x + \nu_{xy}D_y}{1-\nu_{xy}\nu_{yx}}\right)\left\{\dfrac{\partial}{\partial x}\left(\dfrac{\partial w}{\partial x} - \dfrac{T_x}{S_x}\right)\right\}\left\{\dfrac{\partial}{\partial y}\left(\dfrac{\partial w}{\partial y} - \dfrac{T_y}{S_y}\right)\right\} + \\[3mm] \dfrac{D_{xy}}{2}\left\{\dfrac{\partial}{\partial x}\left(\dfrac{\partial w}{\partial y} - \dfrac{T_y}{S_y}\right) + \dfrac{\partial}{\partial y}\left(\dfrac{\partial w}{\partial x} - \dfrac{T_x}{S_x}\right)\right\}^2 + \dfrac{T_x^2}{S_x} + \dfrac{T_y^2}{S_y}\end{array}\right]\mathrm{d}x\mathrm{d}y$$

$$(4.48)$$

最后，应变能用变形分量表示为

$$U_1 = \frac{1}{2}\iint\left[\begin{array}{l}\dfrac{D_x}{1-\nu_{xy}\nu_{yx}}\left\{\dfrac{\partial^2 w_{\mathrm{b}}}{\partial x^2}\right\}^2 + \left(\dfrac{\nu_{yx}D_x + \nu_{xy}D_y}{1-\nu_{xy}\nu_{yx}}\right)\left(\dfrac{\partial^2 w_{\mathrm{b}}}{\partial x^2}\right)\left(\dfrac{\partial^2 w_{\mathrm{b}}}{\partial y^2}\right) + \\[3mm] \dfrac{D_y}{1-\nu_{xy}\nu_{yx}}\left\{\dfrac{\partial^2 w_{\mathrm{b}}}{\partial y^2}\right\}^2 + 2D_{xy}\left(\dfrac{\partial^2 w_{\mathrm{b}}}{\partial x\partial y}\right)^2 + S_x\left(\dfrac{\partial w_{\mathrm{s}}}{\partial x}\right)^2 + S_y\left(\dfrac{\partial w_{\mathrm{s}}}{\partial y}\right)^2\end{array}\right]\mathrm{d}x\mathrm{d}y$$

$$(4.49)$$

外力的势能与板的内部结构无关，只依赖于中面的位移。因此，一般板的势能表达与各向同性板相似，即为 N_x，N_y 和 N_{xy} 的势能。如果再加上横向载荷 q 的势能，则表达式为

$$U_2 = \frac{1}{2}\iint\left[-2qw + N_x\left(\frac{\partial w}{\partial x}\right)^2 + 2N_{xy}\left(\frac{\partial w}{\partial x}\right)\left(\frac{\partial w}{\partial y}\right) + N_y\left(\frac{\partial w}{\partial y}\right)^2\right]\mathrm{d}x\mathrm{d}y \quad (4.50)$$

板的动能表示为

$$U_3 = \frac{1}{2}\iint\left[\rho^*\left(\frac{\partial w}{\partial x}\right)^2 + \left(R_x\left(\frac{\partial^2 w}{\partial x\partial t}b\right)^2 + R_y\left(\frac{\partial^2 w}{\partial y\partial t}b\right)^2\right)\right]\mathrm{d}x\mathrm{d}y \quad (4.51)$$

由于应变能必须和动能相等，则整个系统的总势能为

$$U = U_1 + U_2 - U_3 \quad (4.52)$$

4.8　边界条件

实际中，大多数边界支撑的边界条件可分为完全自由边界、简支和固支几种。

1）自由边界

自由边界条件可表示为

$$\begin{aligned}x &= 0, a; \quad M_x = M_{xy} = T_x = 0 \\ y &= 0, b; \quad M_y = M_{xy} = T_y = 0\end{aligned} \quad (4.53)$$

虽然每条边有三个边界条件,但只有两个被确定用于求解控制方程。根据经典的 Kirchoff 理论,式(4.53)的后两个条件可以重新定义,从而保证在边界上垂直方向的载荷分量为零。假定平行于 y 轴($x=0$ 或者 $x=a$)的边界条件为 $M_x=0$,则 $T_x - \dfrac{\partial M_{xy}}{\partial y} = 0$。则边界条件(4.53)等价于

$$x=0,\,a;\quad M_x=0;\quad T_x - \frac{\partial M_{xy}}{\partial y} = 0$$

$$y=0,\,b;\quad M_y=0;\quad T_y - \frac{\partial M_{xy}}{\partial x} = 0 \tag{4.54}$$

2) 简支边界条件

简支边界的首要条件是挠度和弯矩 M_x, M_y 都为零。接下来,有两个不同的条件可作为第三个边界条件。一种假设是令扭矩 $M_{xy}=0$,则边界上有剪切,即平行于 x 轴的边界上 $\gamma_{zx} \neq 0$。这种假设是不切实际的,在实际中,边缘有加筋或一些对称约束阻止剪切变形。这样,边界条件就应允许存在扭矩,而约束剪切变形。前者,沿着边界的扭矩为零的条件,叫软边界条件;后者,阻止剪切变形的条件,叫硬边界条件。表示为

软边界条件:

$$x=0,\,a;\quad w=M_x=M_{xy}=0$$
$$y=0,\,b;\quad w=M_y=M_{xy}=0 \tag{4.55}$$

这种情况下,因为沿着平行于 y 轴的自由边界 $\dfrac{\partial M_x}{\partial x}$ 和 $\dfrac{\partial M_{xy}}{\partial y}$ 都为零,在垂直支撑方向的载荷分量等于横向载荷 T_x。同理,这种情况下角点处没有载荷分量。

硬边界条件:

$$x=0,\,a;\quad w=M_x=\gamma_{yz}=0$$
$$y=0,\,b;\quad w=M_y=\gamma_{zx}=0 \tag{4.56}$$

这里,在边界上 $\dfrac{\partial w}{\partial x} = \dfrac{\partial w}{\partial y} = 0$,则 γ_{zx} 可以写为 $\dfrac{\partial u}{\partial z}$,$\gamma_{yz}$ 可以写为 $\dfrac{\partial v}{\partial z}$。

3) 固定边界条件

固定边界的首要边界条件为中面的挠度为零,边界处截面转动为零。后者要求使 $\dfrac{\partial w}{\partial x} = \dfrac{T_x}{S_x}$,保证截面平行于 z 轴(注意:截面没有旋转,但是有滑移)。这里假定为薄面板,因为只有面板可看作膜时局部旋转 T_x/S_x 才不会发生。如果 S_x 达到无限,条件就简化为一般的边界条件 $\dfrac{\partial w}{\partial x} = 0$。与简支一样,有两种方法描述第三个边界条件。

软边界条件：

$$x = 0, a; \quad w = 0; \frac{\partial w}{\partial x} - \frac{T_x}{S_x} = 0 \quad \text{或} \quad \frac{\partial w_b}{\partial x} = 0; M_{xy} = 0$$

$$y = 0, b; \quad w = 0; \frac{\partial w}{\partial y} - \frac{T_y}{S_y} = 0 \quad \text{或} \quad \frac{\partial w_b}{\partial y} = 0; M_{xy} = 0 \qquad (4.57)$$

硬边界条件：

$$x = 0, a; \quad w = 0; \frac{\partial w}{\partial x} - \frac{T_x}{S_x} = 0 \quad \text{或} \quad \frac{\partial w_b}{\partial x} = 0; \gamma_{xy} = 0$$

$$y = 0, b; \quad w = 0; \frac{\partial w}{\partial y} - \frac{T_y}{S_y} = 0 \quad \text{或} \quad \frac{\partial w_b}{\partial y} = 0; \gamma_{xy} = 0 \qquad (4.58)$$

然而，如果假设面板较厚，则整个截面的转动被阻止，上面的第一条件就变为

$$w = 0, \frac{\partial w}{\partial x} = 0 \qquad (4.59)$$

这与一般各向同性板一样。在边界和角点处，等价垂直载荷分量与简支边界在软条件和硬条件下一样。

4.9　旋转对称板

在这一节，将给出转动对称板的求解。求解中假定板为各向同性、薄面板 $t_f \ll t_c$，弱夹芯 $E_c \ll E_f$，则变形分量可用于求解。考虑圆形夹层板受旋转对称的横向载荷。如果挠度以 w_b 和 w_c 的形式表示，在板的圆周上是常数，则变成一维梁问题。并且，除了 w_s 外，剪力、力矩、挠度都与一般的圆板一样。在这些假定下剪切挠度在边界上是不变的，只有它和横向力是给出的。相应的弯曲挠度可以从文献[1]或者文献[9]中得到。

考虑如图 4.3 所示的一个圆板：半径为 R，横向载荷 q 作用在离中心 ρ_1 和 ρ_2 之间的同心圆上。

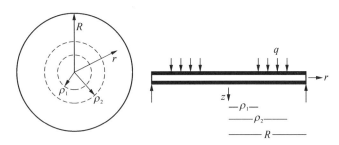

图 4.3　承受离中心 ρ_1 和 ρ_2 之间均布载荷 q 的圆形夹层板

假定板沿着外半径 R 为简支，支撑横向载荷等于

$$T_r(r) = \frac{q\pi(\rho_1 - \rho_2)^2}{2\pi R} \tag{4.60}$$

注意横向剪切挠度 w_s 在 $r = R$ 处与边界条件是独立的。则横向剪力 $T_r(r)$ 以及相应的剪切变形可直接写成 r 的函数(注意根据坐标选择,挠度从 $r = 0$ 测量,向下的位移为正)。分三段分析:

(1) $r \leqslant \rho_1$: $\quad T_r = 0$, $\quad$ 并有 $w_s^{(a)}(r) = w_s(\rho_1)$

(2) $\quad \rho_1 \leqslant r \leqslant \rho_2$: $T_r = \dfrac{-q\pi(r - \rho_1)^2}{2\pi r} = -\dfrac{q(r^2 - 2r\rho_1 + \rho_1^2)}{2r}$ $\tag{4.61}$

并有

$$w_s^{(b)}(r) = \int_{\rho_1}^{r} \frac{T_r}{S} \mathrm{d}r = -\frac{q(r^2 - \rho_1^2)}{4S} + \frac{q\rho_1(r - \rho_1)}{S} - \frac{q\rho_1^2}{2S}\ln\frac{r}{\rho_1} + w_s(\rho_2)$$

(3) $r \leqslant \rho_2$: $\quad T_r = -\dfrac{q(\rho_1 - \rho_2)^2}{2r}$

$$w_s^{(c)}(r) = \int_{\rho_2}^{r} \frac{T_r}{S} \mathrm{d}r = -\frac{q(\rho_1 - \rho_2)^2}{2S}\ln\frac{r}{\rho_2} + w_s(\rho_2)$$

可用这些表达式求解一些例子。这里只给出了横向剪力挠度,因为大多数相应的弯曲挠度都可以在手册中查到,例如文献[9]。

(1) 均匀载荷作用于整个板,$\rho_1 = 0$,$\rho_2 = R$。

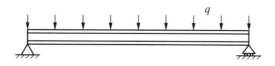

$$w_s(r) = \frac{q(R^2 - r^2)}{4S}$$

(2) 均匀载荷作用于板中心,$\rho_1 = 0$。

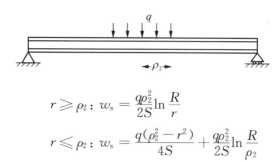

$$r \geqslant \rho_2: w_s = \frac{q\rho_2^2}{2S}\ln\frac{R}{r}$$

$$r \leqslant \rho_2: w_s = \frac{q(\rho_2^2 - r^2)}{4S} + \frac{q\rho_2^2}{2S}\ln\frac{R}{\rho_2}$$

（3）均匀载荷在远离盘中心，$\rho_2 = R$。

$$r \leqslant \rho_1 : w_s = \frac{q(R^2 - \rho_1^2)}{4S} + \frac{q\rho_1(R - \rho_1)}{S} - \frac{q\rho_1^2}{2S}\ln\frac{R}{\rho_1}$$

$$r \geqslant \rho_1 : w_s = \frac{q(R^2 - r^2)}{4S} + \frac{q\rho_1(R - r)}{S} - \frac{q\rho_1^2}{2S}\ln\frac{R}{r}$$

（4）环形线载荷，$\rho_1 = \rho_2 = \rho$。

$$r \leqslant \rho : \quad w_s = \frac{P}{2\pi S}\ln\frac{R}{\rho}$$

$$r \geqslant \rho : \quad w_s = \frac{P}{2\pi S}\ln\frac{R}{r}$$

4.10 矩形板的弯曲

这一节将给出横向载荷作用下夹层板一些问题的解。在每种情况下，都要给定解在一定的假设条件下是有效的，比如：薄面板或者厚面板，各向同性和各向异性，准确解或者近似解。解的推导并没有给出，而仅仅给出了最后结果。可能的话，结果将以表格、图形或两者结合的形式给出封闭解。对于这些精确解案例，也将给出最大的横向力和弯矩，利用 4.3 节的公式和这些给出的条件可以计算出各个应力。在近似解中，不能以力和力矩的形式给出满意的结果，因此，这里并没有给出，而将讨论如何估算。

4.10.1 各向同性、薄面板简支板——均布载荷

假设矩形简支夹层板，边长为 a 和 b，如图 4.4 所示。

简支板的边界条件为：

$x = 0$，$x = a$，$w = 0$，　$M_x = 0$

$y = 0$，$y = b$，$w = 0$，　$M_y = 0$

板的挠度精确解为

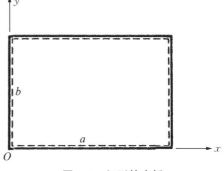

图 4.4　矩形简支板

$$w = \frac{16qb^4(1-\nu^2)}{\pi^6 D} \sum_{n=1,3,5\cdots}^{\infty} \sum_{m=1,3,5\cdots}^{\infty} \frac{1 + \pi^2\theta\left[\left(\frac{mb}{a}\right)^2 + n^2\right]}{mn\left[\left(\frac{mb}{a}\right)^2 + n^2\right]^2} \sin\frac{m\pi x}{a}\sin\frac{n\pi y}{b}$$

$$(4.62)$$

其中剪切因子 $\theta = D/b^2 S(1-\nu^2)$。变形分量可以精确表示为

$$w_b = \frac{16qb^4(1-\nu^2)}{\pi^6 D} \sum_{n=1,3,5\cdots}^{\infty} \sum_{m=1,3,5\cdots}^{\infty} \frac{\sin\frac{m\pi x}{a}\sin\frac{n\pi y}{b}}{mn\left[\left(\frac{mb}{a}\right)^2 + n^2\right]^2} \tag{4.63}$$

$$w_s = \frac{16qb^2}{\pi^4 S} \sum_{n=1,3,5\cdots}^{\infty} \sum_{m=1,3,5\cdots}^{\infty} \frac{\sin\frac{m\pi x}{a}\sin\frac{n\pi y}{b}}{mn\left[\left(\frac{mb}{a}\right)^2 + n^2\right]} \tag{4.64}$$

利用变形分量,弯矩和横向力可以用第4.4节的公式计算。挠度和弯矩收敛较快,但是需要更多的项得到较准确的横向力。最大的挠度和弯矩发生在板的中心 $(x, y) = (a/2, b/2)$,最大横向力 T_x 在 $(0, b/2)$ 和 $(a, b/2)$,最大的 T_y 在 $(a/2, 0)$ 和 $(a/2, b)$,即在边的中点上。将 m 和 n 加到 27,数据如表 4.1 所示。

表 4.1 各项性能的计算数据

a/b	$\dfrac{Dw_b}{qb^4(1-\nu^2)}$	$\dfrac{Sw_s}{qb^2}$	$\dfrac{M_x}{qb^2}$	$\dfrac{M_y}{qb^2}$	$\dfrac{T_x}{qb}$	$\dfrac{T_y}{qb}$
1.0	0.004 06	0.073 7	0.049 7	0.047 9	0.338	0.338
1.2	0.005 64	0.086 8	0.050 1	0.062 6	0.353	0.380
1.4	0.007 05	0.096 7	0.050 6	0.075 3	0.361	0.411
1.6	0.008 30	0.104 2	0.049 3	0.086 2	0.365	0.435
1.8	0.009 31	0.109 8	0.047 9	0.094 8	0.368	0.452
2.0	0.010 13	0.113 9	0.046 4	0.101 7	0.370	0.465
3.0	0.012 23	0.122 7	0.040 4	0.118 9	0.372	0.493
4.0	0.012 83	0.124 5	0.038 4	0.123 5	0.372	0.498
5.0	0.012 97	0.124 9	0.037 5	0.124 6	0.372	0.500
∞	0.013 02	0.125 0	0.037 5	0.125 0	0.372	0.500

表 4.1 中为简支、矩形夹层板的最大弯曲挠度和剪切挠度,弯矩和横向力。

由于 a/b 大于 1,则所有的性质都可以通过交换 a,b 的值得到:

$$w_b(b/a) = w_b(a/b)\left(\frac{b}{a}\right)^4, \quad w_s(b/a) = w_s(a/b)\left(\frac{b}{a}\right)^2, \quad M_x(b/a) = M_y(a/b)\left(\frac{b}{a}\right)^2$$

$$M_y(b/a) = M_x(a/b)\left(\frac{b}{a}\right)^2, \quad T_x(b/a) = T_y(a/b)\left(\frac{b}{a}\right), \quad T_y(b/a) = T_x(a/b)\left(\frac{b}{a}\right)$$

4.10.2 各向同性、厚面板简支板——均布载荷

这类问题的解与薄面板一样,但是利用第 4.4 节中厚面板的控制方程,精确挠度为

$$w = \sum_{n=1,3,5\cdots}^{\infty} \sum_{m=1,3,5\cdots}^{\infty} \frac{16q}{mn\pi^2 K_{mn}} \Big[1 + \frac{D}{S(1-\nu^2)}\Big[\Big(\frac{m\pi}{a}\Big)^2 + \Big(\frac{n\pi}{b}\Big)^2\Big]\Big] \sin\frac{m\pi x}{a} \sin\frac{n\pi y}{b}$$

(4.65)

分母中

$$K_{mn} = \frac{2D_f D_0}{S(1-\nu^2)^2}\Big[\Big(\frac{m\pi}{a}\Big)^2 + \Big(\frac{n\pi}{b}\Big)^2\Big]^3 + \frac{2D_f + D_0}{1-\nu^2}\Big[\Big(\frac{m\pi}{a}\Big)^2 + \Big(\frac{n\pi}{b}\Big)^2\Big]^2$$

(4.66)

挠度、力、弯矩不能像薄面板那样以无量纲的形式表达。这是因为分母 K_{mn} 中包含的 a 有不同的幂级数,例如 a^4 和 a^6。值得注意,当剪切刚度 S 很大时,板的挠度等于利用薄面板理论计算的值,但是用 $D = 2D_f + D_0$。当 S 趋于零时,即无剪切刚度,挠度等于两种面独立弯曲(也就是用薄面板理论,但是用 $D = 2D_f$)。原因是:假定面板很薄,如果剪切刚度很低,总挠度等于 w_s(纯剪切)。然而,如果面板有各自的弯曲刚度,不能承受剪切变形,并且是会使板硬化。在极限情况下,S 趋近于零,剪切挠度不能为无限大,而是受独立的两面板弯曲的约束。在另一种极限情况下,D_0 很大,$D_f = 0$,w_s 如表 4.1 所示。

为了清楚显示这种影响,图 4.5 画出了在不同的剪切因子 $\theta = D/a^2 S$,w/w^* 和 D_f/D_0 的关系。w 用厚面板理论计算,w^* 用表 4.1 中的薄面板理论计算,但是 $D = 2D_f + D_0$。由图 4.5 可知,弯曲刚度的影响很小,因为实际应用的夹层板 θ 通常

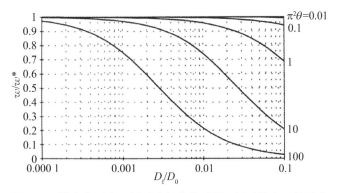

图 4.5 简支方形夹层板受均匀载荷时厚面板对其变形的影响

注:图中的曲线代表 $\pi^2\theta = 0$, 0.01, 0.1, 1, 10, 100。

为0.1或者小于0.1，D_f/D_0一般为0.01或者更小。在4.2节推导的计算总弯曲刚度时忽略D_f的近似表明，如果$d/t_f > 5.77$，则$2D_f/D_0 < 0.01$。因此，再一次可以用到这个近似，这是因为正如图4.5所示，厚面板的影响在$D_f/D_0 < 0.01$和$\theta < 0.1$时，可以忽略。因此可以确定的是：当板的剪切较弱，即θ小时，才必须考虑厚面板的影响，否则只用薄面理论来计算挠度，但在计算弯曲刚度时，要考虑到面板的厚度。

图4.5的用途就是利用表4.1中的薄面板理论来计算挠度，然后，对于图中给定的θ和D_f/D_0，乘以w/w^*来考虑厚度的影响。

弯矩和横向力在这种情况下更难估计。但是力矩和横向力的分布或多或少与薄面板情况相同，至少对小的剪切因子θ是合理的。但是，由于面板局部发生弯曲的，会导致面板上产生额外的应力。

4.10.3 各向同性、简支厚面板——集中载荷

这种情况与上面的夹层板相同，但是受集中载荷作用在中点(x', y')。通常使$D_f = 0$，将一般的厚面板问题简化为薄面板问题。精确解为

$$w = \sum_{n=1,3,5\cdots}^{\infty} \sum_{m=1,3,5\cdots}^{\infty} \frac{4P\sin\dfrac{m\pi x'}{a}\sin\dfrac{n\pi y'}{b}}{abK_{mn}}\Big[1 + \frac{D_0}{S(1-\nu^2)}\Big[\Big(\frac{m\pi}{a}\Big)^2 + \Big(\frac{n\pi}{b}\Big)^2\Big]\Big]$$

$$\sin\frac{m\pi x}{a}\sin\frac{n\pi y}{b} \tag{4.67}$$

K_{mn}与4.10.2节中的一样。如果集中载荷作用在板的中心：$(x', y') = (a/2, b/2)$。表4.2给出了集中载荷作用在板的中心时的无量纲的挠度。这些计算用于$D_f/D_0 = 0$时，即可以用变形分量，弯曲和剪切模式的变形可以单独计算。

表4.2 简支矩形夹层板的最大弯曲和剪切挠度

a/b	1.0	1.2	1.4	1.6	1.8	2.0	3.0	5.0
$\dfrac{Dw_b}{Qb^2(1-\nu^2)}$	0.0116	0.0135	0.0148	0.0157	0.0162	0.0165	0.0169	0.0169
$\dfrac{Sw_s}{Q}$	0.613	0.609	0.601	0.592	0.581	0.571	0.524	0.456

这里没有给出弯矩和剪力，因为用现在的模型计算得出的结果并不准确。最大的横向力和弯矩出现在集中载荷点的周边，实际上点载荷是不存在的，而是载荷分布在一个小区域。因此，用现在的方法不能计算出准确值。文献[1]计算了纯弯曲状态下最大弯矩，对这个问题具有参考价值。为了估算集中载荷处的力矩和力，需要采用三维弹性力学的方法。在实际中，集中载荷只会作用在一个面板上，在另一个面板，载荷分布面积要大一些，这是因为，载荷在通过夹芯时会发生分散。因此，分析时必须考虑夹芯的横向应力σ_z。

与均匀分布的载荷一样,图 4.6 给出了厚面板的影响因子。与上面的用法一样,先假定为薄面板,令 $D = 2D_f + D_0$,用表 4.1 计算出挠度 w^*,再用图 4.6 找到真实挠度。从图 4.6 可知,面板的厚度对集中载荷下的影响比均匀分布载荷情况下大得多。

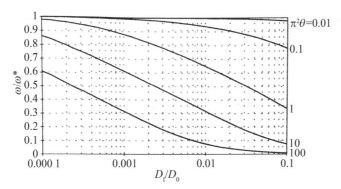

图 4.6 简支方形夹层板受集中载荷时厚面板对其变形的影响

注:图中的曲线代表 $\pi^2\theta = 0, 0.01, 0.1, 1, 10, 100$。

4.10.4 正交各向异性的简支、薄面板——均布载荷

在这种情况下,必须用完整解估算各个变量。推导过程及结果都相当复杂[10]。但是对矩形夹层板,解是精确的。挠度和横向应力可写为

$$w = \sum_{n=1}^{\infty} \sum_{m=1}^{\infty} -\frac{W_{mn}q_{mn}}{Z_{mn}} \sin\frac{m\pi x}{a} \sin\frac{n\pi y}{b}$$

$$T_x = \sum_{n=1}^{\infty} \sum_{m=1}^{\infty} \frac{X_{mn}q_{mn}}{Z_{mn}} \cos\frac{m\pi x}{a} \sin\frac{n\pi y}{b} \qquad (4.68)$$

$$T_y = \sum_{n=1}^{\infty} \sum_{m=1}^{\infty} \frac{Y_{mn}q_{mn}}{Z_{mn}} \sin\frac{m\pi x}{a} \cos\frac{n\pi y}{b}$$

$$W_{mn} = -\frac{1}{S_x S_y}\left[\frac{1}{2}D_{xy}\left\{\begin{matrix}\left(\dfrac{m\pi}{a}\right)^4\dfrac{D_x}{1-\nu_{xy}\nu_{yx}}-\left(\dfrac{m\pi}{a}\right)^2\left(\dfrac{n\pi}{b}\right)^2\\[2mm]\dfrac{\nu_{xy}D_y+\nu_{yx}D_x}{1-\nu_{xy}\nu_{yx}}+\left(\dfrac{n\pi}{b}\right)^4\dfrac{D_y}{1-\nu_{xy}\nu_{yx}}\end{matrix}\right\}+\left(\dfrac{m\pi}{a}\right)^2\left(\dfrac{n\pi}{b}\right)^2\dfrac{D_xD_y}{1-\nu_{xy}\nu_{yx}}\right]-$$

$$\left[\left(\frac{m\pi}{a}\right)^2\frac{D_x}{S_x(1-\nu_{xy}\nu_{yx})}+\left(\frac{n\pi}{b}\right)^4\frac{D_y}{S_y(1-\nu_{xy}\nu_{yx})}\right]-$$

$$\frac{1}{2}D_{xy}\left[\frac{1}{S_x}\left(\frac{m\pi}{a}\right)^2+\frac{1}{S_y}\left(\frac{n\pi}{b}\right)^2\right]-1$$

$$X_{mn}S_y = \frac{1}{2}\left(\frac{m\pi}{a}\right)^5\frac{D_xD_{xy}}{1-\nu_{xy}\nu_{yx}}+\left(\frac{m\pi}{a}\right)^3\left(\frac{n\pi}{b}\right)^2\left[\frac{D_xD_y}{1-\nu_{xy}\nu_{yx}}-\frac{D_{xy}(\nu_{xy}D_y+\nu_{yx}D_x)}{2(1-\nu_{xy}\nu_{yx})}\right]+$$

$$\frac{1}{2}\left(\frac{m\pi}{a}\right)\left(\frac{n\pi}{b}\right)^4 \frac{D_x D_{xy}}{1-\nu_{xy}\nu_{yx}} + S_y\left(\frac{m\pi}{a}\right)\left[\begin{array}{l}\left(\frac{m\pi}{a}\right)^2 \dfrac{D_x}{1-\nu_{xy}\nu_{yx}} + \\[2mm] \left(\frac{n\pi}{b}\right)^2\left(D_{xy} + \dfrac{\nu_{xy}D_x}{1-\nu_{xy}\nu_{yx}}\right)\end{array}\right]$$

$$Y_{mn}S_x = -\frac{1}{2}\left(\frac{n\pi}{b}\right)^5 \frac{D_y D_{xy}}{1-\nu_{xy}\nu_{yx}} - \left(\frac{m\pi}{a}\right)^2\left(\frac{n\pi}{b}\right)^3\left[\frac{D_x D_y}{1-\nu_{xy}\nu_{yx}} - \frac{D_{xy}(\nu_{xy}D_y + \nu_{yx}D_x)}{2(1-\nu_{xy}\nu_{yx})}\right] -$$

$$\frac{1}{2}\left(\frac{m\pi}{a}\right)^4\left(\frac{n\pi}{b}\right)\frac{D_y D_{xy}}{1-\nu_{xy}\nu_{yx}} - S_x\left(\frac{n\pi}{b}\right)\left[\begin{array}{l}\left(\frac{n\pi}{b}\right)^2 \dfrac{D_y}{1-\nu_{xy}\nu_{yx}} + \\[2mm] \left(\frac{m\pi}{a}\right)^2\left(D_{xy} + \dfrac{\nu_{xy}D_y}{1-\nu_{xy}\nu_{yx}}\right)\end{array}\right]$$

$$Z_{mn} = \left(\frac{m\pi}{a}\right)X_{mn} - \left(\frac{n\pi}{b}\right)Y_{mn}$$

$$(4.69)$$

m，n 为奇数时，载荷因子 $q_{mn} = \dfrac{16q}{mn\pi^2}$，其他为 0 $\hspace{2cm}$ (4.70)

对于均匀分布的载荷：

m，n 为奇数时，载荷因子 $q_{mn} = \dfrac{4P}{ab}\sin\dfrac{m\pi x'}{a}\sin\dfrac{n\pi y'}{b}$，其他为 0 $\hspace{1cm}$ (4.71)

对于作用在点 $(x, y) = (x', y')$ 的集中载荷，利用这些关系，弯矩可表示为

$$M_x = \sum_{n=1}^{\infty}\sum_{m=1}^{\infty}\frac{-D_x}{1-\nu_{xy}\nu_{yx}}\left[W_{mn}\left\{\left(\frac{m\pi}{a}\right)^2 + \nu_{yx}\left(\frac{n\pi}{b}\right)^2\right\} + \left(\frac{m\pi}{a}\right)\frac{X_{mn}}{S_x} - \nu_{yx}\left(\frac{n\pi}{b}\right)\frac{Y_{mn}}{S_y}\right]\cdot$$

$$\frac{q_{mn}}{Z_{mn}}\sin\frac{m\pi x}{a}\sin\frac{n\pi y}{b}$$

$$M_y = \sum_{n=1}^{\infty}\sum_{m=1}^{\infty}\frac{-D_y}{1-\nu_{xy}\nu_{yx}}\left[W_{mn}\left\{\left(\frac{n\pi}{b}\right)^2 + \nu_{yx}\left(\frac{m\pi}{a}\right)^2\right\} - \left(\frac{n\pi}{b}\right)\frac{Y_{mn}}{S_y} - \nu_{xy}\left(\frac{m\pi}{a}\right)\frac{X_{mn}}{S_x}\right]\cdot$$

$$\frac{q_{mn}}{Z_{mn}}\sin\frac{m\pi x}{a}\sin\frac{n\pi y}{b}$$

$$(4.72)$$

这些复杂的公式可以用程序进行数值求解。由于受变量数目的限制，全解并不能以曲线图的形式给出。但是从上面的公式可以推导出一些结果。这些结果显示了各向异性的夹层板与各向同性夹层板相比较，不同参数的变化趋势。与表 4.1 一样，只给出了最大的数值，即在板中心的挠度和弯矩，以及在角点中间出现的最大横向载荷。

在后面的曲线图中，以 β 变量绘出了最大挠度、弯矩和横向力。定义如下：

$$\bar{w} = \beta_1\frac{qb^4}{D_y}, \quad \overline{M}_x = \beta_2 qb^2, \quad \overline{M}_y = \beta_3 qb^2, \quad \overline{T}_x = \beta_4 qb, \quad \overline{T}_y = \beta_5 qb$$

泊松比 ν_{xy}、ν_{yx} 为 $\nu_{xy}=0.25\sqrt{\dfrac{D_x}{D_y}}$，$\nu_{yx}=0.25\sqrt{\dfrac{D_y}{D_x}}$，则乘积 $\nu_{xy}\nu_{yx}$ 为常数。这也表明在各向同性的情况下 $D_x=D_y=1.25D_{xy}$。在曲线图用 $m=n=27$ 推导，a/b 接近于 1 时，得到的挠度比较精确，但是弯矩和横向力并不准确。

第一组图显示了扭转刚度 D_{xy} 的和弯曲刚度之比 D_x/D_y 对受均匀载荷 q 的各向异性的方板的影响。$D_{xy}=0.1D_y$ 和 $1.2D_y$ 可看做两种极值情况，大多数实际落在两者之间的区域。曲线是针对剪切因子为 0（纯弯曲）和 $\theta_y=1.0$，即很大的剪切。

图 4.7 为由正交各向异性面板和各向同性芯材组成的正方形简支板，承受均布压强时，经正则化后最大挠度，弯矩和横向力。实线表示 $\pi^2\theta_y=1.0$，虚线表示 $\pi^2\theta_y=0$（纯弯曲），图中曲线为 $D_{xy}/D_y=0.1, 0.8$（各向同性芯材）和 1.2 的情况。由图 4.7 可知，即使弯曲刚度是一个定值，较大的扭曲刚度使板变硬。用纤维复合

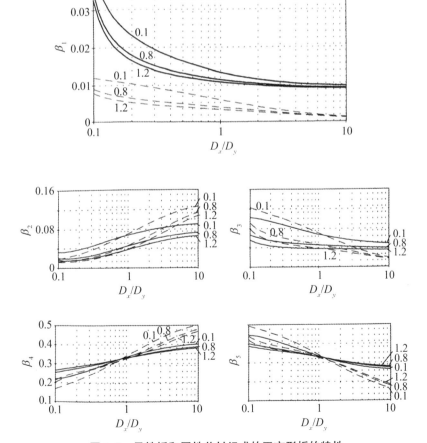

图 4.7　异性板和同性芯材组成的正方形板的特性

材料面板可以得到不同的扭曲刚度 D_{xy} 而非 $D(1+\nu)$。还可以看出增加一个方向的刚度,不仅减小了挠度,而且改变了弯矩和横向载荷。实际上,增加一个方向的刚度对弯矩和横向力的影响与在同一方减小板的宽度一样。即增加 D_x,增大了 M_x 和 T_x,而 M_y 和 T_y 相对减小。如果 x 方向的宽度 a 减小,则发生同样的结果。同时可以看出,改变剪切因子 θ 对挠度有较大的影响,但对最大横向力和弯矩几乎没有影响。

图 4.8 为由正交各向异性面板和各向同性芯材($D_{xy}/D_y = 0.8$)组成的矩形简支板,承受均布压强时,经正则化后最大挠度,弯矩和横向力。实线表示 $\pi^2\theta_y = 1.0$,虚线表示 $\pi^2\theta_y = 0$(纯弯曲),图中曲线为 $a/b = 1.0,1.4,1.8$ 和 3.0 的情况。在图 4.8 中,采用上面同样的假设,但是绘出了不同长宽比下的属性。这里要将 D_{xy}/D_y 设置为 0.8(则产生各向同性的情况 $D_x = D_y$)。仅绘出了在 $\theta = 0$(纯剪切)和

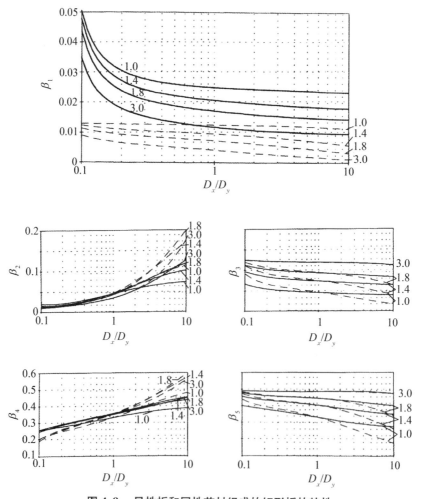

图 4.8　异性板和同性芯材组成的矩形板的特性

$\theta = 1.0$时,最大的弯矩和横向力($\beta_2 - \beta_5$)。增加剪切因子会增加横向剪切,从而对挠度产生很大的影响,但是,在$\theta = 0$和$\theta = 1.0$之间的相对变化与板的长宽比a/b无关。改变a/b或者剪切因子θ对M_x和T_x几乎没有影响。但是长宽比不同时,θ的改变对M_y和T_y产生的影响几乎相同。

图4.9为由各向同性面板和各向异性芯材组成的正方形简支板,承受均布压强时,经正则化后最大挠度,弯矩和横向力。图中曲线为$S_x/S_y = 0.4$,0.7,1.0,1.43和2.5的情况。在图4.9第三组图中,面弯曲刚度为D,各向同性,但是夹芯是正交各向异性。图中显示了在不同正交异性即S_x/S_y下,挠度、弯曲和横向力随y方向剪切因子$\theta_y = D/b^2 S_y$的变化。一些泡沫夹芯正交性较低,在这种情况下,在各自的剪切刚度比S_x/S_y接近于1。而大多的蜂窝夹心结构的S_x/S_y为$0.4 \sim 0.7$。在这种情况下,不管S_x/S_y如何,挠度随θ直线增加。可以看出,剪切刚度的正交各向异性影响内力场。这也就表明了变形分量概念的一个弱点:它假设弯矩仅依赖于对板的弯

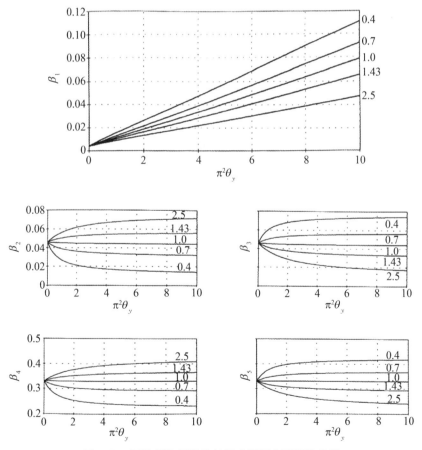

图4.9　同性板和异性芯材组成的正方形板的特性

曲,横向力只依赖于对板的剪切。这就是说剪切刚度正交各向异性不会影响弯矩。同样从图4.7可以看出,即使在纯弯曲的情况下,弯曲正交各向异性明显会对横向载荷产生影响。

同样,从图4.9中可以看出,剪切正交各向异性的影响与仅有面板为正交各向异性一样;增加x方向刚度产生的效应与减小x方向的宽度a产生的效应一样。同时可以看出,采用平均剪切刚度对挠度的预测较准,即使对较高正交各向异性的夹芯,与真实值相比偏差只有15%。对$S_x/S_y=1$和0.4,与上述一样,同样的结果可以在文献[9]中找到。

为了结果的全面性,对板的每一个长宽比b/a都应该给出类似的图。为了获得全图,此时应包含S_x/S_y的倒数值。这些内容并不在本书的范围内,但是在图4.10中给出了$b/a=1.4$和2时各个参数的趋势。图4.10为由各向同性面板和各向异性芯

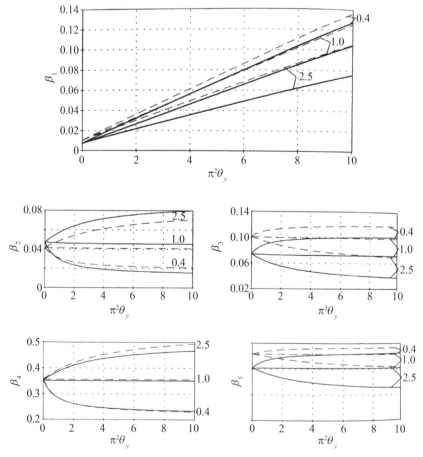

图4.10   同性板和异性芯材组成的矩形板的特性

材组成的矩形简支板,承受均布压强时,经正则化后的最大挠度、弯矩和横向力。实线表示 $a/b = 1.4$,虚线表示 $a/b = 2.0$,图中曲线为 $S_x/S_y = 0.4$, 1.0 和 2.5 的情况。可以再次发现,板中心的挠度受夹芯的各向异性影响较大。同时还可以看出,最大弯矩和横向力受影响的方式与方板一样。一个有趣的现象是:剪切因子和长宽比对 T_x 几乎没有影响,然而,剪切刚度 S_x/S_y 对其影响较大。

正如前面所提到的,为了给出所有信息,对任何长宽比都要画出相似的曲线图。实际上,面板和夹芯都是正交各向异性的,在这种情况下,为了得到较好挠度、弯矩和横向载荷解,唯一的方法就是要使用上面提到的累加方案。可以用计算编程或类似的方式实现,因为收敛的速度很快,需要的计算时间较少。

为了总结各向异性夹层板的特征,下面的图形(见图 4.11)描述了与各向同性板相比,如果一些刚度发生变化,对各向异性板的影响。增加一个刚度对板的影响与改变长宽比一样。

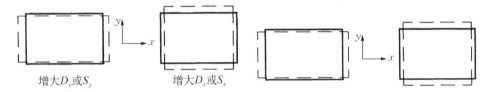

增大 D_y 或 S_y　　　　　　　增大 D_x 或 S_x

图 4.11　增大刚度所引起的变化

4.10.5　均匀载荷分布下薄面板夹层板的近似解

下面的解是利用 Rtiz 方法推导的,这个方法是基于对板的变形形式进行假设,并且用它来计算板的能量:即在载荷作用下的应变能和载荷势能。满足整个板的能量最小时,得出近似的挠度。下面的解都有对称的边界条件,对板的变形形式进行假设,并且板中心的挠度已给出。下面的解给出仅在某些极限长宽比和各向异性下,可以获得较好的结果。

对于各向异性简支的夹层板,4.10.5 节中的精确解和近似解的偏差是很小的,即使是对于很大的 a/b 和 D_x/D_y。甚至在极限情况下,误差也小于 30%,并且近似解通常要比精确解大。值得注意的是弯曲挠度 w_b 比剪切挠度 w_s 准确得多。在简支下,将精确解和近似解比较,在下列条件下 w_b 的近似值比精确解高 10% 之内。

$$0.33 < \frac{b}{a}\left(\frac{D_x}{D_y}\right)^{\frac{1}{4}} < 3 \text{ 和 / 或 } 0.12 < \frac{b}{a}\left(\frac{D_{xy}}{D_y}\right) < 8 \tag{4.73}$$

另一方面,对各向同性夹芯方板的剪切挠度,由于在解中有存在更加系统性的误差,w_s 的近似解要比精确解高 11.5%。然而如果如下条件成立,误差范围为 $11.5\%\sim20\%$。

$$0.33 < \frac{b}{a}\left(\frac{S_x}{S_y}\right)^{\frac{1}{2}} < 3 \qquad (4.74)$$

这些都是近似极限,某些参数的变化可能会产生更高的误差。对工程用途而言,只要事先清楚,这个数量级的误差是可以接受的。实际上,夹层板正交各向异性的程度和长宽比都比较小,因此这些近似解的适用性都有所增加。

在超过这个范围即在一个大的或小的 b/a 比下,对挠度进行估计的方法是:对于一个大的 b/a,可以假设 $y = b/2$ 处几乎不受 $y = 0, b$ 边界条件的影响,从而,可以用一个长 a 宽 b 的梁来近似板中心的挠度。同时给出了大的或小的 $a/b, D_x/D_y$ 和 S_x/S_y 下的方程。

1) 简支边界

与图 4.4 一样,简支夹层板挠度的近似解闭合形式为

$$w = \bar{w} \sin \frac{\pi x}{a} \sin \frac{\pi y}{b}$$

$$\bar{w} = \frac{16qb^4(1 - \nu_{xy}\nu_{yx})}{\pi^6\left[D_x\left(\frac{b}{a}\right)^4 + 2\left[D_x\nu_{yx} + (1 - \nu_{xy}\nu_{yx})D_{xy}\right]\left(\frac{b}{a}\right)^2 + D_y\right]} + \frac{16qb^2}{\pi^4\left[S_x\left(\frac{b}{a}\right)^2 + S_y\right]}$$

对于各向同性板,简化为

$$\bar{w} = \frac{16qb^4(1 - \nu^2)}{\pi^6 D\left[\left(\frac{b}{a}\right)^4 + 1\right]} + \frac{16qb^2}{\pi^4 S\left[\left(\frac{a}{b}\right)^2 + 1\right]}$$

可以看出,这与在精确解中去掉第一项一样。精确解对挠度收敛得较快,对弯矩和横向力的收敛较慢。在有效范围之外,有时用梁的近似可以得到更准确的挠度值。一般称为梁近似,计算如下:

$$w = \bar{w}\sin\frac{\pi x}{a}, \ \bar{w} = \frac{4qa^4(1 - \nu_{xy}\nu_{yx})}{\pi^5 D_x} + \frac{4qa^2}{\pi^3 S_x}, 当\frac{b}{a}\left(\frac{D_x}{D_y}\right)^{\frac{1}{4}} \gg 1 \text{ 和 / 或} \frac{b}{a}\left(\frac{S_x}{S_y}\right)^{\frac{1}{2}} \gg 1$$

$$w = \bar{w}\sin\frac{\pi y}{b}, \ \bar{w} = \frac{4qb^4(1 - \nu_{xy}\nu_{yx})}{\pi^5 D_y} + \frac{4qb^2}{\pi^3 S_y}, 当\frac{b}{a}\left(\frac{D_x}{D_y}\right)^{\frac{1}{4}} \ll 1 \text{ 和 / 或} \frac{b}{a}\left(\frac{S_x}{S_y}\right)^{\frac{1}{2}} \ll 1$$

2) 两边固定,另外两边简支

首先研究板沿 x 轴方向的两边固定,另外两个边简支。即边界条件如图 4.12 所示。

$$对 x = 0, a: w = 0, M_x = 0$$

$$对 y = 0, b: w = 0, \frac{\partial w_b}{\partial y} = 0$$

在这种情况下,挠度形式为(近似,但是满足边界条件)

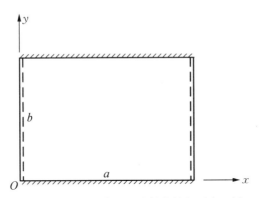

图 4.12　两边固支和两边简支的矩形夹层板

$$w = (W_\mathrm{b} + W_\mathrm{s}) \sin \frac{\pi x}{a} \sin^2 \frac{\pi y}{b} = \bar{w} \sin \frac{\pi x}{a} \sin^2 \frac{\pi y}{b}$$

$$\bar{w} = \frac{16qb^4(1 - \nu_{xy}\nu_{yx})}{\pi^5\left[3D_x\left(\dfrac{b}{a}\right)^4 + 8\left[D_x\nu_{yx} + (1 - \nu_{xy}\nu_{yx})D_{xy}\right]\left(\dfrac{b}{a}\right)^2 + 16D_y\right]} +$$

$$\frac{16qb^2}{\pi^3\left[3S_x\left(\dfrac{b}{a}\right)^2 + 4S_y\right]}$$

对各向同性的板, 简化为

$$\bar{w} = \frac{16qb^4(1 - \nu^2)}{\pi^5 D\left[3\left(\dfrac{b}{a}\right)^4 + 8\left(\dfrac{b}{a}\right)^2 + 16\right]} + \frac{16qb^2}{\pi^3 S\left[3\left(\dfrac{b}{a}\right)^2 + 4\right]}$$

超过有效性范围, 可以用梁近似:

$$w = \bar{w}\sin\frac{\pi x}{a},\ \bar{w} = \frac{4qa^4(1 - \nu_{xy}\nu_{yx})}{\pi^5 D_x} + \frac{4qa^2}{\pi^3 S_x}, \quad \text{当} \frac{b}{a}\left(\frac{D_x}{D_y}\right)^{\frac{1}{4}} \gg 1 \text{ 和 / 或} \frac{b}{a}\left(\frac{S_x}{S_y}\right)^{\frac{1}{2}} \gg 1$$

$$w = \bar{w}\sin^2\frac{\pi y}{b},\ \bar{w} = \frac{qb^4(1 - \nu_{xy}\nu_{yx})}{4\pi^4 D_y} + \frac{qb^2}{\pi^2 S_y}, \quad \text{当} \frac{b}{a}\left(\frac{D_x}{D_y}\right)^{\frac{1}{4}} \ll 1 \text{ 和 / 或} \frac{b}{a}\left(\frac{S_x}{S_y}\right)^{\frac{1}{2}} \ll 1$$

如果改变边界条件如图 4.13 所示, 则有

$$\text{对 } x = 0, a: w = 0, \quad \frac{\partial w_\mathrm{b}}{\partial x} = 0$$

$$\text{对 } y = 0, b: w = 0, \quad M_y = 0$$

这种情况下的挠度形式为

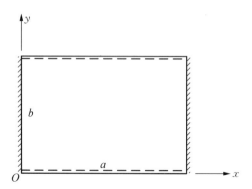

图 4.13　两边固支和两边简支的矩形夹层板

$$w = (W_b + W_s)\sin^2\frac{\pi x}{a}\sin\frac{\pi y}{b} = \bar{w}\sin^2\frac{\pi x}{a}\sin\frac{\pi y}{b}$$

$$\bar{w} = \frac{16qb^4(1-\nu_{xy}\nu_{yx})}{\pi^5\left[16D_x\left(\dfrac{b}{a}\right)^4 + 8\left[D_x\nu_{yx} + (1-\nu_{xy}\nu_{yx})D_{xy}\right]\left(\dfrac{b}{a}\right)^2 + 3S_y\right]} +$$

$$\frac{16qb^2}{\pi^3\left[4S_x\left(\dfrac{b}{a}\right)^2 + 3S_y\right]}$$

对各向同性的板,简化为

$$\bar{w} = \frac{16qb^4(1-\nu^2)}{\pi^5 D\left[16\left(\dfrac{b}{a}\right)^4 + 8\left(\dfrac{b}{a}\right)^2 + 3\right]} + \frac{16qb^2}{\pi^3 S\left[4\left(\dfrac{a}{b}\right)^2 + 3\right]}$$

超过这个范围时,有

$$w = \bar{w}\sin^2\frac{\pi x}{a},\ \bar{w} = \frac{qa^4(1-\nu_{xy}\nu_{yx})}{\pi^4 D_x} + \frac{qa^2}{\pi^2 S_x},\quad \text{当}\ \frac{b}{a}\left(\frac{D_x}{D_y}\right)^{\frac{1}{4}} \gg 1\ \text{和／或}\ \frac{b}{a}\left(\frac{S_x}{S_y}\right)^{\frac{1}{2}} \gg 1$$

$$w = \bar{w}\sin\frac{\pi y}{b},\ \bar{w} = \frac{4qb^4(1-\nu_{xy}\nu_{yx})}{\pi^5 D_y} + \frac{4qb^2}{\pi^3 S_y},\quad \text{当}\ \frac{b}{a}\left(\frac{D_x}{D_y}\right)^{\frac{1}{4}} \ll 1\ \text{和／或}\ \frac{b}{a}\left(\frac{S_x}{S_y}\right)^{\frac{1}{2}} \ll 1$$

3）所有边界固支

所有边界固支的矩形夹层板如图 4.14 所示。

$$\text{对}\ x = 0,\ a:\ w = 0,\quad \frac{\partial w_b}{\partial x} = 0$$

$$\text{对}\ y = 0,\ b:\ w = 0,\quad \frac{\partial w_b}{\partial y} = 0$$

假设挠度近似为

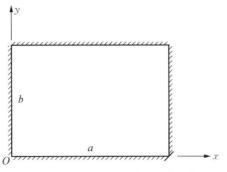

图 4.14　所有边固支的矩形夹层板

$$w = (W_b + W_s)\sin^2\frac{\pi x}{a}\sin^2\frac{\pi y}{b} = \bar{w}\sin^2\frac{\pi x}{a}\sin^2\frac{\pi y}{b}$$

$$\bar{w} = \frac{qb^4(1-\nu_{xy}\nu_{yx})}{\pi^4\left[3D_x\left(\dfrac{b}{a}\right)^4 + 2\left[D_x\nu_{yx} + (1-\nu_{xy}\nu_{yx})D_{xy}\right]\left(\dfrac{b}{a}\right)^2 + 3D_y\right]} +$$

$$\frac{4qb^2}{3\pi^2\left[S_x\left(\dfrac{b}{a}\right)^2 + S_y\right]}$$

对各向同性板,简化为

$$\bar{w} = \frac{qb^4(1-\nu^2)}{\pi^4 D\left[3\left(\dfrac{b}{a}\right)^4 + 2\left(\dfrac{b}{a}\right)^2 + 3\right]} + \frac{4qb^2}{3\pi^3 S\left[\left(\dfrac{a}{b}\right)^2 + 1\right]}$$

超过有效值性范围时,有

$$w = \bar{w}\sin^2\frac{\pi x}{a}, \quad \bar{w} = \frac{qa^4(1-\nu_{xy}\nu_{yx})}{4\pi^4 D_x} + \frac{qa^2}{\pi^2 S_x}, \quad 当\frac{b}{a}\left(\frac{D_x}{D_y}\right)^{\frac{1}{4}} \gg 1 \ \text{和}/\text{或}\ \frac{b}{a}\left(\frac{S_x}{S_y}\right)^{\frac{1}{2}} \gg 1$$

$$w = \bar{w}\sin^2\frac{\pi y}{b}, \quad \bar{w} = \frac{qb^4(1-\nu_{xy}\nu_{yx})}{4\pi^4 D_y} + \frac{qb^2}{\pi^2 S_y}, \quad 当\frac{b}{a}\left(\frac{D_x}{D_y}\right)^{\frac{1}{4}} \ll 1 \ \text{和}/\text{或}\ \frac{b}{a}\left(\frac{S_x}{S_y}\right)^{\frac{1}{2}} \ll 1$$

4.11　矩形板的屈曲

这一节将给出夹层板单轴受压时的失稳载荷计算公式。与前几节一样,讨论在各种边界条件下,各向同性夹层在厚面板、薄面板和各向异性夹芯时的近似解。在所有情况下,屈曲板的变形假设为正弦形状。控制方程与 4.4 节中的在横向载荷作用下的情况一样,但采用 $q=0$, $N_x=-P_x$, $N_y=-P_y$,并且所有条件下切向载荷 N_x 为零。

4.11.1　简支、各向同性、薄面板夹层板的屈曲

如图 4.15 所示,研究一个长为 a,宽为 b 的矩形夹层板,面内压缩载荷为 P_x 和 P_y。

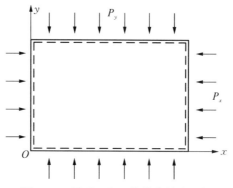

图 4.15 承受双向压缩载荷的夹层板

假定正弦形式的挠度为

$$w = \bar{w}\sin\frac{\pi x}{a}\sin\frac{\pi y}{b}$$

代入控制方程，得到一般形式的稳定性准则为

$$\frac{D}{1-\nu^2}\left[\left(\frac{m\pi}{a}\right)^2+\left(\frac{n\pi}{b}\right)^2\right]^2 = \left[P_x\left(\frac{m\pi}{a}\right)^2+P_y\left(\frac{n\pi}{b}\right)^2\right]$$
$$\left[1+\frac{D}{S(1-\nu^2)}\left\{\left(\frac{m\pi}{a}\right)^2+\left(\frac{n\pi}{b}\right)^2\right\}\right] \tag{4.75}$$

对于双向载荷，在给定的 N_x 和 P_y 下，找出与波形 m 和 n 相关的最小值。进一步简化，假设为单轴加载：$P_x = P$，$P_y = 0$。最小的屈曲载荷是出现在 $n=1$，屈曲载荷可表示为

$$K = \frac{(1-\nu^2)b^2}{\pi^2 D}P = \left(\frac{mb}{a}+\frac{a}{mb}\right)^2\left(1+\pi^2\theta\left[\left(\frac{mb}{a}\right)^2+1\right]\right)^{-1}$$

θ 是剪切因子，在各向同性中应等于 $D/b^2 S(1-\nu^2)$；K 也称为屈曲系数，是无量纲的属性。在文献[4]和文献[3]中有同样的表达，但是有一些小的符号变动。图 4.16 中绘出了 K 随长宽比 a/b 变化的曲线图。

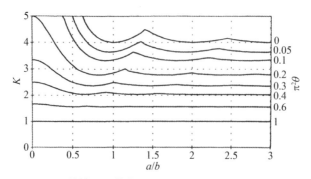

图 4.16 单轴压缩载荷下，简支各向同性板的屈曲系数

注：图中曲线为 $\pi^2\theta = 0, 0.05, 0.1, 0.2, 0.3, 0.4, 0.6, 1$ 的情况。

从图 4.16 可以看出，即使 a/b 等于零，临界屈曲载荷有一个有限值。回顾夹层柱的长度趋于零时，临界屈曲载荷接近一个有限值，剪切屈曲载荷等于剪切刚度。根据上面的图，当长宽比 a/b 很小时，屈曲系数趋近于 $1/\pi^2\theta$ 或者 P_x 接近于 S。因此，与弯曲相似，当长宽比较小时，板的屈曲问题可以通过长度为 a 的梁来近似。在屈曲模式中，波的数量 m 取决于板的长宽比和剪切因子 θ。纯弯曲（S 为无限大时）时有

$$K = \frac{(1-\nu^2)b^2}{\pi^2 D}P_b = \left(\frac{mb}{a} + \frac{a}{mb}\right)^2$$

这是一般各向同性板的屈曲系数。另一种极限，在纯剪切（D 为无限大）时有

$$K = \frac{(1-\nu^2)b^2}{\pi^2 D}P_s = \frac{1}{\pi^2\theta}\left[1 + \left(\frac{a}{mb}\right)^2\right] \quad \text{或} \quad P_s = S\left[1 + \left(\frac{a}{mb}\right)^2\right]$$

4.11.2 简支、各向同性厚面板夹层板的屈曲

与 4.4 节一样，在夹层柱体的屈曲中，为考虑面板相对于其中性轴的弯曲刚度，对于厚面板可以采用微分方程。其结果为

$$\frac{2D_f}{1-\nu^2}\left[\left(\frac{m\pi}{a}\right)^2 + \left(\frac{n\pi}{b}\right)^2\right]^3 + \frac{(D_0+2D_f)S}{D_0}\left[\left(\frac{m\pi}{a}\right)^2 + \left(\frac{n\pi}{b}\right)^2\right]^2$$
$$= \left[P_x\left(\frac{m\pi}{a}\right)^2 + P_y\left(\frac{n\pi}{b}\right)^2\right]\left[\frac{S(1-\nu^2)}{D_0} + \left(\frac{m\pi}{a}\right)^2 + \left(\frac{n\pi}{b}\right)^2\right] \tag{4.76}$$

假定单轴受压，即 $P_x = P$，$P_y = 0$ 且 $n = 1$，临界载荷的表达变为

$$K = \frac{(1-\nu^2)b^2}{\pi^2 D}P = \left(\frac{mb}{a} + \frac{a}{mb}\right)^2\left[\frac{2D_f}{D_0} + \left(1 + \pi^2\theta\left[\left(\frac{mb}{a}\right)^2 + 1\right]\right)^{-1}\right]$$

θ 的含义与前面一样。这个表达式是由 Hoff[3] 推导的。能够看出这与薄面板的表达式很像，只是加上了 $2D_f/D_0$ 项。因此，如果面板较薄（$D_f = 0$），则表达式收敛为上面推导的表达式。与梁类似，包含面板的弯曲刚度时，由于长度 a 趋近于零，会导致无限大的屈曲载荷。与薄面板情况一样，通过绘制 K 与 a/b 的关系图可清楚看出：当长边 a 很大时，屈曲载荷与薄面板的解很像，但是 $D = D_0 + 2D_f$；当 a 趋于零时，屈曲相当于两个面板独立的屈曲，因此屈曲载荷趋于无限大。对 $D_f = 0$ 和 $2D_f/D_0 = 0.1$（这是一种实际应用的极限情况），绘出的不同剪切参数 θ 下的屈曲系数如图4.17 所示。

4.11.3 简支、正交各向异性、薄面板夹层板的屈曲

求解简支、各向异性夹层板的屈曲载荷，可用与 4.9.4 节侧向弯曲同样的方法。采用由 Robinsson[10] 推导的公式，假设单轴屈曲，并使用如下符号：

$$\theta_x = \frac{D_x}{a^2 S_x(1-\nu_{xy}\nu_{yx})} \quad \text{和} \quad \theta_y = \frac{D_y}{b^2 S_y(1-\nu_{xy}\nu_{yx})} \tag{4.77}$$

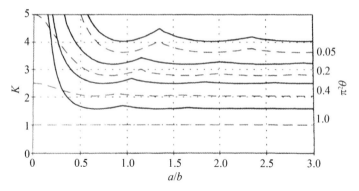

图 4.17　简支夹层板单轴压下的屈曲系数

注：虚线对应于 $D_\mathrm{f} = 0(\pi^2\theta = 0.05, 0.2, 0, 4, 1.0)$，实线对应于 $D_\mathrm{f} = 0.1(\pi^2\theta = 0.05, 0.2, 0, 4, 1.0)$。

确定 $n = 1$ 时有最小的屈曲载荷，即在垂直于载荷方向上只有一个波形。结果如下：

$$\frac{b^2(1 - \nu_{xy}\nu_{yx})P_x}{\pi^2 D_y}\left(\frac{mb}{a}\right)^2\left[\frac{\pi^4\theta_y^2 S_y}{S_x}\left(1 - \frac{\nu_{xy}^2 D_y}{D_x}\right)\left\{\frac{D_x D_{xy}}{2D_y^2}\left(\frac{mb}{a}\right)^4 + \right.\right.$$

$$\frac{D_x - \nu_{xy}D_{xy}}{D_y}\left(\frac{mb}{a}\right)^2 + \frac{D_{xy}}{2D_y}\right\} + \pi^2\theta_y\left\{\left(\frac{mb}{a}\right)^2\left(\frac{D_x S_y}{D_y S_x} + \frac{D_{xy}}{2D_x}\left(\frac{D_x}{D_y} - \nu_{xy}^2\right)\right) + \right.$$

$$\left.\left(1 + \frac{D_{xy}}{2D_x}\left(\frac{D_x}{D_y} - \nu_{xy}^2\right)\frac{S_y}{S_x}\right)\right\}\right]$$

$$= \pi^2\theta_y\left(1 - \frac{D_y\nu_{xy}^2}{D_x}\right)\left[\frac{D_x D_{xy}}{2D_y^2}\left(\frac{mb}{a}\right)^4 + \frac{D_x - \nu_{xy}D_{xy}}{D_y}\left(\frac{mb}{a}\right)^2 + \frac{D_{xy}}{2D_y}\right]\left[\left(\frac{mb}{a}\right)^2 + \frac{S_y}{S_x}\right] + $$

$$\frac{D_x}{D_y}\left(\frac{mb}{a}\right)^4 + 2\left(\frac{D_{xy}}{D_y} - \frac{D_{xy}\nu_{xy}^2}{D_x} + \nu_{xy}\right)\left(\frac{mb}{a}\right)^2 + 1$$

与各向同性的情况一样，用这个方程可以绘出在各个整数 m 下 P_x 与 a/b 的关系，从而可以获得相似的屈曲曲线。同样容易看出，在 a/b 趋于零时的极限屈曲载荷 P_x 等于 S_x。这并不奇怪，因为可以用一个长为 a 的梁在面内载荷 P_x 作用下来近似。引入屈曲系数

$$K = \frac{b^2(1 - \nu_{xy}\nu_{yx})}{\pi^2 D_x}P_x \tag{4.78}$$

定义 a/b 等于零时 K 的值为 $1/\pi^2\theta_x$。为了揭示横向性能对单轴压 P_x 下简支各向异性夹层板屈曲的影响，在图 4.18 中绘出了 K 的曲线。绘制曲线时，保持 x 方向的特性为常数，改变 D_{xy}，D_y 和 S_y 的值。由于变化参数较多，下面的图只针对 x 方向剪切因子的一个值绘出的，$\pi^2\theta_x = 0.1$。同样，可以针对不同的 θ_x 值绘制相应的曲线。为了保持 $1 - \nu_{xy}\nu_{yx}$ 不变，泊松比按 4.9 节的方法选定。

从图 4.18 中可以看出,临界屈曲载荷随着扭曲刚度 D_{xy} 的减小而减小。如果

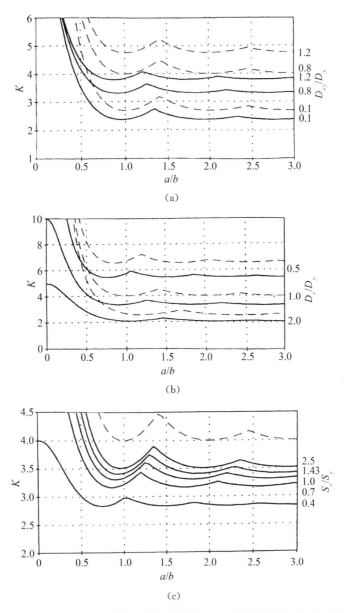

图 4.18 各向异性夹层板单轴压缩屈曲因子 K 与板的纵横比 a/b 的函数关系

(a) 针对不同的 D_{xy},K 随板的长宽比 a/b 变化的曲线。所有曲线针对 $D_x = D_y$,$\nu_{xy} = \nu_{yx} = 0.25$ 和各向同性夹芯。实线对应于 $\pi^2\theta_x = \pi^2\theta_y = 0.1$,虚线对应于 $\pi^2\theta = 0$ (b) 在不同 D_y 下,K 随板的长宽比 a/b 变化的曲线。所有曲线均为各向同性面板且 $D_{xy} = 0.8D_x$,$\nu_{xy} = 0.25\sqrt{\dfrac{D_x}{D_y}}$,实线为 $\pi^2\theta_y = 0.1$,虚线为 $\pi^2\theta_y = 0$ 的情况

(c) 在不同 S_x/S_y 下,K 随板的长宽比 a/b 变化的曲线。所有曲线均为各向同性面板且 $D_{xy} = 0.8D_x = 0.8D_y$,$\nu_{xy} = \nu_{yx} = 0.25$,实线为 $\pi^2\theta_y = 0.1$ 和虚线为 $\pi^2\theta_y = 0$ 的情况

垂直方向的弯曲刚度 D_y 和/或剪切刚度 S_y 减小,临界载荷也随着减小。这与夹层板的弯曲类似。实际上决定临界屈曲载荷的参数和决定横向加载挠度的参数一样,即为板的几何形状和刚度。为了得到正交各向异性夹层板全面的屈曲信息,要绘出在各种剪切因子 θ_x 下与上面一样的图。通常情况下,面板和夹芯都是各向异性的,因此需要绘制的图无限多。但是上面看似复杂的公式,在给定板的几何参数和特性时,很容易求解。

4.11.4 各向异性薄面板夹层板在各种边界条件下的近似屈曲方程

在这一节给出的解是用 Ritz 方法进行推导的,与 4.9.5 节的推导弯曲情况近似公式类似,这种方法首先由 March[11] 提出,然后由 March 和 Ericksen[12] 发展。在文献[12]中给出的表达式针对厚度不等的厚面板正交异性夹层板,因此具有普遍性。在文献[13]中利用这些公式给出了各种正交各向异性组合下的屈曲系数曲线[13]。可以用一种比 March[11] 简单的方法来解决这个问题,就是应用分量变形的概念。即

$$\frac{1}{P} = \frac{1}{P_b} + \frac{1}{P_s}, \quad w = w_b + w_s \tag{4.79}$$

利用能量原理,与 4.9.5 节中弯曲案例一样,变形分量可以推导如下结论。

1) 简支边界

已经知道,单轴屈曲下,在 y 方向只有一个波长即 $n = 1$ 时,屈曲载荷最小。假设挠度形式为

$$w = w_b + w_s = (\bar{w}_b + \bar{w}_s) \sin \frac{m\pi x}{a} \sin \frac{n\pi y}{b}$$

屈曲载荷可以表示为

$$\frac{1}{P} = \frac{b^2(1 - \nu_{xy}\nu_{yx})}{\pi^2 \left[D_x \left(\frac{bm}{a} \right)^2 + D_y \left(\frac{a}{bm} \right)^2 + 2\left[\nu_{yx} D_x + D_{xy}(1 - \nu_{xy}\nu_{yx}) \right] \right]} + \frac{1}{S_x + S_y \left(\frac{a}{bm} \right)^2}$$

屈曲系数为

$$K = \frac{\left[1 + \frac{S_x}{S_y} \left(\frac{a}{mb} \right)^2 \right] \left[\left(\frac{mb}{a} \right)^2 + \frac{D_y}{D_x} \left(\frac{a}{mb} \right)^2 + 2\left(\nu_{yx} + \frac{D_{xy}(1 - \nu_{xy}\nu_{yx})}{D_x} \right) \right]}{\left[1 + \frac{S_x}{S_y} \left(\frac{a}{mb} \right)^2 \right] + \pi^2 \theta_x \left(\frac{a}{b} \right)^2 \left[\left(\frac{mb}{a} \right)^2 + \frac{D_y}{D_x} \left(\frac{a}{mb} \right)^2 + 2\left[\nu_{yx} + \frac{D_{xy}(1 - \nu_{xy}\nu_{yx})}{D_x} \right] \right]}$$

对于各向同性板,简化为

$$K = \frac{\left[1 + \left(\frac{a}{mb} \right)^2 \right] \left[\left(\frac{mb}{a} \right)^2 + \left(\frac{a}{mb} \right)^2 + 2 \right]}{\left[1 + \left(\frac{a}{mb} \right)^2 \right] + \pi^2 \theta \left[\left(\frac{mb}{a} \right)^2 + \left(\frac{a}{mb} \right)^2 + 2 \right]}$$

这里可以写成与 4.11.1 节中推导的同样形式,也可画出与图 4.16 同样的曲线。

2) 加载边界简支,其他边固定

图 4.19 为正交异性矩形夹层板的加载边界简支,其他边固支。

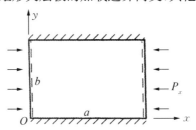

图 4.19　正交异性矩形夹层板

$$w = w_b + w_s = (\bar{w}_b + \bar{w}_s)\sin\frac{m\pi x}{a}\sin^2\frac{\pi y}{b}$$

$$\frac{1}{P} = \frac{3b^2(1 - \nu_{xy}\nu_{yx})}{\pi^2\left[3D_x\left(\dfrac{bm}{a}\right)^2 + 16D_y\left(\dfrac{a}{bm}\right)^2 + 8\left[\nu_{yx}D_x + D_{xy}(1 - \nu_{xy}\nu_{yx})\right]\right]} +$$

$$\frac{1}{S_x + \dfrac{4}{3}S_y\left(\dfrac{a}{bm}\right)^2}$$

$$K = \frac{\left[1 + \dfrac{4S_y}{3S_x}\left(\dfrac{a}{mb}\right)^2\right]\left[\left(\dfrac{mb}{a}\right)^2 + \dfrac{16D_y}{3D_x}\left(\dfrac{a}{mb}\right)^2 + \dfrac{8}{3}\left(\nu_{yx} + \dfrac{D_{xy}(1 - \nu_{xy}\nu_{yx})}{D_x}\right)\right]}{\left[1 + \dfrac{4S_y}{3S_x}\left(\dfrac{a}{mb}\right)^2\right] + \pi^2\theta_x\left(\dfrac{a}{b}\right)^2\left[\left(\dfrac{mb}{a}\right)^2 + \dfrac{16D_y}{3D_x}\left(\dfrac{a}{mb}\right)^2 + \dfrac{8}{3}\left[\nu_{yx} + \dfrac{D_{xy}(1 - \nu_{xy}\nu_{yx})}{D_x}\right]\right]}$$

各向同性板简化为 $(\theta = \theta_y)$

$$K = \frac{\left[1 + \dfrac{4}{3}\left(\dfrac{a}{mb}\right)^2\right]\left[\left(\dfrac{mb}{a}\right)^2 + \dfrac{16}{3}\left(\dfrac{a}{mb}\right)^2 + \dfrac{8}{3}\right]}{\left[1 + \dfrac{4}{3}\left(\dfrac{a}{mb}\right)^2\right] + \pi^2\theta\left[\left(\dfrac{mb}{a}\right)^2 + \dfrac{16}{3}\left(\dfrac{a}{mb}\right)^2 + \dfrac{8}{3}\right]}$$

这个等式如图 4.20 所示。

图 4.20 为各向同性薄面板夹层板受单轴压缩,受载边简支,其他边固定情况下的屈曲因子 K。这些线对应于 $\pi^2\theta = 0, 0.05, 0.1, 0.2, 0.4$。

3) 加载边固支,其他边简支

图 4.21 为正交异性矩形夹层板的加载边界固支,其他边简支。

$$w = w_b + w_s = (\bar{w}_b + \bar{w}_s)\sin\frac{\pi x}{a}\sin\frac{m\pi x}{a}\sin\frac{\pi y}{b}$$

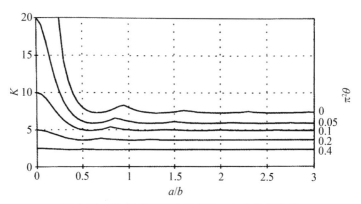

图 4.20 屈曲因子 K 随长宽比 a/b 变化的曲线

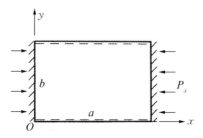

图 4.21 正交异性矩形夹层板

根据假设的挠度形式,必须得到 $m = 1$ 及 $m > 1$ 的结果如下:

对于 $m = 1$,

$$\frac{1}{P} = \frac{4b^2(1-\nu_{xy}\nu_{yx})}{\pi^2\left[16D_x\left(\frac{b}{a}\right)^2 + 3D_y\left(\frac{a}{b}\right)^2 + 8\left[\nu_{yx}D_x + D_{xy}(1-\nu_{xy}\nu_{yx})\right]\right]} + \frac{1}{S_x + \frac{3S_y}{4}\left(\frac{a}{b}\right)^2}$$

$$K = \frac{\frac{3}{4}\left[\frac{4}{3} + \frac{S_y}{S_x}\left(\frac{a}{b}\right)^2\right]\left[\frac{16}{3}\left(\frac{b}{a}\right)^2 + \frac{D_y}{D_x}\left(\frac{a}{b}\right)^2 + \frac{8}{3}\left(\nu_{yx} + \frac{D_{xy}(1-\nu_{xy}\nu_{yx})}{D_x}\right)\right]}{\left[\frac{4}{3} + \frac{S_x}{S_y}\left(\frac{a}{b}\right)^2\right] + \pi^2\theta_x\left(\frac{a}{b}\right)^2\left[\frac{16}{3}\left(\frac{b}{a}\right)^2 + \frac{D_y}{D_x}\left(\frac{a}{b}\right)^2 + \frac{8}{3}\left[\nu_{yx} + \frac{D_{xy}(1-\nu_{xy}\nu_{yx})}{D_x}\right]\right]}$$

对于各向同性板,简化为 $(\theta = \theta_y)$,

$$K = \frac{\frac{3}{4}\left[\frac{4}{3} + \left(\frac{a}{b}\right)^2\right]\left[\frac{16}{3}\left(\frac{b}{a}\right)^2 + \left(\frac{a}{b}\right)^2 + \frac{8}{3}\right]}{\left[\frac{4}{3} + \left(\frac{a}{b}\right)^2\right] + \pi^2\theta\left[\frac{16}{3}\left(\frac{b}{a}\right)^2 + \left(\frac{a}{b}\right)^2 + \frac{8}{3}\right]}$$

对于 $m > 1$,

$$\frac{1}{P} = \frac{b^2 A_m (1 - \nu_{xy}\nu_{yx})}{\pi^2 \left[D_x B_m \left(\frac{b}{a}\right)^2 + D_y \left(\frac{a}{b}\right)^2 + 2A_m \left[\nu_{yx} D_x + D_{xy}(1 - \nu_{xy}\nu_{yx})\right] \right]} + \frac{A_m}{S_x A_m + S_y \left(\frac{a}{b}\right)^2}$$

式中: $A_m = (1 + m^2)$; $B_m = (m^4 + 6m^2 + 1)$。这使得

$$K = \frac{\frac{1}{A_m}\left[A_m + \frac{S_y}{S_x}\left(\frac{a}{b}\right)^2\right]\left[B_m\left(\frac{b}{a}\right)^2 + \frac{D_y}{D_x}\left(\frac{a}{b}\right)^2 + 2A_m\left(\nu_{yx} + \frac{D_{xy}(1 - \nu_{xy}\nu_{yx})}{D_x}\right)\right]}{\left[A_m + \frac{S_x}{S_y}\left(\frac{a}{b}\right)^2\right] + \pi^2\theta_x\left(\frac{a}{b}\right)^2\left[B_m\left(\frac{b}{a}\right)^2 + \frac{D_y}{D_x}\left(\frac{a}{b}\right)^2 + 2A_m\left(\nu_{yx} + \frac{D_{xy}(1 - \nu_{xy}\nu_{yx})}{D_x}\right)\right]}$$

对于各向同性板,简化为($\theta = \theta_y$)

$$K = \frac{\frac{1}{A_m}\left[A_m + \left(\frac{a}{b}\right)^2\right]\left[B_m\left(\frac{b}{a}\right)^2 + \left(\frac{a}{b}\right)^2 + 2A_m\right]}{\left[A_m + \left(\frac{a}{b}\right)^2\right] + \pi^2\theta\left[B_m\left(\frac{b}{a}\right)^2 + \left(\frac{a}{b}\right)^2 + 2A_m\right]}$$

这个等式如图 4.22 所示。

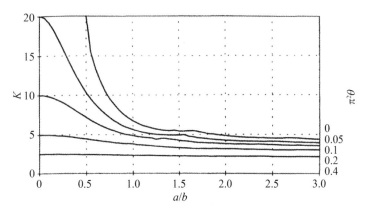

图 4.22　屈曲因子 K 随长宽比 a/b 变化的曲线

图 4.22 为各向同性薄面板夹层板受单轴压缩,受载边简支,其他边固定情况下的屈曲因子 K。图中的线对应于 $\pi^2\theta = 0, 0.05, 0.1, 0.2, 0.4$。

4) 所有边固支

$$w = w_b + w_s = (\bar{w}_b + \bar{w}_s)\sin\frac{\pi x}{a}\sin\frac{m\pi x}{a}\sin^2\frac{\pi y}{b}$$

根据假设的挠度形式,必须得到取 $m = 1$ 及 $m > 1$ 的结果如下:

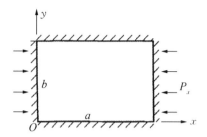

图 4.23　正交各向异性矩形夹层板所有边固支

对于 $m = 1$,

$$\frac{1}{P} = \frac{b^2(1 - \nu_{xy}\nu_{yx})}{\pi^2\left[4D_x\left(\frac{b}{a}\right)^2 + 4D_y\left(\frac{a}{b}\right)^2 + \frac{8}{3}\left[\nu_{yx}D_x + D_{xy}(1 - \nu_{xy}\nu_{yx})\right]\right]} + \frac{1}{S_x + S_y\left(\frac{a}{b}\right)^2}$$

$$K = \frac{\left[1 + \frac{S_y}{S_x}\left(\frac{a}{b}\right)^2\right]\left[4\left(\frac{b}{a}\right)^2 + \frac{4D_y}{D_x}\left(\frac{a}{b}\right)^2 + \frac{8}{3}\left(\nu_{yx} + \frac{D_{xy}(1 - \nu_{xy}\nu_{yx})}{D_x}\right)\right]}{\left[1 + \frac{S_x}{S_y}\left(\frac{a}{b}\right)^2\right] + \pi^2\theta_x\left(\frac{a}{b}\right)^2\left[4\left(\frac{b}{a}\right)^2 + \frac{4D_y}{D_x}\left(\frac{a}{b}\right)^2 + \frac{8}{3}\left(\nu_{yx} + \frac{D_{xy}(1 - \nu_{xy}\nu_{yx})}{D_x}\right)\right]}$$

对于各向同性板,简化为 $(\theta = \theta_y)$,有

$$K = \frac{\left[1 + \left(\frac{a}{b}\right)^2\right]\left[4\left(\frac{b}{a}\right)^2 + 4\left(\frac{a}{b}\right)^2 + \frac{8}{3}\right]}{\left[1 + \left(\frac{a}{b}\right)^2\right] + \pi^2\theta\left[4\left(\frac{b}{a}\right)^2 + 4\left(\frac{a}{b}\right)^2 + \frac{8}{3}\right]}$$

对于 $m > 1$,

$$\frac{1}{P} = \frac{3b^2 A_m(1 - \nu_{xy}\nu_{yx})}{\pi^2\left[3D_x B_m\left(\frac{b}{a}\right)^2 + 16D_y\left(\frac{a}{b}\right)^2 + 8A_m\left[\nu_{yx}D_x + D_{xy}(1 - \nu_{xy}\nu_{yx})\right]\right]} +$$

$$\frac{A_m}{S_x A_m + \frac{4S_y}{3}\left(\frac{a}{b}\right)^2}$$

式中:$A_m = (1 + m^2)$,$B_m = (m^4 + 6m^2 + 1)$。这使得

$$K = \frac{\frac{1}{A_m}\left[A_m + \frac{4S_y}{3S_x}\left(\frac{a}{b}\right)^2\right]\left[B_m\left(\frac{b}{a}\right)^2 + \frac{16D_y}{3D_x}\left(\frac{a}{b}\right)^2 + \frac{8A_m}{3}\left(\nu_{yx} + \frac{D_{xy}(1 - \nu_{xy}\nu_{yx})}{D_x}\right)\right]}{\left[A_m + \frac{4S_x}{3S_y}\left(\frac{a}{b}\right)^2\right] + \pi^2\theta_x\left(\frac{a}{b}\right)^2\left[B_m\left(\frac{b}{a}\right)^2 + \frac{16D_y}{3D_x}\left(\frac{a}{b}\right)^2 + \frac{8A_m}{3}\left(\nu_{yx} + \frac{D_{xy}(1 - \nu_{xy}\nu_{yx})}{D_x}\right)\right]}$$

对于各向同性板,简化为 $(\theta = \theta_y)$,有

$$K = \cfrac{\dfrac{1}{A_m}\left[A_m + \dfrac{4}{3}\left(\dfrac{a}{b}\right)^2\right]\left[B_m\left(\dfrac{b}{a}\right)^2 + \dfrac{16}{3}\left(\dfrac{a}{b}\right)^2 + \dfrac{8}{3}A_m\right]}{\left[A_m + \dfrac{4}{3}\left(\dfrac{a}{b}\right)^2\right] + \pi^2\theta\left[B_m\left(\dfrac{b}{a}\right)^2 + \dfrac{16}{3}\left(\dfrac{a}{b}\right)^2 + \dfrac{8}{3}A_m\right]}$$

这个等式如图 4.24 所示。

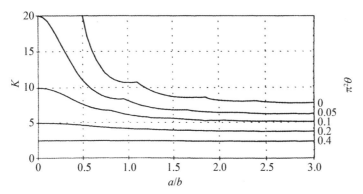

图 4.24　屈曲因子 K 随长宽比 a/b 变化的曲线

图 4.24 为各向同性薄面板夹层板受单轴压缩,所有边固支情况下的屈曲因子 K。图中的线对应于 $\pi^2\theta = 0$,0.05,0.1,0.2,0.4。

这些选定的挠度函数满足边界条件,但不满足等式(4.36)确定的控制微分方程,从而导致了算出的屈曲载荷是近似值(除了简支情况)。Thurston[14] 通过使用双三角余弦级数获得了固支各向同性夹层板的精确解题。通过与固支板比较,利用上面的公式计算的近似屈曲载荷偏高 $5\%\sim10\%$。尽管是近似结果,这种方法比其他任何一种已知的方法更具有通用性,因为其可以处理不同边界条件下,具有各向异性夹芯和面板夹层板的问题。

文献[13]中给出了一个基于上述假设的解,但考虑到不同厚度、不同面板的影响。尽管推导的公式使用的参数非常复杂,它仍然可以形成一种简单的封闭解,并很容易转换为计算机代码。针对以上推导的公式,目前已绘制出满足不少于 125 种情况的曲线,至少近似满足实际中每种合理的情况。这里的屈曲公式是针对薄面板假设推导出来的,因此可以从文献[13]中找到,只是某些参数的写法不同。另外,125种曲线有部分是基于薄面板假设。然而,因为薄面板假设屈曲载荷的封闭解很容易获得,则除了特殊情况外,各向异性板的屈曲曲线在本书中并未给出。

4.11.5　剪切屈曲

如图 4.25 所示,Kuenzi 和 Ericksen 解决了剪切载荷下各向同性矩形夹层板在简支或固支时的问题[16]。

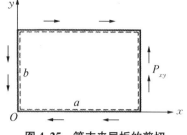

图 4.25 简支夹层板的剪切

针对不同的边界条件及剪切因子 $\theta(\theta = D/b^2 S)$，通过假设不同的挠度形式,这个问题可以通过使用 Ritz 方法解决。分析过程非常冗长,因此这里省略。但是 Kuenzi 和 Ericksen 建议了一些非常容易使用的近似设计公式。这些公式被证明有些保守。假设 a 大于 b,简支边界的公式如下:(其中 $K = P_{xy}(1 - \nu^2)b^2/\pi^2 D$)

$$K = \frac{K_0}{1 + \pi^2\theta\left(K_0 - 1 - \frac{b^2}{a^2}\right)}, \quad 0 \leqslant \pi^2\theta \leqslant 1 + \frac{b^2}{a^2} \tag{4.80a}$$

所有边界简支时,有

$$K = \frac{K_0}{1 + \pi^2\theta\left[K_0 - \frac{4}{3}\left(1 + \frac{b^2}{a^2}\right)\right]}, \quad 0 \leqslant \pi^2\theta \leqslant \frac{4}{3}\left(1 + \frac{b^2}{a^2}\right) \tag{4.80b}$$

式中: K_0 是普通板在 $\theta = 0$ 时的屈曲系数。可以近似估计为

简支边界: $$K_0 = \frac{16}{3} + 4\frac{b^2}{a^2} \tag{4.81a}$$

固支边界: $$K_0 = 9 + \frac{17}{3}\frac{b^2}{a^2} \tag{4.81b}$$

对于 θ 比等式(4.80) 中大的情况, K 取 $1/\pi^2\theta$,与前面屈曲分析中的极限值相同。文献[4] 中给出了无限长板屈曲的近似解。

4.12 复合屈曲及横向载荷

对 4.4 节中的控制方程进行推导,这样在大多数案例中可以同时考虑横向载荷与面内载荷。然而,这样做非常困难,并且只能求解极少数联合加载情况,见文献[10]。然而,在各向同性夹层板受横向载荷 q 及面内内压缩载荷 P_x 与 P_y 的情况,可以采用控制方程以获得一个一般性的解:

$$w_{mn} = \frac{w_0}{1 - P/P_{mn}} \tag{4.82}$$

式中: w_{mn} 是系数; mn 是横向载荷响应的级数扩展; P_{mn} 是 mn 模式下的结构屈曲载荷。因此,用上面的表达式替代 w_{mn},面内压缩载荷 P 对矩形简支板挠度的影响就可以引入方程。问题的复杂性在于,在累加等式中的每一步,都必须计算第 mn 模式的屈曲载荷。如果板的长宽比差不多为 1 并且 P/P_{mn} 很小[3],这样就可以只用级数的

第一项,即只有 P_{11} 是必须知道的。这样获得的挠度和弯矩结果比较精确,但横向载荷并不准确。

4.13 矩形板的自由振动

4.13.1 简支各向同性薄面板夹层板

在 4.4 节中,给出了自由振动的运动控制方程。假定为自由简谐振动,挠度可以表示为

$$w(x, y, t) = (A\cos \omega t + B\sin \omega t)\Phi(x, y) = \psi(t)\Phi(x, y)$$

$\Phi(x, y)$ 是静态位移函数;w 是自然频率。非试凑解表明 ψ 和 Φ 不为零,可以得到简谐振动的控制方程如下:

$$\frac{D}{1-\nu^2}\Big[\Big(\frac{m\pi}{a}\Big)^2 + \Big(\frac{n\pi}{b}\Big)^2\Big] - \rho^* \omega^2 - R\omega^2\Big[\Big(\frac{m\pi}{a}\Big)^2 + \Big(\frac{n\pi}{b}\Big)^2\Big] -$$

$$\frac{D\rho^* \omega^2}{S(1-\nu^2)}\Big[\Big(\frac{m\pi}{a}\Big)^2 + \Big(\frac{n\pi}{b}\Big)^2\Big] + \frac{R\rho^* \omega^4}{S} = 0$$

忽略转动惯量($R = 0$)本征频率可写为

$$\omega_{mn} = \pi^2\Big[\Big(\frac{mb}{a}\Big)^2 + n^2\Big]\sqrt{\frac{\dfrac{D}{\rho^* b^4(1-\nu^2)}}{1 + \pi^2\theta\Big[\Big(\frac{mb}{a}\Big)^2 + n^2\Big]}}, \quad \theta = \frac{D}{S(1-\nu^2)b^2}$$

这个公式可以看成一般板理论的表达式除以修正项(分母),分母依赖于剪切挠度。同样,剪切挠度随板尺寸的减小而增加。值得注意的是,修正项同样依赖于模型的振动模式 n,一阶模式时的修正项较小,在高阶模态中修正项越来越大。忽略旋转惯量和横向剪切($S = 0$),表达式等同于工程板理论:

$$\omega_{mm} = \pi^2\Big[m^2 + \Big(\frac{na}{b}\Big)^2\Big]\sqrt{\frac{D}{\rho^* a^4(1-\nu^2)}}$$

4.13.2 简支、各向同性厚面板夹层板

在厚面板的情况下,可以用同样的方法和假设,但是用 4.13.1 中的控制方程。则固有频率的表达式如下:

$$\omega_{mn} = \pi^2\Big[\Big(\frac{mb}{a}\Big)^2 + n^2\Big]\sqrt{\frac{\dfrac{2D_fD_0}{S\rho^* b^4(1-\nu^2)} + \dfrac{D}{\rho^* b^4(1-\nu^2)}}{1 + \pi^2\theta\Big[\Big(\frac{mb}{a}\Big)^2 + n^2\Big]}}$$

对于薄板，$D_f = 0$，表达式等于薄面的表达。当剪切刚度较低时，固有频率等于两个面板独立振动时的频率，即

$$
\omega_{mn} = \sqrt{\frac{2D_f \pi^2 \left[\left(\dfrac{mb}{a} \right)^2 + n^2 \right]}{\rho^* b^2 (1 - \nu^2)}}
$$

参考文献

[1] Timoshenko S P, Woinowsky-Kreiger S. Theory of Plates and Shells [M]. Second edition, McGraw-Hill, London, 1970.

[2] Libove C, Batdorf S B. A General Small-Deflection Theory for Flat Sandwich Plate [R]. NACA TN 1526, 1948, also in CNCA report 899.

[3] Allen H G. Analysis and Design of Structural Sandwich Panels [M]. Pergamon Press, Oxford, 1969.

[4] Plantema F J. Sandwich Constructions [M]. John Wiley & Sons, New York, 1966.

[5] Mindlin R D. The Influence of Rotary Inertia and Flexural Motions of Isotropic, Elastic Plates [J]. Journal of Applied Mechanics, Transactions of the ASME, 1951, 18: 31 - 38.

[6] Timoshenko S P. Vibration Problems in Engineering [M]. Second Edition, D. van Nostrand Company Inc. , New York, N. Y. , 1937, 337.

[7] Reissner E. The Effect of Transverse Shear Deformation on the Bending of Elastic Plates [J]. Journal of Applied Mechanics, transactions of the ASME, 1945, 12: A69 - A77.

[8] Hoff N J. Bending and Buckling of Rectangular Sandwich Plates [M]. NACA TN 2225, 1950.

[9] Roark R J, Young W C. Formulas for Stress and Strain [M]. 5th edition, McGraw-Hill, Singapore, 1976.

[10] Robinsson J R. The Buckling and Bending of Orthotropic Sandwich Plates with all Edges Simply Supported [J]. Aero. Quart. , 1955, 6(2): 125 - 148.

[11] March H W. Effects of Shear Deformation in the Core of a Flat Rectangular Sandwich Pannel-1. Buckling under Compressive End Load, 2. Defection under Uniform Transverse Load [R]. U. S. Forest Products Laboratory Report 1583, 1948.

[12] Ericksen W S, March H W. Compressive Buckling of Sandwich Panels Having Dissimilar Facings of Unequal Thickness [R]. U. S. Forest Product Laboratory Report 1583B, Nov 1950, revised Nov 1958.

[13] Norris C B. Compressive Buckling Curves for Flat Sandwich Panels with Isotropic Facings and Isotropic or Orthotropic Cores [R]. U. S. Forest Product Laboratory Report 1854, revised Jan 1958.

[14] Thurston G A. Bending and Buckling of Clamped Sandwich Plates [J]. Journal of the Aeronautical Sciences, 1957, 24(6): 407 - 412.

[15] March H W. Behaviour of a Rectangular Sandwich Panel under a Uniform Lateral Load and

Compressive End Load [R]. U. S. Forest Product Laboratory Report 1834，1952.

[16] Kuenzi E W，Ericksen W S. Shear Stability of Flat Panels of Sandwich Construction [R].
U. S. Forest Product Laboratory Report 1560，Revised 1962.

5 设 计 过 程^①

对一个夹层单元的设计通常是一个要综合考虑其形状、尺寸和选材等方面的过程。为了获得可行的且较为优化的设计方案,需要考虑诸如重量、强度和刚度等设计目标。随着纤维增强复合材料的引入,基于机械性能对面板材料的选择几乎是无限的。芯材特别是泡沫材料,目前在密度和材料性能上都有很大的选用范围。所有的材料体系都有其优缺点,这就意味着要根据特定使用情况进行选材,例如耐化学辐射或者耐热侵蚀,面板耐磨,绝热和相关的制造工艺。因此,在实际情况下,材料种类往往是根据使用环境和制造工艺决定的。然而,即使材料本身已经提前确定好了,一些与材料本身有关的性质也是可以变化的,例如夹芯材的密度。而材料的绝大部分性质和厚度不能连续变化只能离散变化,例如复合材料分层的层数、金属板材或者夹芯材料的厚度。无论如何,通过简单的设计方法,可以在初始设计过程中确定近似厚度以及材料的选择。

设计过程中的限制是很多的,如刚度、强度、制造工艺、环境、机器、加工和成本等。从力学的角度看,刚度和强度能够很容易定制。对于夹层结构刚度的估算已经在第 3 章和第 4 章中有所阐述,其中变形被认为是外载作用的结果。而另一方面,强度依赖于失效模型,而失效模型依赖于夹层结构的内部结构和外载。

本章将介绍夹层结构的优化设计。在本章中,优化就是在一两个或几个限制条件下找到合适的尺寸和材料,使得结构具有最小的重量、最大的强度和刚度或者最低的成本。限制条件可以是不同的失效模型下的刚度或者强度,或者是强度和刚度的组合。这种简单的方法可以作为一个设计过程的良好开端。由于一种结构往往有很多约束条件,若不用通常的计算机编程技术来考虑所有约束条件的优化是很困难的,而且既复杂又花费高。在设计过程中只考虑最重要的约束条件,使用简单的优化方法是一种有效的方法。因此本章提到的方法应该称为智能定量而不是优化。

---

① 本章缺参考文献[4]、[12]的引用标志,原书亦无。——编注

5.1 梁和板的失效

夹层板的失效形式有很多种,每一种模型都给出一种约束下夹层的承载能力。根据夹层结构几何模型和受载情况,不同的失效模型对分析结构的承载能力很重要。随着认识的不断深入,在设计过程中,不同的失效模型可能需要反复的分析和校核,以保证覆盖可能的所有失效模式。最常见的失效模型如图5.1所示。

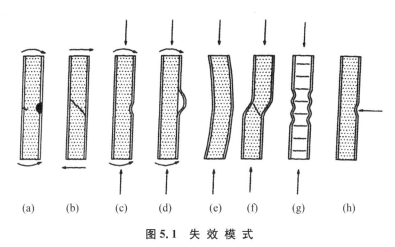

图5.1 失效模式

(a)面板屈曲/开裂 (b)芯材剪切失效 (c)和(d)面板皱折 (e)总体失稳
(f)剪切皱折 (g)面板凹槽 (h)局部凹坑

复合材料层合面板的失效模式有很多,从很简单的到极其复杂的,包括复杂应力导致的多种不同失效模型。这一问题在此不做讨论,仅仅讨论工程师通常在设计和分析过程中常用的标准。

1)拉压应力下面板屈服或断裂[见图5.1(a)]

根据所选用的材料和断裂准则,即使发生屈服或者结构开裂,设计人员可以认为面板或者夹芯材产生失效。因此,对于不同材料的夹层结构的各个组成部分都会有一个最大的许用应力,不论这一应力是屈服应力还是断裂应力。失效准则是当构件最大应力达到这一许用应力值时结构发生失效。面板最大理论应力值是根据Morhr的应力圆而得到的:

$$\bar{\sigma}_f = \frac{\sigma_{fx} + \sigma_{fy}}{2} + \left[\left(\frac{\sigma_{fx} - \sigma_{fy}}{2} \right)^2 + \tau_{fxy}^2 \right]^{1/2} \tag{5.1}$$

在大部分的载荷加载条件下,$\tau_f \ll \sigma_f$ 在第3章和第4章已提到了。事实上,面板直接应力的数量级通常比夹芯面板夹芯和面板的剪力要大。直接面板应力的计算应用在3.3节和4.3节给出了公式。

另一方面,对于金属面板,最大的面板应力可以应用米塞斯屈服准则来判断。在其他情况,例如纤维增强复合材料面板,必须应用其他形式的失效准则。而纤维增强复合材料的失效准则几乎是无限的。当应力已知的情况下,可以应用4.3节给出的公式来估算,加载失效可以用例如最大应力准则、最大应变准则和 Tsai-Hill 准则来估算。类似的准则可以应用到夹芯的估算,但是当大部分的夹芯材料比面板材料有更大的屈服和断裂应变时就很少应用,因为在夹芯材料达到许用应力值之前面板材料早就失效了,这就意味着拉应力或者压应力失效(或者屈服)将在面板发生。也要注意许用值在拉力和压力模型下有很大的不同,所以假使受压面有一个很低的名义应力值,如果抗压强度低于抗拉强度的时候也许会先破坏。因此,每个面都要进行校核。

2) 芯材剪切失效[见图5.1(b)]

在第3章已经指出,夹芯材料主要承受的是剪应力,承载了几乎所有的横向应力。然而,夹芯的直接应力可以和剪应力有相同的数量级。最大剪应力可以写成如下形式:

$$\bar{\tau}_{cxz} = \left[\left(\frac{\sigma_{cx}}{2} \right)^2 + \tau_{cxz}^2 \right] < \hat{\tau}_{cx} \text{ 和 } \bar{\tau}_{cyz} = \left[\left(\frac{\sigma_{cy}}{2} \right)^2 + \tau_{cyz}^2 \right] < \hat{\tau}_{cy} \tag{5.2}$$

这一公式作为断裂准则。事实上,在许多实际情况下直接应力比剪应力值小得多。最大的剪应力应小于 τ_c。这一许用值可以是屈服应力,也可以是断裂应力。夹芯剪应力值可以用3.3节和4.3节的公式来估算。这一剪应力在与 x 方向成45°角的时候产生一个拉应力,与 $\hat{\tau}_c$ 值相同,并产生一个45°角的裂纹。这种裂纹是典型的纯剪失效形式,也称为剪切裂纹。

3) 面板皱褶[见图5.1(c)(d)]

在实际情况下,面板皱褶常常发生在夹层结构受到面内压力失稳或者在弯曲过程中的受压面板,或者是这两者的组合情况。每种情况下的应力估算要用3.11节所给的公式。实际的失效会在两种情况下发生:①如果夹芯或者粘接接合的抗压强度比抗拉强度低时,产生锯齿型皱褶;②如果夹芯或者粘接面处的抗拉强度比夹芯的抗压强度低时,皱褶在拉应力作用下将会产生裂纹。这一公式比较含糊,但通常情况下是正确的。无论什么情况都不能真正影响到实际的皱褶处应力,但是,毫无疑问,事实上一个不好的粘接将会降低夹层结构的抗皱褶应力的能力。

对应板来讲,单轴载荷的情况计算梁结构的公式也可以同样应用于板结构,但是这时候夹芯和面板材料的所有的弹性模量必须替换成 $E/(1-\nu^2)$。如果载荷是双轴的仍然可以应用第3章的一维的公式。但是这时候应该在 x 轴和 y 轴计算临界失稳应力,并选其中最小的作为设计载荷。

4) 总体失稳[见图 5.1(e)]

虽然失稳本身通常不会对结构产生破坏,但失稳的结构不能满足设计要求,因此必须避免失稳产生。实际的失稳载荷也许就是夹层结构最终的承载能力,因为在失稳部分结构不能承载更大的载荷。所以,通常说失稳不会发生,是因为失稳载荷已经成了许用载荷。在 3.10 节中,在不同面板厚度的柱状夹层结构中给出了临界失稳载荷,当设计夹层梁和支撑杆时会作为设计约束。而对于板来说,公式和设计曲线图在 4.11 节中给出。

在实际中,假设面板没有屈服,失稳的夹层结构卸载后常常也会恢复其原有的状态,此时失稳不会产生结构破坏。然而,如果失稳载荷等于使用的最大载荷,这就意味着在一个极限的加载情况结构实际上失效了。另一方面,即使变形可控,失稳之后载荷急剧下降,而如果继续加载,变形将会增加直至失效。这一最终的失效形式有几种方式:①受压面板在压力下失效;②受压面板产生皱褶失效[见 3)节];③夹芯剪切断裂。当变形增加时横向的力也增加,最终横向的力增加到一定程度时就会产生夹芯剪切断裂。

5) 剪切褶皱[见图 5.1(f)]

剪切褶皱失效实际上就是考虑薄面板通常失稳模型的限制,也就是当临界载荷 $P_s = S$(S 是剪切刚度)。失效本身看上去如同图 5.1(g)所示的那样,也是不稳定的剪切失效。临界面应力因此为

$$\hat{\sigma}_f = \frac{S}{2t_f} \tag{5.3}$$

如上所述,在面板较大变形产生横向应力的预弯曲状态时,这种失效更容易发生。此时,这一失效会产生在横向力极大值处,例如在简支圆柱边缘处和固支圆柱的 $L/4$ 处。

6) 面板凹陷[见图 5.1(g)]

在 3.11 节提到,另一种可能发生在蜂窝孔或者波纹状夹心的夹层结构中的不稳定现象是面板凹陷或者内部蜂窝状屈曲。正方形和六边形蜂窝孔芯材的凹陷计算公式在 3.11 节给出了一些。这些公式也可以应用到板结构,但是两面板和夹芯的杨氏模量将替换成 $E/(1-\nu^2)$。

7) 夹芯压痕[见图 5.1(h)]

夹芯压痕发生在载荷集中处,例如装配区、拐角和连接处。事实上,在充分大的面上加载可以避免压痕的产生。当集中载荷加载时,会产生面板像有弹性支撑的平面一样。面板会向相反方向变形,如果夹芯压力超过抗压强度,变形和弹性应力施加时,夹芯就会失效。实际上,有很多方法可以增强夹层结构的局部强度以避免锯齿状变形,但这些方法将在第 8 章予以讨论。

8）振动。

在某些情况,有对最小的许用频率的限制。在动结构中,施加动载荷通常会有一个给定的频率范围。最好避免结构固有频率在此频率范围内。计算梁的固有频率的例子在 3.10 节给出,计算板的固有频率的例子在 4.12 节给出。

9）剥离。

剥离就是面板与夹芯粘结的连接处失效,这一失效是由于过载产生的。胶接界面的剪切应力和中心层中部的一样大,而如果胶接强度比夹芯强度小,胶接界面失效将会先于夹芯。然而这一现象必须要避免,可以通过选择粘结和机械加工方法防止其发生。如果热影响区在面板有很高的热梯度,在胶接界面也会承受很高的应力。因为夹芯通常有很好的隔热性能,而面板却没有,特别是金属面板,当面板承受很高的温度变化,例如阳光照射时,在内部温度梯度很高,而在胶接界面会产生很高的热应力。胶接界面可能由于疲劳、冲击、老化和其他原因而失效。而主要的剥离失效原因是面板内部不易检测,可能在检测到之前逐渐增加到一个严重的程度进而失效。

剥离的影响会在第 14 章进一步讨论,并预测由于分离和其他形式的损伤而产生的失效。

10）疲劳

通常疲劳失效会占总的结构失效的 90% 以上。如果使用相关材料数据就可以说明这一问题。因为面板在大多数的直接拉伸和压缩起作用,可以通过估算结构将要承受的载荷循环数来计算疲劳,载荷谱是(最大和最小载荷值)通过许用面板应力 $\hat{\sigma}_f$ 起作用,假设材料疲劳应力在给出的载荷循环和疲劳试验应力比提供的信息是可用的,$\hat{\sigma}_f$ 作为在给定循环载荷和应力比率下的材料疲劳应力。对于大多数金属材料而言可行,而其他材料例如大多数纤维复合材料来讲就缺少数据。保守的方法是使用疲劳极限,即在材料能够承受的一个没有出现任何破坏无限的载荷循环下的极限。

对于夹芯材料来讲这一理论是相似的,用许用剪切应力 $\hat{\tau}_c$ 代替疲劳极限。一些夹芯材料数据在 2.4 节已经给出。这里同样存在缺少试验数据的问题,只有有限的实验夹芯材料数据包括一小部分的密度、晶格大小和应力比。希望在将来能够提供更多的这种实验数据。

11）冲击损伤

冲击发生在例如工作人员不慎将工具掉落在结构上,当船舶撞击到了码头,或者飞机在飞行时遭遇冰雹暴雨。冲击会造成不可见的损伤就像在面板产生凹痕,在薄片层产生变白的效应,或者没有遗留下任何可见的标记。损伤常常不会直接在实际的冲击区域附近产生,但冲击会产生剥离或者夹芯裂纹、分层或者起皱,破坏远远超过了点的损伤。抗冲击还没有完全研究清楚,但是这依赖于面板和夹芯的材料和几何结构,还与冲击器的形状、尺寸和冲击的速度相关。

5.2　失效模型图

本节讨论一种新的方法,一种通过所有设计元素的同步设计优化,提高夹层结构性能设计夹层结构的技术。这一技术允许设计者选用预测的失效模型,或者提出两种不同的且具有同等可能性的失效模型。在某种失效模型可以排除的情况下,这种设计技术有其优势。

对于通常载荷情况,最大弯矩和最大横向载荷可用下式表达:

$$|M|_{\max} = k_M PL \,, \quad |T|_{\max} = k_T P$$

或

$$|M|_{\max} = k_M qa^2 \,, \quad |T|_{\max} = k_T qa \tag{5.4}$$

常数 k_M 和 k_T 依赖于载荷。对于板结构,由于正交各向异性或者板的尺寸比在不同的区域有明显不同的应力水平,所以 k_M 和 k_T 的值在不同的区域有不同的值。例如,对于一个在自由端边缘受集中载荷的悬臂梁 $k_M = 1$ 和 $k_T = 1$,而对于一个正方形的各向同性的板,有 $k_M = 0.0479$ 和 $k_T = 0.338$(参见4.9节)。每一种上面提到的失效模型的公式都包括3个变量[1]:与载荷配置有关的参数(k_M、k_T 和 L)、与材料参数有关的参数(E_f、$\hat{\sigma}_f$、E_c、G_c 和 $\hat{\tau}_c$)和关于设计的参数(t_f、t_c 甚至 ρ_c)。现在仍然要确定给定的材料组合情况下基于设计的失效模型。对于两种失效形式同时发生的情况,通过为这两模型设立等同的公式,可以建立两种模型的转换关系。

首先,定义理论失效模型:面板屈服或者断裂和夹芯剪切都是独立的模型且对结构是非常重要的。如果不考虑平面内的压力载荷产生失稳或剪切褶皱的情况,只考虑梁和板承受横向载荷的情况,则第三种重要的失效形式是起皱。必须根据夹芯材料的种类考虑起皱和凹坑情况。在文献[1]中已经解决,可以直接利用之前的研究结果。因为夹芯的拉力或压力屈服没有任何实际的意义,可以将其忽略。使用的变量除了面板和夹芯的厚度以外,还有夹芯的密度。可以将夹芯密度作为代表与密度相关的夹芯性能参数。这种关系在第2章已经给出,其表示式如下:

$$E_c = C_E \rho_c^n \,, \quad G_c = C_G \rho_c^n \,, \quad \hat{\tau}_c = C_\tau \rho_c^m \tag{5.5}$$

其他的参数像夹芯抗拉和抗压强度可以写成简单的形式。与密度有关的性能参数约束可以从实验中得出,但是通常只有实验曲线与材料数据相拟合的数据才可以满足要求。以 t_f、d 和 ρ_c 为参数,重新给出面板屈服、夹芯剪切和面板褶皱这三种失效形式的临界载荷。出于简化考虑,梁的公式如下:

面板屈服:　　　　　　　　　　$$P = \frac{\hat{\sigma}_f t_f d}{k_M L} \tag{5.6}$$

夹芯剪切：
$$P = \frac{C_\tau \rho_c^m d}{k_T} \qquad (5.7)$$

褶皱：
$$P = \frac{t_f d}{2k_M L} \sqrt[3]{E_f C_E C_G \rho_c^{2n}} \qquad (5.8)$$

现在可以轻易地通过上面的载荷公式建立失效模型两两之间直接的变换，在失效模式图上给出三条转换线。通过这些变换可以得到夹芯密度和(t_f/L)的比率。

面板屈服和夹芯剪切直接转换公式为

$$\lg \rho_c = \frac{1}{m} \lg \frac{\hat{\sigma}_f k_T}{k_M C_\tau} \left(\frac{t_f}{L} \right) \qquad (5.9)$$

褶皱和夹芯剪切之间的转换公式为

$$\lg \rho_c = \frac{3}{3m - 2n} \lg \frac{k_T}{2k_M C_\tau} \sqrt[3]{E_f C_E C_G} \left(\frac{t_f}{L} \right) \qquad (5.10)$$

褶皱和面板屈服之间的转换公式为

$$\lg \rho_c = \frac{3}{2n} \lg \frac{2\hat{\sigma}_f}{\sqrt[3]{E_f C_E C_G}} \qquad (5.11)$$

为了说明这一问题，举个例子：一个三点弯曲的梁，$k_M = 1/4$，$k_T = 1/2$，面板材料为铝，极限强度为 $150\,\text{MPa}$。假设夹芯性能和夹芯密度有线性关系（$m = n = 1$），$C_E = 1$，$C_G = 0.40$，$C_\tau = 0.015$，画出失效模型图如图 5.2 所示，可以看出由铝面板和芯材组成的夹层，其芯材的性能与密度近似呈线性关系。

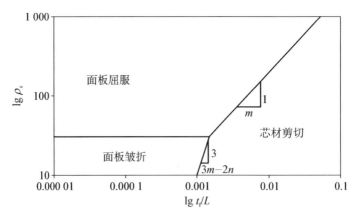

图 5.2　由铝面板和芯材组成的夹层的三点弯曲失效模式

对于板来讲，除了在所有情况都要在 x 轴和 y 轴用两次以外，这一过程都是一致的。例如面板拉力或压力失效也许会在 x 轴和 y 轴产生不同载荷水平。同样的情况也适用于正交各向异性的夹芯失效。这就意味着在某些情况在每一个轴方向都画出失效模式图是很有价值的。

5.3　其他设计约束

以上所讨论的组成了结构的设计约束,但是实际应用中还有其他形式的与机械性能没有直接关系的约束。在实际应用时这些约束肯定有所不同,但有一些相同的约束如下:

(1) 为了绝热考虑,使用最小夹芯厚度和特定的夹芯材料;

(2) 为了抗冲击考虑,最小面板厚度和面板与夹芯材料的连接;

(3) 满足面板耐磨方面的考虑的特殊面板材料和厚度;

(4) 特定面板材料满足面板光整的要求;

(5) 特定的面板材料满足环境耐久性;

(6) 最大的总体厚度满足容积需要;

(7) 耐火性能。

另外,常常还有其他的依赖于制造或装配工艺、工作环境、废料和循环使用等方面的需求,这里只列举了其中一部分。

5.4　设计过程

除了强度约束,结构最常用和最重要的约束就是刚度。刚度约束常常描述成在结构的某些位置的最大的偏移。假设薄面和夹芯不牢固,柔度(与刚度对应)通常写成

$$C = \frac{\Delta}{P} = k_b \frac{L^3}{D} + k_s \frac{L}{S}$$

对于板公式写成

$$C = \frac{\Delta}{q} = k_b \frac{a^4}{D} + k_s \frac{a^2}{S} \tag{5.12}$$

式中:Δ 是偏移量(有一约束量);k_b 和 k_s 是与几何和载荷有关的约束。例如对于一个三点弯曲梁,$k_b = 1/48$,$k_s = 1/8$,而对于简单的正交各向异性的正方形板 $k_b = 0.004\,06$,而 $k_s = 0.073\,7$(参见 4.9 节)。在 5.1 节提到的不同的失效模型可以描述强度和稳定性。

因为使用夹层结构的主要特点就是减重(在给定的重量下提高刚度),所以使用夹层结构的主要目的就是在给定的一两个约束下使结构的总重最小。每一单元的夹层结构总重表示如下:

$$W = \rho_c t_c + 2\rho_f t_f \approx \rho_c d + 2\rho_f t_f \tag{5.13}$$

设计过程中的变量除了尺寸大小例如 t_f 和 t_c 外,还有材料种类。一种能够轻易引入的变量是通过夹芯性能变化夹芯密度。这一变量应该是连续的并在 5.3 节给出。其他的性能参数如夹芯抗拉和抗压强度能够写成类似的形式。与密度有关的性能参数约束可以从实验中得出,但是通常只有实验曲线与材料数据相拟合的数据才可以满足要求。指数 n 对于多孔泡沫来说应等于 $2^{[2]}$,但是对其他材料的使用表明弹性性能在一定范围内,密度线性变化。事实上,夹芯材料密度的选择不是连续的,而是离散的。然而,这一假设是一个很好的分析简化,近似的结果可以作为较优的设计初始值。

5.4.1 厚度的选择

考虑一个梁或板受到横向载荷,寻找合适的夹芯厚度能够满足这一承载要求。假设材料已知,面板厚度已知,结构组成部分必须满足所给出的约束条件。最终的面板应力不仅取决于材料的屈服或断裂强度,还取决于起皱或者当使用蜂窝芯时面板格间失稳强度。因此,公式为

$$\min\left\{\hat{\sigma}_f,\ 0.5\ \sqrt[3]{E_f E_C G_C},\ \frac{2E_f}{1-\nu_f^2}\left(\frac{t_f}{s}\right)^2\right\} \leqslant \hat{\sigma}_f = \frac{|M|_{\max}}{t_f d} \tag{5.14}$$

式中 $\hat{\sigma}_f$ 是抗拉和抗压屈服或断裂强度的低值。如果之前提到的局部失稳应力可以被有效双轴载荷代替,夹芯最大的剪切应力一定比最终的剪切强度要小。因此

$$\frac{|T|_{\max}}{d} \leqslant \hat{\tau}_c \tag{5.15}$$

根据以上可知,刚度必须有个确定的值。对板而言,在 x 轴和 y 轴方向必须同时满足要求。因此,当选择夹层尺寸时必须考虑三个约束。如果面板厚度已知,那么这些等式要给出厚度 d 的三个值和这些里面的最大的设计值。

例如,考虑简支对称夹层结构的梁,均布载荷 q,最大剥离应力小于 Δ。这种情况最大弯矩为 $qL^2/8$,最大的横向力等于 $qL/2$。满足需要的最小许用的厚度的不等式如下:

$$d \geqslant \max\left\{\frac{qL^2}{8t_f\hat{\sigma}_f},\ \frac{qL}{2\hat{\tau}_f},\ \frac{qL^2}{16G_c\Delta}\left[1+\sqrt{1+\frac{20\Delta G_c^2}{3qE_f t_f}}\right]\right\} \tag{5.16}$$

如果夹芯厚度已知,面板厚度可以用相似的方法计算出来。对于夹层板,尺寸大小可以用同样的方法给出,计算变形量是几何的函数,另外对强度约束条件下夹层板公式也是有效的,例如像 3.11 节给出的双轴的起皱公式。如果夹层结构承受平面内的压力载荷,约束就是失稳约束。面板强度 $\hat{\sigma}_f$ 此时仅可作为压缩强度。然而,这一强度应该与施加应力 $P/2t_f$ 相比较,因此这一约束仅仅影响面板厚度的选择。总体的失稳约束在 3.10 节和 4.10 节给出。对于夹层圆柱,可将公式写成

$$d \geqslant \frac{P}{2G_c}\left[1 + \sqrt{1 + \frac{8\beta^2 L^2 G_c^2}{\pi^2 E_f t_f P}}\right] \tag{5.17}$$

$n = 1$ 作为最低的失稳载荷而 β 是边缘约束系数,已经在 3.10 节定义了。再一次说明,同样的过程可以应用于板的失稳问题。

一种改进设计的方法是考虑面板和夹芯同时发生失效,这种设计更接近于优化设计。也就是寻找到一种所有部件的极限应力是最大应力的设计。例如设计时考虑面板屈服和夹芯断裂同时发生,或者面板褶皱和夹芯剪切失效同时发生。这只是根据可能产生的失效模型甚至是考虑同时失效的情况,寻找合适结构尺寸和选材的一种方法。这是 5.2 节中建立失效模型使用的同样方法。

最简单实用的设计夹层结构的方法可以描述如下:

(1) 通过夹层结构不能在外加剪应力下失效来选择夹层夹芯厚度,即 $d \approx t_c \geqslant \frac{|T|_{max}}{\hat{\tau}_c}$,其中如果夹芯是正交各向异性在不同方向 $\hat{\tau}_c$ 随之变化;

(2) 面板厚度取决于面板应该能够承受外加弯矩,或者 $t_f \geqslant \frac{|M|_{max}}{\hat{\sigma}_f d}$,如果面板是正交各向异性在不同方向 $\hat{\sigma}_f$ 随之变化;

(3) 初步确定的部件厚度应该进行结构变形分析,$\overline{w} \leqslant \Delta$,其中 $\overline{w}$ 是最大的偏移量,Δ 是许用偏量;

(4) 其他的约束例如构件本身失稳和褶皱等必须进行校核,如果不合格,尺寸和材料都必须修改直至所有条件都满足。

如果任何约束条件不满足,那么 t_f 或者 t_c 或者两者都必须改进直至满足刚度要求。设计时可以考虑不同的各向异性材料面板,以进一步提高结构性能。

5.4.2　确定尺寸的过程

在更平常的不同的面板情况下,同样的过程仍然适用。然而,面板应力和强度通常在两个面的不同方向变化。所以

$$\overline{\sigma}_{fx1} \neq \overline{\sigma}_{fy1} \neq \overline{\sigma}_{fx2} \neq \overline{\sigma}_{fy2}, \quad \text{还有} \quad \hat{\sigma}_{fx1} \neq \hat{\sigma}_{fy1} \neq \hat{\sigma}_{fx2} \neq \hat{\sigma}_{fy2}$$

夹芯剪切应力和强度通常在各个方向是不同的:

$$\overline{\tau}_{cx} \neq \overline{\tau}_{cy}, \quad \text{还有} \quad \hat{\tau}_{cx} \neq \hat{\tau}_{cy}$$

通过在 4.4 节给出的公式计算最大应力。变形和失稳载荷是正交各向异性材料的性能函数,根据边界条件,可以用 4.9 节和 4.10 节的公式计算。必须校核所有的约束,给出寻求参数 t_c 或者 t_f 最优解的可能。这是提高结构性能所需要的。

简单的改进办法是修改性能以至所有的约束都接近限定值。例如,当经过所有的计算可以发现面板 1 的 y 方向将会过早地在拉力下失效;例如,可以通过单向加

强层的强度的方法来为面板 1 增加抗拉强度。记住,选材也是提供修改性能的机会,一个过度使用的中间层可以被一种更轻的材料所代替,而且性能同样也能满足需要。当这一问题解决了,所有的计算必须重新进行一次,因为刚度已经改变,最大的偏移量、应力和应变区域以及部分的强度都改变了。也许,另一种失效模型变得更为关键或者其他的部分过强以至于一些厚度必须减小或者其他材料更合适。处理这些参数,例如一种正交各向异性的平板,这一过程将是一种循环迭代的改进夹芯和面板性能直至符合要求。设计过程如图 5.3 所示。

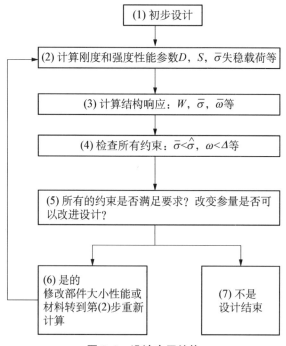

图 5.3 设计夹层结构

总的来讲,设计过程是从初步设计开始,有时候可以通过简单的确定尺寸的准则使用假定的材料来达到设计目标。刚度性能用第 3.2、3.4 和 4.2 节的公式计算。强度性能可以通过几种方法得到,用制造工艺数据、实验或已经提供的公式进行计算,例如可以计算纤维复合材料的性能。接着就可以进行结构分析,例如用 3.10 节和 4.10~4.12 节给出的公式,或者用有限单元分析方法或其他工具来分析计算,最后可得到变形和横向应力弯矩等数据。一旦这些工作完成,就必须检查所有约束是否满足要求,也就是最大偏移量是否小于许用偏移量;最大应力值是否超过许用应力;失稳、褶皱和裂纹等失效形式是否发生;还有其他的一些约束也是否满足要求。其实所有的约束都满足要求,也还有改进的余地,还可以进一步减轻重量。只要设计者认为结构可以改进,就可以进行改进措施、性能升级和重新计算。

5.4.3　单一参数优化

本节讨论最简单的一种可能的设计标准,就是例如考虑一种约束来寻找夹层结构最小的重量[3, 4]。这里使用的约束是弯曲刚性、弯曲强度或抗皱强度。下一节可以看到,使用一种约束进行设计与设计要求相距甚远,但是分析和结果都很简单,可以作为设计过程的第一步。这一节得到的结果对于梁和板其数据是有效的。

1) 弯曲刚性

对于一个最小重量的特别的弯曲刚性的夹层,夹芯重量应该是面板(相同或不同的面板)加在一起的两倍。写成

$$W_c = 2W_f \tag{5.18}$$

必须记住,弯曲刚性仅仅是约束夹层结构的两个刚度的参数之一。

2) 弯曲强度

对于一个最小重量的特别的弯曲刚性的夹层,夹芯重量应该是面板所有重量之和:

$$W_c = W_f \tag{5.19}$$

然而仅仅考虑夹层的弯曲能力而不考虑横向力的承载能力。如上所述,假设不同面的结果与上面相同。

3) 面板褶皱

为避免面板褶皱的最优面板厚度就是选择夹芯重量是所有面板重量加在一起的 1/3:

$$3W_c = W_f \tag{5.20}$$

5.4.4　给定的刚度下最小的重量

以上的分析一次只考虑了一种约束,但仅仅是用弯曲刚性代替总的刚度。约束更经常加在结构的偏移而不是引起弯曲刚性。本节讨论假设材料已经选择完毕,再寻找在给定的刚度下优化面板和夹芯厚度。还要假设夹芯性质可以通过选择不同的材料密度来改变。本节给出的公式是从夹层结构梁推导出来的,但是也可以重新写成夹层板结构的形式。在第一种情况下,可以方便地使用梁公式,通过简单地用 P 代替 qa 和用 L 代替 a 来解决板的问题,并同时考虑 x 方向和 y 方向。

1) 预先确定夹芯性能

如果夹芯材料和其密度已经预先确定,则在优化过程中 ρ_c 就不能作为变量使用,就相当于 $n = 0$ 的情况。如以上分析的那样,用 t_f 作为 d 的函数解决梁的问题:

$$t_f = \frac{2k_b L^2}{E_f}\left[\frac{Cd^2}{L} - \frac{k_s d}{G_c}\right]^{-1} \tag{5.21}$$

将其代入重量方程,给出只关于变量 d 的重量函数:

$$W = \frac{4\rho_f k_b L^2}{E_f} \left[\frac{Cd^2}{L} - \frac{k_s d}{G_c} \right]^{-1} + \rho_c d \tag{5.22}$$

对方程求微分,产生一个关于 d 的四次方程,并寻找零点。这一问题有些难解,通过画出 W 和 d 的图像来寻找零点的方法要简单些。

对于一个承受压力载荷的圆柱,优化设计尺寸大小的问题,由于约束采用失稳载荷,可以用同样的方法解决。整体失稳依赖于两个刚度参数 D 和 S 从而影响式中参数 C。因此,解决此问题的方法可以用弯曲情况分析。这一平面失稳问题已经被 Kuenzi 在文献[3]中解决。

2) 随密度变化的夹芯性能

这种情况有三个变量、两个厚度和一个夹芯密度。通过使用夹芯材料性能定义和插入遵循的方程,写成同样的形式:

$$\rho_c = \left(\frac{k_s E_f}{C_G} \frac{PL t_f d}{\Delta E_f d^2 - 2PL^3 k_b} \right)^{\frac{1}{n}} \tag{5.23}$$

每个单元总重可写成 t_f 和 d 的函数:

$$W = 2\rho_f t_f + t_c \left(\frac{k_s E_f}{C_G} \frac{PL t_f d}{\Delta E_f d^2 - 2PL^3 k_b} \right)^{\frac{1}{n}} \approx 2\rho_f t_f + A t_f^{\frac{1}{n}} d^{\frac{n+1}{n}} (B t_f d^2 - 2PL^3)^{-\frac{1}{n}} \tag{5.24}$$

式中: $$A = \left(\frac{k_s E_f PL}{k_b C_G} \right)^{\frac{1}{n}}, \quad B = \frac{\Delta E_f}{k_b} \tag{5.25}$$

要想找到最优解,令偏导数 $\partial W / \partial t_f = 0$,还有 $\partial W / \partial d = 0$,从方程中解出未知数 t_f 和 d。

如上所述当 $n = 1$ 时,密度变化和夹芯性能呈线性关系,则没有最优解。然而,重量渐渐减小到有限的值时夹芯厚度增加,同时,面板厚度和夹芯密度减小。但是,实际上没有最优值。通过预先确定的面板厚度而得到以上同样的结果,无限厚和无限薄的夹芯产生最小的厚度。因此,对于这些情况,最优的设计是通过选择最厚和最轻的夹芯板与其他的约束协同考虑,这自然导致了最小的面板厚度。通过预先确定夹芯厚度 d(d 通常由空间或绝热需要的实际情况而定),找到一个最优的面板厚度和相应的夹芯密度,通过绘出 W 对 t_f 的曲线,找到最优面板厚度。遵照 Gibson[5] 的推导,假设 $n = 2$(n 为泡沫材料[2] 的理论值),最优解可以从条件 $\partial W / \partial t_f = \partial W / \partial d = 0$ 得到。通过代数运算可得到最佳厚度[5]:

$$d = 4.34L \left[\left(\frac{\rho_f k_k}{E_f} \right)^2 \frac{PC_G}{k_s \Delta^2} \right]^{\frac{1}{5}}, \quad t_f = \frac{6k_b PL^3}{\Delta E_f d^2} \tag{5.26}$$

代回原式,可以得到最佳密度。在文献[5]中,用不同的材料和厚度做实验,使用上述尺寸进行设计,得到有最佳刚度的重量比的结构。

5.4.5 在给定强度下的最小重量

使用 5.2 节介绍的失效模式图,很容易由给定的强度找到最小重量设计。一种方法是使用每一种失效模型作为约束考虑结构优化。刚度问题可以使用以上的方法来解决。可以对比不同的优化结果,据此选择一个最小重量设计。所选择的设计应该在失效模型图上画出来确定其将会在给定的模型下失效。文献[6]中提到的另一种方法寻找最小的设计重量,使得面板和夹芯在相同的载荷下同时失效。同样原因,使得所有的部件应力达到极限值也是一种优化设计。如果仅仅考虑面板屈服或断裂、面板褶皱和夹芯剪切这三种主要的失效形式,优化设计尺寸大小时,假设设计目标是面板屈服或断裂、面板褶皱和夹芯剪切三种失效同时发生。使用文献[6]中的方法得到如下结果。

1) 面板屈服和夹芯剪切失效

假设面板屈服和夹芯剪切失效同时产生,来设计最小重量。用面板厚度来确定对称夹层梁面板屈服,用夹芯密度确定剪切断裂如下:

$$t_{\mathrm{f}} = \frac{k_M L}{\hat{\sigma}_{\mathrm{f}} P d}, \quad \rho_{\mathrm{c}} = \left(\frac{k_T P}{C_\tau d}\right)^{\frac{1}{m}} \tag{5.27}$$

当然这些式子也可以用于不相同面板的夹层结构。将以上公式代入重量公式,考虑厚度 d 找到零点,得到梁的优化厚度为

$$d = \left[\frac{2\rho_{\mathrm{f}} P L k_M}{\hat{\sigma}_{\mathrm{f}}}\left(\frac{k_T P}{C_\tau}\right)^{-\frac{1}{m}}\frac{m}{m-1}\right]^{\frac{m}{2m-1}} \tag{5.28}$$

优化面板厚度和夹芯密度通过反代入 d 得到 t_{f} 和 ρ_{c}。另一方面,对于板结构问题有些困难:k_M、k_T 和 C_τ 因在 x 和 y 方向不同导致 t_{f} 和 ρ_{f} 也不同。这一过程必须进行两次,一次是每个理论方向和最大可能产生 d 的方向,其对改变给定方向上各层面板强度的设计能够提供帮助。选择另一个夹芯 C_τ 以保证在两个方向产生相同的 d。

2) 面板褶皱和夹芯剪切同时发生

在载荷 P 作用下,面板发生褶皱的公式如下:

$$t_{\mathrm{f}} = \frac{2PLk_M}{d}(E_{\mathrm{f}}C_E C_G \rho_{\mathrm{c}}^{2n})^{-\frac{1}{3}} \tag{5.29}$$

随夹芯密度不同,为了夹芯在载荷 P 作用下剪切失效,可以将重量只写成 d 的函数。考虑 d 的不同,极值最终得到优化公式如下:

$$d^{\left(\frac{2n}{3m}-2+\frac{1}{m}\right)} = \left(\frac{k_T P}{C_\tau}\right)^{\left(\frac{2n}{3m}+\frac{1}{m}\right)} \frac{3m-3}{3m-2n} \frac{(E_f C_E C_G)^{\frac{1}{3}}}{4\rho_f P k_M L} \tag{5.30}$$

以上分析结果只要将载荷系数 k_M 和 k_T 简单地变换一下,就可以用于板结构的优化设计。甚至其他载荷情况也可以用类似的分析进行。Flugge 考虑整体失稳和面板褶皱推导最小重量设计厚度来确定参数 t_f 和 ρ_f[7]。不同失效模型的综合数量和其他约束是巨大的,在这里不进行介绍。这里重点介绍的方法能够在任何其他的结构上使用。

5.4.6 通常的优化设计方法

通常情况下,在一个结构中会有大量的不同形式的约束,设计目标也许不总是寻找最小重量。优化设计目标问题称为目标作用,例如最小的重量、最少的花费和最大的刚度。也许还包括减小最大应力值。夹层结构问题可以描述如下:

目标:最小化 $W = 2\rho_f t_f + \rho_c t_c$

承受约束:

面板拉伸应力 $\bar{\sigma}_f \leqslant \hat{\sigma}_f$

面板压应力 $\min\left\{\hat{\sigma}_f,\ 0.5\sqrt[3]{E_f E_C G_C},\ \frac{2E_f}{1-\nu_f^2}\left(\frac{t_f}{s}\right)^2\right\} \leqslant \hat{\sigma}_f = \frac{\mid M \mid_{\max}}{t_f d}$

夹芯剪切应力 $\mid \bar{\tau}_c \mid \leqslant \hat{\tau}_c$

偏移量 $w \leqslant \Delta$

设计变量范围:

$t_f^L \leqslant t_f \leqslant t_f^U$

$t_c^L \leqslant t_c \leqslant t_c^U$

$\rho_c^L \leqslant \rho_c \leqslant \rho_c^U$

式中 U 和 L 分别为最大和最小范围。Ringertz[8] 对于目标函数使用分析表达所有的约束,使用数学程序方法推导来优化夹层梁在不同边界条件下承受不同载荷的情况。这一方法被证明不仅精确而且比用多种目标优化程序[8,9] 更有效率。然而多目标的优化程序例如 OASIS 系统[9],基于反复迭代有限单元计算过程和数值推导的使用,可以用于寻找大型的、复杂的夹层结构的优化[10]。

参考文献

[1] Triantafillou T C, Gibson L J. Failure Mode Maps for Foam Core Sandwich Beams [J]. Materials Science and Engineering,1987,95:37 - 53.

[2] Gibson L J, Ashby M F. Cellular Solids-Structure and Properties [M]. Pergamon press, Oxford,1988.

[3] Kuenzi E W. Minimum Weight Structural Sandwich [R]. U. S. Forest Service Research

Note FPL - 086, 1965, U. S. forest product Laboratory, Madison, WI.

[4] Theulen J C M, Peijs A A J M. Optimization of the Bending Stiffness and Strength of Composite Sandwich Panels [J]. Composite Structures, 1991,17:87 - 92.

[5] Gibson L J. Optimization of Stiffness in Sandwich Beams with Rigid Foam Cores [J]. Materials Science and Engineering, 1984,61:125 - 135.

[6] Triantafillou T C, Gibson L J. Minimum Weight Design of Foam Core Sandwich Panels for a Given Strength [J]. Materials Science and Engineering, 1987,95:55 - 62.

[7] Flugge W. The optimum Problem of the Sandwich Plate [J]. Journal of Applied Mechanics, 1952,19(1):104 - 108.

[8] Ringertz U T. Weight optimization of Sandwich Beams [R]. Department of Aeronautical Structures and Materials, The Royal Institute of Technology, Report No 84 - 6, 1984.

[9] Esping B J D. The OASIS Structural Optimization System [R]. Department of Aeronautical Structures and Materials, The Royal Institute of Technology, Report No 85 - 3, 1985.

[10] Ringertz U T, Esping B, Backlund J. Computer Sizing of Sandwich Constructions [R]. Department of Aeronautical Structures and Materials, The Royal Institute of Technology, Report No 85 - 6,1985.

[11] Ding Yunliang. Optimum Design of Sandwich Constructions [R]. Department of Aeronautical Structures and Materials, The Royal Institute of Technology, Report No 86 - 5,1986.

6　有限元分析与设计

本章包含了通过有限元方法进行应力分析和夹层结构设计的基本问题。在使用者应用有限元程序对夹层结构进行分析与设计之前,除了要对夹层结构的力学性能有一个基本的理解之外,也需要掌握基本的 FEM 知识构架。

6.1　一般说明

有限元方法是对结构分析与设计最基本的也是最通用的工程工具[1]。像 NASTRAN、ANSYS、ABAQUS 和 NISA 等商业有限元软件都能解决很复杂的问题。然而,FEM 成功应用的关键是控制好以下所有误差的类型。

(1) 建模误差。"建模"涉及真实物理问题的数学模型。因此,应用者必须对物理问题有基本理解才能去解决问题,应用足够的材料基本模型(线弹性、线塑性、黏弹性、黏塑性和相关比率等),并且选择一个准确的分析定义(小或者大的位移、小或者大的约束、静力或动力分析等)。除了工程经验、技巧和应用者的直觉外,一个好的有限元数据评价方式是把分析数据与计算机结果进行对比。

(2) 离散化误差。因为 FEM 近似计算的属性,误差将会由于单元数目有限的应用而产生。有限元网格划分的好坏对分析的结果是至关重要的。在应力梯度高的区域比应力梯度变化小的区域要用到更小的单元。但是很细的网格对于计算机来说太耗时,操作者会遇到怎样选取最佳有限元网格的问题。在计算的过程中通过有限元程序自动划分的方式也在发展,但是仍然不能在商用有限元程序中通用(自适应有限元分析)。所以,需要用操作者的经验和技巧还有数值分析来保证结果的有效性。这意味着同一个问题应该用两种或两种以上不同的连续单元划分方式来进行分析,并且如果可能的话,还要与封闭的解析解进行对比。

另外一个误差来源是非线性问题的线性化方式,通常总是和平衡方程迭代的正确性有关。这种误差会在 6.7 节中列出。

(3) 数值误差。当用计算机解方程的形式导致有限元模型的离散化时,数值截断误差就会出现。一种检查这样的误差好坏的方法是,查看整个结构或者部分结构在外载荷和计算出的支反力及部件之间的相互作用力作用下是否保持平衡。如果保持平衡,这个解从数值分析角度来说肯定是可以的,如果不平衡,那么就需要更高的计算精度或者需要重新建模。

6.2 对夹层结构的特殊考虑

除了在 6.1 节给出的有限元分析的一般情况,由于夹层结构的不均匀性和各向异性,在分析夹层结构时必须要特殊考虑。通常,在采用有限元方法分析夹层结构时,以下的问题必须牢记:

(1)芯材剪切:芯材剪切变形(见第 3 章)在大多数情况都需要考虑,无论是静态还是动态;梁还是板;线性还是非线性都需要考虑。通常有限单元不包括剪切变形,因为金属材料通常可以忽略剪切变形。使用者必须选择合适的单元来分析和设计夹层结构。当剪切模量很低时可能会产生某些特殊的问题,例如低密度的 PUR 芯材。如果梁、平面或壳的有限元方程不正确(对于商业程序也同样可能发生),即使面板很薄,面板的剪切刚度也比夹层结构大,因而在夹层结构中仍然处于主导地位。建议用户要对比解析结果、试验结果和 3D 有限元分析结果来检查有限元模型是否正确。

(2)各向异性:复合材料面板的各向异性必须予以考虑(即使使用 0°/90°织物的情况下,由于在 45°方向有不同的材料性能,也要考虑)。蜂窝结构芯材在不同方向有不同的剪切模量,在分析过程中这一属性必须要考虑。

(3)局部影响:由于在夹层结构的厚度方向有较低刚度和强度,引入的局部载荷,拐角处和连接处必须采用更精细的 2D 和 3D 分析检查,这比金属结构的情况要更复杂。由于同样原因,小曲率的曲面板(曲率半径小于 10 倍夹层板厚度)也必须用 2D 和 3D 方法分析来解释板壳单元中不包含的法向正应力。

在动态分析、稳定性分析和非线性分析等方面需要考虑的措施将在 6.5 节和 6.7 节中进行介绍。

6.3 线性分析

本节介绍通过有限元分析方法来分析静态线性夹层板结构。与这一分析有关,所要解决的物理问题是线性的(材料的线性弹性响应和小位移),因为惯性力可以忽略,所以外加载荷必须要加载得足够缓慢。

1)梁分析

对于一个定义为梁的结构部件,横截面的宽度应该比高度小。夹层结构的梁不常用做结构单元。然而,梁理论非常有用,因为其可以应用于夹层结构板的承受圆柱弯曲情况(参见 6.4 节)。这种情况的杨氏模量 $E = E/(1-\nu^2)$ 应该应用于各向同性表面。因此,当前对夹层结构梁单元的描述仅限于平面梁。

最常用的梁单元是线性两节点和二次三节点单元,如图 6.1 所示。这两个结构中,三节点单元是最有效的[2]。在三节点单元组成梁结构之前,内部节点通常是处于压缩状态。为了处理剪切变形,梁的自由旋转角度 θ,梁结构的斜率 w 相互独立。面内的自由度 u 对于轴向或者夹层结构面板不相等的情况是非常重要的。

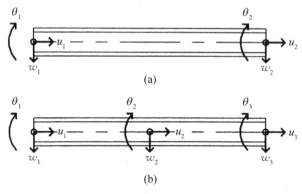

图 6.1　夹层梁单元

(a) 两节点单元　(b) 三节点单元

对于横截面是常数并且只有集中载荷的梁来讲,如果单元网格划分使得载荷和支撑仅仅在相互连接的单元上加载,这些梁单元根据夹层梁理论可以给出准确结果。对于不均匀分布载荷的梁,2～3 个三节点单元,或者 3～4 个两节点单元,通常得到准确结果(在一定的误差允许范围内)[2],也可以看下面的例题。

作为例题,在文献[2]中分析的情况如下:一个夹层梁结构,一端固定另一端简支,受集中载荷。材料和几何数据在图 6.2 中给出,边界条件为

$$w(0) = w(L) = \theta(0) = 0$$

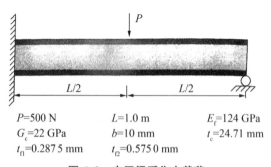

P=500 N　　　　　L=1.0 m　　　　　E_{f}=124 GPa

G_{c}=22 GPa　　　　b=10 mm　　　　t_{c}=24.71 mm

$t_{\mathrm{f}1}$=0.287 5 mm　　$t_{\mathrm{f}2}$=0.575 0 mm

图 6.2　夹层梁受集中载荷

表面剪切应变和芯材正应变可以忽略。中点位移和支撑点滚柱支撑的载荷分析结果如下:

$$w = \frac{(2P-5R)L^3}{48D} + \frac{(P-R)L}{2S}, \quad 其中 R = \frac{P(5+24\theta)}{2(8+24\theta)}$$

在 3.12 节中已经给出。使用三节点梁单元得到的数值与理论分析得到的结构完全一致,其结果为

$$w = 55.436 \text{ mm} \quad 和 \quad R = 163.202 \text{ N}$$

2) 平板分析

同以上的梁单元分析类似,四节点和八节点平板单元很常用。图 6.3 就是八节点单元。四节点单元只在角点处有节点。这里,采用二次八节点单元更好。这两种单元都可以用四边形单元,因为对于等参数单元都很常用(八节点单元也可以是弯曲边界)。在之前的章节对平面内自由度的讨论对于平板问题也同样适用。

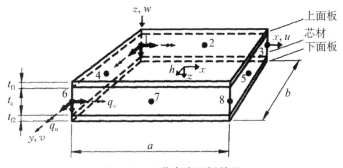

图 6.3 八节点夹层板单元

对于承受均布载荷的平板,在每个方向划分 2～3 个单元的网格通常足够用,看下面的例子:一个承受均布载荷的简支正方形夹层结构板[3]如图 6.4 中所示。

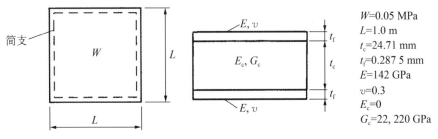

W=0.05 MPa
L=1.0 m
t_c=24.71 mm
t_f=0.287 5 mm
E=142 GPa
v=0.3
E_c=0
G_c=22, 220 GPa

图 6.4 简支正方形板

因为相对于两轴都对称,因此采用四分之一板,使用图 6.5 所示的四种不同网格来分析。这里 NA 代表分析过程中的自由变量。因为不存在面内载荷,所以对称结构夹层板的面内变量 u 是无效的(强置为 0)。

使用两种不同芯材剪切模量(用以说明剪切变形的影响)、八节点平面单元、4

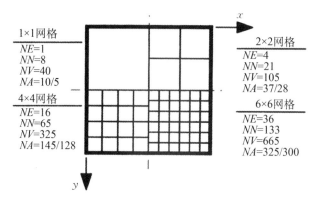

图 6.5 单 元 划 分

注：NE＝number of elements 单元数，NN＝number of nodes 节点数，NV＝number of variables 变量数，NA＝number of active variables 自由变量数

种不同的网格对最大变形和最大应力的影响在表 6.1 和表 6.2 中给出。

表 6.1 简支平板中点偏移（mm）

网格	G_c＝22 MPa	G_c＝22 MPa	网格	G_c＝22 MPa	G_c＝22 MPa
1×1	20.356	14.365	6×6	21.263	15.166
2×2	21.243	15.156	真实解	21.3	15.2
4×4	21.262	15.165			

表 6.2 简支平板最大应力

网格	表面正向应力/MPa	芯部剪切应力/MPa	网格	表面正向应力/MPa	芯部剪切应力/MPa
1×1	347	0.675	6×6	333	0.681
2×2	333	0.673	真实解	333	0.684
4×4	333	0.679			

3）壳体分析

因为平板单元常通过板壳单元的退化得到[4,5]，以上提到的大部分平板都可用。不同的是壳体中部表面曲率增加。如果最小曲率半径与壳体的厚度有相同的数量级（小于 10 倍），那么局部影响例如芯材正应力在分析过程中必须予以考虑。

4）应用举例

在这一部分中给出 3 个线性结构分析。如图 6.6 所示，转向架的制冷夹层上层结构分解[3]成不同部分。用平面八节点夹层板单元来模拟板，三节点梁单元来模拟支撑梁,三节点杆单元来模拟加强筋以及加强截面(例如根部或车厢壁和墙壁与地板连接处的 L 形杆)作为结构模型。用子结构[1]使得分析合理,同时考虑对称性(两边厢壁相同)。

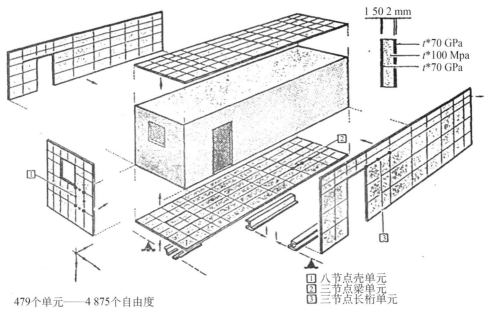

1 50 2 mm

t*70 GPa
t*100 Mpa
t*70 GPa

① 八节点壳单元
② 三节点梁单元
③ 三节点长桁单元

479个单元——4 875个自由度

图 6.6　夹层结构车厢的单元划分

载荷情况包括由在顶部挂在两侧的冷冻牛肉产生的机械载荷以及由内壁和外壁之间的温度梯度而产生的热载荷。机械载荷是:垂直载荷乘上动态放大系数;0.5 g 制动水平载荷和转向架支撑对角轮子的垂直加载。

图 6.7 中夹层结构的制冷容器槽可分成平面、单曲率和双曲率夹层板壳单元[6],

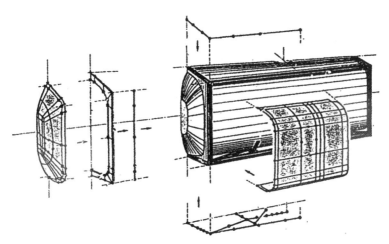

图 6.7　夹层容器单元划分

框架由两节点梁单元模拟。载荷包括内应力、升力、堆积力和热梯度。

　　图 6.8 中显示了采用夹层板结构地面和扶手的阳台,纯层压板墙[3]。八节点平面单元用于地面和墙壁,独立的 2D 的平面应变模型(在上部左边角落插入)用来获得临界应力(主要是由于弯曲而产生的分层应力),那里夹层过渡成单一的层压板。

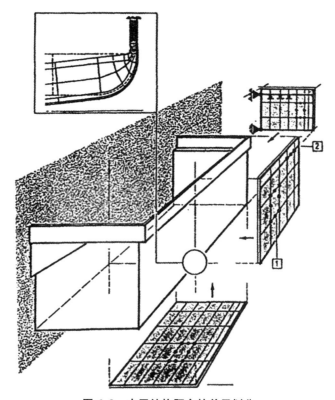

图 6.8　夹层结构阳台的单元划分

6.4　局部影响: 连接和载荷引入

　　通过梁、板和壳单元获得的解通常在面板(在面板平面)只有正应力,在芯材有剪应力。在很多情况下,夹层结构中存在其他形式的应力。在拐角和连接处,芯材的正应力和面板的分层应力以及面板和芯材之间的分层应力都会增大,如图 6.8 所示。同样的,在剧烈弯曲的地方和载荷引入的部位例如支撑处和嵌入处等地方也能发现这几种应力。要描述这些应力分量,必须进行全 3D(或 2D)分析。如果分析的目的是评估应力的数量级,比较不同的设计或决定局部刚度,那么进行线弹性分析就够了。另一方面,如果目的是评估考虑外载荷影响的夹层板承载能力,那么必须用非线性分析和适当的失效准则。然而,需要记住的是,后一种形式的分析需要考虑花费和能力,而失效载荷往往很不容易准确预测。

进一步分析局部效应的例子:一个隔板的连接结构,如图 6.9 所示[7]。假设结构垂直平面内的长度足够长,外载荷和边界条件都是均匀的,则可以采用 2D 模型进行应力分析。由于对称,只对其中一半进行建模,如图 6.10 所示。八节点平面应力和平面应变等参数单元[1]可以用于层压面板和芯材。通过合适的失效准则,例如把 Tsai-Hill 破坏准则(或者抗拉和抗压强度不等的准则)用于面板,把最大主应力准则用于芯材来计算在拉力或压力载荷作用下的位移和应力结果。应该重新强调,失效载荷预测仅仅能够用于相对比较设计而不是为了得到准确的值。芯材和层间的界面应力也很重要。

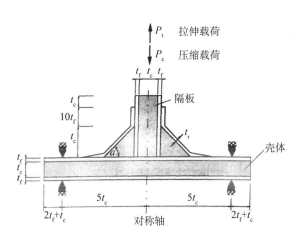

图 6.9　隔板的尺寸与载荷分布

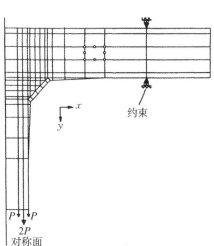

图 6.10　隔板接头的有限元模型

6.5　动力学问题和稳定性

正如前所述,研究夹层结构动力学问题和结构稳定性必须强调的首要问题是芯材的剪切变形。相比而言,剪切应力如对于各向同性的金属结构不是很重要,这一结构有较低的失稳载荷和固有频率。随着长度减小,这一影响特别在较高的固有模态时将更加显著。因此分析夹层结构时,如果没有适当地考虑剪切的影响,也许会产生巨大的、不稳定的误差。夹层梁和壳的振动和稳定性的试验问题在参考文献[2]和文献[8]中有详细介绍。在非常高的固有频率下(可能引起共振),局部弯曲甚至表面局部剪切有可能会发生。

6.6　优化设计

合理的结构设计能够通过数学优化方法来实现[9]。设计者需要定义设计目标函数、约束和设计变量。在计算机上反复用分析或数值方法,最后得到最优解[10]。当有限元方法用于分析基本力学问题时,使用优化设计方法进行夹层结构的设计是非常有效的[11, 12]。

6.7　非线性分析

多年以来,有限元方法已经成为最主要的分析和设计复杂结构的工具。非线性有限元分析已经逐渐应用在结构设计中。在线性有限元分析中,假设有限元集合位移是有限的、微小的,材料是线弹性的,并在外载荷下边界条件始终不变。在大多数非线性分析中这些假设都不成立。相对应非线性分析,线性应力分析的优点是显然的:不用较大的载荷增量和方程迭代就可以直接得到解,不同载荷情况下的解可以通过叠加原理得到,在分析过程中需要的材料常数数量最少。然而,可以确定有一系列的理由,证明需要相对昂贵和复杂的非线性分析。

(1) 近几年,对于高性能和在高层次应用(如汽车工业、航空航天工业和核工业)的高效的部件的设计需求已经有所改变。这些需求需要更复杂的非线性有限元分析。

(2) 即使线性近似对于结构服役情况下够用,但是有必要研究在更高载荷下结构在第一次失效后的行为,目的在于证明在此情况下不会产生完全结构失效。

(3) 用于评价现有的由于存在可见损伤的结构完整性,在设计阶段没有考虑的特殊载荷及材料性能下降。

(4) 帮助建立结构失效原因。

(5) 应用于研究中:在分析和设计中建立简单算法,帮助理解基本的结构响应以及验证材料模型的有效性。

(6) 用于材料工艺和制造过程中的模拟,例如金属和玻璃的成型和铸造过程。

(7) 用于研究高度非线性结构行为,例如碰撞情况。

(8) 用于高度非线性材料,例如 PVC 泡沫芯材和密封胶。

非线性影响常常分为几何(运动学)非线性和材料非线性影响。当结构变形足够大以至于产生重新分配的应力时几何非线性的影响会增大;而当考虑材料超过线性极限时材料非线性的影响非常重要。在大多数分析中,假设材料非线性行为与时间无关。这是真实行为的理想状态,适用于大多数情况。与时间有关的可以通过许多方法显现出来:例如在给定应变下应力随应变率的增加而增加(应变率相关),应变在给定的应力水平下维持一定的时间后会增加(蠕变),以及维持应变在一定的水平一段时间后应力会减小(松弛显现)。除了以上提到的非线性影响以外,一个有限元分析问题会由于边界条件的改变而改变,特别是对于接触问题分析。

夹层结构与其他结构的非线性分析在本质上是相同的,但是由于材料本身的复合性质,对于设计师来讲会有些特殊的困难。由于各向异性材料的非线性行为,这些问题更加明显。夹层结构元件的非线性材料行为会通过夹层的厚度不同而使得应力分布有所变化。进一步讲,由于材料的复合性质,特别对于夹层结构的元件,存在很多潜在的失效模型。例如面板层的褶皱和脱粘现象。另外,载荷的引入处和连接处会产生三维应力分布,这也许需要更进一步详细的非线性分析。

想要对给定夹层结构进行非线性分析,工程师必须详细考虑数值模型以获得问题的结果。其中一些问题如下:

(1) 面板层的局部弯曲刚度是否需要考虑?

(2) 面外正应力会影响最后结果么?

(3) 对各向异性材料的建模其性质需要知道得多细致?

(4) 对于使用的材料应用什么失效准则?

(5) 如果非线性材料的行为非常重要,夹层厚度方向的应力分布如何?

(6) 所考虑问题的结构线性区域有多大?

(7) 是要假设在芯材和面板间的粘接是完好的,还是要考虑对界面层滑动和可能的分离也进行建模?

(8) 期望什么样的失稳模态? 载荷水平如何?

6.7.1　非线性夹芯材料

最常用的非线性材料模型是所谓的弹塑性材料理论,这一理论基本描述如下:

(1) 对应力和应变之间的关系有详细描述,也就是描述材料在弹性情况(即在开始塑性变形之前)下的行为。

(2) 一种表明描述塑性流动开始时应力水平的屈服准则。

(3) 一种描述在屈服行为之前的应力和应变关系的规则。

在弹性范围内,应力应变关系可以用标准本构方程来描述:

$$\boldsymbol{\sigma} = \boldsymbol{C}\boldsymbol{\varepsilon} \tag{6.1}$$

式中: C 是弹性刚度矩阵,在这种情况下仅仅是常数,对于一般各向异性材料有 21 个相互独立的常数,而对于各向同性材料仅仅有 2 个相互独立的常数。现在有很多的屈服准则,其中最常用的是 Tresca 和 von Mises 准则,这两个准则在图 6.11 中

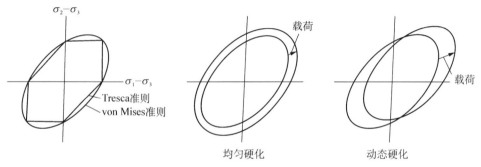

图 6.11　屈服准则和应变硬化

用几何方式描述出来(在三维的情况,这些屈服函数曲线变成屈服曲面)。

这两个屈服准则与金属的塑性行为很接近。Tresca 屈服准则表明,屈服发生在

$$\sigma_e(\kappa) = \sigma_1 - \sigma_3 \tag{6.2}$$

式中:σ_1 和 σ_3 分别是最大最小理论应力(在三维情况);σ_e 是从试验得到的材料参数,可能是硬化系数 κ 的函数。如图 6.11 所示,von Mises 准则是一个 2 次方程的屈服准则:

$$\sigma_e(\kappa) = \sigma_x^2 + \sigma_y^2 + \sigma_z^2 - \sigma_x\sigma_y - \sigma_y\sigma_z - \sigma_z\sigma_x + 3\tau_{xy}^2 + 3\tau_{yz}^2 + 3\tau_{zx}^2 \tag{6.3}$$

在式(6.2)和式(6.3)中,屈服准则可能通过 κ 依赖于当前塑性应变。最常用的关系是应变硬化,如图 6.11 所示为两种不同形式的硬化:如果后来的屈服表面是初始屈服曲线的均匀扩展,那么硬化模型是各向同性的,而如果屈服表面在应力区做刚体移动,那么即为运动硬化模型。

初始屈服过后,任何应力增加都会导致应变的变化,这一应变可分为弹性部分和塑性部分。弹性应变随方程(6.1)应力增加而增加。现有很多理论描述了总应变随塑性应变增加而增加的关系。最简单的形式是相关流动理论,这一理论常用于金属材料。理论假设塑性应变增加与屈服表面上应力点的一个矢量成比例。

许多夹芯材料,例如蜂窝结构、巴沙木和发泡的泡沫都是各向异性的,这种材料的非线性行为还没有完全研究明白。然而通常的夹层结构主要通过芯材承受剪应力来设计。因此,确定材料剪切下的性能对非线性夹芯材料建模是很重要的工作。结果是,必须放弃部分精确的描述正应力和正应变的材料准则。Rothschild[13] 表明通过使用各向同性材料塑性模型的有限元程序能进行可靠的非线性分析。要解决的基本问题是使用有限元分析建立的夹芯材料 σ-ε 关系,通过剪切试验画出非线性 τ-γ 之间的关系,如图 6.12 所示。

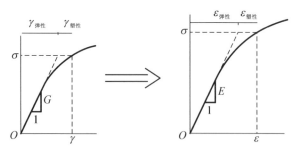

图 6.12 应力-应变关系变换

这映射所示的过程在参考文献[13]中有详细描述。其建立在假设当屈服发生时剪应力是主要的,屈服应力和塑性流动依赖于 von Mises 应力。用 τ-γ 曲线表示

$\sigma\text{-}\varepsilon$ 曲线的方程如下

$$\sigma = \sqrt{3}\tau \quad \text{和} \quad \varepsilon = \frac{\sqrt{3}\tau}{2G(1+\nu)} + \frac{1}{\sqrt{3}}\left(\gamma - \frac{\tau}{G}\right) \tag{6.4}$$

通过这些描述表明这一过程在二维和三维问题中都很适用,也就是当 $\sigma\text{-}\varepsilon$ 作为输入,有限元程序重新构建了初始的 $\tau\text{-}\gamma$ 关系。

作者所了解的情况是,蜂窝结构和巴沙木夹芯材料还没有见到用材料非线性分析的方法。然而,有理由相信,在文献[13]中发展的假设映射的过程对这些类型夹芯材料也会得出一些合理的结果。

需要认识到的另一个影响是当固化过程制造刚性多孔泡沫材料时导致芯材厚度方向密度的变化。在夹层中间的密度会比接近表面的密度低 10%。膨胀的泡沫材料属性非常依赖于材料的密度,这意味着芯材靠近中间平面处比较脆弱。结果是当达到芯材的线性极限时,接近中间层处将产生塑性区。试验和分析[14]表明,这一密度变化对夹层结构梁的非线性行为有重要影响。

6.7.2　非线性面板材料

夹层结构面板层常常是金属薄板或者是纤维复合材料薄板。对于金属来讲有很多的材料准则可以应用于非线性分析,例如非线性超弹性材料、非线性亚弹性材料、非硬化的弹塑性材料和动态或各向同性硬化行为的弹塑性材料。决定这些材料行为的准则在很多论文中有详细讨论,工程上已经广泛应用这些数值分析方法并获得了很多经验。

由很多纤维增强塑料单层组成的复合材料的层压板是各向异性的,描述各向异性材料的理论没有描述各向同性材料的理论那么成熟。增强塑料通常表现出脆性,在多数情况可以通过假设层压板在失效之前表现出线性而得到精确结果。当考虑增强塑料的强度性能时,经常采用一种经验方法,也就是对比实际应力失效包线与理论失效包线。这些失效包线和塑性材料屈服表面的概念差别不大。正交各向异性材料失效准则会基于材料主方向强度性能方式给出。最好的方法是层压板理论,这一理论定义失效准则是针对每一个独立单层的并将此作为最基本的基础。失效准则通过最大应力和最大应变或二次失效准则例如 Tsai-Hill 或 Tsai-Wu 理论给出。在应力空间,最大应力准则可以用一个封闭曲线包线表示,最大应变准则在应变空间表现为矩形,当转到应力空间时变成不规则的四边形,而二次的失效准则的失效包线会变成椭圆形。这三种失效准则如图 6.13 所示。三维的图形应包括失效准则剪切分量,失效曲线变成失效曲面。

一旦在一层的正交轴上确定了失效包线,偏轴的失效包线可以通过应力或应变的坐标变换实现。每一层都会产生一个失效包线,并彼此相互作用,例如在图 6.14 中所示的最大应力准则。基于此,逐层的强度分析可以通过第一层直到最后一层失

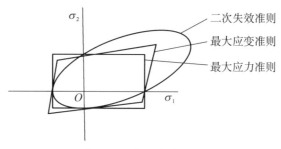

图 6.13 单层失效准则

效强度来确定：强度最低的那一层在一定载荷下会首先断裂，随后刚度下降，最终最后一层失效，整个结构破坏。

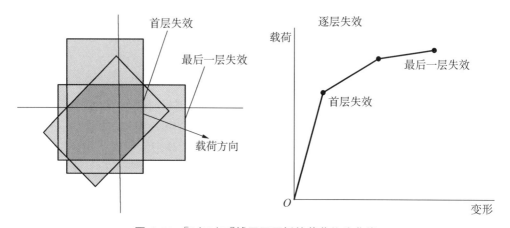

图 6.14 [0/90/45]铺层层压板的载荷位移曲线

6.7.3 大位移平板分析

有限元分析的主要目标是解平衡方程，即寻找外载荷和所谓内力的平衡结构的构型。结构的变形分布和内力通过当前结构的刚度和外加载荷的增量来预测。在每个载荷增加时，都会重复更新位移（以不平衡力为基础）直到得到所需的精确结果为止。参见文献[1, 15]。

当要进行非线性有限元分析时，如果知道所研究结构的大致性能则对研究很有帮助。本节的重要内容是载荷的非线性影响变得很重要。如果材料非线性很重要，那么设计者应该试着估计夹层单元的应力分布，比较所选材料的应力-应变曲线。那么就可以模拟超过弹性极限载荷的应力水平。通常预测几何非线性的起始是很困难的。然而，通常线性弯曲理论对于均匀的梁或者板结构仅在横向变形相对于元件厚度很小时才有效。对芯材的剪切模量和面板的杨氏模量有同样数量级的夹层结构板来讲也同样适用。然而，因为芯材横向剪切变形更重要，则线性应用范围变小。Allen[16]提出在极限情况下(如芯材剪切模量达到零),线性理论仅当夹层结构单元横向变形相比于面板厚度很小时(远比总的夹层厚度小很多)才适用。这意味着非线性动力学影响通常会在小的偏移情况下比均匀梁和板的情况更容易发生。分析者在进行完整的非线性分析之前还要研究潜在的屈曲模态以及估计与这相关的临界载荷。当出现夹层板和夹层梁的整体结构失稳时,应该注意横向剪切变形必须予以考虑。另外,夹层结构的受压表面会产生局部失稳,即所谓的褶皱。无论是全局还是局部夹层结构元件失稳,在本书的第3章和第4章都有详细介绍。

　　Rothschild[13]对受均匀压力的夹层板结构进行了非线性研究。所研究的板表征的是一个大的连续夹层结构的船体,并通过两种非线性有限元程序 ABAQUS 和FENRIS 来进行分析。所得结果与试验测试结果进行对比。板由玻璃纤维增强塑料面板及刚性 PVC 泡沫芯材组成。面板通过使用膜单元(忽略弯曲刚度)建模,模型芯材使用实体单元建模。在这一研究中得到了很多有用的经验,读者可以参见文献[13]了解详细介绍。这一研究成果的主要结论概括如下:

　　(1) 1/4 板的有限元网格划分为 28(7×4)个八节点实体单元以及 56(每个面 7×4)个四节点膜单元,就足以得到收敛结果。

　　(2) 当整体的位移与夹层结构的整体厚度相等时,几何非线性影响变得非常重要(与线性结果有 3%～5%的偏差)。

　　(3) 对于这一特殊的夹层结构构型,由于泡沫夹层的塑性产生的非线性行为比几何非线性发生得早很多。

　　如图 6.15 所示的 4 点弯曲试验的分析结果,可以说明一些非线性影响。由于对称性,只需要对其中一半的梁进行建模。面板材料性能参数使用玻璃纤维增强塑料性能,而夹芯材料的数据是从发泡的 PVC 剪切试验中得到的。模型采用了两个关于芯材的假设:一个线弹性模型和一个在线性范围内有同样剪切模量的最大承载能力为 3.5 MPa 的弹塑性模型。另外,使用两种不同的单元网格划分以说明模型的准确性。如图 6.16 所示,两种不同的材料模型有相同的初始刚度,但是那个芯材为非线性的模型在偏移量小于芯材厚度的 10%时,几乎失去了全部刚度。当所谓的"吊床"效应开始时,使用线性芯材的模型刚度增加。在线性范围内,使用粗糙模型计算出的位移量大约比精细网格所得到的位移量小 10%。当使用线性材料时,使用不同网格划分得到的误差大约是一个常数,但是当使用非线性模型时这一误差减小。众所周知,载荷的引入处和连接处会导致夹层结构表层很高很明显的局部下陷,还会反过来产生实质性的正应力和复杂的芯材三维应力分布。这些区域需要进行详细的三维非线性分析。如果分析的目的是得到详细的梁的应力分布信息(例如靠近加载点或靠近夹具边缘处),那么需要建立一个比以上提到的更精细的网格。

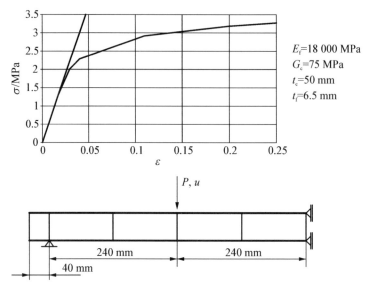

图 6.15　4 点弯曲试验的有限元模型(考虑对称)

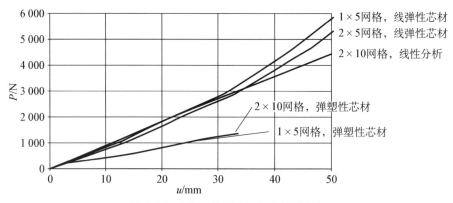

图 6.16　4 点弯曲试验的载荷挠度曲线

6.7.4　杂项

用以描述夹层结构单元性能的理论通常假设芯材和面板的粘接是完好的。但是,由于有限的粘接刚度会产生界面滑移,从而会产生重要影响。例如由于外加载荷引起的高的层间剪应力。在这种情况下,工程师必须使用能够考虑这种变形的有限元模型。如果界面的应力或应变超过粘接强度准则,那么芯材和面板的粘接处将会断裂,夹层结构单元显然不再符合夹层理论。如果有限元模型要表征夹层壳分层后的失稳,显然必须建立一个能够解决这一问题并且也能考虑裂纹扩展的模型。

另一个在夹层结构理论中通常忽略的影响是芯材相对于面板和壳的法向应变。这一效应通常对于平板夹层结构[17, 18]可以忽略,但是当板壳的曲率增加时这一效应也会增加。在包括大位移的数值分析中，如果忽略这一影响就会产生很大的误差。

夹层结构的一个特点是通过高效结构设计，使每种材料都达到可能的实际使用极限。这在众所周知的夹层板厚度方向应力分布假设得到反映。总体的弯矩是通过在薄的面板层承受大的正应力和在芯材厚度方向呈均匀分布的横向剪应力来承担的。这一高效的承载单元导致的结果是，当达到一种材料的线性极限时，整个横截面只有很小的强度剩余。因此，夹层结构的横截面应该比低效的均匀横截面更脆。还应该注意，以上提到的应力分布是基于线弹性材料行为。如果考虑非线性材料行为，还要重新考虑夹层板厚度方向的应力分布。McGeorge 和 Echtermeyer[14] 提出如果夹层表面相对较厚，如果外部作用载荷使得芯材承受的剪应力超过线性极限，则这些层会承受一定比例的横向的剪应力。

参考文献

[1] Cook R D, Malkus R S, Plesha M E. Concepts and Applications of Finite Element Analysis [M]. J Wiley &Sons, New York 1989.

[2] Wennerstrom H, Backlund J. Static, Free Vibration and Buckling Analysis of Sandwich Beams [R]. Department of Aeronautics, Royal institute of Technology, Report 86 - 3, Stockholm, 1986.

[3] Wennerstrom H, Backlund J. Plane Finite Elements for Static Analysis of Stiffened Sandwich Constructions [R]. Department of Aeronautics, Royal institute of Technology, Report 83 - 6, Stockholm, 1983.

[4] Wennerstrom H, Backlund J. Cylindrical Finite Elements for Static Analysis of Stiffened Sandwich Constructions [R]. Department of Aeronautics, Royal institute of Technology, Report 84 - 3, Stockholm, 1984.

[5] Wennerstrom H, Backlund J. General Curved Finite Elements for Static Analysis of Sandwich Shell Structures [R]. Department of Aeronautics, Royal institute of Technology, Report 85 - 1, Stockholm, 1985.

[6] Backlund J, Olsson K - A, Maartmann F. Computerized Analysis and Design of Sandwich Constructions: Sandwich Constructions 1 [C]. Proceedings of the First International Conference on Sandwich Constructions in Stockholm, Eds. K. - A. Olsson and R. P. Reichard, June 1989, EMAS, UK, 1989.

[7] Dao Q Le, Backlund J. A Design Study of Fiber Composite Sandwich Construction Bulkheads [R]. Department of Aeronautics, Royal Institute of Technology, Report 85 - 9, Stockholm, 1985.

[8] Wennerstrom H, Backlund J. Buckling and Free Vibration Analysis of Sandwich Plates and Shells [R]. Department of Lightweight Structures, Royal Institute of Technology, Report 87 - 14, Stockholm, 1987.

[9] Esping B. The OASIS Structural Optimization System [R]. Department of Aeronautics,

Royal Institute of Technology, Report 85 - 3, Stockholm, 1985.

[10] Ringertz U. WOSB—Weight Optimization of Sandwich Beams [R]. Department of Aeronautics, Royal Institute of Technology, Report 84 - 6,Stockholm, 1984.

[11] Ringertz U, Esping B, Backlund J. Computer Sizing of Sandwich Constructions [J]. Composite Structures, 1986,5:251 - 279.

[12] Romell O, Ljunggren L, Esping B, et al. Structural Optimization of a Surface Effect Ship [C]. Sandwich Constructions 1, Proceedings of the First International Conference on Sandwich Constructions in Stockholm, Eds. K. - A. Olsson and R. P. Reichard, June 1989, EMAS, UK, 1989.

[13] Rothschild Y. Nonlinear Analyses of Sandwich Panels [R]. Department Aeronautics, Royal Institute of Technology, Report 92 - 14, Stockholm, 1992.

[14] McGeorge D, Echtermayer A T. Modeling and Testing of Foam Core Materials [R]. Det Norske Veritas Report No. 92 - 2005, Hovik, Norway, 1992.

[15] Aamlid O. Nonlinear finite Element Analyses of Sandwich Panels [M]. The Norwegian Institute of Technology, Trondheim, Norway(to be published).

[16] Allen H G. Analysis and Design of Structural Sandwich Panels [M]. Pergamon Press, Oxford, 1969.

[17] Plantema F J. Sandwich Constructions [M]. John Wiley & Sons, New York, 1966.

[18] Ressner E. Finite Deflection in Sandwich Plates [J]. Journal of Aeronautical Sciences, 1948,15(7):435 - 440.

7 曲梁和曲板的设计①

曲夹层板和曲梁在承受载荷时具有与平板和直梁不同的变形和应力场。当然，这些不同取决于载荷和板或梁自身的几何性质。在某些应用情况中曲板可能比平板更强，但是对于曲梁情况，一般会更弱。本章将详细阐述一系列公式和其使用范围，尽可能地利用曲梁和曲板的特性。考虑两个载荷工况，第一，曲板轴向压缩；第二，曲梁纯弯曲。

高速船、容器、坦克和飞机等应用对曲夹层板有极大的兴趣，主要为了获得更优的设计方案。前提条件是设计有合适的分析方法。现在大多数论文都是研究曲板在承受板内压缩和横向载荷时的情况，而研究曲夹层板在承受弯曲时的情况却很少。

7.1 曲夹层板承受压缩载荷作用

对于各向同性夹芯和面板的夹层板，本章给出了理论压缩屈曲载荷。假设夹层板四边简支，公式推导建立于如下假设：夹层板为常曲率，相对于曲率半径 R、轴向和周向尺寸夹层板厚度较小。在 7.1.1 节和 7.1.2 节中面板的弯曲刚度被忽略，但是在 7.1.3 节中被考虑了。面板的局部屈曲在 7.1.4 节中考虑，使用了 Stein 和 Mayers[1] 中的数据和等式。

7.1.1 各向同性夹芯

含各向同性夹芯薄曲夹层板的屈曲系数可以采用公式(7.1)获得。相应于板或圆柱沿轴向或环向屈曲时的半波数 m 和 n，必须使得屈曲系数最小。其中，a 是平板或圆柱体轴向的长度，b 是平板或圆柱体周向的宽度，如图 7.1 所示。

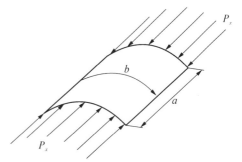

图 7.1　单轴压缩载荷下曲率为 R 的夹层板

---

① 本章缺参考文献[3]的引用标志，原书亦无。——编注

$$K_{X_b} = \frac{\left[1+\left(\frac{na}{mb}\right)^2\right]^2}{\left(\frac{a}{mb}\right)^2+\theta_b\left[1+\left(\frac{na}{mb}\right)^2\right]} + \frac{\frac{Z_b^2}{\pi^4}\left(\frac{a}{mb}\right)^2}{\left[1+\left(\frac{na}{mb}\right)^2\right]^2} \tag{7.1}$$

式中：a 是轴向长度；b 是周向长度。

$$K_{X_b}^{'} = \frac{P_x b^2(1-\nu^2)}{D\pi^2}, \quad \theta_b = \frac{D\pi^2}{Sb^2(1-\nu^2)}, \quad Z_b^2 = \frac{2t_f b^4 E_f(1-\nu^2)}{R^2 D} \tag{7.2}$$

式中：D 是弯曲刚度；S 是剪切刚度，在第 3 和第 4 章中定义。表 7.1[①] 中有关材料和几何参数的定义同样适用于夹层板。

对于特殊的情况，无限长曲板（$a,\ m \to \infty$），式(7.1)可以简化为

$$K_{X_b} \approx \frac{4}{(1+\theta_b)^2} + \frac{Z_b^2}{\pi^2}\frac{1-\theta_b}{4}, \quad \text{当} \frac{Z_b}{\pi^2} < \frac{4\sqrt{1-\theta_b}}{(1+\theta_b)^2} \tag{7.3a}$$

$$K_{X_b} \approx \frac{Z_b/\pi^2}{\sqrt{1-\theta_b}}\left(2 - \frac{Z_b\theta_b/\pi^2}{\sqrt{1-\theta_b}}\right), \quad \text{当} \frac{4\sqrt{1-\theta_b}}{(1+\theta_b)^2} < \frac{Z_b}{\pi^2} \leqslant \frac{\sqrt{1-\theta_b}}{\theta_b}$$
$$\tag{7.3b}$$

$$K_{X_b} = \frac{1}{\theta_b}, \quad \text{当} \frac{Z_b}{\pi^2} \geqslant \frac{\sqrt{1-\theta_b}}{\theta_b} \tag{7.3c}$$

等式(7.3)不是精确值，但对于指定的曲率参数范围还是比较准确的。对于无限长的曲板，图 7.2 绘出了其屈曲系数与剪切系数 θ_b 的关系曲线。

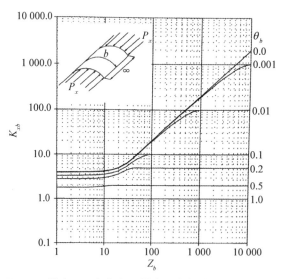

图 7.2　简支无限长各向同性夹层曲板的压缩屈曲因子

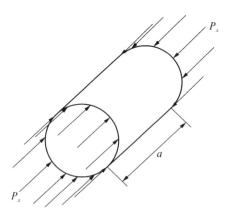

图 7.3　轴压载荷下的夹层圆柱筒

① 原文中也未见表 7.1——编注

对于特殊情况的圆柱体,如图7.3所示,$b = 2\pi R$,等式可以重写成与 a 相关而不是 b,结果如下:

$$K_{X_b} = \frac{\left[1 + \left(\frac{na}{mb}\right)^2\right]^2}{\frac{1}{m^2} + \theta_a\left[1 + \left(\frac{na}{mb}\right)^2\right]} + \frac{\frac{Z_b^2}{\pi^4}\frac{1}{m^2}}{\left[1 + \left(\frac{na}{mb}\right)^2\right]^2} \tag{7.4a}$$

$$K_{X_a} = \frac{P_x a^2(1-\nu^2)}{D\pi^2}, \quad \theta_a = \frac{D\pi^2}{S(1-\nu^2)a^2}, \quad Z_a^2 = \frac{2t_f a^4 E_f(1-\nu^2)}{R^2 D} \tag{7.4b}$$

当应用于圆柱体时,n 的值必须被设定为0,或者大于等于4的偶数。最小化是通过对 m,n 的分析,得到以下等式结果:

$$K_{X_a} = \frac{4}{1+\theta_a} + \frac{Z_a^2}{\pi^4}, \quad 当 \frac{Z_a}{\pi^2} \leqslant \frac{1}{1+\theta_a} \tag{7.5a}$$

$$K_{X_a} = \frac{Z_a}{\pi^2}\left(2 - \frac{Z_a}{\pi^2}\theta_a\right), \quad 当 \frac{1}{1+\theta_a} \leqslant \frac{Z_a}{\pi^2} \leqslant \frac{1}{\theta_a} \tag{7.5b}$$

$$K_{X_a} = \frac{1}{\theta_a}, \quad 当 \frac{Z_a}{\pi^2} \geqslant \frac{1}{\theta_a} \tag{7.5c}$$

对于简支的夹层圆柱体,图7.4中绘出了屈曲系数和剪切系数 θ_b 的关系曲线。

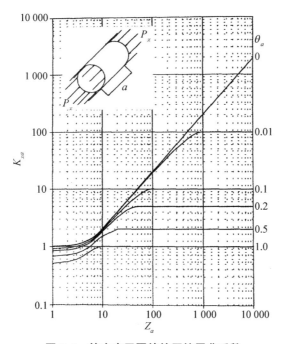

图 7.4 简支夹层圆筒的压缩屈曲系数

7.1.2 不同厚度面板的影响

在之前的章节,并没有考虑面板的弯曲刚度。在夹芯受剪很弱时,弯曲刚度会对屈曲载荷产生很大的影响。首先阐述精确的等式,然后通过图表阐述了近似公式。近似公式在图表所阐述的参数范围内已经相当准确。屈曲载荷系数通常的公式是

$$K_b = \frac{\Lambda \left[1 + \left(\frac{na}{ma} \right)^2 \right]^2}{\left(\frac{a}{mb} \right)^2} + \frac{\frac{Z_b^2}{\pi^4} \left(\frac{a}{mb} \right)^2}{\left[1 + \left(\frac{na}{mb} \right)^2 \right]^2} + \frac{\left[1 + \left(\frac{na}{mb} \right)^2 \right]^2}{\left(\frac{a}{mb} \right)^2 \left[1 + \psi_b \left(1 + \left(\frac{na}{mb} \right)^2 \right) \right]}$$

(7.6)

式中:

$$K_b = \frac{P_x b^2 (B_{f1} + B_{f2})}{\pi^2 d^2 B_{f1} B_{f2}}, \quad Z_b^2 = \frac{b^4 (B_{f1} + B_{f2})(1 - \nu^2)}{R^2 d^2 B_{f1} B_{f2}}, \quad \psi_b = \frac{\pi^2 d_\psi}{b^2} = \frac{\pi^2 t_c B_{f1} B_{f2}}{b^2 G_c (B_{f1} + B_{f2})},$$

$$d_\psi = \frac{c B_{f1} B_{f2}}{G_c (B_{f1} + B_{f2})}, \quad \Lambda = \frac{D_{f1} + D_{f2}}{\bar{d}_\psi} = \frac{(B_{f1} + B_{f2})(D_{f1} + D_{f2})}{d^2 B_{f1} B_{f2}}, \quad \bar{d}_\psi = \frac{d_\psi^2 B_{f1} B_{f2}}{B_{f1} + B_{f2}}$$

(7.7)

此处 ν 是平板的泊松比,B 是面板的拉伸刚度:

$$B_{f1} = \frac{E_{f1} t_{f1}}{1 - \nu_{f1}^2}, \quad B_{f2} = \frac{E_{f2} t_{f2}}{1 - \nu_{f2}^2}$$

(7.8)

如果弯曲刚度可以忽略($D_f = 0$),等式与 7.1.1 节中的式子一样,除了考虑夹层板更普遍的曲率参数和不对称性。对于对称的夹层板,式(7.2)中的 Z_b 等于其在式(7.7)中的值,且 $\Psi_b = \theta_b$。

以上等式对于所有范围的参数具有广泛的适用性,并且同时适用于曲板和圆柱。与以前一样,对于有限长的板壳屈曲系数的确定需要考虑 m,n 使 K 最小。对于无限长的板壳需要考虑 n 和屈曲波长度比 mb/na,使 K 最小。

对于剪切刚度比较小的和/或无限长的平板其屈曲系数的表达式可以简化为

$$K_b \approx \frac{1}{\psi_b} + \frac{2 Z_a \sqrt{\Lambda}}{\pi^2}, \quad \text{当} \Lambda > 0, \quad \text{且} \frac{Z_b}{\pi^2} \geqslant \frac{\sqrt{1 - \psi_b}}{\psi_b}$$

(7.9)

对于 Ψ_b 取不同值时,图 7.5～图 7.10 中详细阐述利用等式(7.9)所示的结果。对于圆柱壳,屈曲系数为

$$K_a \approx \frac{1}{\psi_a} + \frac{2 Z_a \sqrt{\Lambda}}{\pi^2}, \quad \text{当} \Lambda > 0, \quad \text{且} \frac{Z_a}{\pi^2} \geqslant \frac{1}{\psi_a}$$

(7.10)

此时，

$$K_a = \frac{P_x a^2 (B_{f1} + B_{f2})}{\pi^2 d^2 B_{f1} B_{f2}}, \quad Z_a^2 = \frac{a^4 (B_{f1} + B_{f2})^2 (1 - \nu^2)}{R^2 d^2 B_{f1} B_{f2}}, \quad \psi_a = \frac{\pi^2 t_c B_{f1} B_{f2}}{a^2 G_c (B_{f1} + B_{f2})},$$

$$(7.11)$$

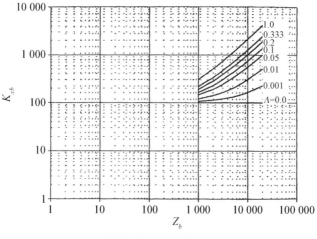

图 7.5 $\psi_b = 0.01$

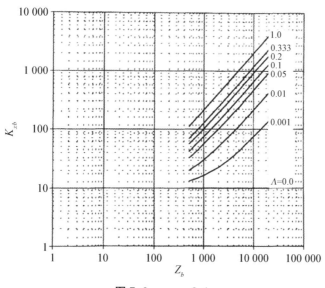

图 7.6 $\psi_b = 0.1$

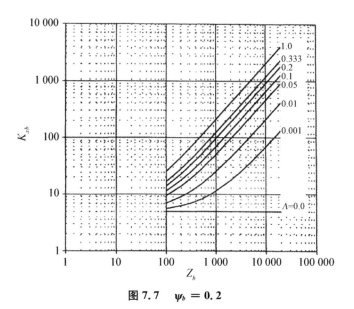

图 7.7　$\psi_b = 0.2$

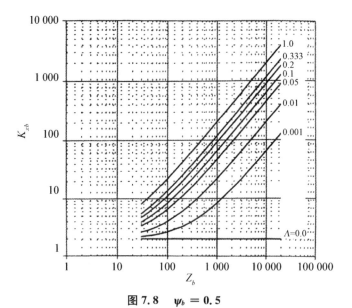

图 7.8　$\psi_b = 0.5$

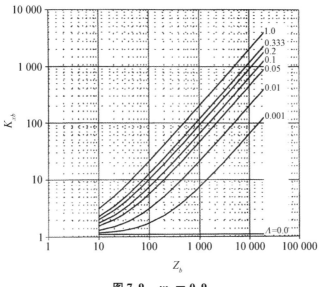

图 7.9　$\psi_b = 0.9$

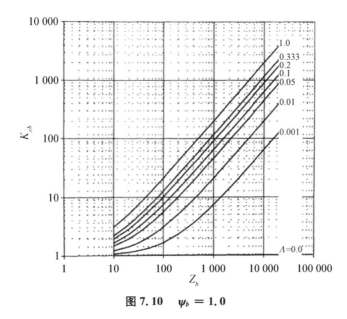

图 7.10　$\psi_b = 1.0$

7.1.3　曲板的褶皱

对于曲板所做的一些试验都是沿轴线的压缩,参见文献[2]。曲板设计根据第 3 节中所给的关于平板的著名公式发生褶皱失效。曲板曲率半径约是夹芯厚度的 3 倍并且其端部是平的,平直边是自由的。试验表明这些曲板和相同边界条件下的平板在相同的载荷下失稳。因此,推荐在考虑褶皱的情况下,设计曲板和平板是一样的。

7.2　曲夹层梁受弯曲

对于直的夹层梁,弯矩产生的拉压载荷由面板承受,而横向载荷以夹芯剪切应力的形式由夹芯承受。对于曲的夹层梁,载荷的分布是不同的,曲夹层梁受弯时,其夹芯承受相当大的正应力。这些应力可以是拉应力也可以是压应力,取决于弯矩的方向并于夹层梁直线和弯曲交界处造成应力集中。

曲夹层梁弯曲时的正应力可能是一个限制性的设计因子。可以通过计算和试验来对这些应力进行预测。试验的花费比较大,一般只用来验证。简单的手工计算是有用的,但对于曲夹层结构可能得到不确定的结果。有限元的方法最灵活,可以对曲夹层梁弯曲时的特别影响做很好的预测。

现在,面板通常都是复合材料并且夹芯是塑料泡沫,这些材料的精确属性是很难获得的。材料的数据通常是非线性的,其结构的载荷响应也是非线性的。这使得很难预测失效模式和失效载荷,非线性有限元计算和试验对于评估设计准则是必不可少的。

7.2.1　应力和变形

正如前面所提到的,当曲夹层梁在承受弯曲载荷作用时,夹芯会产生正应力,应力集中会发生在夹层梁直线和弯曲部分交界或其附近。试验和有限元分析表明在交界区域面板弯曲成S形状,这表明,面板是一个临界屈曲状态。因此,面板可能在比预测小很多的载荷下提前局部屈曲失效。如图7.11~图7.14所示。

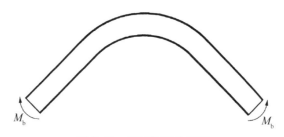

图 7.11　张开弯矩的定义

7.2.2　曲夹层梁的手工计算

在薄面板和小变形假设情况下,可以通过手工计算曲夹层梁在纯弯曲作用下的应力。夹层梁直线和弯曲部分的平面应力为

$$\sigma_{\mathrm{f}} = \frac{M}{t_{\mathrm{f}} d} \tag{7.12}$$

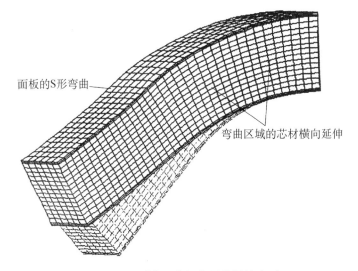

图 7.12 受张开弯矩作用的梁的变形

面板的S形弯曲

弯曲区域的芯材横向延伸

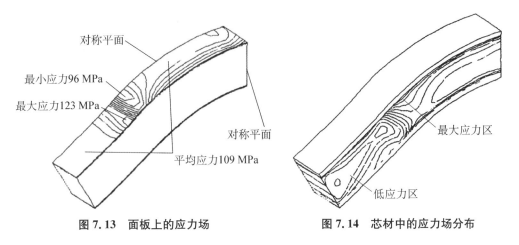

对称平面

最小应力96 MPa

最大应力123 MPa

对称平面

平均应力109 MPa

最大应力区

低应力区

图 7.13 面板上的应力场　　　　**图 7.14 芯材中的应力场分布**

式中：d 是面板中心线之间的距离（参见 3.2 节）；t_f 是面板的厚度；M 是单位弯矩。

夹芯的径向正应力（垂直于面板）为[4]

$$\sigma_{r,\,max} = \frac{M}{dR} \qquad (7.13)$$

式中 R 是曲梁的内半径。试验和有限元的方法表明应力集中发生在不同曲率半径间的交界处。注意到曲夹层梁在直线和弯曲部分交界处的应力大约高出 15%，在设计时，应将其考虑进去。然而对于这类问题的近似公式还没有给出。

7.2.3 曲夹层梁弯曲时的强度

曲夹层梁相比于相似的直夹层梁的弯曲强度在图 7.15 中给出。类比的梁具有

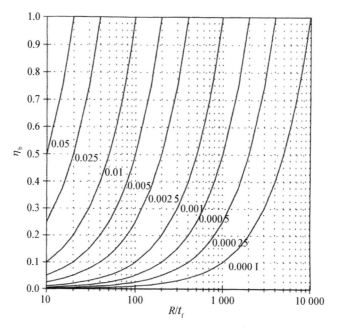

图 7.15　曲梁的弯曲有效因子

相同的材料和几何特性,除了曲率不同。引入弯曲有效系数 η_b,从而给出两种不同类型梁的弯曲强度的关系。事实上,η_b 表明失效模式从面板失效转换成夹芯失效。当失效模式为面板失效时,$\eta_b = 1$。当其小于 1 时,为夹芯先失效。因为许多夹芯材料在不同的拉伸和压缩应力失效,因而弯矩的方向是非常重要的。

$$\eta_b = \frac{\overline{M_k}}{\overline{M_r}} = \frac{\overline{\sigma}_{r,c} R}{\overline{\sigma}_f t_f} \quad (\eta_b \in (0,1)) \tag{7.14}$$

式中: $\overline{M_k} = \sigma_{r,c} \overline{d} b R$ 是曲梁的最大弯矩; $\overline{M_r} = \overline{\sigma}_f t_f b d$ 是直梁的最大弯矩。

参考文献

[1] Stein M, Mayers J. Compressive Bulckling of Simply Supported Curved Plate and Cylinders of Sandwich Construction [M]. NACA TN 2601,1952.

[2] Smidt S. Testing of Curved Sandwich Panels and Camarision with Calculation Based on Finite Element Method [C]. Proceeding of the Second International Conference on Sandwich Constructions, Gainesville, Florida, USA, march 1992, EMAS Ltd. U. K.

[3] Fulton R E. Effect of Face-Sheet Stiffness on Bulckling of Curved Plates and Cylindrical Shells of Sandwich Constructions in Axial Compression [M]. NACA TN D‐26783,April 1965.

[4] Tolf G. Stresses in a Curved Laminated Beam [J]. Fibre Science and Technology, 1983,19: 243‐267.

8 局部载荷[①]

夹层结构在受强面外载荷,如集中载荷、线载荷或集中面载荷时,易发生断裂。在受到局部外载荷时,这种敏感性是由于加载时从加载面到夹层板的芯材产生了明显的局部弯曲,从而产生了大的局部应力集中。夹层板理想的载荷传递机对应的应力状态为:芯材承受纯剪应力状态,面板承受膜应力。实际上,夹层板的理想载荷传递相关的应力状态可能会彻底改变,在外载荷区域附近取而代之的是一种完全的多轴应力状态。这会使得结构过早发生失效。

图 8.1 为简单的局部弯曲问题,展示了最简单的加载形式:对称支持和对称加载下的三点弯曲的夹层梁。图 8.1 展示了梁的弯曲变形,梁的弯曲包括两部分:

(1)由于全弯曲和全剪导致夹层梁的全弯曲。

(2)加载面关于中心轴的局部弯曲。

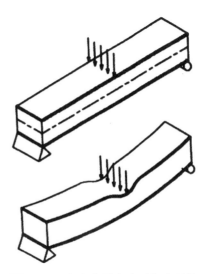

图 8.1 三点弯曲下未变形和变形的夹层梁

8.1 理论背景——基本弹性分析

关于夹层梁和夹层板的分析,文献[1]~文献[3]已经做了大量的工作,包括解释和预测不同类型的有效的失效模型。但是,压痕问题或局部弯曲问题只在文献[4]~文献[12]中提到。理论研究[4—12]均将组分材料按线弹性来处理,所参考的文献都没对压痕的萌生和扩展做出预测,所以,所获得的结果均没有反映组分材料失效试验的真实结果,材料失效为强烈的非线性(几何非线性和材料非线性)现象。而

---

① 本章缺参考文献[15]的引用标志,原书亦无。——编注

线性弹性分析并不具备给出控制失效开始的重要信息参数的可能。

本章的目的是引入一种简单的方法,分析夹层梁面板的局部载荷加载区域附近应力场。本书并未给出精确的结果,而是用设计图解法来代替解释物理学的局部弯曲问题和工程设计问题的解法。文献[8]~[10]和[13]中对该方法的理论做了详细阐述。

考虑到夹层梁问题受到任意的局部侧向载荷(或圆柱弯曲中的夹层板),解有两部分:①加载面的局部弯曲;②用经典夹层梁理论(或一个简单有限元解)得到的全解。对局部解部分而言,在适用的弹性基本模型中,认为夹层梁的加载面弯曲受任意侧向载荷的影响而不是非加载面更合理。著名的 Winkler 模型,即是最简单的弹性基本模型,该模型假设中间支撑物(芯材)可以看做连续分布的拉伸弹簧单元/压缩弹簧单元。但是 Winkler 基本模型在目前有严重的缺陷,因为其没有考虑在加载面板和芯材间可能存在的相互之间剪切应力。Winkler 基本模型的特点决定了其不适用于剪切变形更主要的短波长变形中。实际上,临近外载荷区域附近的区域产生的层间剪应力对受强外载荷的夹层板的失效的萌生和扩展有重要的影响。

除了弹性模型为二元基本模型外,在手册中,本章的分析方法与 Winkler 方法基本类似。所以,采用一种局部弯曲分析的模型(细节见于文献[8]~[10]和[13]),该模型考虑了加载面和芯材之间可能存在剪切相互作用。如图 8.2 所示,展示了局部弯曲问题中夹层梁的加载面[受任意表面载荷 $P_z(x)$,$P_x(x)$ 影响]和支撑夹芯材料。

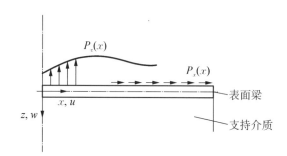

图 8.2 夹芯材料支撑夹层梁的加载面

根据两参数弹性基本模型,中间支撑物的弹性响应可以用如下形式表示,加载面的相应的挠度对层间应力分量的图,以每单位梁表面的长度来表示。

$$q_z(x) = -K_z w(x), \quad q_x(x) = -K_x u\left(x, \frac{t_f}{2}\right) \tag{8.1}$$

式中:$q_x(x)$,$q_z(x)$ 为每单位长度的基本剪应力和横向正应力(作为应力分布函数);K_x,K_z 为中间支撑梁的剪切和横向基本模量;$u(x, t_f/2)$ 为加载面的底层纵向位移;$w(x)$ 为加载面的侧向位移。

弹性基本模量 K_x，K_z 与加载面的几何形状和芯材的材料属性相关，表达式如下（假设芯材为各向同性或近似各向同性）：

$$K_z = 0.28E_c \sqrt[3]{\frac{E_c}{D_f}}, \quad K_x = \frac{k_z}{2(1+v_c)} \tag{8.2}$$

通过式（8.2）和经典梁理论可以得到弹性响应函数 $q_z(x)$，$q_x(x)$ 为两个非齐次连续常系数差分方程，分别为六次和七次。方程的推导此处不展开，将在 13 章具体阐述，但两种应力分布函数问题的解可以表示为

$$q_x(x) = A_0 + A_1\cosh(\phi_1 x) + A_2\sinh(\phi_1 x) + A_3\cosh(\xi x)\cos(\eta x) + $$
$$A_4\sinh(\xi x)\cosh(\eta x) + A_5\sinh(\xi x)\sinh(\eta x) + A_6\cosh(\xi x)\sinh(\eta x)$$

$$q_z(x) = -\frac{E_f t_f}{6k_x}\left[\frac{d^3 q_x(x)}{dx^3} - \frac{4K_x}{E_f t_f}\frac{dq_x(x)}{dx}\right] \tag{8.3}$$

式中：$A_j(j = 0, \cdots, 6)$ 为 7 个由弹性支撑加载面的边界条件决定的相关的积分常数；ϕ_1，ξ，η 为构成材料的弹性和几何属性。本部分不对一特殊问题的积分常量 A_j 进行阐述，第 13 章将有具体的阐述。

由局部弯曲挠度引起的层间应力 σ_{int}，τ_{int}（在加载面和芯材间的横向正应力和剪应力分量）可用 $q_z(x)$，$q_x(x)$ 表示（每单位宽度）：

$$\sigma_{int, local}(x) = q_z(x), \quad \tau_{int, local}(x) = q_x(x) \tag{8.4}$$

该部分主要是得到了一个局部弯曲的解法以及从解法中得到加载面的局部弯曲，加载面的局部弯曲应力和加载面与芯材间的层间应力组成部分等信息。由此，很明显该解法没有给出任何关于沿着芯材局部弯曲的衰变。

一个完全的解法（下标为 total）包括局部弯曲解法（下标为 local）部分和全弯曲以及剪切解法（下标为 overall）部分，该解法可在近似局部弯曲解法的叠加[可由内表面应力分布函数（8.3）得到]和全部经典夹层梁理论[1—3]以及该书的手册中得到。完全解法的形式如下：

$$w_{total}(x) = w_{overall}(x) + w_{local}(x)$$
$$\sigma_{f, total}(x) = \sigma_{f, overall}(x, z) + \sigma_{f, local}(x, z) \tag{8.5}$$
$$\tau_{int, total}(x) = \tau_{c, overall}(x) + \tau_{int, local}(x)$$
$$\sigma_{int, total}(x) = \sigma_{int, local}(x)$$

该方法的应用范围是一个很重要的问题，该部分几个重要的问题如下：

（1）假定系数 K_z，K_x 为常数合理吗？

（2）假定材料的性能为线性弹性，这样的材料现实存在吗？

（3）在夹层结构中，弹性基础分析对所有类型的夹芯材料均可模型化吗（聚合

物泡沫、机木和蜂窝)？

关于这些问题的详细讨论在文献[13]中给出,该手册的这部分只给一些最基本的结果(以最简单的形式)。

但是第一个问题的答案是否定的,因为不可能对于所有波长的变形都有合适的常数的 K_z, K_x。这是由于对于短波长变形夹芯材料的剪切变形更易于受影响。但是,对于实际的夹层板而言,模糊公式概念的短波长变形的外加边界很难作用,因为典型的面板厚度为 $0.5\,\mathrm{mm} < t_f < 10.0\,\mathrm{mm}$,典型的模量比为 $25 < E_f/E_c < 1\,500$,但将确定足够的大波长变形验证简单基本弹性方法。

不用对第二个问题的结果作具体阐述就可以认为,对于典型结构用的夹层结构而言,组分材料的非线性行为表现得比预期的常规材料更大。非线性行为包括黏性的、塑性和湿热效应。但是,夹层板结构的使用条件都要在由组分材料的比例极限限定的安全范围内。

最后,从工程设计角度来看,对于第三个问题的答案,用之前提出的弹性的基本模型,对聚合物基泡沫和轻木夹芯进行模型化,通常可以得到很好的结果。这里用了"通常"这个词是因为基本弹性方法仅能正确应用于泡沫材料和轻木夹芯材料,其微观结构至少有一阶的量级小于任何所研究的夹层梁或板的特征尺寸(面板厚度、夹芯厚度、长度和宽度)。对于蜂窝夹芯,弹性基本模型的成功应用会遇到更多的问题,但本章不过多关注这些问题。读者可以在参考文献[13]中看到关于蜂窝夹芯夹层板的方法的更为严密的分析和讨论。

8.2　考虑局部载荷的设计

8.2.1　工程设计问题的解决方法

为了说明前面章节所介绍理论的可用性,采用一种局部弯曲分析结果来校正经典夹层梁理论的计算结果,为使读者明白该方法,从物理学角度分析会更合理,我们只关注结构由弹性的基本公式得到的局部解法。

推导得到的解[式(8.3)]包括三角函数和双曲函数部分,这表明解的图形为纵坐标下的波的谐波特性和指数形式(增长或衰减)。随着纵坐标的增加,解的指数形式有很严重的衰减。因此,可以观察到,弹性基础解的本质是保证局部弯曲作用可以看做由经典夹层梁理论预测到的理想应力和变形状态的扰动。解的步骤如下:

(1) 通常考虑的夹层梁(或板)问题都是用经典夹层理论或粗略的有限元模型,用夹层板或梁单元的模型。因此,总体解就可以得到。

(2) 通过弹性基本公式可以分析局部加载区域夹层梁(或板)的面积。如果满足以下条件,局部弯曲解和总体解就可以叠加:

a. 作用在夹层梁(或板)上的每个局部载荷产生的局部弯曲作用,不受其他载荷的弯曲作用或夹层梁的边界条件的影响。这就是说局部弯曲解会出现急剧衰减，从而局部弯曲解或边缘效应不会彼此影响。如果这个条件不满足，则不能简单叠加。为了确定扩展区域，在扩展区域中局部弯曲的影响非常重要，这里的衰减长度 x^* 定义如下[13]：

$$x^* = \frac{\lambda}{2} = \pi\sqrt[4]{\frac{4D_f}{K_z}} \Rightarrow x^* \approx 2.66t_f\sqrt[3]{\frac{E_f}{E_c}} \tag{8.6}$$

式中 λ 为弹性形变的波长。如果从局部载荷加载点到其他载荷扰动（外载荷或边界）的距离超出了衰减区域长度 x^*，那么就可以叠加而没有任何问题，因为局部弯曲的作用彼此间影响不明显。

b. 如果叠加解要能够准确地描述在夹层梁（或板）的下表面（非加载面）的应力状态，那么芯材的厚度 t_c（见图 8.1）应比衰减区域长度大。如果该条件满足，则从加载面到非加载面沿着芯材就没有明显的局部弯曲作用的传递，由经典夹层理论或简单的有限元解法得到的全解将给出精确的结果。但是，如果条件不满足，下表面的解就不会非常精确，但加载面附近的加载面和芯材的结果依然会很好[12]，从现实角度来看这个问题并不很严重，因为加载面为结构受载最严重的部分（也是最重要部分）。

8.2.2　实例

通过简单的单位宽度夹层梁的三点弯曲（集中载荷）来分析问题的真实解。该问题的几何符号如图 8.2 所示，各个几何和材料的数据及集中载荷如下：

几何尺寸：$L = 500.0$ mm，$t_f = 4.0$ mm，$t_c = 50.0$ mm。

面板：$E_f = 15.0$ GPa（50%体积含量的玻璃纤维/环氧基体）。

芯材：$E_c = 0.1$ GPa，$v_c = 0.35$（聚氯乙烯泡沫，$\rho_c = 100.0$ kg/m³）。

集中载荷：$p = 100.0$ N/mm（每单位宽度）。

按照两步法解题步骤，第一步就是用经典夹层梁理论分析所研究的夹层梁，之后就可以进行局部弯曲分析。为了确定叠加的方法是否可用，用近似式(8.4)估算衰减区域 x^* 的长度，$x^* \approx 57$ mm，因为 $x^* \approx 57$ mm < 500 mm，可以推断这种方法将给出精解。

图 8.3 为由经典夹层梁理论得到的侧向挠度 $w_{overall}$，加载面的侧向挠度 w_{total} 由全解部分和局部解部分叠加得到。由图可见，夹层梁中间点（$x = 0$）的挠度约为 35 mm，也可以清晰地看到局部弯曲作用是非常局部的，因为在除 $x = 0$ 的点附近外，两条曲线是相同的。

图 8.4 分别表示出加载面上下表面的纵向正应力 σ_f 的分布。由图 8.4 中可知，在外载荷作用点 $x = 0$ 附近的局部弯曲作用非常明显，因为在此区域有明显的应力集中。

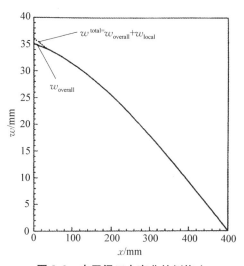

图 8.3　夹层梁三点弯曲的侧挠度

注：由于是对称问题，只考虑夹层梁的一半（$0 \leqslant x \leqslant L$）。

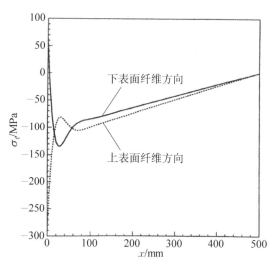

图 8.4　上下纤维加载面的正应力分布

图 8.4 曲线的右边部分为直线，这与经典的夹层梁理论相符，这些线与纵轴相交，由经典夹层梁理论可知这些点为应力的峰值：上边界的 $\sigma_f = -120$ MPa；下边界的 $\sigma_f = -105$ MPa。由于加载面的局部弯曲效应，真实的应力状态与由经典夹层梁理论得到结果有很大不同。在上边界为压缩应力状态，在 $x = 0$ 处的峰值为 -290 MPa。上表面的应力峰值为经典夹层梁理论预测值的 2.4 倍。在加载面的下边界，在梁的中心附近有一拉伸应力，而在离 $x = 0$ 一定距离后（$x > 5 \sim 10$ mm）的应力状态为压缩应力。加载面的下表面的纵向正应力的改变会产生明显的局部弯曲。加载面的下表面的拉伸应力峰值为 $\sigma_f \approx 62$ MPa。

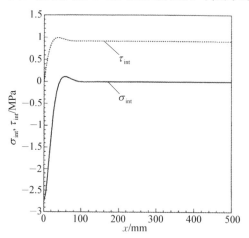

图 8.5　在加载面和中心间的分界面上的 σ_{int} 和 τ_{int} 的纵向分布

图 8.5 为加载面和芯材层间的横向正应力 σ_{int} 和剪应力 τ_{int} 的分布。由图可知，在 $x = 0$ 处及附近区域，有强烈的应力集中趋势。随着 x 的增大 σ_{int} 曲线出现了谐波特征并且有衰减特性，衰减区域的距离为 $x^* \approx 57$ mm 处，这与拉伸应力峰值相符（$\sigma_{int} \approx 0.12$ MPa），该值仅为 $x = 0$ 处的全峰值（$\sigma_{int} = -2.75$ MPa）的 4%。对于 $x > x^*$，σ_{int} 减小并变为 0。因此，横向正应力的出现只是局部现象。

由图 8.5 也可看出所有层间剪应力

τ_{int}的纵向分布,正如预期的(因为对称性),在梁的中心没有剪应力分布。剪应力 τ_{int}的整体趋势为,逐渐增大并在梁的中心附近达到最大值 $1.0\,\text{MPa}$,此后趋于一常数,$\tau_{int}\approx 0.9\,\text{MPa}$,该值和由经典夹层梁理论预测的剪应力常数相等。

对于所考虑的例子,从图 8.5 中可以看出,由局部弯曲得到的层间剪应力峰值相比于由经典夹层梁理论预测得到的结果,在量级上差别不大。因此,在所考虑的例子中加载面和芯材间的层间剪应力不是很重要。

8.2.3 参数影响

夹层板受局部载荷作用下,局部弯曲效应主要受两个参数影响:弹性模量比E_f/E_c和面板厚度 t_f。其他参数如 L 和 t_c 在早些给出的例子中也会影响应力分布,但是其主要的影响,对夹层板上的全弯曲和剪应力的影响可由经典夹层梁理论来描述。

为分析弹性模量比 E_f/E_c 和面板厚度 t_f 对层间的应力分量的影响,可以用简单参数分析得到结果。如图 8.1 所示同样的问题(夹层梁的三点弯曲),这次只考虑加载面和局部弯曲效应。假定基本的几何和材料参数(由此确定所有的变量)与之前章节已引用的一致。

改变弹性模量比 E_f/E_c 来研究此问题,图 8.6 为三个不同的弹性模量比 E_f/E_c情况下的层间横向正应力 σ_{int} 的分布。E_c 固定为 $E_c = 0.1\,\text{GPa}$,面板厚度 t_f 固定为$t_f = 4.0\,\text{mm}$。从图 8.6 可以看出在 $x=0$ 处,弹性模量比 E_f/E_c 越小,应力 σ_{int} 的峰值越大。随着弹性模量比 E_f/E_c 的增大,弹性响应的小波也增加,这与式(8.6)非常吻合,在式(8.6)中波长 λ 可用弹性模量比 E_f/E_c 和面板厚度 t_f 表示。

图 8.7 为三个不同弹性模量比 E_f/E_c 下的由局部弯曲引起的层间剪应力分量τ_{int} 的纵向分布。由图 8.7 中三个不同的弹性模量比 E_f/E_c 的结果可知,随着 E_f/E_c的增大,τ_{int} 的峰值急剧减小,并且,剪切响应的波长随 E_f/E_c 的增大而增大。

讨论完弹性模量比 E_f/E_c 变化的影响后,下面讨论加载面的面板厚度变化的影响。图 8.8 为层间横向正应力 σ_{int} 在三个不同加载面厚度($t_f = 1.0$、4.0 和$16.0\,\text{mm}$)的纵向分布图,图 8.9 为同样情况下的剪应力 τ_{int} 分布。图 8.8 和图 8.9的结果为弹性模量比 $E_f/E_c = 150.0(E_c = 0.1\,\text{GPa})$ 时计算得到的结果。

图 8.8 和图 8.9 的变化趋势与图 8.6 和图 8.7 中相似(通过改变模量比得到的结果)。因此,可以认为 σ_{int} 和 τ_{int} 的峰值都随着加载面厚度 t_f 的增大而急剧减小,并且,与之前预测的一样,弹性响应函数的波长随 t_f 的增大而变大。

图 8.6~图 8.9 表明局部弯曲效应受弹性模量比 E_f/E_c 和加载面厚度 t_f 的影响很大。结果显示,层间应力分布表明局部弯曲现象仅仅是一局部现象,通过绘出 σ_{int}和 τ_{int} 峰值和最大的弯曲应力 σ_f 随 E_f/E_c 和 t_f 的变化曲线可以提取一些重要的结果。

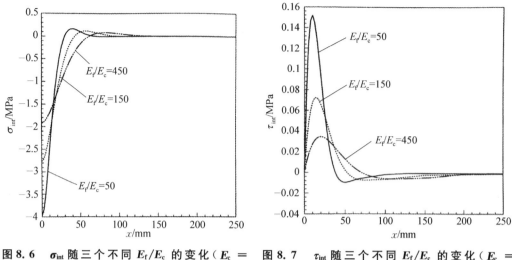

图 8.6 σ_{int} 随三个不同 $E_{\text{f}}/E_{\text{c}}$ 的变化（$E_{\text{c}}=$ 0.1 GPa，$t_{\text{f}}=4.0$ mm）

图 8.7 τ_{int} 随三个不同 $E_{\text{f}}/E_{\text{c}}$ 的变化（$E_{\text{c}}=$ 0.1 GPa，$t_{\text{f}}=4.0$ mm）

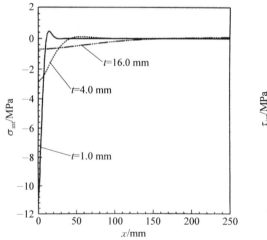
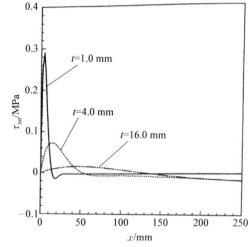

图 8.8 三个不同的 t_{f} 下的 σ_{int}（$E_{\text{f}}/E_{\text{c}}=150.0$，$E_{\text{c}}=0.1$ GPa）

图 8.9 三个不同的 t_{f} 下的 τ_{int}（$E_{\text{f}}/E_{\text{c}}=150.0$，$E_{\text{c}}=0.1$ GPa）

在由弹性模量比和加载面厚度决定得到应力峰值图表（设计图表）的辅助下，基于经典夹层理论（解析解或有限元计算结果），在考虑局部弯曲（压痕）的情况下通过很小的计算量，就可以修正工程设计的计算结果。

8.3 设计图解法

以上几种类型的设计图解法可用于评估由局部弯曲引起的剧烈的应力集中，可解决以下几个问题：

（1）对于给定面板以及给定面板和夹芯的强度和厚度的夹芯材料所组成的夹层结构，可以施加多大的外载荷？

（2）对于给定面板以及给定强度的夹芯材料的夹层结构，多大的厚度可以防止加载面或芯材的失效？

（3）给定面板以及给定厚度和强度的夹芯材料组成的夹层结构，另外给定外加载荷，面外载荷施加在多大的面积上可防止最大应力超过芯材和面板的最大许用应力？

下面将分三种加载情况来分别设计相应的图：

8.3.1　集中载荷：P_0；

8.3.2　均布载荷：p_0；

8.3.3　弯矩载荷：M_0。

对于应力峰值已知的这三种情形，所有分析假定载荷对称加载在 $x = 0$ 处，加载面从每侧 $x = 0$ 延伸到无穷远处。因此，假定解（即峰值应力）不受任何边界面或其他局部载荷的影响。

8.3.1　单位集中载荷 P_0

最简单的局部弯曲如图 8.10 所示，一个面受一单位集中载荷 $P_0 = 1.0\,\mathrm{N/mm}$（每单位宽度）。

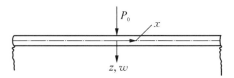

由不同的弹性模量比 E_f/E_c 和加载面板厚度 t_f 组合计算可得到，局部横向层间正应力 σ_{int}（压缩）峰值和剪应力 τ_{int} 峰值以及最大纵向弯曲应力 σ_f（绝对值），所得结果如图8.11、图8.12 和图8.13 所示。

图 8.10　夹层梁的弹性支撑面（延伸到 $x = 0$ 的两侧无穷远）受集中载荷 P_0

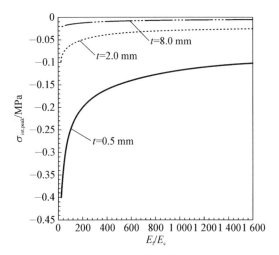

图 8.11　$\sigma_{\mathrm{int,\,peak}}$（压缩）随弹性模量比 E_f/E_c 和面板厚度 t_f 的变化

图 8.11 为层间横向正应力 σ_{int}（在 $x=0$ 处为压应力）与弹性模量比 E_f/E_c 间的函数关系，三条不同的曲线为三个不同的面板厚度（$t_f = 0.5$、2.0 和 8.0 mm）的结果，从图 8.11 可以看出，正如前面章节的初始结果一样，$\sigma_{int,\,peak}$ 严格依赖于 E_f/E_c 和 t_f。图 8.11 中的一个明显特点是，对于小的 E_f/E_c 和 t_f 的值，$\sigma_{int,\,peak}$ 会有很大的结果，尽管如此，需注意，当 E_f/E_c 和 t_f 同时很小时（与小波变形一致），由基本弹性方法得到的结果很不完善。

图 8.12 为由局部弯曲引起的层间剪应力 $\tau_{int,\,peak}$ 与弹性模量比 E_f/E_c 和面厚度 t_f 间的函数关系。层间剪应力的峰值出现在加载点 $x=0$ 附近处的某个位置。

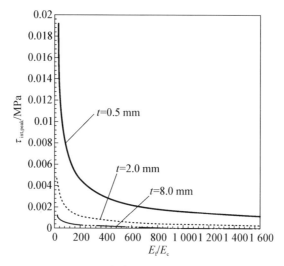

图 8.12 $\tau_{int,\,peak}$（局部弯曲）随弹性模量比 E_f/E_c 和面板厚度 t_f 的变化

正如图 8.7 和图 8.9 所示，从 $x=0$ 到剪应力峰值的距离依赖于 E_f/E_c 和 t_f。但是，这个距离通常不会太长，大小可用 $\lambda/8$ 来近似计算，其中 λ 为由式（8.6）定义的弹性响应波长。因此，$\tau_{int,\,peak}$ 在 $x \approx \lambda/8$ 处，其中

$$\frac{\lambda}{8} \approx 0.67 t_f \sqrt[3]{\frac{E_f}{E_c}} \tag{8.7}$$

图 8.12 的总体变化趋势与图 8.11 类似，$\tau_{int,\,peak}$ 严格依赖于 E_f/E_c 和 t_f，很小的 E_f/E_c 和 t_f 产生很大的 $\tau_{int,\,peak}$，$\tau_{int,\,peak}$ 随 E_f/E_c 和 t_f 的增大而急剧减小。当 E_f/E_c 和 t_f 趋于无穷时，$\tau_{int,\,peak}$ 趋于 0。

图 8.13 为最大纵向正应力 $\sigma_{f,\,max}$ 与 E_f/E_c 和 t_f 关系图，图中为绝对值，图 8.13 显示了在加载面由局部弯曲引起的在 $x=0$ 的外表面（$z=t_f/2$，$-t_f/2$）的纵向正应力。图 8.13 中的变化趋势与图 8.11 及图 8.12 中有些不同，$\sigma_{f,\,max}$ 的值随着 E_f/E_c

的增大而增大,当夹芯材料相比于面板材料越容易弯曲时,加载面产生的弯曲应力就越严重。这种现象归因于环境,夹芯材料相比于面板材料越容易弯曲,则由夹芯材料施加给面板的局部弯曲阻力越小。因此,随着夹芯模量值的减少,面板的局部弯曲将增大,从而造成局部弯曲应力的增大。

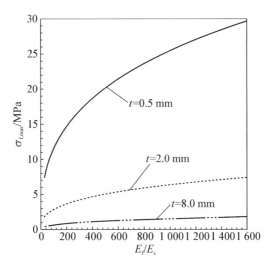

图 8.13 $\sigma_{f,\,max}$(在 $x = 0$ 的绝对值)与随弹性模量比 E_f/E_c 和 t_f 的关系

另一方面,考虑 t_f 变化的影响,$\sigma_{f,\,max}$ 随着 t_f 值的增大明显减小。这个结果与图 8.11 和图 8.12 类似,这很容易解释,因为面板弯曲刚度与 t_f 的立方成比例。

总结这部分需要强调的是,图 8.11~图 8.13 的曲线可以用作图解法,从图中看以看出,层间横向正应力和剪应力的峰值以及弯曲应力的峰值,可视为 E_f/E_c 和 t_f 的函数。这些值可以叠加到由经典夹层梁理论得到的相应的应力,也可得到由局部弯曲以及全弯全剪引起的剧烈的应力集中的估算值。在每个图中有三个不同的 t_f 的值,但是需要得到其他面板厚度的应力值时,可由图中的曲线线性插值(外插)得到近似结果。

8.3.2 均布载荷 p_0

这部分阐述夹层梁的弹性支撑面(两侧均无限长)受局部均布载荷 p_0 的结果,加载情况如图 8.14 所示。

分布载荷 p_0 的总载荷 P(单位宽度的力)等于单位载荷($P = 1.0 \text{ N/mm}$):

$$p_0 = \frac{1}{2\delta} \qquad (8.8)$$

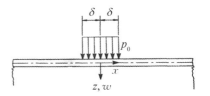

图 8.14 夹层梁的弹性支撑面($x = 0$ 两侧均无限长)受局部均布载荷作用

很明显,当总载荷分布在一很小的区域时,对于 δ 值很小时,与之前的集中载荷计算结果是一致的。所以,为了研究外载荷分布在不同区域时的影响,在参数研究时把 δ 当成一参数是非常必要的。因此,计算了不同的 E_f/E_c、t_f 和 δ 时的层间横向正应力 σ_{int}(压缩)和剪应力 τ_{int} 的峰值以及最大纵向正应力 σ_f(绝对值),结果如图 8.15~图 8.17 所示。

图 8.15 为在 $x = 0$ 处的 $\sigma_{int, peak}$(压缩)随弹性模量比 E_f/E_c、面板厚度 t_f($t_f = 0.5$,2.0,4.0 mm)和载荷分布参数 δ($\delta = 1.0$,4.0 mm)的函数曲线图。很明显, σ_{int} 的峰值严重依赖于 E_f/E_c 和 t_f,δ 也是一个很重要的参数。用由 $\delta = 1.0$ mm 得到的结果与由图 8.11 所示的集中载荷($t_f = 0.5$,2.0 mm)比较,可以看出把单位载荷分布在很小的区域,$2\delta = 2.0$ mm 区域内,$\sigma_{int, peak}$ 的值几乎相同,与图 8.11 的单位载荷的例子相比,$\sigma_{int, peak}$ 的值不会明显减少。

图 8.15 中,当 $\delta = 4.0$ mm 时,结果还是有些不同,对 $t_f = 0.5$ mm(非常薄的面板),$\sigma_{int, peak}$ 的值减小得很明显(尤其是在 E_f/E_c 的值很小时),但 t_f 值很大时就没有明显的影响。因此,可以认为在一些区域尤其是对非常薄的面外载荷分布的局部弯曲作用很重要,随着面厚度 t_f 的增大(比如说加载面的弯曲刚度增大),大区域面上的载荷分布作用逐渐消失。

图 8.16 为层间剪应力 $\tau_{int, peak}$ 与 E_f/E_c、t_f($t_f = 0.5$,2.0,4.0 mm)和 δ($\delta = 1.0$,4.0 mm)间的函数曲线图,其受载荷分布参数 δ 影响的变化趋势与图 8.15 中的趋势类似。因此,除了层间剪应力分布在离 $x = 0$ 一定距离的峰值外,由图 8.15 得到总体结果与图 8.16 非常吻合,实际距离由 E_f/E_c,t_f 和 δ 决定,在式(8.7)中仅仅给了一个较小值 δ 的估计值。

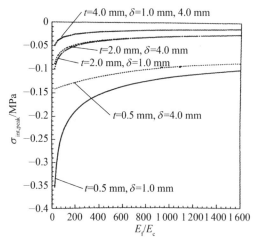

图 8.15　$\sigma_{int, peak}$ 随 E_f/E_c、t_f 和 δ 变化的曲线

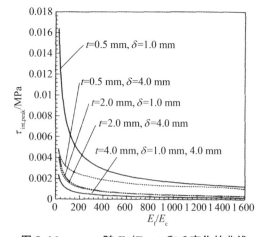

图 8.16　$\tau_{int, peak}$ 随 E_f/E_c、t_f 和 δ 变化的曲线

比较图 8.16 与单位集中载荷图 8.12,总体变化趋势非常匹配,就是说对于小的 E_f/E_c 和 t_f 值会得到非常大的 $\tau_{int,\,peak}$ 的值,随着 E_f/E_c 和 t_f 增大,$\tau_{int,\,peak}$ 迅速减小。

图 8.17 为最大纵向正应力 $\sigma_{f,\,max}$ 与 E_f/E_c、t_f 和 δ 的函数曲线,$\sigma_{f,\,max}$ 值为在 $x=0$ 面的外表面($z=t_f/2$,$-t_f/2$)上的局部弯曲应力的绝对值。由图 8.17 的结果可明显看出,在 $\sigma_{f,\,max}$ 随 E_f/E_c 增大而增大的总体结果与图 8.15 和图 8.16 的总体结果不同,夹芯材料与面板材料相比,更容易弯曲,加载面的局部弯曲也更剧烈。这种现象的解释在讨论图 8.13(对于集中载荷的 $\sigma_{f,\,max}$ 与 E_f/E_c 和 t_f 曲线)的结果时就给出了。

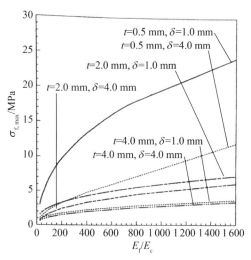

图 8.17 $\sigma_{f,\,max}$ 随 E_f/E_c、t_f 和 δ 变化的曲线

考虑到 t_f 变化的影响,发现当 t_f 增加时(或当面板弯曲刚度增加时)$\sigma_{f,\,max}$ 迅速减小,而且,这个结果与图 8.15 和 8.16 相似(与图 8.11~图 8.13 也相似)。

在图 8.17 中显示的参数研究的最后一个参数是载荷分布参数 δ 变化的影响,显示的总体结果与从图 8.15 和图 8.16 观察的结果相似。因此,外载荷在一定面积上的分布,对应力减少(与集中载荷相反),特别是对非常薄的面是最有作用的,而且这种影响将会随着面板厚度 t_f 的增加而趋于消失。

总结这部分内容,图 8.15 和图 8.16 显示的曲线可以当作图解的"设计图表",对给定的模量比 E_f/E_c、面板厚度 t_f 和载荷分布参数 δ,界面应力峰值和最大弯曲应力(所有本身弯曲产生的应力)可以在图表上找到。如果对图 8.15 和图 8.16 中未包含的 t_f 值需要关于应力的信息,通过线性插值(或外推)可得到相似的结果。

8.3.3 单位弯矩载荷 M_0

最后要分析的例子是一个受弹性支撑的夹层梁,在垂直中心轴的面上作用一个单位弯矩 M_0,如图 8.18 所示。

尽管如此,单位弯矩载荷例子非常简单,也非常重要,正如在很多现实中例子一样。很明显(连接紧固件和嵌件)集中弯矩随着其他载荷如集中载荷、分布载荷或轴向载荷作用而作用。

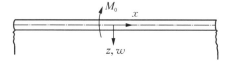

图 8.18 夹层梁的弹性支撑面($x=0$ 两侧延伸到无穷远)受单位弯矩载荷 M_0 作用

弯矩的参数研究也是改变弹性模量比 E_f/E_c 及面板厚度 t_f,结果如图 8.19 和

图 8.20 所示。图 8.19 为纵向正应力峰值 $\sigma_{f,\,max}$ 与 E_f/E_c 和 t_f 的关系图,图 8.20 为界面剪应力峰值 $\tau_{int,\,peak}$ 与 E_f/E_c 和 t_f 的关系图。

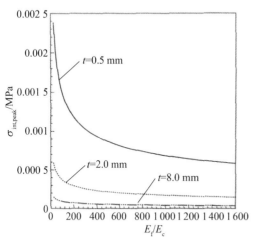
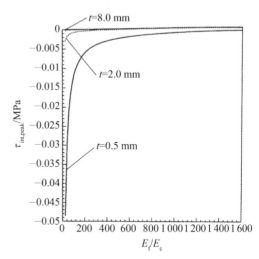

图 8.19 $\sigma_{int,\,peak}$(拉伸)与弹性模量比 E_f/E_c 和面厚度 t_f 的关系

图 8.20 $\tau_{int,\,peak}$ 与弹性模量比 E_f/E_c 和面厚度 t_f 的关系

最大纵向正应力 $\sigma_{f,\,max}$ 的峰值不是由参数研究得到,而由下面表达式得到确切值:

$$\sigma_{f,\,max} = abs\left(\frac{M_0 E_t t_f}{2D_f}\right) \tag{8.9}$$

将 D_f 的表达式代入式(8.9)得到

$$\sigma_{f,\,max} = abs\left(\frac{6M_0}{t_f^2}\right) \tag{8.10}$$

既然 M_0 是连续的($M_0 = 1.0\,\text{N} \cdot \text{mm/mm}$),可以推断 $\sigma_{f,\,max}$ 与 t_f 的平方成正比,所以对于 t_f 为常数的,$\sigma_{f,\,max}$ 的值也是常数。

由图 8.19 知,对于弯矩载荷的横向正应力的峰值 $\sigma_{int,\,peak}$ 不在 $x = 0$ 处,而在距离 $x = 0$ 一定距离处,由 E_f/E_c 及 t_f 决定,$\sigma_{int,\,peak}$ 出现的真实位置的距离可用 $\lambda/8$[式(8.7)]进行估计。界面应力 σ_{int} 将关于 $x = 0$(奇函数)斜对称分布,如图 8.18 所示,弯矩 M_0 为正的,σ_{int} 的正负与 x 的正负(正为拉,负为压)相同。

正如之前章节所预测的结果一样(见图 8.19),$\sigma_{int,\,peak}$ 严格依赖弹性模量比 E_f/E_c 和面板厚度 t_f 的值。变化趋势为:较小的 E_f/E_c 值可得到很大的 $\sigma_{int,\,peak}$ 值,对于 E_f/E_c 和 t_f 同时都很小时也一样(与小波变形一致)。需强调一点:对于 E_f/E_c 和 t_f 同时都很小时的 $\sigma_{int,\,peak}$ 真实值是不确定的,因为基本弹性方法不能描述小波变形的局部弯曲问题[13]。

图 8.19 的参数研究中，t_f 仅有 3 个值（$t_f = 0.5, 2.0, 8.0$ mm），但是，对于其他 t_f 对应的 $\sigma_{int, peak}$ 值可通过图 8.19 中的曲线的线性插值（或外插）得到很好的近似值。对集中弯矩载荷情况，界面剪应力 τ_{int} 的分布关于 $x = 0$ 对称（偶函数），τ_{int} 的峰值恰好就在 $x = 0$ 处（见图 8.18）。对于弯矩 M_0 为正，x 为任意值时，τ_{int} 都为负的。根据图 8.20 所列结果，界面剪应力 $\tau_{int, peak}$ 的峰值严格依赖弹性模量比 E_f/E_c 和面板厚度 t_f 的值，并且其变化趋势比图 8.19 中的 $\sigma_{int, peak}$ 更容易预测。

对于 t_f 值较大时（尤其对于 $t_f = 8.0$ mm），几乎没有局部界面剪应力，$\tau_{int, peak}$ 的峰值与 t_f 的平方成反比。正如预期的一样，随着 E_f/E_c 值的增大 $\tau_{int, peak}$ 明显减小，事实上当 E_f/E_c 无穷大时，$\tau_{int, peak}$ 的值趋于 0。因此，对于 E_f/E_c 值较大时，由局部弯曲引起的界面剪切应力 $\tau_{int, peak}$ 会消失。

总结集中弯矩载荷工况下的结果，需要重复说明的是，作为 E_f/E_c 和 t_f 的函数，在设计图表中仅需将界面横向正应力和剪应力表示出来即可。即是由局部弯曲产生的最大纵向正应力 $\sigma_{f, max}$ 与 E_f/E_c 无关，与弯矩 M_0 成正比，与 $(t_f)^2$ 成反比[式 (8.10)]。

对于确定的问题，对于特定的 E_f/E_c 和 t_f 的值，$\sigma_{int, peak}$ 和 $\tau_{int, peak}$ 的值可由图 8.19 和图 8.20 得到，对于设计图表中的其他三个 t_f 的值（$t_f = 0.5, 2.0, 8.0$ mm）的界面应力峰值，可由已确定的 t_f 的曲线进行内插或外插得到。为了清晰说明该问题，需要重复说明的是，在集中弯曲载荷工况下，合适的内插或外插可根据以下比例式进行：

$$\sigma_{int, peak} \propto t_f^{-1}, \qquad \tau_{int, peak} \propto t_f^{-2} \tag{8.11}$$

8.4　案例

为了说明所提到的近似方法的步骤，下面有两个夹层梁受集中侧向载荷作用的例子。从参考文献[1]中的夹层梁理论（是一种经过改进的夹层理论），或采用有限元分析可以组成全弯曲和剪切分析的基础。当只评估局部弯曲效应影响时，作为诱导应力（不管是局部还是整体）的主要考虑的应力值，只展示应力的计算，然而，受力面的位移可以遵循式(8.5)的第一式计算出来。

8.4.1　案例 1

第一个例子是夹层梁两端简支。整个夹层梁的长度是 $L_1 + L_2$，受力面板的厚度是 t_f，并且梁在点 $x = L_1$ 受到集中力 P 作用（x 轴的原点位于夹层梁的左端端点处），如图 8.21 所示，其中，集中力 P 假设是均匀分布于梁的宽度上。

几何尺寸、材料和外力数据如下：

几何尺寸：$L_1 = 250.0$ mm，$L_2 = 750.0$ mm，$t_f = 2.0$ mm，$t_c = 40.0$ mm，

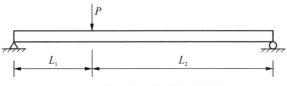

图 8.21   简支夹层梁受集中载荷 P

$b = 30.0\,\text{mm}$(梁宽)；

面板：$E_f = 10.0\,\text{GPa}$；

芯材：$E_c = 60.0\,\text{MPa}$，$v_c = 0.35$；

集中力：$P = 1\,500.0\,\text{N}$。

按如下两个步骤计算：①全部弯曲和剪切分析；②局部弯曲和剪切分析（基于设计图解法，单位集中载荷情况）。

1）全部弯曲和剪切分析

在这个例子中，因为只关心应力，因此在夹层梁中唯一需要的是对剪力 T 和弯矩 M 的分布表达式。从梁的理论中可得到以下的结果：

$$0 \leqslant x \leqslant L_1: Q(x) = -\frac{P^* L_2}{L_1 + L_2}, \quad M(x) = -\frac{P^* L_2}{L_1 + L_2}x^*$$

$$L_1 \leqslant x \leqslant L_1 + L_2: Q(x) = \frac{P^* L_1}{L_1 + L_2}, \quad M(x) = -\frac{P^* L_1(L_1 + L_2 - x)}{L_1 + L_2}$$

$$(8.12)$$

P^* 是整个单位宽度的外载荷；$P^* = P/b = 50.0\,\text{N/mm}$，弯矩在 $x = L_1$ 处达到最大值（就在集中力的下方），而剪力在梁的左端达到其最大值（$0 \leqslant x \leqslant L$，$T = $ 恒量）。

将 L_1，L_2，P^* 代入式(8.12)计算，得到 $M(x)$，$T(x)$ 的峰值

$$M_{\text{peak}} = -9\,375.0\,\text{Nmm/mm}, \quad T_{\text{peak}} = -37.5\,\text{N/mm}$$

弯曲应力峰值 σ_f（受力面的上面板处）和夹芯剪切应力的峰值 τ_c（等厚恒定）可以算得：

$$[\sigma_{f,\,\text{overall}}]_{\text{peak}} \approx -116.9\,\text{MPa}, \quad [\tau_{c,\,\text{overall}}]_{\text{peak}} \approx -0.9\,\text{MPa}$$

2）局部弯曲分析

首先要考虑，忽略夹层梁自由边界干涉产生的局部弯曲效应之后，使用该方法不会产生重大错误。要做到这一点，通过式(8.6)先计算退化区域长度 x^*：

$$x^* \approx 2.66 t_f \sqrt[3]{\frac{E_f}{E_c}} \approx 29.3\,\text{mm}$$

因为 $x^* \ll L_1$ 和 L_2, 所以没有产生干涉的问题, 例如, 局部结果和整体结果的重叠将会给出足够精确的结果。该梁的 $E_f/E_c = 166.67$, $t_f = 2.0 \text{ mm}$, 界面应力分量峰值为($\sigma_{\text{int, peak}}$, $\tau_{\text{int, peak}}$), 由局部弯曲引起的最大弯曲应力($\sigma_{\text{f, max}}$)可以从图形设计图 8.11~图 8.13 得到

$$[\sigma_{\text{int, local}}]_{\text{peak}} \approx P^* (-0.05 \text{ MPa}) = -2.50 \text{ MPa}$$

$$[\tau_{\text{int, local}}]_{\text{peak}} \approx P^* (0.001\,3 \text{ MPa}) = 0.07 \text{ MPa}$$

$$[\sigma_{\text{f, local}}]_{\text{peak}} \approx P^* (3.5 \text{ MPa}) = 175.0 \text{ MPa}$$

所以估计夹层梁应力严重性的各种信息已经齐全了, 并且整体和局部弯曲、剪切引起的应力峰值都可以从式(8.5)找到

$$[\sigma_{\text{int, total}}]_{\text{peak}} = [\sigma_{\text{int, local}}]_{\text{peak}} \approx -2.50 \text{ MPa}$$

$$[\tau_{\text{int, total}}]_{\text{peak}} = [\tau_{\text{c, overall}}]_{\text{peak}} + [\tau_{\text{int, local}}]_{\text{peak}} \approx -0.9 - 0.07 \approx -1.0 \text{ MPa}$$

$$[\sigma_{\text{f, total}}]_{\text{peak}} = [\sigma_{\text{f, overall}}]_{\text{peak}} + [\sigma_{\text{f, local}}]_{\text{peak}} \approx -116.9 - 175.0 \approx -292.0 \text{ MPa}$$

局部分布的界面剪应力项上的负号是因为在集中力施加的左手边取负号(局部剪切应力是关于 $x = 0$ 斜对称的)。界面剪应力的峰值在左手边($0 \leqslant x \leqslant L_1$), 靠近力施加的地方。而出现界面剪应力峰值的地方离力施加地方的距离可以估计为 $\lambda/8 \approx 7.3 \text{ mm}$ [见式(8.7)], 局部项的负号是因为该应力在面的上面板, 此时的应力为压应力。实际上, 下面板的应力是拉应力, $[\sigma_{\text{f, total}}]_{\text{peak, lowerface}} \approx 68.8 \text{ MPa}$。

从经典夹层梁理论得出的峰值应力与局部和整体结果重叠得出的峰值应力比较可以看出: 局部弯曲应力能够引起严重的应力集中。特别是在加载面板上, 峰值应力能够增加到 2.5 倍。而在这个例子中, 界面剪应力增加不是很大, 大约只有 1/10, 这是因为该案例中的 E_f/E_c 和 t_f 值, 保证界面剪切应力不是足够大。最后要考虑的是界面上的横向正应力的峰值, 可以发现, 其作用不能忽略, 因为根据经典夹层理论, 其值是芯材剪应力 τ_c 的 1.5 倍。

从上述结果可以看出, 局部弯曲效应对实际应力状态有很大的影响, 如果现实中的夹层梁受到像案例中所受的集中力作用, 那么毫无疑问将产生结构失效。

8.4.2 案例 2

第二个案例的支持方式与案例 1 相同, 都是简支, 只是外载作用在夹层梁的一部分面积上, 如图 8.22 所示(总载分布在 $2\delta b$ 的区域上)。其中 $\delta = 4.0 \text{ mm}$, 几何尺寸、材料和载荷情况都与案例 1 相同。

载荷密度为

$$p = \frac{P}{2\delta} = \{P = 1\,500.0 \text{ N}\} = \frac{1\,500}{24.0} = 187.5 \text{ N/mm} \tag{8.13}$$

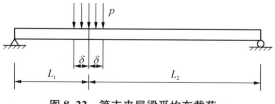

图 8.22 简支夹层梁受均布载荷 p

1) 整体弯曲和剪切分析

首先,剪力 T 和弯矩 M 的分布情况如下所示(设 x 轴原点在梁的左端):

$$0 \leqslant x \leqslant L_1 - \delta: T(x) = -\frac{P^* L_2}{L_1 + L_2}, \quad M(x) = -\frac{P^* L_2}{L_1 + L_2} x$$

$$L_1 - \delta \leqslant x \leqslant L_1 + \delta: T(x) = -\frac{P^* L_2}{L_1 + L_2} + \frac{P^*}{2\delta}[x - (L_1 - \delta)]$$

$$M(x) = -\frac{P^* L_2}{L_1 + L_2} x + \frac{P^*}{4\delta}[x - (L_1 - \delta)]^2 \tag{8.14}$$

$$L_1 + \delta \leqslant x \leqslant L_1 + L_2: T(x) = \frac{P^* L_1}{L_1 + L_2}, \quad M(x) = -\frac{P^* L_1 [x - (L_1 + L_2)]}{L_1 + L_2}$$

式中: P^* 代表单位宽度的外载; $P^* = P/b = 50.0 \text{ N/mm}$。当 $T(x) = 0$ 时,$M(x)$ 达到峰值,可以从式(8.14)中推出来:

$$M_{\text{peak}} = -\frac{P^* L_1 L_2}{(L_1 + L_2)^2}(L_1 + L_2 - \delta); \quad x = \frac{L_1^2 + L_1 L_2 - \delta(L_1 - L_2)}{L_1 + L_2} \tag{8.15}$$

而剪力 $T(x)$ 在梁的左端达到其最大值($0 \leqslant x \leqslant L$, $T = $ 恒量)。将 L_1, L_2, P^* 代入式(8.14)、(8.15)计算,得到 $M(x)$, $T(x)$ 的峰值:

$$M_{\text{peak}} = -9\,337.5 \text{ MPa}; \quad x = 252.0 \text{ mm}$$

$$T_{\text{peak}} = -37.5 \text{ mm}, 0 \leqslant x \leqslant L_1$$

弯曲应力峰值 σ_f(受力面的上面板)和夹芯剪应力的峰值 τ_c 可以算得:

$$[\sigma_{\text{f, overall}}]_{\text{peak}} \approx -116.4 \text{ mm}, \quad [\tau_{\text{c, overall}}]_{\text{peak}} \approx -0.9 \text{ mm}$$

2) 局部弯曲分析

首先要考虑,忽略夹层梁自由边界干涉产生的局部弯曲效应之后,使用该方法不会产生重大错误。由于该夹层梁与案例 1 相同,所以不会出现干扰情况。

该梁的 $E_f/E_c = 166.67$, $t_f = 2.0 \text{ mm}$, $\delta = 4.0 \text{ mm}$, 界面应力分量峰值和最大弯曲应力可以从图形设计图 8.15~图 8.17 得到:

$$[\sigma_{\text{int, local}}]_{\text{peak}} \approx P^* (-0.05 \text{ MPa}) = -2.50 \text{ MPa}$$

$$[\tau_{\text{int, local}}]_{\text{peak}} \approx P^* (0.001\,2 \text{ MPa}) = 0.06 \text{ MPa}$$

$$[\sigma_{\text{f, local}}]_{\text{peak}} \approx P^* (2.1 \text{ MPa}) = 105.0 \text{ MPa}$$

所以,估计夹层梁应力严重性的各种信息已经齐全了,并且夹层梁的应力峰值都可以从公式(8.5)找到:

$$[\sigma_{\text{int, total}}]_{\text{peak}} = [\sigma_{\text{int, local}}]_{\text{peak}} \approx -2.50 \text{ MPa}$$

$$[\tau_{\text{int, total}}]_{\text{peak}} = [\tau_{\text{c, overall}}]_{\text{peak}} + [\tau_{\text{int, local}}]_{\text{peak}} \approx -0.9 - 0.06 \approx -1.0 \text{ MPa}$$

$$[\sigma_{\text{f, total}}]_{\text{peak}} = [\sigma_{\text{f, overall}}]_{\text{peak}} + [\sigma_{\text{f, local}}]_{\text{peak}} \approx -116.4 - 105.0 \approx -221.4 \text{ MPa}$$

局部分布的界面剪应力项上加负号的原因与案例 1 相同。比较两个峰值应力,得出的峰值应力与局部和整体结果重叠得出的峰值应力比较可以看出:在本案例中,局部弯曲应力能够引起严重的应力集中。

回到案例 1,将总力 P 的分布扩展到 $2\delta = 8.0 \text{ mm}$ 的加载面上,加载表面的峰值应力减少了近 25%,变化范围为 $-291.1 \sim -221.4 \text{ MPa}$。与界面应力分量相比,从两个案例可以看出,将载荷 P 分布到 $2\delta = 8.0 \text{ mm}$ 并没有使应力大幅度下降。

8.5 总结

介绍了一种近似分析方法,该方法分析作用于夹层梁上的强面外载荷附近区域的局部应力场和变形场。所列公式均基于一种假设,该假设认为加载面板和另一个面板之间的挠度可以通过弹性基本模型来模型化。因此,假设夹层梁的面板和芯材均为线性弹性的。

求解步骤的原理非常简单:通过弹性基本模型得到的局部应力场和位移场可以叠加得到全局应力场和位移场,这一过程用到经典夹层梁理论和近似完整解法,该方法包括全弯曲和剪切效应(经典夹层梁理论或叫做 FEM 解法)以及局部弯曲效应。

讨论了典型的夹层梁问题的解决方法,并分析了三种重要的加载情况:①集中载荷;②均布载荷;③中心弯矩载荷。三种加载情况的结果在图解表中可以得到,包括对于特定的弹性模量比 E_f/E_c、面板厚度 t_f 和外载荷的界面(加载面板和芯材之间的界面)的横向正应力和剪应力的峰值以及加载面内的弯曲应力的峰值。

尽管仅有三种加载情况,但是如果局部弯曲的解法也适合其他加载情况,那么基于经典 Winker 的基础模型的初始解(除了小波变形外均可适用)可以在 Hetenyi[14] 和 Roark & Young[16] 的参考文献中找到。

该近似求解方法仅严格适用于夹层梁和圆柱弯曲中的夹层平面。虽然,一般的平面分析不能用该方法直接求到,但采用基于二元弹性基础应用解法的延伸方法,一般的夹层梁问题的解在不久的将来可以得到解决。

致谢

感谢 Danish Technical Research Council(STVF)对本章节所做的"Programme of Research on Computer Aided Engineering Design"工作中给予的财务支持。

参考文献

[1] Allen H G. Analysis and Design of Structural Sandwich Panels [M]. Pergamon Press, Oxford，1969.

[2] Plantema F J. Sandwich Construction [M]. John Wiley & Sons, New York, 1966.

[3] Stamm K, White H. Sandwichkonstruktion(in German) [M]. Springer-Verlag, Wien, Austria,1974.

[4] Meissman-Berman D, Petrie G L, Wang M-H. Flexural Response of Form-Cored Sandwich Penals [M]. The Society of Naval Architects and Marine Engineers (SNAME), Noverber 1988.

[5] Meyer-Piening H－R. Remarks on Higher Order Sandwich Stress and Deflection Analyses [C]. Sandwich Construction 1(Eds K.－A. Olsson and R. P. Reichard), First International Conference on Sandwich Construction, Stockholm, Sweden, 19－21 June, 1989,107－127.

[6] Frostig Y, Baruch M, Vilnay O, et al. Bending of Nonsymmetric Sandwich Beams with Transversely Flexible Core [J]. ASCE Journal of Engineering Mechanics, 1991,117(9): 1931－1952.

[7] Ericsson A, Sankar A V. Contact Stiffness of Sandwich Plates and Applications to Impact Problems [C]. Sandwich Construction 2 (Eds. K.－A. Olssen and D. Weissman-Berman), Second International Conference on Sandwich Construction, Geinsville, U. S. A. , 9－12 March, 1992.

[8] Thomsen O T. Flexural Response of Sandwich Panels Subjected to Concentrated Loads [R]. Special Report No. 7, Institute of Mechanical Engineering, Aalborg University, Denmark, May 1991.

[9] Thomsen O T. Analysis of Local Bending Effects in Sandwich Panels Subjected Concentrated Loads [C]. Sandwich Construction 2 (Eds. K.－A. Olssen and D. Weissman-Berman), Second International Conference on Sandwich Construction, Geinsville, U. S. A. , 9－12 March, 1992.

[10] Thomsen O T. Further Remarks on Local Bending Analysis Using a Two-Patameter Elastic Foundation Model [R]. Report No. 40, Institute of Mechanical Engineering, Aalborg University, Denmark, March 1992.

[11] Allison I M. Localised Loading of Sandwich Beams [C]. Proceedings of the 9th International Conference on Experimental Mechanics, Copenhagen. Denmark, 20－24 August, 1990, 1604－1609.

[12] Thomsen O T. Photoelastic Investigation of Local Bending Effects in Sandwich Beams [R]. Report No. 41, Institute of Mechanical Engineering, Aalborg University, Denmark,

March 1992.

[13] An Intruduction to Sandwich Construction [M]. Section Ⅱ-Localised Loads(Edited by Dr. Dan Zenkert),Department of Aeronaustics Kungliga Teknika Hogskolan Paper 92 - 5, 1992.

[14] Hetenyi M. Beams on elastic Foundations [M]. The University of Michigan Press, Ann Arbor, Michigan, 1946.

[15] Kerr A D. Elastic and Viscoelastic Foundation Models [J]. Journal of Applied Mechanics, 1964,31(3):491 - 498.

[16] Roark R J, Young W C. Formulas for Stress and Strain [M]. Fifth Edition, McGraw-Hill Book Company, 1976.

9 夹层板的嵌入件[①]

本章主要概述不同的嵌入件类型和嵌入概念,同时概述了嵌入件与夹层板零件间的承载方式。并使用有限元方法详细阐明该理论的应用方法及嵌入件附近的应力状态。本章最后列举了一系列相关文献资料和试验报告。

由于不同的物理单元其特性不同,由嵌入引起的应力应变状态的变化也随着具体情况的不同而显著地改变。

在大多数情况下必须选用的方法进行计算。

本章并不介绍很多随时都可使用的公式或经验法则,相反,通过阐明嵌入件的结构设计准则,以达到简化计算的目的。综上,对载荷传递的透彻理解是十分必要的。当夹层板具有很大重量时,需要设计很好的载荷施加形式。比照铁板,在进行焊接处理后,铁板通常更容易屈服,因此夹层板不允许破坏基本结构的完整性。

9.1 嵌入的目的

通常,作用于板结构的载荷和响应会施加在板的边界或表面的某个位置。大多数情况下,当边界支持时,载荷会作用于表面。而无论何种情况,任何直接作用于夹层板表面上的局部载荷都会引起变形,这些变形不同于钢或铝板。

嵌入会引起夹层板局部强度和刚度的变化。嵌入的目的是用一种合适的方法来分散局部集中载荷。

夹层板本质上是不适合承受局部载荷的。原因很简单,夹层板的夹芯没有足够的刚度来有效地分散局部载荷。因此,理想化的夹层板设计应该避免嵌入。然而实际上这是不可能的,所以选择一种合适的嵌入形式是非常重要的。本章将对圆形嵌入形式做重点研究。以上所定义的其他形式的嵌入也会在之后的段落中提及。

---

① 本章缺参考文献[1]~[9]的引用标志,原书亦无。——编注

9.1.1 影响区域

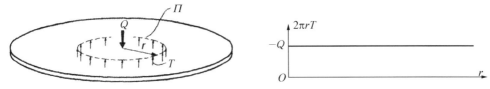

图 9.1　在集中载荷周围定义了一个闭合(圆形)路径区域的平衡图

注：此时，Q(N)为集中载荷，T(N/m)为任意作用于路径 Π 上一点对应的垂应力。

首先考虑平板表面受集中载荷作用的情况。在载荷周围任何闭合区域必须满足平衡条件(假设为静力状态下)。闭合路径表示为 Π，集中载荷在本例中为横向载荷 Q，如图 9.1 所示。这表示如果沿曲线对载荷 T 积分，其结果一定是 $-Q$。

特别在给定半径为 r 的圆形路径时，求解更加容易。

随着 r 的增加，Π 的长度会增加，相应的 T 的数值会减小。当板上有一个集中力或集中力矩时，其关系如图 9.2 所示。

图 9.2　盘上的集中载荷和力矩

集中力 Q：$T \approx \dfrac{1}{r}$(总剪应力分量 T 正比于 $\dfrac{1}{r}$)

$$T \approx \frac{1}{r^2}(总剪应力分量 T 正比于 1/r^2)$$

$\dfrac{1}{r}$ 和 $\dfrac{1}{r^2}$ 表明影响比较大的区域是非常小的，计算模型并不需要考虑整个面板。

以上的结论只适用于薄板。然而对于夹层板，其厚度相对于它的长度和宽度并不是很薄，所以较大的力矩会以面板拉伸或压缩的形式传递，尤其是对于半径 r 比较小的夹层板更是如此(直到半径相对于厚度足够大)。如图 9.3 所示。

必须预先估计需要计算的区域。对于夹层板，T 本身也会分布在表面和夹芯之间。而这些分布如前面暗示的那样，依赖于其实际的一些参数(如几何形状、材料和载荷)。

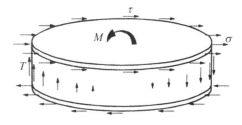

图 9.3　夹层板上主要传递弯矩的反作用力

注：面内应力 σ 和 τ 主要通过面板传递，而在小半径上 T 为上下面板和夹芯合力组成。

9.2 包含的元件

除了基本的结构单元,夹层板还包括
两个重要的单元:嵌入件和一些固定单元(胶或灌注胶),在适当的位置用来固定嵌入件。下面将详细介绍嵌入件、夹层板和固定组分。

9.2.1 不同嵌入形式

如图 9.4 所示,可以分 4 类不同的嵌入形式。

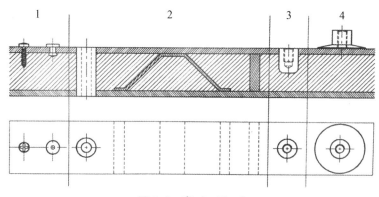

图 9.4　嵌 入 形 式

不同嵌入形式的横截面如图 9.4 所示,分类如下:①螺钉或铆钉自行嵌入,影响一侧面板;②嵌入贯穿板厚(圆柱的、面板连接和隔板),影响上下面板和中心区域;③部分嵌入形式,直接影响一侧面板和中心;④圆柱喇叭口型(大礼帽)和一个面板粘接在一起。

分类 1~4 也许不能精确地概括所有嵌入形式,因为其同样适用于载荷施加在平板表面的情况。

(1)自行嵌入的铆钉或螺钉,属于低质量的嵌入形式。这种形式可以应用于将小型设备固定于平板上的一点,且平板上不承受任何大载荷。

(2)嵌入贯穿板厚,这种形式可以直接传递剪应力到中心且将力矩和板内应力传递到板的表面。这种形式可以应用于当夹层板承受比较大载荷的情况。

(3)部分嵌入形式是直接连接到板表面和中心的一种形式。其应用于不希望贯穿全部板厚的情况(在船舶制造时,需要至少保留一个面板不被破坏)。其与木螺钉和铆钉类似,应避免传递弯矩或承受比较大的板内剪切应力。

(4)胶连形式的圆柱体依赖于其结合处传递的应力和力矩的大小。因此,对于传递板内载荷,与部分嵌入一样,是非破损安全的。但对于承受较大的均匀剪切应力时由于其不影响夹层区域,作用比较明显。

本章主要参考金属板研究不同的圆柱形嵌入。因为弹性嵌入件的模量要比夹层材料大且远远大于玻璃钢板,所以计算时通常假设嵌入件为无限刚度的且有非常高的精度。

9.2.2　夹层板

理论上,组成夹层板的两个面板弯曲刚度相对于整个夹层板弯曲刚度是可以忽略不计的;但由于其较大的拉伸刚度,部分由夹芯承受,而夹芯的拉伸刚度较小,剪切刚度较大,故不能忽略。

夹层板承受载荷形式如下:

(1) 板内载荷(载荷直接作用于板的表面或者力偶形式的力矩)由面板承受。

(2) 垂向载荷由中心区域承受。

理想状态下和实际情况下的载荷分布如图 9.5 所示。

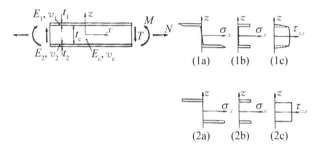

图 9.5　夹层板的参数和载荷

图 9.5(1a),(1b),(1c)所示分别为实际情况下的载荷应力系数 M, N, T;(2a),(2b),(2c)所示分别为简化后的载荷应力系数 M, N, T。

这表明夹层板上某一区域在没有干扰的情况下,理想化的嵌入设计将会产生这样的分布。但由于薄板面板弯曲和剪切刚度不同,导致了理想状态与实际情况下的载荷应力的分布也不同。

假设面板为各向同性[假设板表面为各向同性似乎是不合理的,但实际上将一个集中载荷作用于一个严重各向异性的面板上(如玻璃钢)应该避免。通常,将面板用各个方向铺贴的纤维层进行加强替代,使其成为准各向同性],但实际上各方向的弯曲刚度 D_i 是不同的:

$$D_i = \frac{E_i t_i^3}{12(1 - v_i^2)}$$

式中:E_i 为 i 面板的杨氏模量;t_i 为 i 面板的厚度;v_i 为 i 面板的泊松比。

集中载荷附近区域的面板刚度是非常重要的,其可以传递剪切应力,也可以弯曲,甚至可以被中心所支撑。因此选择一个较厚的面板可以减少局部弯曲。

例子:一块金属钢面板(厚度为 1 mm,$E = 210.000$ MPa),另一块与其拉伸刚度和面积都相同的、厚度为金属面板 3 倍的铝板（厚度为 3 mm，$E = 70.000$ MPa），虽然对于夹层板，其整体上有相同的弯曲刚度，但铝板的弯曲刚度是铁板的 9 倍，所以铝板的局部压缩/拉伸应力会显著减小。

夹层部分可以是典型的正交各向异性蜂窝结构材料，也可以是宏观各向同性的泡沫材料。如图 9.6 所示。

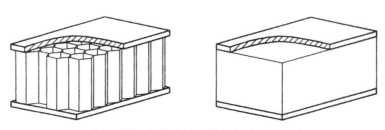

图 9.6　夹层板切去部分左边为蜂窝夹层，右边为泡沫夹层

蜂窝夹芯不能够传递板内应力，将其展开或折叠，其外观有点像手风琴的风箱。因此，正如对于夹芯部分垂向可压缩性的反平面假设所述（反平面假设：夹芯部分不能承受板内应力，这表明如果选择柱坐标系，横向应力方向为 z 轴，则应力 σ_r、σ_φ 和 $\tau_{r\varphi}$ 的值都为 0），不同夹层单元的平衡关系表明，板面外剪切应力必须沿夹芯高度为常值。因此，蜂窝结构能够很好地近似为理想化剪力分布。

如果由于嵌入的选择不当（一个面板制造不合格或受冲击）造成了夹芯部分和面板的脱粘，在脱粘的交界处剪应力的值为 0。而因为剪应力在夹芯的反平面上是沿高度均匀分布的，夹芯部分的剪应力恒等于 0，夹层板局部退化成两个独立的面板。

9.2.3　固定组分

嵌入件由固定组分固定于某处。通常固定组分被认为是各向同性的，可以是灌注混合物，也可以是黏合剂。固定组分的刚度通常约为夹层材料的 10 倍。因此相对于嵌入边界，其刚度可以认为是无穷大，也就是说可以把它看成是嵌入件的一部分。不同嵌入/面板交界，假设也不同，这依赖于具体的条件，9.3.1 节将会对此详细介绍。

9.3　元件间的载荷传递

如上所述，嵌入件的特性与夹层板各部分是密切联系的。因此，需要对交界处载荷承载方式进行研究。这将揭示对于不同的嵌入件，何种应力在计算时需要考虑进去（如有限元计算）。通过本节的研究，对于任何结构单元或混合单元的组合，需牢记一条基本原则：

组合结构的刚度等于其中任一个部分的刚度，其将限制另一部分的自由变形（例如：边界条件相同的两块夹层板，一块为组合松散的夹层板，组分另一块为完好的夹层板,在承受相同横向载荷的情况下,前者的变形要远大于后者)。

增加的刚度,一般通过应力集中或其他的形式进行补偿。

9.3.1 面板/嵌入界面

嵌入边界处的交界单元如图 9.7 所示。根据一般板理论,通常合力 $N_{r\varphi}$, N_r, T_r 和合力矩 $M_{r\varphi}$, M_r 都同时作用于圆盘的各部分。但不同的嵌入形式选择决定着哪个部分是主要的。

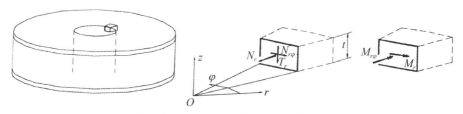

图 9.7　面板/嵌入交界上不同单元以及横向作用力和力矩

注:单元的高度等于板表面厚度,宽度等于 $r\mathrm{d}\varphi$。

对于一些特殊的嵌入形式,交界位置的选择如图 9.8 所示。注意图中例子(b)和(c)界面带有喇叭形的边缘。

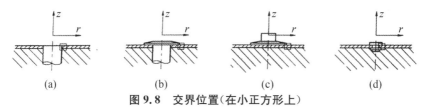

图 9.8　交界位置(在小正方形上)

(a) 简单的圆柱形嵌入　(b) 头部为喇叭形的圆柱形嵌入　(c) "大礼帽"　(d) 铆钉或自行嵌入的螺钉

例子(a):与嵌入件和面板相比,通常固定嵌入件的灌注混合物或黏合剂较弱和软。由于其面板的厚度较小,沿厚度的应力变化相对于交界处的刚度则变得无足轻重。因此,这些单元的力矩 $M_{r\varphi}$, M_r 对整体的刚度没有贡献。本例中,黏合层在面板和嵌入件之间作为铰链起到承担横向载荷的作用。然而,力矩会很容易地达到黏合剂的破坏极限,在面板/嵌入交界上产生圆形裂纹。这会进一步减小 N_r 的横向反应力。如果嵌入件承受板内应力或(在嵌入贯通板厚的情况下)力矩向量时,是满足设计需求的。

例子(b)和(c):喇叭形圆盘的作用不仅是增大半径(依赖于 $1/r$)提供更大的黏合面积,还有通过面板传递力矩和垂向载荷 T 的作用,因此增大了连接处的刚度,减小了夹层处发生应力集中的可能。同时,面板的弯矩也会对刚度有贡献,其将在面板上产生很大的弯曲应力(因为面板的变形通常大部分由夹芯控制)。最直接的解决方法就是增加表层的局部厚度和减少喇叭形盘面下面的黏合层刚度,以防力矩达到临界值。

例子(d):通常铆钉或螺钉是最经济便利的选择,因为嵌入件的半径是很小的,同时夹层处产生几何不连续性,铆钉或螺钉不能像嵌入件那样传递同样大小的载荷。总的来说,在这种情况下 T_r 是可靠的。铆钉或螺钉都会从下面将表层固定,但因为铆钉或螺钉通常都会用黏合层固定,只有压缩力 N_r 需要考虑。作用在单一螺钉上的力矩应该避免;相反一个力矩可以分布在很多螺钉上,其相互间的距离将产生更大的力臂。

9.3.2 夹层/嵌入的交界

在夹层处,通常用黏合剂或灌注混合物来固定嵌入件。从结构的角度上看,黏合剂的刚度大约为夹芯层 5~10 倍,所以可以把它看成是嵌入件的一部分。在正确胶接情况下,所有的应力如图 9.9 所示。

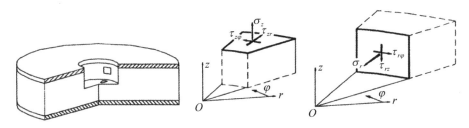

图 9.9 嵌入件与夹芯层之间的交界单元、嵌入件的底部(部分嵌入件)和侧面

夹芯处是最弱的部分,尤其是在有部分嵌入发生时,在夹芯处将发生应力集中产生裂纹。当夹芯为各向同性材料时,裂纹在与最大主应力垂直的方向扩展。当有螺钉和铆钉时,将作为特殊情况考虑。因为通常未用黏合剂将夹芯与螺钉或柳钉相黏合,所以其有可能在夹芯上产生严重的不连续。

9.4 被动嵌入

当嵌入件破坏板的基本结构时,即使没有载荷作用于嵌入体本身也会发生应力集中。这里提到的就是被动嵌入,这部分的要点将在之后说明。

9.4.1 面板开孔

本章提到的大多数嵌入形式都包括在面板开孔,这将产生板内应力集中。对于承受拉伸或压缩的各向同性表层,应力集中系数为 3。正如 9.3.1 中所提到的嵌入件和表层之间的黏合剂不是必须可靠的。所以通常不需要降低系数(需要注意对于各向异性的面板应力集中是不同的,此时黏合层有较大相对刚度和弯曲刚度)。

如果嵌入件具有一个喇叭形的末端与表层相黏合,有关应力集中系数将会减小。局部偏置的弯曲刚度将会导致在表层和嵌入件的喇叭状末端间产生较大的剥离应力,具体的大小取决于实际的参数。

9.4.2　嵌入件壁板受剪

在受剪时,夹层板的上下面板会在板内反向移动,这会产生与金属板相比很大的变形(忽略剪应多假设对夹层板无效)。这个板没有受干扰的部分将会从长方形变成菱形,如图 9.10 所示。

取决于嵌入件,面板的相对移动会限制在一定的程度内,板内全部的剪切刚度

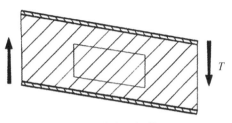

图 9.10　受剪夹层板菱形变形

嵌入加强。在图 9.11 中列举了一些不同的例子,其中,强烈的应力集中点在图中用圆圈表示。

|(a)|(b)|(c)|(d)|

图 9.11　在承受剪力板中发生的不同被动嵌入

(a)非常弱的嵌入或隔膜　(b)带有喇叭形末端的贯穿全部厚度的强嵌入　(c)贯穿板厚的简单圆柱形嵌入　(d)部分嵌入

非常弱的嵌入或隔膜将与面板成直角,变成弯曲的"S"型。这会使面板附近嵌入件产生严重的弯曲,并进而在面板/嵌入件的交界处产生很大的应力。贯穿整个厚度的强嵌入不会改变形状,而是会产生相对于面板的反对称位移。如果嵌入是简单的圆柱形,很快这个位移会在夹芯层以及夹芯层交界处的中心产生应力集中。使用带有喇叭形末端的嵌入会避免此类事情的发生。取而代之,表层会弯曲,在喇叭形末端和表层之间产生很大的剥离应力。部分嵌入在很大的剪切变形时应该避免,夹层处的应力集中极有可能产生夹层处的失效和夹芯层与嵌入件间的脱粘。

9.5　总结

基于上述情况,表9.1总结了各种嵌入件承受不同载荷的能力。假设嵌入件只承受载荷没有旋转发生(也就是在刚心处)。

表 9.1 内嵌件性能总结

	面外载荷	面内载荷	弯曲载荷	说明
部分嵌入	+	+	++	用于一个面板必须保证完整情况 避免弯曲载荷 不要用于面板承受大剪切载荷情况 小心芯材的应力集中
贯穿厚度	++	+++	++	用于承受大载荷情况 注意芯材以及芯材与面板界面的应力集中
铆钉/螺钉	+	+	+++	用于嵌入连接轻型设备 主要用于面板比较厚实情况 避免弯曲载荷以及横向面外载荷 注意芯材的应力集中,尤其是使用长螺钉的时候
端部翻边	+	++	+	用于增加刚度以及拉脱强度 小心面板的弯曲应力以及翻边下面的剥离应力

9.6 算例

本节将阐述不同的计算准则。使用有限元方法对四种嵌入进行研究。每种情况中横向载荷 Q 都将施加在夹层板的嵌入件上。

夹层板具有以下属性:

面板:铝($E_f = 70\,000$ MPa, $\nu_f = 0.30$),厚度 $t_f = 2$ mm;

夹芯层:Divincell H130 PVC 泡沫($E_c = 140$ MPa, $v_c = 0.32$),厚度 $t_c = 30$ mm。

首先必须预估模型的半径 r。本例中,假设重要的局部载荷作用在一个半径为 100 mm,高度为 3 倍夹芯的区域。

其次,必须确定结构的边界条件。在假设嵌入件刚度为无限大的情况下,通过对嵌入模型的支持,可以很容易地选择嵌入件处支持并在半径为 r 的边界施加等效载荷。这有两个好处:

(1) 不需要对嵌入实际建模,取而代之的,只需对夹层板和嵌入件间施加合适的约束即可。

（2）对假设半径 r 的某种支持边界条件的确定的问题可以回避掉。通过选择半径 r，假设在这一点上局部作用消失，垂向载荷沿夹芯层的高度均匀分布。这种情况下，意味着在夹芯层半径 r 上分布的剪应力 $\tau = -Q/(2\pi r t_c)$。当 $Q = 1\,000\,N$ 时 τ 就等于 $0.053\,1\,MPa$。图 9.12 阐述了关于模型半径和边界条件的选择。

图 9.12 中，图（a）为夹层板，两端简支，嵌入件承受垂向载荷。图（b）为切去其余部分，剩下半径 $r = 100\,mm$ 部分，剪切应力均匀分布在中心，嵌入件被支持。

注意到如图 9.12 中心所示的支持只是象征性的，实际的支持情况要由嵌入件的形状来决定。最后，因为模型和载荷是轴对称的，有限元模型本质上是平面的。这将有效地减少模型的复杂性和计算时间。

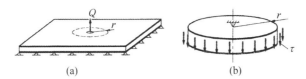

图 9.12 模型半径（a）和边界条件（b）的选择

首先，我们需要弄清楚在嵌入件/夹层板中主要承受拉脱载荷的部件。如图 9.13 所示，本节将考虑 4 种情况下的 3 种［未在图 9.13 中给出的第 4 种情况，是带有喇叭形边界贯穿整个厚度的嵌入。交界处基本的反作用力有点像例子（c）（贯穿板厚的简单圆柱形嵌入）］。

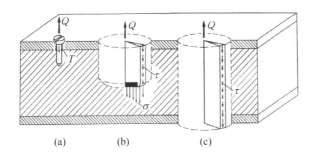

图 9.13 各种情况下主要的反作用力

（a）自行嵌入的铆钉或螺钉 （b）部分嵌入 （c）贯穿板厚的简单圆柱形嵌入

对承载能力初步估计：

例子（a）：

$$Q_{max} = \pi D \hat{T}$$

式中：D 为铆钉/螺钉的最小直径；$\hat{T}$ 为面板许用剪切力。

例子（b）：
$$Q_{\max} = \pi(r^2\,\hat{\sigma} + 2rh\,\hat{\tau})$$

式中：r 为嵌入直径；h 为嵌入高度；$\hat{\sigma}$ 为夹芯材料的许用拉伸强度；$\hat{\tau}$ 为夹芯材料的许用剪切强度。

例子（c）：
$$Q_{\max} = 2\pi rh\,\hat{\tau}$$

以上结论是假设表面的应力为均匀分布的，且不考虑应力集中的情况下得到的，所以非常粗略。因此计算得到的所能承受载荷值相对实际要小很多。

9.6.1 自行嵌入的螺钉或铆钉

图 9.14 为上表面带有铆钉的夹层板的实际几何参数（a）和模型（b）。载荷 τ 大小为 1 000 N，沿平板横向作用于嵌入件。

本例中假设铆钉或螺钉只传递横向载荷 T，等效的支持如图 9.14 所示（在上表面的内边界横向位移被限制）。同样，在中心线上径向的位移一定是零（图中未显示）。

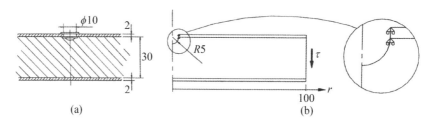

图 9.14　夹层板的几何参数（a）和模型（b）

剪切应力沿板的厚度的分布表示各部分承受的应力大小。这里选择了两个截面：一个是半径比表层/嵌入交界处大 5 mm 的位置，另一个是在半径 $r = 80$ mm 的位置。为了使对比简单，每个剪切应力 τ_{rz} 都乘以各自的半径。这种情况下，半径变成 10 mm 和 80 mm。图 9.15 为在有铆钉或螺钉的情况下，半径为 10 mm 和 80 mm 的剪切应力沿横向的分布图。

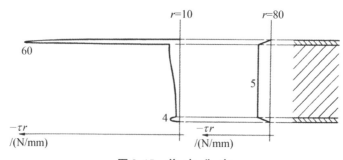

图 9.15　剪　力　分　布

最大的面板弯曲应力 σ_r 在 $r = 10\,\text{mm}$ 时为 $22\,\text{MPa}$，这么大的值并不令人吃惊，这是由于其半径很小。

对自行嵌入的螺钉所做的玻璃纤维面板拉伸试验，主要参数如图 9.16 所示。

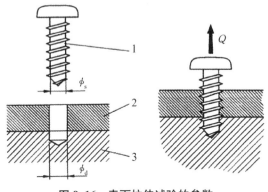

图 9.16 表面拉伸试验的参数

图 9.16 中部件为：①自行嵌入的螺钉，中心直径为 ϕ_s；②玻璃纤维增强塑料，预先用螺钉 ϕ_d 钻孔；③夹芯材料。

螺钉中心直径有 $2.0\,\text{mm}$、$3.0\,\text{mm}$ 和 $4.8\,\text{mm}$（见表 9.2）。表层包含 2~6 层混合材料（短玻璃系束＋编织物）800 T2/300，含有 60% 的玻璃纤维，手工铺层的质量。一层近似 $1.1\,\text{mm}$ 厚，全部的表层厚度大约为 2~7 mm。需要注意的是，在大多数情况下拉伸会产生表层和夹层交界间的局部脱粘或在表层产生局部分层。

表 9.2 对于不同螺钉嵌入件的拉伸力

拧入芯材直径 ϕ_s/mm	2.0	3.0	4.8
钻孔直径 ϕ_d/mm	2.3	3.5	4.8
拉脱力/kN， 两层面板	0.78	1.97	2.64
拉脱力/kN， 四层面板	1.19	2.99	4.89
拉脱力/kN， 六层面板	1.70	3.61	5.63

所需钻孔直径有微小变化是不重要的。

$$\phi_d = \phi_s(-0.2) - (+0.5)\,\text{mm}$$

为了便于装配，钻孔直径应该比螺钉的中心直径稍大一点。

9.6.2 部分嵌入

图 9.17 为贯穿上表面部分嵌入的实际几何参数(a)和模型(b)。开口区域界面处限制所有方向的位移。载荷 τ 大小为 $1\,000\,\text{N}$，沿平板横向作用于嵌入件。

因为嵌入件没有喇叭形的端面，没有面板弯矩 M_r 可以提供传递载荷，只有在面

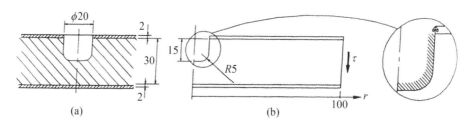

图 9.17　几何参数(a)和模型(b)

板和嵌入件交界处存在的载荷分量 T 和 N_r。这种情况下,可推导出在半径为 15 mm 和 80 mm 处剪力的分布,如图 9.18 所示。

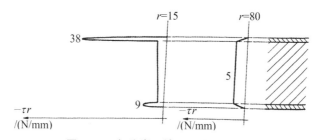

图 9.18　部分嵌入情况下的剪力分布

　　上表面弯曲应力 σ_r 在 $r = 15$ mm 时取得最大值为 12 MPa,横向拉伸应力 σ_z 如图 9.19 所示,与半径相关,半径 r 的变化范围为 0～100 mm。截面选择在距上面板与芯层边界 17 mm 处,也就是嵌入件底部下方 2 mm 处。

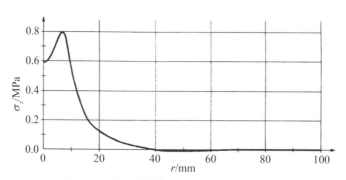

图 9.19　嵌入件底部下方 2 mm 处拉伸应力

图 9.20　对于部分嵌入拉伸试验的横截面

嵌入件的半径为 10 mm。从图 9.19 可以看出,半径在 0～10 mm 的范围内平均拉伸应力为 0.7 MPa。这意味着在嵌入件底部的横向应力 $\pi r^2 \sigma_{z,\ mean} = 220$ N。这大约是全部应力 1 000 N 的 1/4,其余的作为横向剪切应力作用在圆柱形的表面。在嵌入件底部的应力集中将产生断裂。当嵌入件被取出时,对于拉伸试验的范例如图 9.20 所示。

断裂的顺序是:

(1) 载荷变形曲线为线性或近似线性,直到嵌入件底部交界处发生断裂。裂纹成锥形迅速向各个方向扩展到上表面。

(2) 锥形扩展的裂纹伴随着声音的发散。起初裂纹在表层/嵌入件交界,之后向底部扩展。

(3) 嵌入件与板面分离,只靠摩擦力固定。

夹层处断裂模式与冲孔问题类似,横向载荷由圆柱所承受。对于部分嵌入件做了一些拉伸试验以确定破坏顺序。如前所述,在每种情况下,都在点 a 施加横向的载荷。

夹层板有以下主要属性:

表层:铝,厚度 1.5 mm;

夹芯层:Divincell H130,厚度 30 mm。

经测试,3 种部分嵌入形式的形状在界面区域都为 $1\,000\ \text{mm}^2$ 的情况下,半径不同,分别为 $\phi_i = 12,\ 16,\ 20$ mm。

总结参数如图 9.21 所示。

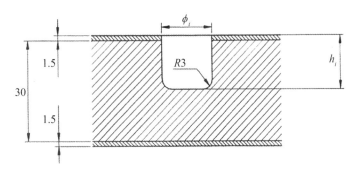

图 9.21　夹层板和嵌入件各参数

嵌入件的高度 h_i 需要适应满足界面的要求。最大的拉伸应力值如表 9.3 所示。

表 9.3　拉伸试验结果

嵌入直径 ϕ_i/mm	最大力/kN	嵌入直径 ϕ_i/mm	最大力/kN
12	3.28	20	3.40
16	2.93		

类似部分嵌入的相似疲劳试验表明,疲劳初始断裂情况与静态断裂是相同的。

如图 9.21 所示,相对于尖的边界,当对部分嵌入的底部进行倒角后,应力集中显著减小。这将有效地延长其生命周期。

9.6.3　贯穿板厚的嵌入

图 9.22 为贯穿板厚嵌入的实际几何参数(a)和模型(b)。载荷 τ 大小为 1 000 N,沿平板横向作用于嵌入件。

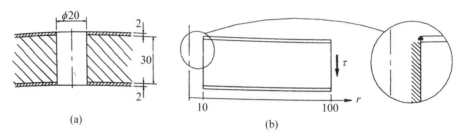

图 9.22　几何参数(a)和模型(b)

面板/嵌入交界的边界条件与部分嵌入时类似(见 9.6.2 节),同样可推导出在半径为 15 mm 和 80 mm 处剪力的分布,如图 9.23 所示。

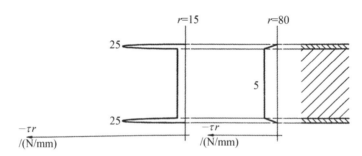

图 9.23　贯穿全部嵌入情况下的剪力分布

表面弯曲应力 σ_r 在 $r = 15$ mm 时取得最大值为 10 MPa。

9.6.4　带有法兰翻边端部的贯穿板厚的嵌入

图 9.24 为带有翻边贯穿板厚嵌入的实际几何参数(a)和模型(b)。载荷 τ 大小为 1 000 N,沿平板横向作用于嵌入件。

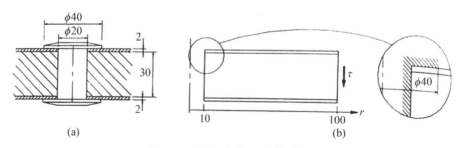

图 9.24　几何参数(a)和模型(b)

这种情况下,可推导出在半径为 25 mm 和 80 mm 处剪力的分布,如图 9.25 所示。注意其与贯穿板厚的简单圆柱形嵌入应力分布的相似性。

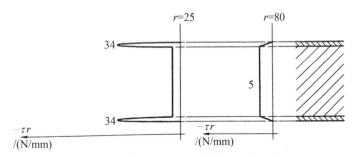

图 9.25　带有翻边贯穿板厚嵌入的剪切分布

面板弯曲应力 σ_r 在 $r = 25\,\text{mm}$ 时取得最大值为 19 MPa。这与在 $r = 10\,\text{mm}$ 处螺钉/铆钉嵌入情况下的弯曲应力几乎相等,如 9.6.1 节中所述。

参考文献

[1] Frostig Y, Baruch M. Bending of Sandwich Beam with Transversely Flexible Core [J]. AIAA Journal, 1990,28(11):523 - 531.

[2] Frostig Y, Baruch M, Vilnai O, et al. High-Order Theory for Sandwich Beam Bending with Transversely Flexible Core [J]. Journal of ASCE, EM Division, 1992,118(5):1026 - 1043.

[3] Frostig Y. On Stress Concentration in the Bending of Sandwich Beams with Transversely Flexible Core [J]. Composite Structures, 1993,24:161 - 169.

[4] Thomsen O T, Rits W. Analysis and Design of Sandwich Plates with Inserts—A Higher-order Sandwich Plate Theory Approach [R]. IME, AAU, ISSN 0905 - 219 Report, No 69, June 1996.

[5] Erichsen C, Nielsen E S, Bronnum N. Undersogelse af skrueudtreksstyrke ogmekaniske egenskaber for GFRP [M]. IME, Aalborg University.

[6] Insert Design Handbook [M]. ESA PSS - 03 - 1202.

[7] Burchardt C. Bonded Sandwich T-joint for Maritime Applications [R]. IME, AAU, ISSN 0905 - 2305, Special Report No. 32, Ph. D. dissertation, 1996.

[8] Mortensen C, Kristensen K. Lastindforing i Sandwichkonstruktioner-En Nuzrerisk og Eksperimentel Anlyse af Loaleffekter [R]. IME, AAU, ISSN 0905 - 4219. Report No 65, 1995 (in Danish).

[9] Kristensen K. Stress Singularities caused by Inserts in Sandwich Structures [R]. IME, AAU, Report No 64, December 1994.

10　夹层板的连接[①]

比较大的或复杂的夹层结构的制造，通常是先定型预装配夹层板，然后进行连接。例如，夹层结构的船舶就是用这种方式把舱壁连接到外壳的。夹层板的连接几乎不可避免地出现在绝大多数夹层结构中。这或许是个不好的情况，因为这样必然要对夹层构造的基本原则进行折中。本章将介绍增强连接的方法，以便提高综合设计的性能。对非加强连接局部影响的估算方法，提供了 Winkler 基础模型。这种方法的应用在 V 型和 T 型连接中有所描述。首先介绍对 T 型连接分析得到的结果。

主要的连接图形以下面的方式定义：两块板，分别以中间面的形式描述，连接即发生在所谓的中间面的相交曲线上。几种中间面相交的例子如图 10.1 所示。图 10.1 中，壁板中面相交，一般壁板是平面或曲面，并且相交在角度不等于 0° 和 180°。

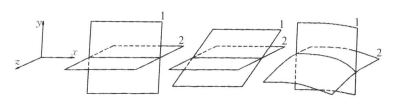

图 10.1　几种中间面相交的例子

本章仅涉及平板并且相交线长度相对于单独夹层板厚度都足够长的情形。这意味着，应力、应变的分析简化为平面应变问题。

10.1　基本类型

一些特别重要的基本连接类型如图 10.2 所示，分别为 T 型连接、L 型连接和 V 型连接。

[①] 本章缺参考文献[1]～[6]的引用标志，原书亦无。——译者注

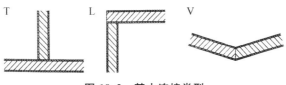

图 10.2　基本连接类型

10.2　载荷传递

连接的目的是传递被连接板之间的相互作用力。T 型、L 型和 V 型连接的相互作用力如图 10.3 所示。

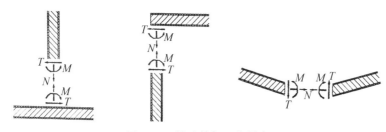

图 10.3　接头的相互作用力

一般来讲,夹层板以下列方式相互作用:

(1) 面板承受膜力,直接传递面内力 N 和力矩 M 引起的力偶。

(2) 夹芯传递横向作用力 T。

这显然与图 10.2 和图 10.3 中的连接类型相违背,问题在于一块板上的面内作用力恰好是另一块板的面外的作用力。这就意味着刚度/几何在相互作用力的方向上是不连续的。

在接下来的部分,将分别对 T 型、L 型和 V 型连接进行分析。将重点分析刚度不连续的影响。同时给出了对单个连接的增强建议。

10.3　T 型连接

当一块夹层板垂直固定在另一块(夹层)板上时称为 T 型连接。在像轮船这样比较大的夹层结构中,数千米的 T 型连接也很常见。因此,对 T 型连接已经进行了比较深入的研究以形成经济又可靠的设计。

船体外壳的横向增强基本上就是研究从外壳到舱壁的传力问题,如 10.3 图所示的 T 型连接的载荷 N 部分。因为舱壁通常垂直于外壳,舱壁面板较大的刚度将引起外壳内面板两平行线载荷作用力,如图 10.4(a)所示,引起总体变形,外壳内面板弯曲以及夹芯压缩[见图(b)]。

舱壁面板和芯材之间力的直接传递可能会引起外壳内面板的弯曲和芯材的压缩。

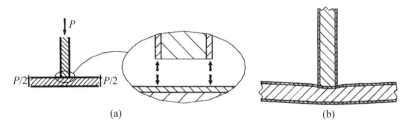

(a)　　　　　　　　　　　　　(b)

图 10.4　外壳和舱壁相互作用力(a)和变形(b)

更进一步,当只有一薄层胶层将舱壁与外壳粘合的时候(见图 10.4),因为应力集中,仅仅只能传递一个可忽略的拉力 P。当船达到一定速度时,拉力 P 就不能被忽略了。因此,T 型连接能够分布载荷,以便板间的界面应力足够小。常用方法如图 10.5 所示。

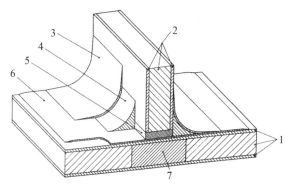

图 10.5　加强 T 型连接

1—外壳壁板(面板和夹芯);2—舱壁(面板和夹芯);3—胶接
层板;4—倒角;5—间隙填充物;6—外壳内面板加强;7—局部高
密度夹芯

　　图 10.5 所示的部分可以在组合中使用,也可以单独使用。应用缝隙填充物有两个目的:一是填充外壳与舱壁之间的空隙,更重要的是分散舱壁面板与外壳之间的力。胶接锲形层板往往是通过倒角或者隙缝填充物结合在一起。这样就分散了力,并且使得连接可以传递力矩(不管是否需要)。为了使得连接制造成本更低,有可能单独使用倒角。这种连接不适用于疲劳载荷情况。外壳内面板增强增加了弯曲刚度,从而将横向载荷传递到更大部分的夹芯上。类似地,局部高密度的夹芯可以承受来自舱壁更大的局部应力。

10.4　L 型连接

　　L 型连接用来连接轻质容器的顶板和侧壁,连接夹层船的甲板和外壳。如果连接部分主要承受有限的压缩,弯曲不严重,则连接没必要设计得很精细。然而,如果弯矩很大,将会出现问题,如图 10.6 所示。L 型连接可能引起弯曲,图(a)的放大图显示了在垂直面板和水平壁板间明显的作用力,引起的变形如图(b)所示。

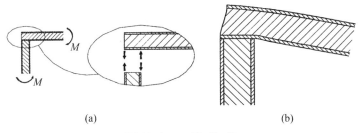

(a)　　　　　　　　　　　　　　　　　　(b)

图 10.6　L 型 连 接

一种与 T 型和 V 型连接非常类似的情况,相互作用力是从较硬的区域(右上面板面内方向)传向较软的区域(垂直于水平板)。进而,因为水平板被垂直切割,所以水平板夹芯的外层部分的剪切刚度较小。这就意味着水平面板上层部分对刚度的贡献较小。如图 10.6 所示,各因素的综合引起水平板夹芯的压缩/拉伸和底层面板的弯曲。图 10.7 提供了加强 L 型连接的方法。

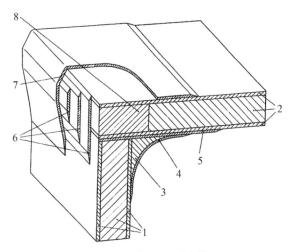

图 10.7　加强 L 型连接

1—垂直壁板;2—水平壁板;3—倒角;4—胶接层压板;5—
增强面板;6—压实层板补强;7—边缘层压板;8—高密度夹芯

倒角与胶接层板一起使用,将界面作用力分散在更大的面积上。

水平板内面板的增强加强了面板的弯曲刚度,因此将从垂直面板传递作用力到更大的水平板夹芯区域。在水平板边缘使用大密度夹芯有两个作用:一是可以承受更大的由垂直面板相互作用产生的应力,而且可以有更大的剪切刚度,更好地向上层面板传递剪切应力。压实层板可以用于提高水平板面板之间的剪力传递,与应用大密度夹芯类似。为了拥有足够大的刚度,压实层板可能会非常厚重。边缘层板与高密度夹芯组合使用提高了弯曲刚度,由于密封很整齐,这种方法得到了广泛应用。

图10.8给出了一些其他的L型连接。这些方法对精度和前期准备的要求比较高,因为面板可能需要特别制造以适应边缘。边缘焊接的连接只能传递较小的弯矩。

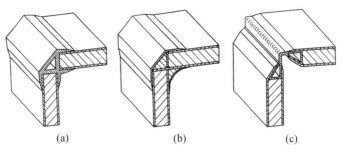

(a)   (b)   (c)

图 10.8   其他 L 型连接

(a) 壁板胶接到铝合金边型材   (b) 层合"格子"边   (c) 预制造壁板,铝合金边缘焊接

10.5   V 型连接

V 型连接用在船体底部和类似的对称半壳的装配。这种连接与利用两芯材板组合成一块连续板的对接连接有相似之处。不同的是,V 型连接的板面是以一定角度连接的。不连续性将会引起一些问题,如图 10.9 所示。

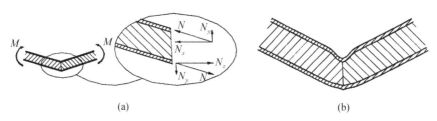

(a)   (b)

图 10.9   V 型 连 接

图 10.9 中,V 型连接承受弯矩,截面显示了弯矩 M 引起的力偶分量 N〔见图(a)〕,变形和面板的弯曲和夹芯的压缩显示在图(b)。

V 型连接特意显示为两部分芯材和连续面板。船体制造时通常是将芯材材料与倒置式框架相连接。在芯材上敷上数层纤维构成外层面板。当树脂固化,将外壳从框架中移除并反置以使内表面板可以放置。由于底部大部分都是 V 型连接,所以芯材材料通常给定厚度,最后的形状如图 10.10 所示。

由于对称性,V 型连接的左部分和右部分分力 F_x 大小相等、方向相反。然而,分力 F_y 将引起比较软的芯材的严重横向压缩/拉伸。

改进的设计应该以增加整个连接的刚度为目标,其中一些方法如图 10.10

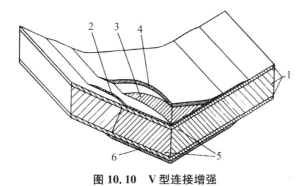

图 10.10　V 型连接增强

1—夹层板；2—加强内面板；3—倒角夹芯；4—倒角面板；
5—高密度夹芯；6—加强外面板

所示。

　　当然,还有其他的方法(从倒角部分分离的 3 和 4 应当组合使用)。面板可以通过再加一层带板来增强。这样就提高了面板的局部弯曲刚度,将垂直分力分散到芯材。当用这种方法再加强外层面板时,应当考虑到所要求的形状(也就是说船龙骨的形状影响稳定性)。V 型连接邻近的芯材有更大的密度以承受局部应力集中。倒角的增强将连接区转变为多面板、多夹芯夹层板。由于倒角芯材形状必须配合 V 连接,这样制造就更加困难。

10.6　局部变形

　　一般地,不希望连接的加强太过复杂。如果连接需要有很大的刚度,则通常要用到增强,否则简单的连接即能满足要求。在很多情形下,简单连接会引起垂直于一个或两个连接板的线载荷。

　　当夹层板上承受线载荷时,有可能引起单个面板的局部弯曲。例如,在 T 型连接中,舱壁的两个面板将两个平行的线载荷作用在外壳内面板上。其他连接类型也要考虑同样的问题。

　　压缩面板的局部弯曲可能会引起面板的屈曲,在这种情况下整个板的弯曲刚度很容易丧失。因此,如图 10.11 所示的载荷情况特别重要:集中载荷作用在长夹层板上。

　　图 10.11 给出简单的叠加是一种比较近似的方法,但却很好地表明了局部夹芯压缩和载荷附近的内面板弯曲应力。

10.6.1　挠度

　　计算局部挠度时,采用单参数的弹性地基模型(Winkler 地基模型)比较方便,如图 10.12 所示。

　　图 10.12 中,面板弯曲刚度 D,置于弹性基础刚度 k 上,受线力 F。这种情况下的挠度由下式给出:

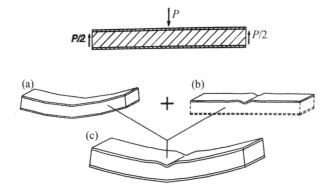

图 10.11　夹层板上线载荷（延伸到纸平面外）

（a）总体变形，按照通常夹层梁理论计算　（b）上面板的局部变形　总共变形　（c）为总体变形（a）加上由于上面板局部弯曲引起的局部变形（b）

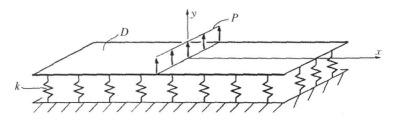

图 10.12　弹性地基模型

$$y(x) = \frac{Pe^{-\beta x}}{8D\beta^3}\big[\cos(\beta x) + \sin(\beta x)\big] \tag{10.1}$$

式中：P（N/mm）为单位宽度的载荷；D（N·mm）为面板弯曲刚度，$D = \dfrac{Et_{\mathrm{f}}^3}{12(1-\nu^2)}$；$E$，$t$，$\nu$ 分别为各向同性面板的弹性模量、厚度和泊松比；β（N/mm^{-1}）为相对刚度参数，$\beta = \sqrt[4]{\dfrac{k}{4D}}$；$k$（N/mm^3）为地基刚度。

地基刚度 k 可以由 $E_{\mathrm{c}}/t_{\mathrm{c}}$ 估计，E_{c} 指夹层板夹芯的弹性模量，t_{c} 指夹芯的厚度。注意表达式中 $x \geqslant 0$。由对称性，很明显，x 负方向的挠度可以由相应的 x 正方向的挠度得到，如 $y(-x) = y(x)$。

挠度的波长由下式给出：

$$\lambda = 2\pi/\beta \tag{10.2}$$

尽管此式的前提是板的 $\pm x$ 方向为无穷大，但由于衰减是迅速的，所以如果在大概 λ 或 $3t_{\mathrm{c}}^4$（取更大值）的距离内没有夹层板自由边，计算通常都是有效的。

T 型连接的应用

简单的单个线载荷情况可以叠加。图 10.13 给出了几个 T 型连接的例子。

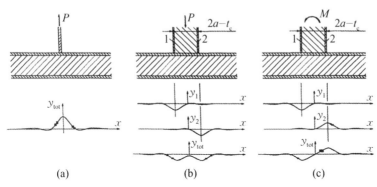

图 10.13 几种 T 型连接

如图 10.13 所示,上面板的局部变形是单独变形的总和,在每一点 x 处的 y_1 和 y_2。图(a)为薄板传递单个力到夹层板,本质上这是一个线载荷。图(b)为舱壁传递力到外壳,舱壁面板 1 和 2 作为平行线载荷,力大小为 $P/2$,间隔为 c。图(c)为舱壁传递弯矩到外壳,弯矩 M 作为两个相反的线载荷 $P = M/t_c$。

V 型连接的应用

V 型连接也是以同样的方式考虑。特别是在凹缺口(内面板)处,板的尖锐角可能引起与线载荷类似的效果,如图 10.14 所示,图(a)为面板力作用在截面,宽度为 Δ,由 V 型接头外部弯矩引起。图(b)为力合成矢量图,当 Δ 很小时,P_y 是合力。

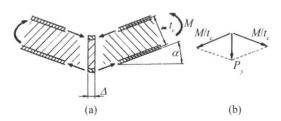

图 10.14 V 型连接

由几何特性可知,P_y 可以由公式 $P_y = -2M\sin\alpha/t_c$ 得到。注意用作计算地基模量 k 的芯材的厚度应当是基于力 P_y 方向上的厚度。V 型连接的地基刚度由公式 $k = E_c\cos\alpha/t_c$ 给出。这就意味着此处的刚度要比平板的小。

10.6.2 面板的弯曲应力

由挠度表达式的二阶导数可以粗略得到面板的曲率:

$$y''(x) = \frac{P}{4D\beta}e^{-\beta x}\left[\sin(\beta x) - \cos(\beta x)\right] \tag{10.3}$$

各向同性的面板的弯曲应力为

$$\sigma_{\mathrm{b}} = \frac{y''E}{1-v^2} \frac{t}{2} \tag{10.4}$$

10.7 算例（T 型连接）

这个例子中考虑夹层船体一边承受载荷 q 的作用，并受到几个舱壁的支撑，如图 10.15 所示。假设夹层板的厚度与 l 相比很小。假设为平面应变问题，所有的载荷和几何尺寸都是单位宽度（垂直于纸面）。

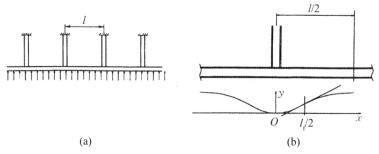

(a) (b)

图 10.15 T 型连接算例

图 10.15 中，图(a)为舱壁支持的长夹层板受均匀压力 q。图(b)为典型截面图 l_{f} 标记外壳壁板的"自由长度"，即弯矩为零处。外壳的变形 $y(x)$ 展示在截面图下方。

在舱壁处，应该考虑到相关区域的相互作用力，如图 10.16 所示，图中支反力为板单位宽度（垂直于纸面）。在初期，应当控制外壳板的剪切力和弯矩。

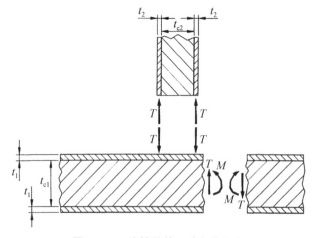

图 10.16 连接处的尺寸和作用力

剪切

外壳壁板在舱壁板处的名义剪切应力为

$$\tau = \frac{T}{t_c} = \frac{ql}{2t_{c1}} \tag{10.5}$$

假设剪切由夹芯单独承受。因为舱壁可能引起应力集中，所以其应该比夹芯的许用剪切应力小得多。

弯矩

由于壁板弯矩的影响，外壳面板内的拉/压应力要比舱壁面板内的大 1～2 个数量级。已知自由长度 l_f，外壳壁板在舱壁处的弯矩为

$$M = ql_f\left(\frac{l}{4} - \frac{l_f}{8}\right) \tag{10.6}$$

对于均布载荷 q，$l_f/2$ 约为 $0.21l$。如果薄面板承受了全部力矩引起的力偶，由力矩单独产生的拉/压应力为

$$\sigma_M = \pm\frac{M}{t_{c1}t_1} \tag{10.7}$$

上层面板的局部弯曲

力 $2T = ql$ 由舱壁支撑，此处舱壁的所有面板都比芯材刚得多，以力 $P \approx -|T|$ 作用在外壳上层面板，P 方向向上为正。这由两个力 P 在距离 t_{c2} 处叠加得到，如图 10.13 所示。

10.8　算例（L 型连接）

本例中，通过逐个加三个不同的增强，验证刚度的增加对 L 型连接的影响。用有限元方法进行计算。几何图形和受力情况如图 10.17 所示。

载荷 $\tau = 0.1\,\text{MPa}$ 作用在图中端部(a)的整个高度上。板的基本参数：

(1) 面板：厚度 $t_f = 4\,\text{mm}$，GFRP，$E_f = 10\,000\,\text{MPa}$，$\nu = 0.30$。

(2) 板芯：厚度 $t_c = 40\,\text{mm}$，Divinycell H130，$E_c = 140\,\text{MPa}$，$\nu = 0.32$。

增强部分：

(1) 大密度芯材材料，$E = 300\,\text{MPa}$ 替代了水平板外 90 mm 处的初始芯材。

(2) Divinycell H130 倒角，被 GFRP 胶接层板覆盖（厚度和刚度与面板相同），添加到内部角落。

(3) GFRP 胶接层板（厚度和刚度与面板相同）添加到外部角落。

有限元模型中采用平面应变。应该注意的是，图 10.17 是简化了的模型。如果要研究局部应力应变就要将填隙料、厚胶层和常见缺陷包含进来。如果只研究刚度的话，使用一个较粗的模型就可以了。为了比较刚度增长的影响，可以考虑水平板

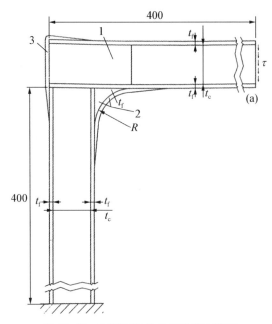

图 10.17   L 型连接的几何形状和载荷

1、2 和 3 代表不同的增强。

边缘 a (在切应力 τ 作用的末端)的垂直挠度 y。图 10.18 展示了四种不同情况的挠度。

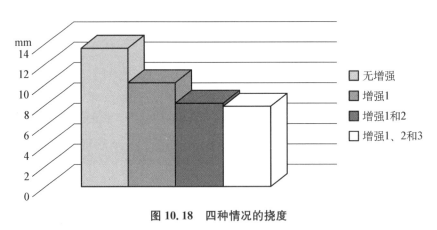

图 10.18   四种情况的挠度

显然,增强明显地增加了刚度。连接是否要增加刚度,加多少刚度,是一个经济性的问题。

10.9   T 型连接的试验和观察

如前所述,在 T 型连接方面已经有了许多的研究。这一部分将处理来自试验和计算的主要结果,这些结果主要是基于 C. Kildegaard 和 C. Burchardt 的工作。考虑三个连接构型,如图 10.19 所示。

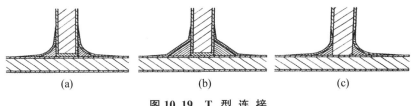

图 **10.19** **T 型 连 接**

(a) 圆形倒角,倒角在交叉板之间　(b) 三角形倒角,倒角在交叉板之间　(c) 圆形倒角,夹层结构隔板面板被切除了

图 10.19 中,所用面板和胶接层板(覆盖倒角)是 CFRP,夹芯和倒角是由 PVC 聚氯乙烯泡沫制成(divinycell),填料是聚酯复合物。

为了测试这个连接,最常用的方法是在隔板边上加上支撑,并且在隔板上加一个拉伸力。图 10.20 显示了对应(a)、(b)和(c)连接的断裂模式。

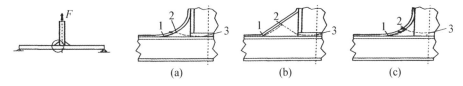

图 **10.20**　载荷工况(左图)和断裂模式(虚线)

这些断裂的相同之处是,裂纹都是从相同的地方开始的,图 10.20 的"1"就是裂纹开始的地方。这里的应力集中是由于刚度的不连续和制造时的无法避免的空气气泡引起的。(a)和(b)是由 C. Kildegaard 研究得到。

情况(a):对于圆倒角,连接的强度显然由倒角的半径决定,半径越大,强度越好。胶接层板和外壳上面板的相遇处是应力集中点,并最终引起起始裂纹。

情况(b):在三角形倒角情形下,胶接层板的平边意味着大的横向力(垂直的)可以从隔板和外壳上面板的传递。这导致了胶接层板和外壳上面板连接处较大的应力集中。试验中使用了不同尺寸的倒角,侧边长从二分之一到两倍的夹芯厚度。对不同尺寸的三角倒角进行观测,并没有看到强度大小的明显不同。

情况(c):这种类型由 C. Burchardt 等人研究得到。这种类型与类型(a)的主要区别在于舱壁面板和胶接层板组成一个连续面板。Burchardt 总结出:与其他因素相比较,胶接层板的厚度并不是最重要的;并进件延迟点 2 处的断裂。倒角材料承受了实际载荷。

10.9.1 试验结果

本部分包含了由 C. Kildegaard 观察到的 T 型连接的试验结果的总结。图 10.21 给出了三种连接结构的实验和整体几何外形。注意此处倒角为聚酯填充物。

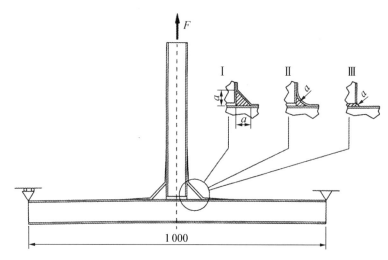

图 10.21 连接构型Ⅰ，Ⅱ，Ⅲ的几何尺寸

（1）面板夹芯和泡沫倒角：Divinycell H100，厚度 $t_c = 60$ mm。

（2）面板：GFRP，三层组合材料，900 g/m² （600 g/m² 0°/90°编织材料和 300 g/m² 材料）和单层 450 g/m² 材料。

（3）胶接层板：六层 450 g/m² 材料。

（4）面板和胶接层板基体：Isopolyester。

（5）填充物：Polyester 填充。

表 10.1 包含了连接结构的参数、试验编号、初始断裂载荷和最终断裂载荷。表 10.1 中的断裂载荷通过单位连接长度（与纸平面垂直）给出。

表 10.1 不同 T 型连接的试验结果

连接方式	a/mm	试验编号	初始断裂 强度/(N/mm)	最终断裂 强度/(N/mm)
Ⅰ	30	△30 - 1	102.0	142.7
Ⅰ	30	△30 - 2	118.5	149.3
Ⅰ	60	△60 - 1	127.3	138.7
Ⅰ	60	△60 - 2	106.7	137.3
Ⅰ	120	△120 - 1	125.3	144.0

（续表）

连接方式	a/mm	试验编号	初始断裂 强度/(N/mm)	最终断裂 强度/(N/mm)
Ⅰ	120	△120 – 2	108. 0	134. 7
Ⅱ	30	R30 – 1	—	142. 7
Ⅱ	30	R30 – 2	—	146. 7
Ⅱ	60	R60 – 1	—	162. 0
Ⅱ	60	R60 – 2	—	142. 7
Ⅱ	120	R120 – 1	—	193. 3
Ⅱ	120	R120 – 2	—	200. 0
Ⅲ	15	F1	134. 7	134. 7
Ⅲ	15	F2	112. 0	137. 3

连接方式Ⅱ为突然破坏,初始断裂强度和最终断裂重合。

参考文献

[1] Kildegaard C. Konstruktiv udformning af samlinger i martime FRP-sandwich-konstruktioner [R]. IME, AUU, Special Report No 20, ISBN 89206 – 28 – 2, Ph. D. -dissertation(in Danish), 1993.

[2] Burchardt C. Bonded Sandwich T-jiont for Maritime Applications [R]. IME, AUU, ISSN0905 – 2305, Special Report No. 32,1996, Ph. D. -dissertation.

[3] Frostig Y, Baruch M. Bending of Sandwich Beam with Transversely Flexible Core [J]. AIAA Journal, 1990,28(11):523 – 531.

[4] Frostig Y, Baruch M, Vilnai O, et al. High-Order Throry for Sandwith-Beam Bending with Transversely Flexible Core [J]. Journal of ASCE, EM Division, 1992,118(5):1026 – 1043.

[5] Frostig Y. On Stress Concentration in the Bending of Sandwich Beam with Transver-sely Flexible Core [J]. Composite Structures, 1993,24:161 – 169.

[6] Thomsen O T, Kildegaard A. Teknisk note: Indtrykning og locale bojningseffekter lastbaerende FRP-sandwichpaneler [R]. IME, AAU, Report No. 56, 1993(in Danish)

11　材料、构件和结构的试验[①]

　　试验是结构或构件的设计和验证过程中最重要的部分之一。在设计初期,必须先得到材料的基本性能,用来进行简单的手算或者作为有限元计算的输入。一般有三种不同的方式可以得到材料性能:一是从书本或其他参考文献中查到,二是由理论计算或估算得到,三是从试验得到。手册数据可能很难使用,因为在某一特定的设计中,其他人也使用完全相同的材料或工艺的可能性非常小。例如,复合材料的物理和力学性能在很大程度上受到纤维含量、铺层顺序和制造工艺等影响。在设计初期,理论估算往往是得到大概的力学性能的有效方法。然而,在后期需要更加精确的数据,就要依赖于试验。

　　在设计过程中,对于子结构的具体力学或物理表征的验证,有时候试验是必需的。今天,仅仅通过计算就可以很好地模拟物理行为,但是最后还是要通过试验来判断分析数值模拟是否正确,因此对全尺寸结构或子结构的试验就变得尤为重要。

　　本章首先介绍了获得面板材料和夹芯材料的物理和力学性能的试验,然后介绍了夹层结构的试验。所有提到的方法都对为什么以及如何进行试验做了简单介绍,给出了试样的示意图和公式,或者类似的,给出了如何获得材料性能。在每种测试方法后面都给出了所参考的标准、著作和论文,从中可以得到更多的信息。

11.1　材料试验的基本知识

　　如果在复合材料或夹层试样的制造中没有使用保护设备,使用部件的过度暴露可能会引起系统性中毒。毒性可能由操作者吸入或者表面接触引起。树脂的化学反应对固化性能必不可少,并可能导致急性中毒。因此,对眼睛和皮肤的刺激,对鼻和喉的黏膜的刺激,对皮肤和呼吸道感觉系统的刺激,可能导致在没有足够的卫生保障的地方发生在复合材料车间工人身上。并且,眼睛和黏膜刺激的原因可能是在复合材料制备区域接触到纤维和粉尘。

---

① 本章全部参考文献均未注明引用位置,原书如此。——编注

影响测试性能的因素有材料,材料准备的方法,试样铺层顺序,试样制备,试样控制,测试的环境,试样的定位公差和夹持,试验加载速度,时间和温度,孔隙率和增强体的体积含量。

纤维排布的控制在面板制造中至关重要。不合适的纤维排布将会降低测试性能,并且增加离散系数。

试样的制备是非常重要的。要采取防范措施,避免缺口、切口、粗糙或凹凸不平,或由不恰当的加工方法引起的分层。由粗加工操作引起的痕迹应当用研磨的方法仔细去除,然后用细砂纸磨平。复合材料的加工方法和技术与复合材料类型相关,例如,热塑性或热固性基体,连续增强纤维或者非连续增强纤维、有机和无机增强体等。玻璃纤维增强复合材料的加工方法是众所周知的。标准金属和木材加工机械加工设备可以做一些改动,以增加主轴转速。标准刀具仅适用于短生产周期。因此,目前使用的工具是碳化钨或金刚石。尽管热塑性材料加工是非常常用的方法,但是由于材料的性能差异过大,导致问题复杂。作为传统的加工技术的补充,非传统加工方法,如激光加工、水流切割或电火花加工都可以使用。用一些非接触式刀具切削方法的优势是刀具的磨损率小,并且,由于工具的机械作用而引起的表面损伤很小。应当指出的是,这些方法可能不会引起工件形状的变化,这点与传统的加工方法类似。然而,一些非传统的方法更适用于二次加工。

由于材料性能的不同,在加工夹层结构时必须采取额外的预防措施。由于金属和复合材料的磨损,切割和钻孔以及其他加工工艺会产生热量,大部分芯材有相当低的耐热性,因此如果不采取极为谨慎的保护措施,加工可能严重损伤芯材。大部分芯材还具有很高的隔热能力,这使得切割或钻孔更为复杂,因为只加工金属或复合材料时热量无法散掉。

如果需要粘贴应变片,试样应该在粘贴前仔细准备。在表面处理的过程中,增强纤维不应当暴露或者破坏。直接在芯材上粘贴应变片本身就是一门艺术。泡沫芯材通过环氧树脂粘贴一个应变片实际上造成了应力集中,因为即使是薄薄的一层胶黏剂和应变片也比芯材的刚度大得多。新的一个段落。不论是压缩还是拉伸,由于夹持区域的应力集中,在测试试样时强烈建议使用端部加强片。因为对如何在工程中进行表面夹持达到工业共识,因此,设计力学试验件,尤其是那些使用端部加强片的试样,仍然在很大程度上是一门艺术而非科学。每一个主要的复合材料测试,实验室都研发了针对具体材料体系和实验室中常用的环境条件的夹持方法。对这些方法进行比较会发现其差异巨大,因此极难建议一种普遍适用的方法或一套办法。

一般来说,塑料的物理和电性能受温度和相对湿度的影响,并不同程度影响测试结果。为了可靠地比较,不同材料和不同实验室之间的结果,有必要对这些材料试样受到试验之前和试验中湿度以及温度进行标准化。试样在试验之前必须经过在特定的温度和湿度的暴露阶段。控制的目的是通过处于正常或平均室温条件,使得材料达到平衡或获得可重复性结果,而不受以前的暴露环境影响。但是,其目的也可以是使材料处于非正常温度或湿度条件下,以预测其服役条件下的性能。

最后,对试验所用方法要做一个系统完整的报告。这份报告应当包含对试验所用的测试设备和技术的描述,对试样的描述,以及试验结果的描述。还应当包含对试样断裂方式的细节描述等,从材料测试的角度,一些重要的细节,或许可以附一张照片来描述。

参考文献

[1] Mel M Schwartz. Machining of Composites [J]. SANPE Journal,1996,32(2):18-25.

[2] Safe Handing of Advanced Composite Materials [M]. 3:rd Edition,SACMA,1600 Wilson Blvd. Suite 901 Arlington,VA 22209,USA. April 1996.

[3] ASTM D 618-61 Standard Practice for Conditioning Plastics and Elecyrical Insulting Materials for Testing [S].

[4] ASTM D 5229-92 Test Method for Moisture Absorption Properties and Equilibrium Conditioning of Polymer Matrix Composite Materials [S].

[5] ASTM D 3544-76 Standard Guide for Reporting Test Methods and Results on High Modulus Fibers [S].

11.2　面板材料

11.2.1　拉伸试验

试验目的

这些测试方法的目的是为材料规范、研究和开发、质量保证以及结构设计分析提供拉伸性能数据。不同试验方法的试验步骤是相似的,但是试样几何尺寸不同。一些测试方法采用哑铃形试样,而其他的使用长条形试样以及使用含孔试样确定缺口敏感性。

试样的类型、尺寸和制备

图 11.1 给出了在拉伸试验中用到的三种不同的试样尺寸。这些试样由平板加工而成。

强烈建议使用加强片,尤其是当测试单向(或单向为主)层合板在纤维方向破坏时。在基体方向上测试单向材料时,为了防止夹持损伤也要用到加强片。加强片的选择可以成功产生一段拉伸破坏应变区域,同时取决于试样材料、试样铺层方向和使用的夹持类型。最常使用的加强片结构采用连续 E-玻璃纤维增强树脂基复合材料构成的 $[0/90]_{ns}$ 层压板。加强片材料通常用在与加载方向成 $45°$ 的方向上,以提供较软的界面。钢加强片或者用被测材料同样的材料制作加强片也可以采用。加强片不一定必须与试样粘合。摩擦加强片——靠夹持压力结合在一起的非黏结加强片,往往在加强片与试样之间与砂布或其他一些磨砂的材料一起使用,已经得到了一些成功应用案例。

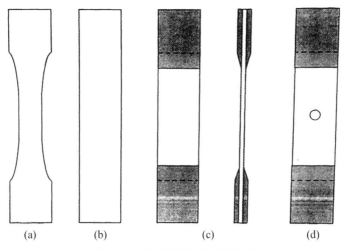

图 11.1 不同形状的拉伸试验件

（a）哑铃状 （b）矩形试样不带加强片 （c）矩形试样带加强片
（d）开孔试验件

试验装置

试验所用装置应当有控制和管理移动头部速度的能力，并且具有可以显示试样所承受的全部载荷的力传感器。强烈建议试验机夹持试验件的夹头具有旋转对中的功能，以尽量减少试样的弯曲应力。应变数据由应变传感器（应变片）或引伸计测量。在试验件表面粘贴应变装置，避免引起试样表面的损伤。如果需要测量泊松比，应当同时测量试样在横向和纵向两个方向的应变。

试验步骤

在试验之前，先测量试样的尺寸，然后计算截面面积。将材料试验中的试样夹持在试验机中，注意校准夹持试样测试方向上的长轴方向。含缺口的试验件的孔可能填充有铆钉或螺栓，以一定的加载速率给试样施加载荷直至破坏，同时记录数据。材料的极限强度由失效前的最大载荷决定：

$$\sigma_{cr} = P_{cr}/tw \tag{11.1}$$

式中：σ_{cr} 为失效载荷 P_{cr} 对应的拉伸应力；w 为测试部分的试样宽度；t 为试样的厚度。如果试验件应变由应变或位移传感器监测得，那么材料的应力-应变就可以确定，进而最终的拉伸应变、拉伸弹性模量、泊松比和相变应变就可以得到。

参考文献

[1]* ASTM D 638M - 93　Test Method for Tensile Properties of Plastic [S].

[2] ASTM D 3039 - 93　Test Method for Tensile Properties of Fibre-Resin Composites [S].

[3] ASTM D 3379 - 75　Test Method for Tensile Strength and Young's Modulus for High-Modulus Single-Filament Materials [S].

[4] ASTM D 5083 - 93a　Test Method for Tensile Properties of Reinforced Thermosetting Plastics Using Straight-Sided Specimens [S].

[5] CRAG Method 300　Method of Test for the Longitudinal Tensile Strength and Modulus of Unidirectional Fibre Reinforced Plastics [S].

[6] CRAG Method 301　Method of Test for the Transverse Tensile Strength and Modulus of Unidirectional Fibre Reinforced Plastics [S].

[7] CRAG Method 302　Method of Test for the Tensile Strength and Modulus of Multidirectional Fibre Reinforced Plastics [S].

[8] CRAG Method 302　Method of Test for the Notched Tensile Strength of Multidirectional Fibre Reinforced Plastics [S].

[9] ISO/DIS 294 - 2　Plastics-Injection Moulding of Test Specimens of Thermoplastic Materials—Part 2: Small Tensile Bars (Revision in part of ISO 294: 1995) [S].

[10]* ISO/R 527: 1966　Plastics—Determination of Tensile Properties [S].

[11] SS - EN - ISO 527 - 1　Plastics—Determination of Tensile Properties—Part 1: General Principles [S].

[12] ISO 527 - 3: 1995　Plastics—Determination of Tensile Properties—Part 3: Test Conditions for Films and Sheets [S].

[13] ISO/DIS 527 - 4　Plastics—Determination of Tensile Properties—Part 3: Test Conditions for Isotropic and Orthotropic Fibre-Reinforced Plastic Composites(Revision in part of ISO 3268: 1978) [S].

[14] ISO/DIS 527 - 5　Plastics—Determination of Tensile Properties—Part 4: Test Conditions for Unidirectional Fibre-Reinforced Plastic Composites(Revision in part of ISO 3268: 1978) [S].

[15] SS - ISO 3268　Plastics—Glass Reinforced Materials—Determination of Tensile Properties [S].

[16] ISO 6252: 1992　Plastics—Determination of Environmental Stress Cracking (ESC)—Constant-Tensile-Stress Method [S].

[17] ISO 6721 - 4: 1994　Plastics—Determination of Dynamic Mechanical Properties—Part 4: Tensile Vibration—Non-Resonance Method [S].

[18] ISO/DIS 6721 - 9　Plastics—Determination of Dynamic Mechanical Properties—Part 9: Tensile Vibration—Sonic-Puls Propagation Method [S].

[19] ISO 8256: 1990　Plastics—Determination of Tensile Impact Strength [S].

[20] EN 61　Glass Fibre Reinforced Plastics—Determination of Tensile Properties [S].

[21] EN 2561　Fibre Reinforced Plastics—Uni-Directional Laminates—Tensile Test Parallel to the Fibre Direction [S].

*ASTM D638 - 93 和 ISO 527 - 1966 技术内容是相同的。

11.2.2 压缩试验

试验目的

这些测试方法包括测定增强硬质塑料制品,以及采用高模量纤维增强的树脂基复合材料在压缩载荷作用下的力学性能。有一些测量压缩载荷作用下力学性能的不同方法,一些在压缩载荷下使用了长条形或棱柱形试样,使用一些简单或复杂的夹具以防止失稳,还有一个方法,是通过四点弯曲夹具对夹层梁进行加载的方式。测试方法是采用四点弯曲夹具来测试夹层梁承载。

受压缩载荷作用的试样

试样的类型、尺寸和制备

测试试样以及用到的一些支持夹具采用所测材料的平板进行加工,然后进行测试。在加工端部时应非常小心,以便获得所需的表面光洁度、平整度、表面平行度和垂直于试样的长轴的锐利、清洁的边缘,如图 11.2 所示,图中中心带孔的试样是用来判断材料受压时的缺口敏感性。如图 11.5 所示的棱柱形试样是用于测试厚层板。

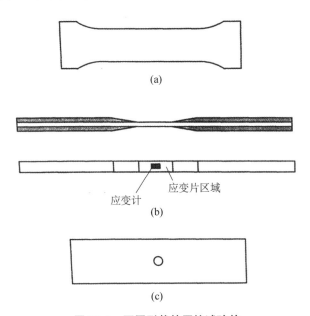

图 11.2 不同形状的压缩试验件

(a) 试验件不带加强片,哑铃状 (b) 含加强片的细长试验件,使用试验夹具(见图 11.4) (c) 缺口试验件,以上两种采用支持夹具,支持夹具(见图 11.3)

试验装置

和试验机一起使用的固定夹具(见图 11.3 和图 11.5)或支持夹具(见图 11.4),要能够控制横梁以恒定速率移动,并且能够显示试样所受的总压缩载荷。采用支持或工装夹具以防止试样屈曲。需要一个压缩引伸计或应变片来确定在试验的任意时刻试样上两固定点之间的距离。理想的做法是压缩引伸计将自动记录的距离作为试样所受载荷的函数。

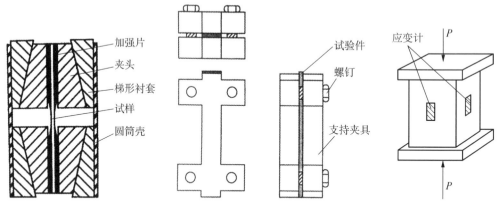

图 11.3　图 11.2(b)试验件带夹具　　图 11.4　图 11.2(a)试验件带支持夹具　　图 11.5　矩形截面棱柱试验件

试验步骤

试样是安装在专门设计的装置上或者工装夹具上,取决于所使用的试样。当测试缺口敏感性时,试样中的孔可以填充铆钉或螺栓。然后放置在试验机的加载压盘之间。把试样加载到失效以获得极限压缩强度。压缩强度的计算如下:

$$\sigma_{cr} = P_{cr}/tw \tag{11.2}$$

式中:P_{cr} 为失效载荷;w 为试样截面的宽度;t 为试样厚度。如果需要测量压缩模量,则必须得到试验期间的载荷应变曲线。

四点弯曲受载的夹层梁试样

这种试验方法中,夹层梁用于测量压缩时的力学性能。

试样的类型、尺寸和制备

试验件面板使用结构胶黏剂连接在一个密度较大的芯材的顶部,例如 368 kg/m³ 的六角形铝蜂窝芯。另一面的面板厚度应该是测试面的两倍。测试面应当仅为 0° 方向铺层并且 0° 方向处于长度方向。将测试层板和另一面板连接到芯材,然后将面板切成试样,如图 11.6 所示。

试验装置

采用如图 11.7 所示的四点弯曲夹具,试验机的功能与前面介绍的相同。

试验步骤

应变由两个轴向应变片测得,如图 11.6 所示,试验件放置在四点弯曲夹具上,

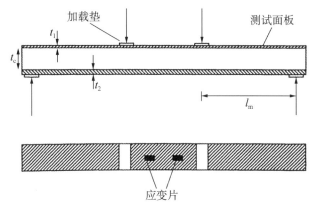

图 11.6 四点弯曲夹层板用于当作压缩试验件

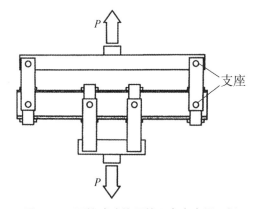

图 11.7 压缩试验使用的四点弯夹具示例

其中橡胶垫片放在试样和接触点之间,并且应变片连接到应变数采设备。然后将试样匀速加载到破坏,连续记录下载荷和应变数据。压缩极限强度为

$$\sigma_{cr} = \frac{P_{cr}l_m d}{2wt_1}, \quad d = t_c + \frac{(t_1 + t_2)}{2} \tag{11.3}$$

式中:P_{cr} 为失效载荷;w 为宽度;t_1 为研究复合材料面板的厚度;t_2 为相对面板的厚度;t_c 为芯材厚度;l_m 为力臂的长度(见图 11.6)。

参考文献

[1] ASTM D 695 - 91　Test Method for Compressive Properties of Rigid Plastics [S].

[2] ASTM D 3410 - 87　Test Method for Compressive Properties of Unidirectional or Crossply Fibre-Resin Composites [S].

[3] ASTM D 3410/D3　Test Method for Compressive Properties of Polymer Matrix Composite

Materials with Unsupported Gauge Section by Shear Loading [S].

［4］ ASTM D 5467 - 93　Test Method for Compressive Properties of Unidirectional Polymer Matrix Composites Using a Sandwich Beam [S].

［5］ CRAG Method 400　Method of Test for Longitudinal Compression Strength and Modulus of Unidirctional Fibre Reinforced Plastics [S].

［6］ CRAG Method 401　Method of Test for Longitudinal Compression Strength and Modulus of Multidirectional Fibre Reinforced Plastics [S].

［7］ CRAG Method 402　Method of Test for Notched Compression Strength of Multidirectional Fibre Reinforced Plastics [S].

［8］ ISO 604：1993　Plastics—Determination of Compressive Properties [S].

［9］ ISO 3597 - 3：1993　Textile-Glass-Reinforced Plastics-Determination of Mechanical Properties on Rods Made of Roving-Reinforced Resin—Part 3：Determination of Compressive Strength [S].

［10］ ISO 3605：1987　Textile Glass—Rovings—Determination of Compressive Strength of Rod Composites [S].

［11］ ISO 7743：1989　Rubber，Vulcanised or Thermoplastic—Determination of Compressive Stress-Strain Properties [S].

［12］ ISO 8515：1991　Textile-Glass-Reinforced Plastics—Determination of Compressive Properties in the Direction Parallel to the Plane of Lamination [S].

［13］ ISO/DIS 14126　Fibre-reinforced Plastic Composites—Determination of Compressive Properties in the In-Plane Direction [S].

［14］ Goeke EC. Compression of "Thick" composites：Two Test Methods [S]. Composite Materials：Testing and Design(Eleventh Volume)，ASTM STP 1206，E. T. Camponeschi, Jr.，Ed.，American Society for Testing and Materials，Philadephia，1993，90 - 102.

［15］ Daniels JA, Sandhu RS. Evaluation of Compression Specimens and Fixtures for Testing Unidirection Composite Laminates [S]. Composite Materials：Testing and Design(Eleventh Volume)，ASTM STP 1206，E. T. Camponeschi，Jr.，Ed.，American Society for Testing and Materials，Philadelphia，1993，103 - 123.

11.2.3　面内剪切试验

试验目的

面内剪切的剪切力作用在层压板的边缘，以使所产生的剪切变形发生在层压板面内，而不是通过厚度方向。下面将介绍一些测量面内剪切强度和刚度的方法。这些方法使用的是不同的技术和试样以得到不同的剪切性能。一种方法使用了通过专用夹具加载剪切的 V 型缺口矩形试样。另一种方法对面内带有两个缺口的长条形试样使用了夹具施加压缩载荷。还有一种可行的方法是使用拉伸试验方法，用两种不同类型的特殊夹具施加剪切载荷。所有这些方法都适用于增强型塑料的测试，其中包括高模量复合材料。

V 型缺口梁法

用这种测试方法可以获得复合材料的面内和层间剪切性能,这取决于材料坐标系。测试的层板应当只包括在 0°和 90°方向上受力加载的单向纤维层,或者在 0°和 90°上平衡的含有相同层数的单向纤维层组成的层压板。这种层板也可以包含在 0°和 90°方向上加载的机织织物层压板,或者大多数纤维随机分布的短纤维增强复合材料。

试样的类型、尺寸和制备

试样是一个带有对称中心的 V 型缺口的长条形的平板,如图 11.8 所示。缺口应以 90°角仔细加工。试样由层板切割得到以测试面内剪切性能,或者通过厚板(约 20 mm)来测得层间剪切性能。使用夹片时,建议测试层板厚度小于 2.5 mm。夹片与远离测试区域的试样双面连接,通过增大夹持区的局部厚度加强并稳定试样,如图 11.9 所示。

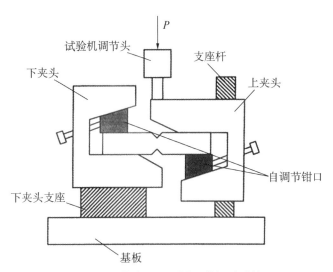

图 11.8 带夹具 V 型缺口剪切试验件

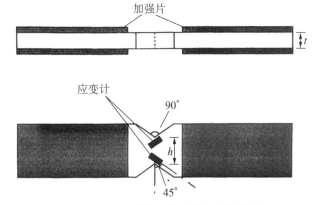

图 11.9 V 型缺口试验件应变片位置

试验装置

试验机必须能够控制横梁以恒定速率移动,并且具有可以显示试样总载荷的装置。测试夹具的下半部分连接到试验机的一个接头,另一个接头通过适配器连接到测试装置的上半部,如果需要的话,需要具有能缓解接头之间的错位的能力。在试样的测量部分以受载轴为中心,至少有两个应变片用来测量应变,如图11.9所示。如果考虑试样的扭转,应变片组成部分应安装在试样的两边。

试验步骤

通过一个与夹具对齐的工具,将试样沿加载线插入到夹具中。在测试载荷时,夹具的两半通过试验机进行压缩。材料的剪切由安装在试样上的应变片测得。剪切极限强度为失效前的最大载荷下的剪切应力,其计算公式是

$$\tau_{cr} = \frac{P_{cr}}{th} \tag{11.4}$$

式中: P_{cr} 为失效载荷; t 为测量部分的厚度; h 为试样缺口处的厚度。如图11.9所示。

面内平板法

在这些方法中,面内剪切性能取决于施加在试样上的载荷。可以使用双轨拉伸加载夹具、三轨夹具或矩形框架通过拉伸或者压缩进行加载。

试样的类型、尺寸和制备

三种不同的试样使用三种不同的方法。试样的几何形状如图11.10和图11.11所示。试样由复合材料层压板剪裁得到,建议厚度取1.3和3.2 mm。试样的直边缘可能有加工痕迹。然而,一旦有轻微分层现象发生,就应当进行钻孔和铰孔。孔的直径可能大于螺栓直径,尽管干涉挤压螺栓已经得到成功运用,尤其是夹片式的试样。注意虽然样品外形尺寸是统一的,孔的类型和夹片边缘的种类有所不同。

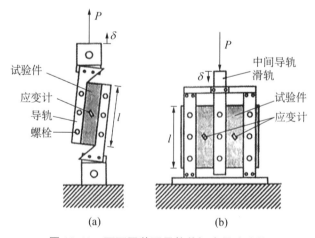

图 11.10　两不同装配导轨剪切夹具试验件

试验装置

该测试装置如图 11. 10 和图 11. 11 所示，用于具有上节部分所述功能的试验机。

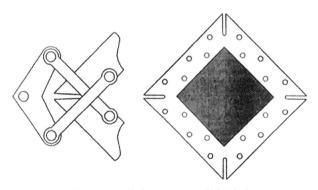

图 11. 11　符合 DIN53397 剪切试验

试验步骤

试样通过螺栓连接在试验夹具上。在轨道上作用拉伸载荷，该轨道引入一个作用在试样上的面内剪切载荷。为测得剪切模量，将一个应变片以与试样纵轴成 45°的角度连接到试样中心，如图 11. 10 所示，然后对试样加载至失效。记录试验期间的载荷和应变。同时记录下失效载荷，并观察失效模式，这通常是由面外屈曲造成。使用双轨道夹具时，剪切极限强度的计算公式为

$$\tau_{cr} = \frac{P_{cr}}{lt} \tag{11.5}$$

使用三轨夹具时，剪切极限强度的计算公式为

$$\tau_{cr} = \frac{P_{cr}}{2lt} \tag{11.6}$$

式中：P_{cr} 为失效载荷；l 为总长度；t 为试样的厚度。对于$+45°$或者$-45°$应变片，当使用双轨夹具时，剪切模量的计算公式为

$$G = \frac{\Delta P/\Delta \delta}{2lt} \tag{11.7}$$

当使用三轨夹具时，剪切模量的计算公式为

$$G = \frac{\Delta P/\Delta \delta}{4lt} \tag{11.8}$$

式中：$\Delta P/\Delta \delta$ 等于载荷曲线的斜率，其中载荷为曲线的线性变形的函数。

压缩法

这种试验方法中,面内剪切强度的测量通过对同一宽度的缺口试样施加压缩载荷得到。在测试增强纤维随机分布或平行纤维或非平行纤维增强的层压板时,这种方法是非常有用的。

试样的类型、尺寸和制备

测试材料为矩形样条,长 80 mm,宽 13 mm,由厚度为 2.5~7 mm 的层压板切割得到(ASTM D 3846)。切割两个平行的缺口,分别位于试样的两个表面,厚度为试样厚度的一半,宽应当与试样的宽度一致,如图 11.12 所示。

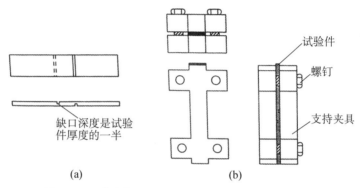

图 11. 12　试验件几何形状(a)和试验中使用的夹具(b)

试验装置

用来防止试样屈曲的辅助夹具(见图 11.12),具有上节所述功能的试验机。

试验步骤:试样安装在支持夹具上,以便与底部和中心齐平,然后放置在试验机的压缩工具上进行压缩。记录下最大载荷,最大载荷通常为试样破坏时的载荷。失效(剪切)区的长度由测量与破坏试样相关的那一半部分决定。这项技术提供了最精确的测试剪切面长度的方法。面内剪切强度的计算是试样承载的最大剪切载荷除以试样的宽度和失效面积的长度。

拉伸法

确定聚合物基复合材料的面内剪切应力-应变的试样方法通常需要昂贵且复杂的测试试样或专门的试验夹具。本方法的优势在于使用相对廉价的直边条和常规测试设备。

试样的类型、尺寸和制备

如图 11.13 所示的矩形试样是由对称、均衡的聚合物基复合材料层压板切割得到。层压板仅仅由 +45°和 -45°层组成。强烈建议使用加强片。

试验装置

此处使用的试验机应具有上节所述的功能。试验机夹头应具有旋转自适应对

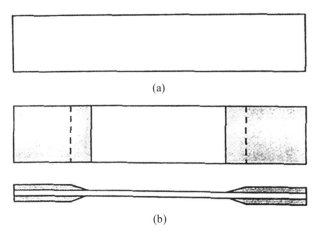

图 11.13 试验件不带加强片(a)和带加强片(b)

准功能以尽量减少试样的弯曲应力。载荷应变数据由在纵向或横向布置的应变计或引伸计测得。

试验步骤

试验之前,先测量试样的宽度和厚度,然后计算截面面积。将材料测试的试验件夹持在试验机的夹头中。注意调整试验加载方向上的试样的长轴方向。以一定的加载速率施加载荷直至试样破坏,记录载荷和纵向及横向的应变。同时记录试样所承受的最大载荷和破坏时的纵向和横向应变。单向剪切强度的计算公式为

$$\tau_{cr} = \frac{P_{cr}}{2wt} \tag{11.9}$$

式中:P_{cr} 为失效载荷;w 为宽度;t 为试样的厚度。

载荷 P 对应的剪切应变由下式给出:

$$\gamma_{12} = \varepsilon_0 - \varepsilon_{90} \tag{11.10}$$

式中:ε_0 为纵向应变;ε_{90} 为横向应变。由所得数据绘出应力-应变图。单向剪切模量的计算公式为

$$G_{12} = \frac{\Delta\tau_{12}}{\Delta\gamma_{12}} \tag{11.11}$$

式中:$\Delta\tau_{12}/\Delta\gamma_{12}$ 等于单向剪切应力-应变曲线的线性部分的斜率。

参考文献

[1] ASTM D 3518 - 76 Practice for In-Plane Shear Stress-Strain Response of Unidirectional Reinforced Plastics [S].

［2］ASTM D 3846 - 79　Test Method for In-Plane shear Strength of Reinforced Plastics［S］.

［3］ASTM D 4255 - 83　Guide for Testing In-Plane Shear Properties of Composite Laminates［S］.

［4］ASTM D 5379 - 93　Test Method for Shear Properties of Composite Materials by the V-Notched Beam Method［S］.

［5］CRAG Method 101　Method of Test for In-Plane Shear Strength and Modulus of Fibre Reinforced Plastics［S］.

［6］ISO/DIS 14129　Fibre-Reinforced Plastics Composites—Determination of In-Plane Shear Modulus and Strength by Plus or Minus 45 Degrees Tension Test Method［S］.

11.2.4　层间剪切试验

试验目的

这里只介绍一种测量层间剪切强度的试验方法,但是 11.2.3 节介绍的 V 型缺口试样法也可以用来测试层间剪切特性。这些测试方法适用于研究和发展计划,也有利于质量控制和规范确定。

短梁法

这些试验方法可以测得平行纤维增强型塑料的层间剪切强度。试样是一个短梁,是由环形样板或平板切割得到的一部分。用这种方法得到的剪切强度不能用来作为设计标准,但可用于复合材料的比较试验。

试样的类型、尺寸和制备

试样是一个短梁(见图 11.14),是由环形样板或平板切割得到,平行纤维增强型塑料的厚度高达 6.4 mm(ASTM D2344)。对试样尺寸的唯一限制是,当杨氏模量 $<10\times10^9$ 时取厚度比为 5,当杨氏模量 $>10\times10^9$ 时取厚度比为 4。

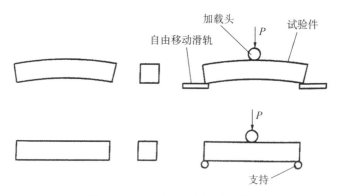

图 11.14　两种不同短梁试验件

试验装置

试验设备中用到了具有指定加载头直径的三点弯曲夹具,能够控制横梁匀速移动的试验设备,并且可以显示试样所承受的总载荷。

试验步骤

测量试样的厚度和宽度,并将试样放置在测试装置中,如图 11.14 所示。放试样时要非常小心,使其中点为中心,并且使其长轴垂直于圆柱轴或者在加载点以下。以一定的横梁移动速率加载试样,同时记录下试样破坏时的载荷。剪切强度的计算公式为

$$\tau_{cr} = \frac{3P_{cr}}{4wt} \tag{11.12}$$

式中:P_{cr} 为破坏载荷;w 为宽度;t 为试样的厚度。

参考文献

[1] ASTM D 2344 – 84　Test Method for Apparent Interlaminar Shear Strength of Parallel Fibre Composites by Short Beam Method [S].

[2] CRAG Method 100　Method of Test for Interlaminar Shear Strength of Fibre Reinforced Plastics [S].

[3] ISO 3597 – 4：1993　Textile-Glass-reinforced Plastics—Determination of Mechanical Properties on Rods Made of Roving-Reinforced Resin　Part 4：Determination of Apparent Interlaminar Shear Strength [S].

[4] ISO 3597 – 4：1993　Textile-Glass-reinforced Plastics—Determination of Apparent Interlaminar Shear Properties by Short Beam Test [S].

[5] ISO/DIS14130　Fibre-Reinforced Plastic Composites—Determination of Apparent Interlaminar Shear Strength by Short-Beam Method [S].

11.2.5　弯曲试验

试验目的

这些测试方法用于测定无加强和增强塑料的弯曲性能,其中包括高模量复合材料。这里介绍了两种试验方法。三点加载系统对简支梁施加中心载荷,主要是为那些在相对较小挠度下破坏的材料而设计的。三点弯曲试验中,在最大应力点处还未发生破坏的材料应当使用四点载荷试验法。四点加载系统利用与相邻的支持点等距的两个负载点,是专为那些在试验时发生大挠度的材料而设计的。两种试验方法之间的根本区别在于最大弯矩的位置和轴向应力。是否进行比较试验可根据试验方法或者过程,用以保证试验方法或过程满足测试材料。第三种试验方法为悬臂梁法,非常适合测定材料的相对柔度,特别适用于太柔软而上两种方法很难测量的材料。这种方法此处不作介绍。

三点载荷法

试样的类型、尺寸和制备

测试试样是根据一定的跨度厚度比,由层合板切割得到。应选择合适的跨度厚度比,

以使弯矩导致的破坏发生在试样的外层纤维。三个可取的跨度厚度比,是 16、32 和 40 比 1。

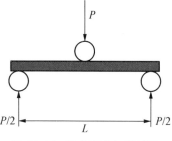

图 11.15 三点弯曲加载试验

试验装置

此处应当使用可以控制匀速移动横梁的试验设备,应配有挠度测量装置和准确性较高的载荷测量系统。三点弯曲夹具中的加载头和支撑点应当为柱面(见图 11.15)。为了避免过多的压痕或者由加载头下的应力集中引起的破坏,加载头的半径和支持压头应当至少为 3 mm,最大为试样厚度的 1.5 倍。

试验步骤

对齐加载头和支撑点,以使轴的圆柱面平行,并使加载头位于支撑点的中间。将试样放在支撑点的中心,使试样的长轴垂直于加载头和支撑点。以一定的速率加载,并同步传输载荷-挠度数据。在外层纤维发生破坏或者达到最大应变时试样弯曲,以先发生的一个为准。如果复合材料在垂直于层板方向上的抗压强度较低,应装入一个大半径加载头,以防止外部纤维的过早破坏。对于一些高度各向异性复合材料,剪切变形模量能极大地影响测量结果,即使跨度厚度比高达 40:1。因此,对这些材料,建议增大跨度厚度比为 60:1,以消除求剪切模量时的影响。抗弯强度等于纤维断裂时的最大应力,其计算公式为

$$\sigma_{cr} = \frac{3P_{cr}L}{2wt^2} \tag{11.13}$$

式中:P_{cr} 为断裂时的载荷;L 为支撑跨距;w 为试样宽度;t 为试验梁的厚度。

四点载荷法

试样的类型、尺寸和制备

试样由与上节所述规格相同的层压板切割得到。

试验装置

如上节所述的试验设备应使用相同规格的四点弯曲夹具,与上节所述的三点弯曲夹具类似。对齐加载头和支撑点,以使圆柱面的轴平行,并使受载区域为支撑区域的三分之一或者一半。将试样放在支撑点的中心,使试样的长轴垂直于加载头和支撑点。加载头应该是不可旋转的类型。以一定的速率加载,并同步传输载荷-挠度数据。在外层纤维发生破坏或者达到最大应变时试样弯曲,以先发到的一个为准。如果受载区域 l 为支持区域 L 的 1/3,L 为支持长度,l 为加载长度(见图 11.16),抗弯强度等于纤维断裂时的最大应力,其计算公式为

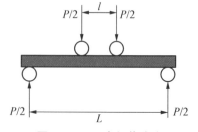

图 11.16 四点加载试验

$$\sigma_{cr} = \frac{P_{cr}L}{wt^2} \tag{11.14}$$

式中：P_{cr} 为断裂时的载荷；L 为支撑跨距；w 为试样宽度；t 为试验梁的厚度。

如果受载区域为支撑区域的一半，抗弯强度的计算公式为

$$\sigma_{cr} = \frac{3P_{cr}L}{4wt^2} \tag{11.15}$$

参考文献

［1］ ASTM D 747 - 90　Test Method Apparent Bending Modulus of Plastics by Means of a Cantilever Beam［S］.

［2］ ASTM D 790 - 86　Test Method for Flexural Properties of Unreinforced and Reinforced Plastics and Electrical Insulting Materials.［Metric］［S］.

［3］ CRAG Method 200　Method of Test for Flexural Strength and Modulus of Fibre Reinforced Plastics［S］.

［4］ ISO/DIS 14125　Fibre-reinforced Plastic Composites-Determination of Flexural Properties［S］.

11.2.6　冲击试验

试验目的

这里介绍了一些冲击试验的不同类型：测定试样冲击阻抗的试验方法，测定缺口试样和无缺口梁试样冲击阻抗的试验方法；拉伸冲击能量的试验方法。第一种测试方法覆盖了确定刚性、增强或者非增强塑料材料在能量作用下破坏或者断裂的性能排名。这些测试是根据各种特定条件的影响，包括自由落体锤头或重物，或自由落下的带重物的撞针。第二种方法通过对塑料的弯曲冲击测量材料的抵抗断裂的能力，如通过标准化钟摆型锤获得冲击能量，试样安装在标准的机器上，通过一个钟摆冲击来破坏标准试样。测试非增强型塑料时首选用无缺口试样的方法。而测量纤维增强型塑料如果采用带缺口的试样，缺口可能掩盖纤维方向的影响。第三种方法通过在一系列标准条件下标定的标准钟摆的单独摆动，来测得张力场中拉伸-冲击试样破坏所需的能量。

平板试样的冲击阻抗

塑料为黏弹性物体，因此可能对落在其表面的重量的速度变化非常敏感。然而，一个自由下落的物体的速度取决于下落高度的平方根。人们发现，复合材料层压板受在下降高度为 0.3 和 1.4 m 之间时处，降落重物冲击的平均失效能量为常数，这表明，同等能量条件下，采用改变重量的方法与改变高度的方法将得到同样的结果。另一方面，不同的材料对冲击速度的反应也不尽相同。这些试验方法包含了

确定平板试验件在不同特定条件下材料破坏所需能量的相对排名,这些冲击包括自由落体锤头或重物,或自由落下的带重物的撞针。因为冲击试验的自然特性,试验方法的选择以及冲头的选择具有一定的随意性。虽然冲头的几何尺寸可以任意选择,仍需考虑最终结果或者最终用途。

试样的类型、尺寸和制备

这些测试方法用到了带有圆孔的支撑板,平板试样的直径或宽度应当至少比孔大 25 mm,或者换种说法是,试样应当足够大,以便当需要夹紧时,可以将试样夹持固定好。合理选择制作试样的方法,以尽量减小试样的制备对材料冲击阻抗性能的影响。应仔细检查试样,以确保试样没有裂缝或其他明显的缺陷,除非在特定研究中该缺陷是要研究的一个变量。

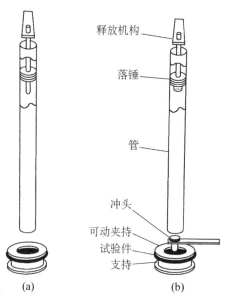

图 11.17　两种不同类型的冲击设备

（a）使用自由落锤　（b）使用落锤击打冲击头

试验装置

该试验设备的主要组成是由一个可以抵御冲击的合适的基座、一个具有冲击质量的钢棒、一个具有指定直径圆头的坚硬的钢制冲头和一个引导管,如图 11.17 所示。支架用来在垂直位置上将引导管连接到基座上。将带有特定直径的孔的试样支撑板安装到基座上。不同试验方法之间的差别在于试样是否受到自由落体的冲击,或者它是否受到具有一定速度下落的质量冲头的冲击。试样支撑板孔的直径也不相同,并且试样是否被夹紧,冲头的形状和重量也依方法的不同而不同。

试验步骤

基本上有两种不同类型的测试方法,正如所提到的那样,不同之处在于试验设备的设计以及夹持和冲击试样的方法。在其中一个测试方法中,自由下落冲头允许直接冲击支撑试样,或者让一个重量固定的冲头从不同高度下落,或者将一个重量可变的冲头从同一高度下落。在其他类型的测试方法中,重物在引导管中下落,并且冲击支撑试样的顶部,固定的重量从不同高度下落。

梁试样的冲击阻抗

通过对塑料的弯曲冲击测量材料的抵抗断裂的能力,试样采用带缺口或者不带缺口的梁试验件,如通过标准化钟摆型锤获得冲击能量,在一个钟摆内破坏标准试样。试样中的缺口作用是引起应力集中,减小塑性变形,将断裂引向缺口后面方向,因此,可以降低破坏所需能量的分散性。然而,由于塑料的弹性和黏弹性性能的不同,对给定缺口的响应会随材料不同而不同。通过比较相同缺口下试样破坏所需的能量的不同可以测得塑料的"缺口敏感性"。

试样的类型、尺寸和制备

主要有两种不同类型的试样:无缺口梁和缺口梁(见图 11.18)。建议取试样时,分别在长度和宽度上取样,并且宽度应与板的厚度相同。试样还可以通过其他方法得到,例如注塑成型,但要避免将不同制备工艺制作的试样进行比较。在一些方法中,试验件采用悬臂梁方法进行冲击,其纵向边缘面必须保持相互平行,其公差控制在很小范围内。建议不要选择非常薄的试样,因为其通常会在夹持处产生扭曲。厚试样(最大不能超过 6.35 mm ASTM D 4812)也应避免使用。通过粘结、螺栓连接、夹紧或其他的连接形式使得薄试样组成复合试样的做法都应避免,因为界面可能严重影响到试验结果。应用铣床或其他合适的工具加工缺口,并且建议用液体或气体冷却剂冷却试样。每个试样应无扭曲、变形、划痕或任何其他明显的缺陷。

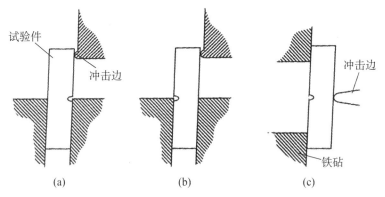

图 11.18　不同种类的冲击梁试验件

(a)(b) 为缺口悬臂梁　(c) 为简支缺口梁

试验装置

试验设备包括:安装固定试样的设备基座、钟摆型冲锤、一个刚架和无摩擦轴承。具有针对特定试样调整初始能量的装置再加上钟摆型夹持和释放装置及指针,指示试样破坏后残余的过剩能量的刻度盘。钟摆应包括一个或多个手臂,手臂的一头为轴承,另一头为冲击头。钟摆的冲击头应当为经硬化的钢制成,并且有一个一定曲率半径的圆柱面,如图 11.19 所示。

试验步骤

这里介绍了两种不同试样的试验方法:使用无缺口梁的试验(如 ASTM D4812)和使用缺口梁的试验(如 ASTM D256)。测试缺口试样时,用到了两种基本的试验方法,这些方法的不同在于机器的设计、试样和夹持冲击试样的方法。悬臂梁冲击试验方法中,试样作为悬臂梁支撑,并且在一个钟摆的摆动内破坏,初始接触

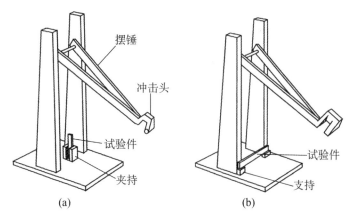

图 11. 19　不同类型梁冲击设备

(a) 悬臂梁式试验　(b) 带简支的梁式试验

线离试样夹持一定的距离,缺口中心线与缺口处在同一平面。这种测试方法可以通过摇摆试样的一部分来测试试样的能量耗散。这个值称作"悬臂(Izod)净强度估算",这种方法也可以测量材料的缺口敏感性。缺口处的应力集中随着半径的增大而增大,对于给定的系统,更大的应力集中将引起更大的局部应变率。由于应变率对破坏能量的影响依材料的不同而不同,可通过测试不同缺口半径的试样来测得。为得到无缺口冲击强度,可以采用反向缺口试验,这意味着将试验设备与通常位置相对旋转 180°,以使得仪器的冲头从缺口背面冲击试样。在简支梁(Charby)型试验方法中,试样作为水平简支梁支撑,并在一个钟摆回旋内,在支撑和缺口对面之间的冲击中线下破坏。无缺口试样的试验与悬臂型试验基本类似,尤其适用于缺口可能掩盖方向影响的增强型材料。

拉伸冲击能量试验

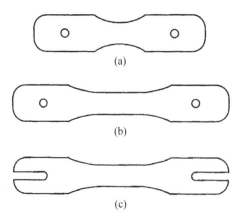

图 11. 20　两种不同几何形状的拉伸试验件

(a) 短型　(b) 长型　(c) 沟槽型

拉伸冲击能量是指在拉伸状态下,在一系列标准条件下,通过一个标准钟摆的摆动破坏处于拉伸状态下的标准冲击试样所需的能量。这种试验方法包括确定拉伸冲击试样断裂所需的能量。

试样的类型、尺寸和制备

试样经打磨、加工或切割成一个指定的几何形状。有两种不同的几何形状,分别为短试样和长试样,如图 11. 20 所示,为了将试样用螺栓连接到试验机器上,通过钻一个孔,或者为了方便螺栓连接,另一种方法是做一个便于插入的插槽〔见图

11.20(c)]。

试验装置

用到了钟摆型试验设备,类型与图 11.19 所示的相同。这个设备基本上与上节所述的钟摆型试验机一样,钟摆的头部集中了最大的质量。十字头夹具(见图 11.21)应当硬且轻,并且得到钟摆的支撑以使得试样的试验部分在冲击前处于无应力状态。保证试验件冲击过程中受到纯拉力作用。建议使用锯齿状的夹具以防止滑动。应当找到一种通过测量破坏后钟摆的高度来测得从钟摆吸收能量的方法。

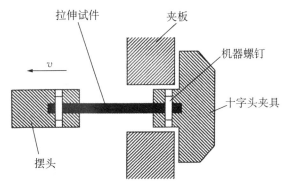

图 11.21 端头固定试验件形式的拉伸冲击试验机

试验步骤

这种试验方法中用到的能量是由一个经过标定的冲击试验机的冲击钟摆的一次摆动得到。在试样破坏过程中,从冲击设备的钟摆中提取的动能决定了拉伸冲击能量。试样的一端安装到钟摆上,试样的另一端固定在一个十字头上,当十字头固定时,随钟摆运动而摆动直到达到冲击最大动能那一刻,然后十字头被试验机抓住不动。

参考文献

[1] ASTM D 256 – 90b Test Mathods for Impact Resistance of Plastics and Electrical Insulating Materials [S].

[2] ASTM D 1822 – 93 Test Method for Tensile-Impact Energy to Break Plastics and Electrical Insulating Materials [S].

[3] ASTM D 3029 – 90 Test Methods for Impact Resistance of Rigid Plastic Sheeting or Parts by Means of a Tup(Falling Weight) [S].

[4] ASTM D 4812 – 93 Test Method for Unnotched Cantilever Beam Impact Strength of Plastic [S].

[5] ASTM D 4812 – 93 Test Method for Impact Resistance of Flat,Rigid Plastic Specimen by Means of a Striker Impacted by a Falling Weight(Gardener Impact) [S].

11.2.7　冲击后的压缩

试验目的

这种试验方法可以用来确定冲击损坏后纤维增强型塑料的剩余压缩强度。冲击应根据上节所述的合适方法进行选择。

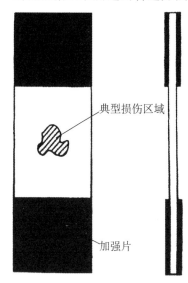

图11.22　确定冲击后压缩强度试验件

试样的类型、尺寸和制备

建议使用准各向同性层压板试验件，厚度大约取 3 mm。如图 11.22 所示，压缩试样应由冲击层板切割得到[①]，以保证受损区域位于试样的中心。建议使用端部加强片。

试验装置

对于平板试样的冲击试验，为了试验样件板的初始冲击，需要 11.2.6 节所述的合适的冲击试验类型。此外，需要用到一个支持夹具（见图 11.23）和一个试验机，支持夹具用来防止试样屈曲，试验机应当能够恒速控制十字头移动，并能显示试样所承受的总压缩载荷。需要用到一个压缩引伸计，来测量试验期间任意时刻试样上两个固定点之间的距离。理想的做法是，压缩引伸计将这个距离作为试样所受载荷的函数进行自动记录。

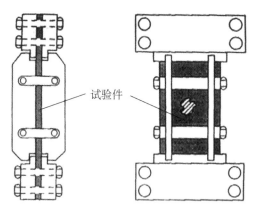

图 11.23　支持夹具示例（防失稳）

试验步骤

试样应当安装在支持夹具上，并与试验设备仔细对齐。然后，将试样加载至失

① 目前大多使用全部的冲击试样进行压缩。——译注

效以得到冲击后的剩余压缩强度。剩余压缩强度的计算式为

$$\sigma_{cr} = P_{cr}/tw \qquad (11.16)$$

式中：P_{cr} 为失效载荷；w 为试样测试区域的宽度；t 为试样的厚度。

参考文献

CRAG Method 403　Method of Test for Residual Compression Strength After Impact of Multidirectional Fibre Reinforced Plastics [S].

11.2.8　疲劳试验

试验目的

这些试验方法介绍了一些不同试验类型，用以确定增强树脂复合材料的疲劳性能的试验方法的应用案例。得到的疲劳数据用于在重复载荷下结构材料的材料规范、研究和发展，以及指导设计和材料的选择。试验方式有载荷控制、应变控制或位移控制等不同方法。

试样的类型、尺寸和制备

图 11.24 和图 11.25 给出了几个用于不同的疲劳试验的试样几何形状的例子。当进行轴向测试（拉伸/压缩）时，图 11.24 中的拉伸样条需要与支撑夹具一起使用，以防止压缩载荷作用时试样失稳。试样与静态试验中所用的类似，并由平板加工得到。

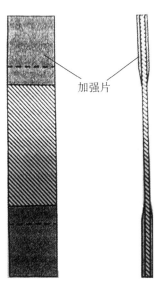

图 11.24　单轴拉压疲劳含加强片试验件几何形状

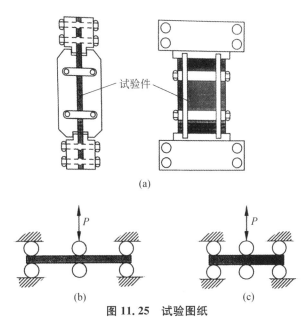

图 11.25　试验图纸

（a）为带防屈曲支持装置的轴向疲劳测试试验　（b）三点弯曲试验　（c）短梁弯曲试验，分别为测试弯曲、层间剪切疲劳的试验

　　强烈建议使用加强片,特别是在纤维方向上对单向(或单向为主的)层板进行轴向测试时,或者为防止夹持破坏而在基体方向上进行测试时。拉伸试样加强片的选择在11.2.1节中讨论过。如果用到了应变片,在粘贴之前应当仔细准备试样。在表面处理时,不要损伤纤维。

试验装置

　　采用非共振机械、磁性或液压系统,或者使用谐振型拉伸试验机,采用磁或离心力进行强迫振动激励。试样可以安装纵向或横向,或两者兼有的应变片。为了材料测试时获得充分的性能表征,应当选取合适的测量应变片、表面处理方式和黏结剂。在某些情况下,用引伸计可能更好一些。使用合适的应变自动记录设备。疲劳试验通常在高循环率下进行,这样将会导致试样发热,因此影响试样的疲劳寿命。如果存在试样发热或者其他任何问题,那么应当对循环过程中试样的温度进行监控。使用辐射温度计,在试样上安装热电偶,或者采用温度敏感蜡或蜡笔,这些都是测量温度的方法。如果进行层间剪切或者弯曲疲劳试验时,使用静态试验中用到的三点弯曲夹具但需要背对背装有圆辊,如图[见图11.25(b)和(c)]。在设计一个三点弯曲疲劳试验台时,必须十分小心,以确保圆辊可以转动,避免由角度偏转引起的任何的夹紧力矩。

试验步骤

　　当试样装在弯曲夹具或试验机的夹紧设备中时,应仔细进行对中。试样加载可以采用不同的方法,试样以一定频率(速率)在两个拉伸载荷、或一个拉伸载荷与一个压缩载荷之间循环,或者以一定的频率(速率)在两个有限应变之间循环。如果需要监测蠕变的影响(载荷控制试验),必须得到由试验中的载荷-应变曲线。

参考文献

[1] ASTM D 671 - 87　Test Method for Flexural Fatigue of Plastics by Constant-Amplitude-of-Force [S].

[2] ASTM D 3479 - 76　Test Method for Tension-Tension Fatigue of Oriented Fibre, Resin Matrix Composites [S].

[3] CRAG Method 500　Methods for the Preparation of specimen for the Measurement of Fatigue Properties of Fibre Reinforced Plastics [S].

11.2.9　动态性能测试

试验目的

　　这些试验方法通过采用强迫振动技术,为测定热固性树脂和热塑性树脂以及复合材料体系提供了一种简单的测量热力学特征的方法。这种测试方法适用频率范围很广,通常为 $0.01 \sim 100$ Hz。弹性损失图、复模量以及角正切(模量损耗与剩余模量之比)可以作为频率、时间或温度的函数,表明高分子材料体系的热力学性能参数之间有重要的转换关系。这里主要介绍了 5 种不同的试验方法:拉伸试验,将矩形截面试样纵向安装在两夹具之间,并进行动态拉伸试验;压缩试验,将圆柱形试样放在两平板或平行压盘之间,进行动态压缩试验;扭转试验,将矩形试样纵向安装在两夹具之间,并进行动态扭转试验;双悬臂梁试验,将矩形截面试样固定在两夹具之间,并且作为一个在动态线性位移或弯曲载荷作用下的梁,测量梁中心处的位移应变或变形;三点弯曲试验,将矩形截面试样作为一个有两个支撑点的梁进行弯曲试验,并且通过两支撑之间的加载头进行加载。所有这些不同的试验都在恒温条件或温度线性增加的条件下进行。

试样的类型、尺寸和制备

试样可由薄片、板材或模压形状切割得到,或者由模具直接得到想要的成品尺寸。对于扭转、三点弯曲拉伸和悬臂梁试验,使用不同尺寸的矩形截面试样。压缩试样中用到了圆柱形试样。ASTM 给出了试样的典型尺寸,如图 11.26 所示。其他的尺寸也可以使用,但应当作明确的规定。

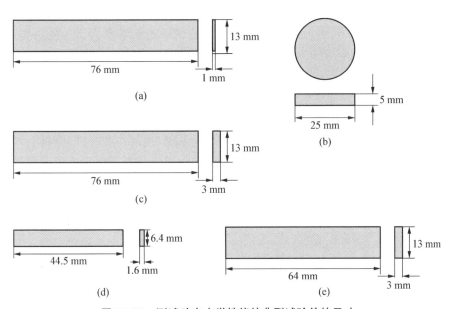

图 11.26   测试动态力学性能的典型试验件的尺寸

(a) 拉伸   (b) 压缩   (c) 扭转   (d) 使用悬臂梁的弯曲试验件   (e) 三点弯曲试验件

试验装置

试验装置的功能是夹紧试样,以使材料在机械驱动的线性位移或扭转系统下,表现为弹性或者耗散单元。动力学仪器工作在强迫、恒定振幅的固定频率或可变频率下。试验机应当装备有一个带有夹头或平板的固定设备,压缩试验中和一个可移动的带有另一个夹头的设备,用来夹持试样。需要用到提供力-位移的设备,以及测定其他试验参数如力、变形、频率和温度的设备。三点弯曲试验中用到的加载头和支撑,应当是具有足够大半径的圆柱面,以避免由加载头下的应力集中引起的过度挤压或失效(见图11.27)。为了保持试样环境的稳定,建议使用带有稳定的温度控制器的温度箱。

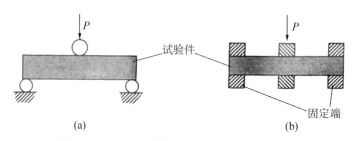

图 11. 27　用于测试弯曲动态力学性能的试验件

(a) 三点弯曲试验件　(b) 双悬臂梁试验

试验步骤

测量试样尺寸,并把试样装在固定的和可移动的设备组件之间。当进行三点弯曲试验时,应当仔细将试样放在支撑的中心,使试样的长轴垂直于加载头和支撑。对试样进行预加载并监测法向上的力,以确保预加载足够充分。测量可移动的和固定的部分之间的间隙。当进行悬臂梁试验时,测量夹具之间的试样的长度,然后对试样进行预加载,以保证在试验过程中为正的挠度,测量零位移的情形除外。为动态线性位移选择所需的频率和振幅。当温度的增加为线性时,应控制在 $1\sim2\,℃/min$,当阶梯性增加时,应控制在 $2\sim5\,℃/min$,并至少热浸 1 min。在不同的时间,对试样的温度、频率或两者共同对高分子材料体系的弹性模量或耗损模量或两者都进行测量。弹性模量和耗损模量的图像表征了试样的黏弹性。

参考文献

[1] ASTM D 4065 - 93　Standard Practice for Determining and Reporting Dynamic Mechanical Properties of Plastics [S].

[2] ASTM D 4092 - 90　Standard Terminology Relating to Dynamical Measurements of Plastics [S].

[3] ASTM D 5023 - 89　Test Method for Measuring the Dynamic Mechanical Properties of Plastics Using Three Point Bending [S].

[4] ASRM D 5024 - 89　Test Method for Measuring the Dynamic Mechanical Properties of Plastics in Compression [S].

[5] ASRM D 5026 - 93　Test Method for Measuring the Dynamic Mechanical Properties of

Plastics in Tension [S].

[6] ASRM D 5279 - 93　Test Method for Measuring the Dynamic Mechanical Properties of Plastics in Torsion [S].

[7] ASRM D 5418 - 93　Test Method for Measuring the Dynamic Mechanical Properties of Plastics Using a Dual Cantilever Beam [S].

[8] ISO 6721 - 2：1994　Plastics—Determination of Dynamic Mechanical Properties—Part 2：Torsion Pendulum Method [S].

[9] ISO 6721 - 6：1996　Plastics—Determination of Dynamic Mechanical Properties—Part 6：Shear Vibration—Non-Resonance Method [S].

[10] ISO 6721 - 7：1996　Plastics—Determination of Dynamic Mechanical Properties—Part 7：Torsional Vibration—Non-Resonance Method [S].

[11] ISO/DIS 6721 - 8　Plastics—Determination of Dynamic Mechanical Properties—Part 8：Longitudinal and ShearVibration—Wave Propagation Method [S].

[12] ISO/DIS 6721 - 10　Plastics—Determination of Dynamic Mechanical Properties—Part 10：Complex Shear Viscosity Using a Parallel-Plate Oscillatory Rheometer [S].

11.2.10　断裂韧性试验

试验目的

分层敏感性是许多先进复合材料结构的一个主要缺点。了解复合材料层间断裂阻抗，对于产品开发和材料选择是非常有用的。层间断裂韧性的测量，独立于试样的几何形状或加载方式，有助于在使用这些材料进行复合材料结构设计和损伤容限分析时建立设计许用值。这里所介绍的绝大多数的层间断裂韧性试验仅限于单向层压板复合材料，裂纹在不同层之间沿纤维方向扩展，在多向层压板中，裂纹可能有在相邻层分叉的倾向，使得断裂分析假设中的共面假设失效。

Ⅰ型层间断裂韧性试验：DCB 试样

该方法描述了采用双悬臂梁(DCB)试样的单向纤维增强型聚合物基复合材料，在分层张开模式(模式Ⅰ)下的层间断裂韧性 K_{Ic} 和能量释放率 G_{Ic}。这种方法仅限于用于单向碳纤维层板组成的复合材料，单向带层板基体为碎而韧的单相聚合物基体。这种局限性是由一系列试验得到的经验。这种检测方法可证明适用于其他类型和类别的复合材料，但是会有一定的干扰。

试样的类型、尺寸和制备

DCB 由矩形的、均匀厚度的单向层压板复合材料组成，由层压板切割得到，层板含有不粘连的嵌入层作为分层。因此，试验层板必须为偶数层，建议选用单向的分层发生在零度方向上的层板。不粘连的嵌入层，如 0.025 mm 特氟龙薄膜，在布置时应当置于层板的中心，以组成分层的起始点。拉力通过铰链或连接到试样一端的加载块作用到 DCB 试样上。图 11.28 中，图(a)为带铰链的 DCB 试验件，图(b)为带加载块的试验件，其中 a 为分层长度。

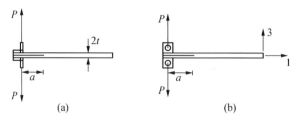

图 11.28 试验件种类

（a）为带铰链型试样   （b）为带加载块型试样
a 为分层长度

试验装置

试验设备应当能够控制和调节移动头的速度,试验机的载荷感应装置应当能够指示试样所承受的总的载荷。为了对试样进行加载,试验机应当装备有夹持加载铰链的夹具,或与试样连接的夹持加载块的引脚。为了估算张开位移,用到测量十字头分离位移或在试验件上安装外部标定过的应变片或者传感器。记录并储存载荷和张开位移的数据,然后进行后处理,或直接由 X－Y 绘图仪或其他类似的装置画出图形。用可移动的光学显微镜观察试验过程中试验件沿着一条边缘延伸的分层现象。这个装置应当能够准确地观察分层现象,精度至少为＋0.5 mm。

试验步骤

用一薄层水性打印修正液或其他类似的东西将试样嵌入分层的两个边缘前方涂上,并用细垂直线标识,以利于分层的目视观测。将加载模块或铰链连接到加载设备夹持的试样上,确保试样处在中心。将光学显微镜放在合适的位置,以观察分层的变化,并测量试样一边的分层长度。对试样进行连续加载,随着分层的增长,载荷与张开位移的变化是相反的。另一种方法是对试样进行加载直到分层扩展到大约 10 mm,停止机器(见图 11.29),测量实际分层裂缝长度并对试样卸载。在记录图表中对分层裂缝长度进行标识以利于以后的检查。重复此过程,直到分层裂缝长度达到大约 150 mm。

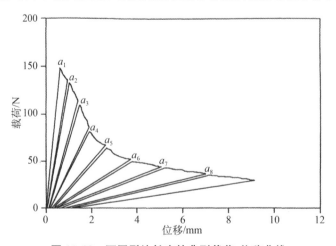

图 11.29 不同裂纹长度的典型载荷-位移曲线

临界能量释放率 G_{Ic} 可以用下式计算：

$$G_{Ic} = \frac{P_C^2 a^2}{wEI} \qquad (11.17)$$

式中：P_C 是临界载荷；a 是分层长度；w 是试样宽度。然后层间断裂韧性 K_{Ic} 能从下面的平面变形关系式估算出来

$$G_{Ic} = \frac{K_I^2 (1 - \nu^2)}{E} \qquad (11.18)$$

Ⅱ 型层间断裂韧性试验：ENF 试样

末端有分层的弯曲(ENF)试样的目的是为了在纯Ⅱ型模式的加载方式下，测定临界应变能释放率。采用三点弯曲的形式，测试原理如图 11.30 所示，图中，a 是三点弯曲试验装置的分层长度。试验发现，试样能在摩擦系数较小的分层之间，在裂纹尖端产生剪切载荷。

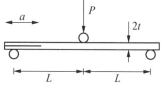

**图 11.30　ENF 试验件与 3
点弯曲试验装置**

a 为分层长度

试样的类型、尺寸和制备

ENF 试样能从与前面部分所述的 DCB 试样相类似的层压板制品中切取。在此建议测试跨度最好为 100 mm，因此试样长度应该等于跨度再加上 10 mm 后的总长度。

试验设备

试验机应具有前面部分所述的性能。三点弯曲处夹具的加载头和支撑应有柱面，且柱面有足够大的半径，以避免直接在加载头位置的应力集中，造成过度的压痕或失效。在中点的位移可以用引伸计或类似的仪器所记录。

试验步骤

将嵌入分层前端小心预制大约 2 mm 左右长的一条裂缝，这样是为了使得初始裂缝更接近自然效果。然后把试样固定在三点弯曲夹具上，并正确校准，使初始裂缝长度有 25 mm 左右(见图 11.30)。不断对试样加载，记录载荷和位移。能观察到，裂纹通常以一种不稳定的方式扩展到中心加载点。这意味着从每一个试样中仅仅可以得到一个临界能量释放率 G_{IIc}。从弹性梁理论可以推导出关于 G_{IIc} 的表达式：

$$G_{IIc} = \frac{9P_C^2 C a^2}{2l(2L^3 + 3a^3)} \qquad (11.19)$$

式中，P 是临界载荷，

$$C = \frac{2L^3 + 3a^3}{8EIt^3} \qquad (11.20)$$

式中：C 是柔度；a 是裂缝长度；l 是长度；t 是试样厚度的一半；L 是中心支柱和左端

支柱之间的距离。

Ⅱ型层间断裂韧性试验：CDD 试验

采用弯曲载荷获得分层的Ⅱ型模式(CDD)的试验测试提供了一个直接的、稳定状态的纯Ⅱ型分层韧性，并且不需要从其他的分层试验导出计算。CDD 测试能在可控的裂缝生长率的条件下测定韧性，测试结果与前面介绍的已经建立的 ENF 测试的结果符合性很好。但这种测试结果不受几何特性不稳定的影响。在这种测试中，通过直接、连续的测量试样的韧性，能非常容易地观察到分层机理的变化。

试样的类型、尺寸和制备

在 CDD 试验中使用的试样是一种前面部分描述过的 ENF 典型试样。CDD 试样与 ENF 试样的唯一的区别就是长度更长。

试验装置

试验机应具有前述试验所要求的功能。如图 11.31 所示，用夹具装置使试样产生弯曲。用定位螺丝 A 确定位移量。用滚子支撑加载端，用另外三个大的圆辊支撑试样中心以减少摩擦。为了加载，试验机应配备一个夹具来固定试样，避免试样被推出弯曲固定夹具。记录、储存这些载荷和位移数据，然后对比这些数据进行后处理，或者直接用 X-Y 绘图仪或类似装置进行绘制载荷与位移之间的关系曲线。

试验步骤

开始采集数据前，试样装在试验机的固定夹具上，然后裂缝在嵌入处的富树脂区以外开始生长。CDD 夹具背后的概念是试样能以可控的速率不断地加载到夹具上，加载力是对试样强度的一种直接的测量。小的加载环插入到定位螺丝处来测量偏移力。可以通过试样末端加载的方式使用试验机的作动缸把试样压进夹具。销加载不允许

**图 11.31
CDD 测试
概念**

试样末端有扭矩。裂缝以临界应变能释放率恒定生长，生长是稳定的，临界应变能量释放率用 $G_{Ⅱc}$ 表示，且能用如下公式计算：

$$G_{Ⅱc} = \frac{P_C}{B} \tag{11.21}$$

式中：B 是试样的宽度；P_C 是临界载荷。

混合模式的层间断裂韧性：CLS 试样

裂缝交错剪切试样原来是为研究剪切主导的胶黏接头的断裂而设计的，并发展为模式Ⅱ的复合材料试样。这种试样并不能在裂纹尖端产生一种纯模式Ⅱ的载荷。因此，CLS 试样是一种混合模式试样。

试样的类型、尺寸和制备

CLS试样的制备方法与上面的试样相类似。然后试验件加工成如图 11.32 所示

的最终形状,推荐使用末端加强片。试验前,应小心楔开一条裂缝,并撕开大约10 mm 的长度,以达到自然起始裂纹效果。

试验装置

试验机应具有前述试验要求的功能。为了给试样加载,试验机应配备夹具来固定试样。记录和储存载荷和位移数据,然后对比这些数据进行后处理,或者直接用 X－Y 绘图仪或类似装置进行绘制载荷与位移之间的关系曲线。因为用肉眼很难发现裂缝前缘,所以试验时,最好用一台带有精密刻度盘式标尺的移动光学显微镜,测量沿一边的分层前缘扩展的裂纹长度。

试验步骤

从起始裂纹尖端的切口线确定初始裂纹长度 a。用夹具把试样安装好,慢慢给试样加载,然后绘制载荷和位移的关系图。给试样加载直到看到分层的出现,这个在试样的每一边都能观察到。从载荷/位移曲线中轻微的偏差中可以发现脱层的发生。然后试样完全卸载,测量裂纹长度。重复几次上

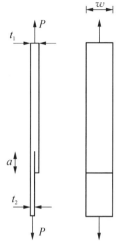

图 11.32 有一分层长度的CLS试样

述过程,直到裂纹长度大约有 150 mm。包含模式Ⅰ和模式Ⅱ的影响的临界应变能量释放率 G_C 的方程能从柔和裂纹长度数据得出:

$$G_C = \frac{P_C^2(t_1 - t_2)}{2w^2 E t_1 t_2}$$

(11.22)

式中:P_C 是临界载荷;t_1,t_2 和 w 如图 11.32 所示。

混合模式的层间断裂韧性:MMB 试验

混合模式弯曲试验要保持恒定混合模式(在一定限度内),尽管这种混合模式实际上是简单的,仅仅需要简单的数据分析。

试样的类型、尺寸和制备

所用试样是本章早些时候描述过的 DCB 试样。

试验装置

试验机应具有前述试验要求的功能。为了给试样加载,使用如图 11.33 所示的夹具

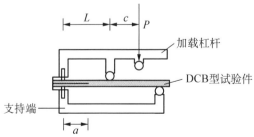

图 11.33 MMB 试验装置

装置。用合适的设备监测加载臂末端的移动和旋转。记录和储存载荷和位移数据，然后对比这些数据进行后处理，或者直接用 X-Y 绘图仪或类似装置进行绘制载荷与位移之间的关系曲线。因为用肉眼很难发现裂纹前缘，所以试验时，最好用一台带有精密刻度盘式标尺的移动光学显微镜，测量沿一边的脱层前缘扩展的裂缝长度。可以在试样的边缘涂上一层水性打印修正液。

试验步骤

通过改变加载杠杆的加载点位置选择 $\dfrac{G_{\text{I}}}{G_{\text{II}}}$ 比值，例如通过改变如图 11.33 所示的间距 c。为了分别完成纯 I 型和 II 型的加载方式，使用 DCB 试验和 ENF 试验。试验通过调整夹具装置提供想要的模式配合比，然后以恒定位移速率给试样加载。为了更容易测量裂纹扩展，应在试样边缘印上行间距一毫米的网格。用显微镜观察脱层生长的开始。之后每一毫米裂缝生长都要记录下位移和挠度。该试验装置也能用来进行疲劳试验。使用梁理论可以得到应变能量释放率的下面表达式：

$$G_{\text{I}c} = \frac{3P_{\text{C}}^2(3c-L)^2}{4E_{11}w^2t^3L^2}\left[a^2 + \frac{2a}{\lambda} + \frac{1}{\lambda^2} + \frac{t^2E_{11}}{10G_{13}}\right] \tag{11.23}$$

$$G_{\text{II}c} = \frac{9P_{\text{C}}^2(c-L)^2}{16E_{11}w^2t^3L^2}\left[a^2 + \frac{t^2E_{11}}{5G_{13}}\right] \tag{11.24}$$

式中：P_{C} 是最大负载；c 和 L 如图 11.33 所示的加载夹具的尺寸；w 和 t 是试样的宽度和厚度的一半；a 是分层长度；E_{11} 和 G_{13} 是试验材料的轴向拉伸和剪切模量；λ 是弹性基本参数，定义如下（见 2.1.3 节）：

$$\lambda = \frac{6E_{22}}{t^4E_{11}} \tag{11.25}$$

上述表达式只有当加载使得裂纹张开时才有效。要求 c 比 $\dfrac{L}{3}$ 的值大些。从上面表达式可以明显看出，模式配合比是裂缝长度、试验尺寸、材料性质和夹具几何参数 c 和 L 的函数。然而，这些依赖关系表明相对来说是弱的。因此，可以用 G_{I} 和 G_{II} 的简化的表达式得到模式配合比：

$$\frac{G_{\text{I}}}{G_{\text{II}}} = \frac{4}{3}\left(\frac{3c-L}{c+L}\right)^2 \tag{11.26}$$

Arcan 试样

最早开发如图 11.34 所示的 Arcan 夹具和试样几何形状是为了尝试在测试段产生均匀平面应力。当在 y 方向给试样加载时，在测试段 AB 引入纯剪切状态。改变角度 α，在测试段得到组合应力状态。如图 11.35 所示，用一边有缺口的试样代替典型的 V 型缺口 Arcan 试样，使用这种固定装置得到断裂力学性能数据。通过从

0°到 90°改变角度 α,可以得到纯 II 型模式,混合模式和纯 I 型模式的性能数据。由于试验段比较小,这种试样有一个缺点,即每个试样只能得到一个断裂韧性值。由于需要进行大规模的试验,因此,该类试验变得不太实用。

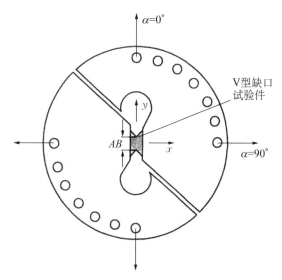

图 11.34　Arcan 试样装配

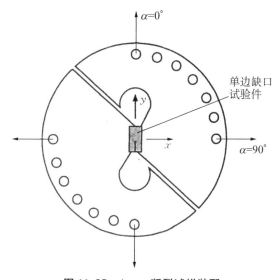

图 11.35　Arcan 断裂试样装配

试样的类型、尺寸和制备

将 Arcan 断裂试样用表面打磨或者在圆盘打磨机用手打磨加工成最终形状。

试样长度应为 33 mm,宽度为 13 mm,高度为 12.3 mm。然后,把试样黏合在 Arcan 夹具的两半上,用合适的夹具装置恰当地固定这两半。与上面的试样类型一样,裂纹应在试样厚度的正中心。试验前,为了达到自然初始裂纹的效果,应有非常微小的裂纹。由于小的试验段和不稳定的结构,很难得到早期初始裂纹。处理 Arcan 两半中的试样时应非常小心,以避免试样的过早损坏。

试验装置

试验机应具有前述试验所需的功能。为了通过 Arcan 试验夹具装置给试样加载,试验机应配备带销子的夹具来固定试样组装件。记录和储存载荷和位移数据,然后对比这些数据进行后处理,或者直接用 X - Y 绘图仪或类似装置进行绘制载荷与位移之间的关系曲线。

试验步骤

把夹具装置安装在试验机上前,确定试样两边的初始裂纹长度 a。通过固定装置上的孔,用销子把固定装置按要求的角度安装在试验机上。慢慢给试样加载,然后绘制载荷和位移的曲线图。给试样加载直到断裂,确定裂纹扩展的临界载荷 P_C。由应力强度因数 K_I、K_{II} 和临界载荷可以计算得到临界应变能量释放率 G_C:

$$G_{Ic} = K_{Ic}^2 \left(\frac{S_{11}S_{22}}{2}\right)^{\frac{1}{2}} \left[\left(\frac{S_{22}}{S_{11}}\right)^{\frac{1}{2}} + \frac{2S_{12} + S_{66}}{S_{11}}\right]^{\frac{1}{2}} \tag{11.27}$$

$$G_{IIc} = K_{IIc}^2 \frac{S_{11}}{\sqrt{2}} \left[\left(\frac{S_{22}}{S_{11}}\right)^{\frac{1}{2}} + \frac{2S_{12} + S_{66}}{2S_{11}}\right]^{\frac{1}{2}} \tag{11.28}$$

式中:S_{ij} 是横观各向同性材料的柔度矩阵的元素(见例[2.14]);K_{Ic} 和 K_{IIc} 能从下面表达式中得到:

$$K_{Ic} = \sigma_C \sqrt{\pi a} \cdot f_I\left(\frac{a}{c}\right) \tag{11.29}$$

$$K_{IIc} = \tau_C \sqrt{\pi a} \cdot f_{II}\left(\frac{a}{c}\right) \tag{11.30}$$

式中:f_I 和 f_{II} 是在文献[2]中所给的试样比率的有限裂纹长度的修正系数。

$$f_I\left(\frac{a}{c}\right) = 1.12 - 0.231\left(\frac{a}{c}\right) + 10.55\left(\frac{a}{c}\right)^2 - 21.27\left(\frac{a}{c}\right)^3 \tag{11.31}$$

$$f_{II}\left(\frac{a}{c}\right) = \frac{1.122 - 0.561\left(\frac{a}{c}\right) + 0.085\left(\frac{a}{c}\right)^2 + 0.180\left(\frac{a}{c}\right)^3}{\left[1 - \left(\frac{a}{c}\right)\right]^{\frac{1}{2}}} \tag{11.32}$$

式中:σ_c 和 τ_c 是临界应力,由下式得到:

$$\sigma_C = \sigma_{AC} \sin \alpha \tag{11.33}$$

$$\tau_C = \tau_{AC} \cos \alpha \tag{11.34}$$

式中：σ_{AC}为应用临界载荷；P_C为作用在试样的横截面积。

边缘分层试验

开发边缘分层试验是为了确定层压复合材料的层间断裂韧性。通过选择铺层顺序，是在自由边具有较大的层间正应力来设计在边缘分层的层压板拉伸试样，这是因为层压板层与层之间的泊松比非常不匹配的原因。因为起初并不存在裂纹，所以对试样应用断裂力学概念有些不方便。关于这种方法的更多内容可以在 L. A. Carlsson 和 R. B. Pipes 的"Experimental Characterization of Advanced Composite Materials"中阅读到。

参考文献

［1］ ASTM D 5528 - 94a　Test Method for Mode Ⅰ Interlaminar Fracture Toughness of Unidirectional Fibre-Reinforced Polymer Matrix Composites [S].

［2］ CRAG Method 600　Method of Test for Interlaminar Fracture Toughness of Fibre reinforced Plastics [S].

［3］ ISO/DIS 13586　Plastic—Determination of Fracture Toughness(G_C and K_C)—Linear Elastic Fracture Mechanics(LEFM) Approach [S].

［4］ Carlsson LA，Pipes RB. Experimental Characterization of Advanced Compoiste Materials [M]. Prentice-Hall，1987.

［5］ Sriram P，Khourchid Y，Hooper S J. The Effect of Mixed-Mode Loading on Delamination Fracture Toughness [S]. Composite Materials：Testing and Design (Eleventh Volume)，ASTM STP 1206，E. T. Camponeshi，Jr.，Ed.，American Society of Testing and Materials，Philadelphia，1993,291 - 302.

［6］ Matsumoto D S，Vallance M A，Gifford S K. A New Curvature-Driven Delamination Test for Measuring the Mode Ⅱ Toughness of Composites [J]. Polymer Composites，1996，17 (2)：171 - 179.

11.2.11　高应变率

试验目的

为了提高动态分析能力，必须获取试验数据用以描述纤维增强复合材料的高应变率响应。这些信息可以用来为有限元建立的精确结构模型和设计所需的材料动力学模型提供信息。因为试样中应力波反射、试验设备、端部效应、边缘影响和夹具都会影响试验结果，所以，从这些试验中获取准确的结果是非常困难的。

试样的类型、尺寸和制备

从要研究的复合材料的样品上小心切取试样。必须非常小心以保证压缩试样末端的平行度和平面度。压缩试验试样可以是一个边长 7 mm 的立方体。高应变率试验用的试样的几何形状的例子如图 11.36 所示。许多试验方法使用相当小的试样(长度大约为 20 mm),因此,在满足公差内制造试样变得非常困难。

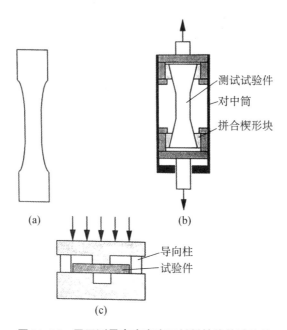

图 11.36   用于测量高应变率下材料性能的试验件

(a) ASTM D638/ISO527 方法中的测试拉伸试验和高
应变率下的拉伸试验件   (b) 另外一种带夹具的拉伸试验
件   (c) 高应变率下带剪切装置的试验件

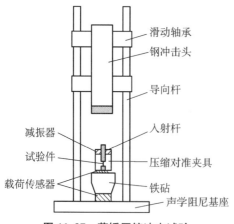

图 11.37   落锤压缩冲击试验

试验装置

试验用一台液压试验机完成,液压试验机应有控制和调整移动头的速度达到至少 500 mm/min 的试验速度。对更高的应变率,需要一台在 11.2.6 节所描述的钟摆式试验机或者如图 11.37 所示的高能量降落塔式试验机。试验机的载荷传感器应有指示试验试样承载的总负载的功能。使用合适的夹具和/或固定装置给试样加载,使用夹具或是使用固定装置,或是两者同时使用,取决于是否需要对试样的压缩、拉伸或剪切性能进行测试。把十字头缺口或者一台外部经过校准的引伸计或者应变片粘合在试样上测量位移。推荐使用高速数据采集系统采集所需要的数据。

试验步骤

用合适的定位夹具完成压缩试验,用普通的加紧夹具对拉伸试样或者用钻孔和固定试样的销子修改的拉伸试样(见 11.2.6 节)进行拉伸试验。在剪切试验中,固定夹具的下半部分支撑试样。然后上半部分通过没有支撑的试样部分加载产生剪力。如图 11.36(c)所示。

根据试验方法所需的高应变率和高速数据采集系统,在试验机上连接相应的试验组件。

参考文献

[1] ASTM D 638M‐93 Test Method for Tensile Properties of Plastic [S].

[2] ISO/R 527:1966 Plastics—Determination of Tensile Properties [S].

[3] Groves S E, Sanches R J, Lyon R E, et al. High strain Rate Effect for Composite Materials [S]. Composite Materials:Testing and Design (Eleventh Volumn),ASTM STP 1206, E. T Camponeschi,Jr. Ed. A,American Society for Testing and Materials,Philadephia,1993, 162‐176

11.2.12 蠕变试验

试验目的

拉伸蠕变和拉伸蠕变断裂的试验数据对于预测在长期负载下材料的蠕变模量和强度以及预测在此载荷作用下可能发生的尺寸变化是必要的。这种试验方法获得的数据可以用于材料比较,在装配式部件的设计过程中,描述塑料在长期恒定载荷作用下的性能,以及特殊条件下用于特定目的。这些试验方法包括在特定条件下塑料的拉伸、压缩蠕变和蠕变断裂性能的测定。因此,试验方法由在特定条件测定材料的拉伸或者压缩数据,该数据是时间或者断裂时间的函数,或者是试件在恒定的拉伸或者压缩载荷作用下失效的函数。这种方法在参考文献(ASTM D 2990‐93a)中没有针对增强塑料进行描述,但是对这些材料使用这种方法好像也是合理的。

拉伸蠕变

试样的类型、尺寸和制备

在标准拉伸试验中,使用如图 11.38(d)所示哑铃型试样进行拉伸蠕变测量。建议使用如图 11.38(a)、(b)、(c)所示的试样进行蠕变断裂试验。

试验装置

夹具和夹持技术应设计得使试样偏心载荷达到最小值。加载系统必须设计得

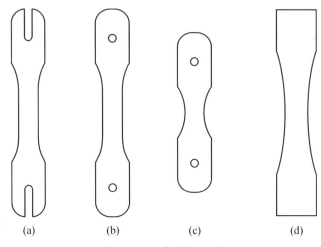

图 11.38 试 样 形 状

（a）、（b）、（c）用于拉伸蠕变断裂试验　（d）用于拉伸蠕变试验

使加载和保持在试样上的载荷和所要求的载荷非常相符,加载机构必须允许反复快速而顺利地进行加载。延伸量最好直接在试样上测量,而不是用分离式夹具测量。必须非常小心,保证任何使用的装置都不会影响试验状态。

试验步骤

在夹具中安装试样,如果有必要,用同样的方式安装试样。如果这些都可以光学可见,在试样上粘贴变形测量装置并准备测量。快速平稳地给试样加到满载,在加载一开始就进行计时,根据制订的时间表测量试样的拉伸增长量。如果蠕变应变和时间关系图表现的间断不可靠时,应增加读数频率。如果使用环境介质,要保证应用到试样的整个测量长度以及所用设备不影响施加载荷。

压缩蠕变

试样的类型、尺寸和制备

自由压缩蠕变试验用的标准试样应是横截面为圆形的圆柱或方形截面的棱柱。此外,也可以用方形截面的细长棒。

试验装置

平行铁砧用来给自由无约束试样加载。其中试验机的一个铁砧最好具备自动校正功能,使得试样能准确对准中心,并使载荷的合成矢量通过中心。对细长试样进行试验时,应使用带有导向的夹具装置防止屈曲,如图 11.39 所示。压缩量能直接从砧板位移测量得到,但是最好是直接从试样上测量。必须十分小心,保证所使用的任何用于测量压缩量的装置都不会影响试样状态。加载系统与前面部分所描述的相类似。

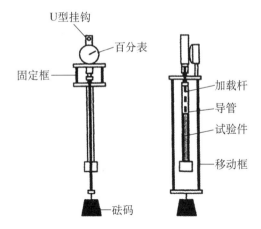

图 11.39 用于测量细长试样的压缩蠕变性能的带导管的试验固定装置

试验步骤

用于压缩蠕变试验的试验过程与上面所描述的拉伸蠕变试验的过程相类似。

弯曲蠕变

试样的类型、尺寸和制备

弯曲蠕变测量的试样应为矩形块,建议(在 ASTM D2990 里提出)尺寸为 63.5 mm×12.7 mm×3.18 mm 或者 127 mm×12.7 mm×6.4 mm。只要实际尺寸根据载荷计算得到,试样的严格公差以及跨度尺寸并不是至关重要的。

试验装置

刚性试验台用来给试样提供支撑,试样两端之间的跨距是试样厚度的 16 倍。把镫形夹具安装

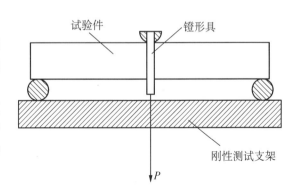

图 11.40 在试验台上的弯曲蠕变试样

在试验试样上,要求载荷位于跨中以提供弯曲加载,试样在跨中的挠度用刻盘式指示器测量。加载系统与上面所述的拉伸蠕变部分的相类似。试样如图 11.40 所示。

试验步骤

用于弯曲蠕变试验的试验过程与上面所描述的拉伸蠕变试验的过程相类似。

参考文献

[1] ASTM D 2990 - 77　Test Methods for Tensile，Compressive and Flexure Creep and Creep-Rupture of Plastics [S].

[2] ISO 899 - 1：1993　Plastic—Determination of Creep Behaviour—Part 1：Tensile Creep [S].

11.2.13　纤维体积分数试验

试验目的

使用先进复合材料制造的结构，力学性能敏感度根据所使用材料的纤维树脂比率不同而不同。根据材料体系和应用，在规定范围内保持纤维树脂在一定的百分比是至关重要的。这里所讲的试验方法包括用不同方法确定纤维增强塑料和预浸料的树脂含量。

灼烧损失方法

这种试验方法用来获取固化增强树脂样品的灼烧损失。如果仅仅玻璃纤维或玻璃丝被用作有机树脂的增强材料，这种有机树脂在试验条件下分解成挥发性材料，少量可能存在的挥发物（水和溶剂残留）可以被忽略，灼烧量可以认为是样品的树脂含量。这种试验方法不能测量下面两种类型的样品。一种是在试验条件下样品所包含的增强材料重量减少的情况，另一种是所包含的树脂通过灼烧不能完全分解释放出挥发性材料。然而，如果十分小心试验加热时间和温度，这种试验方法对碳纤维增强材料很可能也适用。

试样的类型、尺寸和制备

试样大约 5 gf[①]，最大尺寸为 2.5 cm×2.5 cm，每一组三个样品中最小的一个用来试验。

试验仪器

试验用的仪器如下：一个容积大约 30 ml 的白金坩埚或瓷坩埚、一个准确度很高的电子秤和一台能保持至少 600℃ 的温度的电高温炉。

试验步骤

加热坩埚到 500～600℃，并保持 10 min 左右，在干燥器中冷却坩埚到室温，然后称量坩埚的重量。将试样放置在坩埚里，并称重。加热坩埚和试样，以使试样燃烧，直到燃烧停止时，只剩下灰和碳。然后用电动高温炉在约 565℃ 加热坩埚和残余物，直到含碳物质全部消失。在干燥器中冷却坩埚至室温，然后称量坩埚和残余物的重量。如果研究的是碳纤维增强材料，试样应加热到 460℃。纤维重量分数 W_f

---

① 工程上往往不严格区分质量与对应的重力。gf 对应质量为 1 克（g）的重力（gf）。
　　1 kgf = 1 kg×9.8 m/s² = 9.8 N。——编注

以下式计算：

$$W_f = \frac{W_1 - W_2}{W_1} \tag{11.35}$$

式中：W_1 是试样的重量；W_2 是残余物的重量。

机械及超声波方法

这种试验方法描述了确定聚合物基体热固性预浸料的诸如树脂含量、纤维体积含量、纤维面重量和层厚度等物理性质的测试过程。其结合机械和超声波方法提供了一种用于测量这些力学性能的系统流程。热固性预浸料的超声波性质的一致性测量需要一种具有可重复性的特征，确定最优的结合点能实现这种可复现性。热固性预浸料的厚度和超声波传播特性依赖于构成热预浸材料的纤维和基体。因此，必须为每一种纤维/基体结合体准备一个具体材料校准数据库。

试样的类型、尺寸和制备

试验试样应该从能代表材料的地方切取。预浸料卷的始末端都是典型的样品。编织热固性预浸料可以切割，然后折叠成多层复合试样。单向带热固性预浸料和带有定向纤维的编织热固性预浸料应该被切割后相互交叉放置。

试验仪器

在试验过程中，为了获得试验数据，试验配置应包括以下仪器：一台力学加载装置、一台超声波脉冲接收器、一台数字转换器和一台计算机作为数采设备。给试样加载的机械装置应包括一台位移引伸计和两个夹具，用于把两台超声传感器固定在试样的上下两面。

试验步骤

确定需测量的每一热固性预浸料的每一层的最优结合点和厚度。从供应商或者一系列相关试验中选取最佳的推荐压力。在没有样品的情况下，靠足够充分的耦合剂产生良好的超声耦合，让超声波端部接触，从而建立一个基准波形。去掉超声波端部间的耦合剂，把热固性预浸料试样放置其中间，然后对样品施加一段给定时间的最佳压力。在变形过程中，发射一系列超声波脉冲通过试样，记录波形以及确定每一次波形穿透试样的时间。同时测量每一次超声波脉冲和记录试样的厚度。从具体校准过的材料数据库中推算试验试样的含脂率。

基体分解法

试验方法中所采用的技术是基于采用树脂基体被液态介质分解，这种液态介质不会过多地对纤维造成破坏。

试样的类型、尺寸和制备

只要试样能装进试验用的容器中，试样可以加工成任意便于加工的形状，重量至少为 0.30 gf。

试验仪器

为了完成这里所述的试验,有三个不同的试验方法,需要一个玻璃砂坩埚、一个坩埚座、一台分析天平、一个干燥炉、一个真空硼硅玻璃过滤瓶、一个真空源、一个干燥器和一个水回流冷凝器。另外,第一个试验中需要一个温度在 75℃左右的水槽或油槽,在第二个试验中需要一个硼硅玻璃烧杯和两个尺寸不同的锥形烧瓶。

试验步骤

第一个试验的过程是针对环氧树脂基体的复合材料。首先需要确定每一个试样的密度,然后将每一个试样放置在硝酸浓度为 70%的分离瓶中。将烧瓶安装在回流冷凝器上,放进热水槽或油槽(温度在 75℃左右)中。吸收完成的时候,把每一个烧瓶里的物质过滤到去皮重量的烧结玻璃过滤器。用蒸馏水冲洗纤维,再用丙酮冲洗纤维,在一个100℃的烤炉上加热纤维和试样 1 h,以除去残留的水分和丙酮,称量纤维和试样的重量。

第二个试验过程是针对聚酰亚胺树脂基体或酚醛树脂基体的复合材料。这里,每一个试样都放进一个盛浓硫酸的烧杯中,加热浓硫酸直到硫酸开始冒烟。溶液开始变黑之后,加入双氧水溶液。完成树脂基体的氧化的时候,纤维漂浮在上面,纤维下面的溶液变得清澈。如上所述,冲洗、干燥纤维残余物,称量其重量。

第三个试验过程是主要应用于由芳纶纤维或碳纤维增强的酸酐固化环氧树脂基体。准备溶剂为乙二醇的氢氧化钾溶液,并放置在锥形烧瓶里,在每一个烧瓶中放进一块试样。加热溶剂,用小火煮直到树脂完全被吸收。当纤维分离,开始在溶液上自由漂浮时,吸收就快完成了。如上所述过滤每一个烧瓶中的物质,用二甲基甲酰胺冲洗纤维残余物,再用蒸馏水冲洗,最后用丙酮冲洗。如上所述,干燥纤维残余物,称量其重量。

基体溶解法

在这种试验中,用溶剂溶解基体来测量确定环氧基预浸料的树脂固体含量。

试样的类型、尺寸和制备

试样尺寸的最小值为 80 mm×80 mm,或者为一等效面积,试样厚度就是预浸料的厚度。

试验仪器

完成试验需要以下仪器:一台精度良好的分析天平、一台计时器、一个油烟排风罩、称量盘子重量的硼硅酸盐烧杯或烧结玻璃坩埚和一个电气平底锅。

试验步骤

称量每一个试样的重量,把每一个试样放在盛有已知沸点溶剂的分离烧杯中,完全溶解树脂基体。慢慢倒出溶剂,用甲基乙基酮(MEK)冲洗残留的纤维材料。慢慢倒出甲基乙基酮,反复冲洗两次,干燥冲洗过的纤维,并称量其重量。

溶剂萃取法

这种试验方法包括通过索氏萃取法确定碳和石墨预浸料的树脂含量。包括用特殊规定来确定灌冲树脂的含量。尽管通过这种试验方法就可以确定大多数玻璃、石英和高硅预浸料的树脂含量,但是最好采用一种同样准确但更简单的燃烧方法。

试样的类型、尺寸和制备

选择一块典型的大块试样,重量约为 10～15 gf。把试样切割成边长为 12.5 mm 的正方形,但是切割样品必须非常小心,防止树脂损失,而这种树脂比较容易从预浸料中剥落。

试验仪器

为完成本次试验,需要以下仪器:一台标准分析天平、不同类型的瓶子和烧瓶、带有托架的过滤坩埚、一台干燥器、硼硅萃取套管和纸套管、一台烘箱、一个至少温度能达到 525℃ 的马弗炉。另外还需要一套由一个电炉、一个硼硅烧瓶、一个硼硅萃取室和一个硼硅冷凝室组成的索氏萃取配件。需要的溶剂是普通酒精和能提供准确结果的二甲基甲酰胺。对判别试验来说,必须使用试剂级溶剂。

试验步骤

为了确定完全干燥的树脂含量,首先必须确定挥发物含量。调整并安置好索氏萃取配件中的套管,并添加溶剂。打开电炉和冷凝器的冷却水,调整仪器使每小时有 3～10 次回流变化。从索氏萃取配件拿开套管和样品,排掉溶剂,干燥、称重。如果在萃取过程中出现填充料,则必须确定填充料含量。

参考文献

[1] ASTM C 613 - 67　Test Method for Resin Content of Carbon and Graphite Prepregs by Solvent Extraction [S].

[2] ASTM D 2584 - 68　Test Method for Ignition Loss of Cured Reinforced Plastics [S].

[3] ASTM D 3171 - 76　Test Method for Fibre Content of Resin-Matix Composite by Matix Digestion [S].

[4] ASTM D 3529 - 90　Test Method for Resin Solids Content of Epoxy-Matrix Prereg by Matrix Dissolution [S].

[5] ASTM D 5300 - 93　Test Method for Measurement of Resin Content and Other Related Properties of Polymer Matrix Thermoset Prereg by Combined Mechanical and Ultrasonic Methods [S].

[6] CRAG Method 1000　Methods of Assessment of Fibre Volume Fraction of Fibre Reinforced Plastics.

[7] ASTM D 792 - 91　Test Method for Density and Specific Gravity (Relative Density) of Plastics by Displacement [S].

[8] ASTM D 1505 - 85　Test Method for Density of Plastics by Density-Gradient Technique [S].

11.2.14　孔隙率试验

试验目的

复合材料的孔隙率可能严重影响其力学性能。较高的孔隙率通常意味着有较低的抗疲劳能力和对渗水与环境有更大的敏感度,以及在强度性能方面增加其分散性。这里所讲的试验方法,包括增强塑料或复合材料的孔隙,适用于灼烧的影响是已知的复合材料。良好的复合材料有1%的孔隙或者更少,而质量差的复合材料有更高的孔隙率。低于1%的有限值应能代表层压板密度质量,但是建立真实的孔隙率必须通过补充试验或背景经验或者两者兼有。这里就不再介绍超声波扫描方法(如 CRAG Method 1001),但是这种方法也能用来确定孔隙率。

试样的类型、尺寸和制备

每一个试验试样体积应不小于 $2~cm^3$,边缘和表面光滑,几何形状尽量规则。

试验仪器

用一台精度很高的测微计测量试样的尺寸大小。试验中用到以下仪器:一个容积大约为 30 ml 的白金坩埚或瓷坩埚,一个高精度数字标尺,一个能保持至少600℃高温的电动马弗炉。

试验步骤

分别测量树脂、增强剂和复合材料的密度,测量树脂含量(见 11.2.13 节),按下式计算复合材料的理论密度:

$$\rho_t = \frac{100}{\dfrac{R}{D} + \dfrac{r}{d}} \tag{11.36}$$

式中:ρ_t 是理论密度;R 是树脂含量;r 是用质量百分数表示的增强剂含量;D 是树脂密度;d 是增强剂密度。与已知密度的复合材料相比,密度差异表示孔隙率,用下式计算:

$$\rho_v = \frac{100(\rho_t - \rho_m)}{\rho_t} \tag{11.37}$$

式中:ρ_m 是已知测量密度。

参考文献

[1] ASTM D 2734 - 91　Test Methods for Void Content of Reinforced Plastics [S].

[2] CRAG Method 1001　Methods of Assessment Void Volume Fraction of Fibre Reinforced Plastics by Ultrasonic Scanning [S].

11.2.15 固化度

试验目的

这些方法提供了表征热固性树脂的固化行为、固化程度和胶凝时间的手段。提到的方法之一是使用动态力学试验,通过测量温度或时间或两者的函数表示的弹性模量和损耗模量来确定固化特征。第二种方法是用一台显微镜确定预浸料的胶凝时间。获得的数据可以用于质量控制、研究、开发和建立最佳工艺条件。

试样的类型、尺寸和制备

由于热固性树脂的动态力学固化特性,其几何构型也变化多样,因此试验件的尺寸并不固定。固化率可能受试验件厚度影响,因此任何系列的比较应该用相同体积的材料来完成。当研究预浸料时,试验件材料应该切割成边长约 6 mm 的立方体。

试验仪器

试验仪器的功能就是用来固定已知体积和尺寸的纯树脂或者未被固化的复合材料预制体或者涂层基底。这些材料在一个机械驱动的振动剪切或动态压缩系统里作为弹性元件和耗单元。仪器由一块金属板、一个锥角已知或平行的表面抛光的或锯齿形的圆锥体组成。需要一个能夹紧复合材料试样的夹紧装置。还需要一台带有控制温度的装置的烘箱和一个能使试样产生连续振动变形的装置,确定诸如力、频率、温度等非独立和独立试验参数。需要在第二个试验方法中确定环氧树脂预浸料胶凝时间的加热板、适用的计时装置、显微镜和显微镜玻璃罩等仪器。

试验步骤

将热固性液体或者树脂预浸料板样品安放在温度线性增加的等温条件下或者模拟真实工艺条件下的时间-温度关系,采用固定或者自然共振频率的机械振动条件中。在剪切条件下测得的复合材料试样的弹性模量或者损耗模量是时间函数。在一段增加之后,角正切值(复数模量的虚部和实部的比)达到最大的时候,计算的弹性模量即为试验条件下树脂的胶凝时间。

为了研究环氧树脂预浸料,放置一块预浸料试样在显微镜玻璃罩之间的加热板上,加热温度为建议试验温度。通过玻璃罩,用一个木制探针给试样加压。然后用木制探针在试样边缘形成一串树脂。从开始加热到树脂停止用探针形成的线的这段时间称为胶凝时间。

参考文献

[1] ASTM D 3532 - 76　Test Method for Gel Time of Carbon Fibre-Epoxy Prepreg [S].

[2] ASTM D 4473 - 90　Practice for Measuring the Cure Behavior Thermosetting Resins Using Dynamic Mechanical Procedures [S].

11.2.16 其他试验

老化过程

试验目的

老化过程能采用不同的方法来完成。例如：室外风化或者试样很长一段时间在热空气中曝光。当试样被曝光在热老化或者室外包括天气的不同影响的情况下，当通过一些重要性能的变化比较材料的老化性质的时候，这些试验过程可以用来评价塑性材料的稳定性。

试样的类型、尺寸和制备

使用板类试样，不同的试样可以从面板中切制而成，然后做各种不同的试验来确定试样的各种性能，或者在试验过程中采用针对确定某一具体性能的试样。

试验仪器

为了完成室外风化过程的试验，需要不同类型的试验台，试验台应具有样品托架、日照强度计和紫外线辐射仪。为了完成热老化试验，需要一台气流加热炉。

试验步骤

当仅仅考虑温度的情况完成热老化试验的时候，所有材料必须同时在同一装置中暴露。每一种材料要使用足够数量完全一样的试样暴露时间，这样，用于表征材料性质的试验结果通过方差分析或者类似的统计数据分析过程加以比较。为了确定温度和给定的性质变化之间的关系，在一系列温度下进行试验的时候，采用四次暴露温度的最小值。

做室外风化试验的时候，风化台应该放置在洁净的地方，这些可能使用塑料产品或材料的地方很可能在一系列合适的代表不同环境、不同气候的位置。将样品安放在托架上，用识别编号或符号仔细地给样品做标记。给样品做标记能很方便地把样品集中在一个托盘上，同时也很方便把样品从暴露环境中移开。暴露时间可以持续一周到几年。

参考文献

[1] ASTM D 1435 - 85 Standard Practice for Outdoor Weathering of Plastics [S].
[2] ASTM D 5229 - 92 Standard Practice for Heat Ageing of Plastics Without Load [S].

吸湿性能

设计试验过程用来给出材料吸收水分的性能数据，这些数据能用来确定过程的大致暴露时间，这些过程包括：在其他类型的试验前，调整材料样品或者在各种各样湿度的环境下暴露，根据选材或材料性能做一些定性的结论。

试验目的

用于水分扩散率常数测定的试验试样由尺寸满足关系式 $\frac{t}{a^2}$(a = 边长，t = 厚度）的名义上的方板或弯曲面板构成，或者由边缘粘贴不锈钢箔的 100 mm 方形板构成，边缘粘贴不锈钢箔是为了完全排除通过边缘吸收水分的可能。尺寸和形状合适的试样进行其他的试验过程时，需要随后根据条件进行材料评估。当试样的类型或者几何形状使得材料中的湿度不能靠称量试样本身的重量正确测量时，需要采用一个具有同样材料、厚度和合适尺寸的伴随试样来确定被测试样的湿度平衡。

试验仪器

为了完成这些试验方法，需要以下仪器：一台分析天平、一个循环烘箱或真空干燥箱和一个空调室。另外，需要一台靠蒸汽接触吸收的蒸汽接触室控制的温度和蒸汽测量仪。对于靠液体浸透式吸收，需要使用液体温度控制池。

试验步骤

这是一种重力试验方法，通过测量两边暴露在具体环境中试样的总质量变化，来监测材料试样的平均水分含量随时间的变化情况。这个过程包括两个 Pickian 水分扩散材料特性、水分扩散率常数和材料平衡含水率的确定。试验过程的第一部分就是调节材料试样基本达到水分自由状态。放置一个一般的试样在高温环境的循环烘炉中直至达到湿度平衡。然后，保持在稳态环境、监测已知温度和湿度接触水平等状态下的材料试样到对应时间的水分质量增加百分比，直到达到有效的吸湿平衡。从数据能确定试样的平衡状态下的含水率和计算出穿过板厚的水分扩散率常数。在液体池中浸透试验件可以用来模拟蒸汽暴露接触，这种情况仅仅用来具有明显的吸湿特征的质量评估的目的。

这个试验过程也能用于在其他类型试验前调节材料试样的湿度。之后就不再需要定期监测。

参考文献

[1] ASTM D 570 – 81 Test Method for Water Absorption of Plastics [S].

[2] ASTM D 5229 – 92 Test Method for Moisture Absorption Properties and Equilibrium Conditioning of Polymer Matrix Composite Materials [S].

挥发物含量

试验目的

关于挥发物含量的信息在制订最佳制造工艺方面是有用的。用十分类似的方法能确定树脂和预浸料的挥发物含量。但是这些试验方法不能鉴定出不同的挥发物。

试样的类型、尺寸和制备

研究预浸料的时候,试样尺寸最小值应为 80 mm×80 mm,或者对长条形状的材料应有一个等效的面积。研究纯树脂的时候,大约取 10 gf 的树脂样品散布在一个称重容器的底部,仔细确定试样的质量。

试验仪器

为了完成这些试验,需要以下仪器:一台分析天平、一台适合的切割装置、一台计时器、一个试样容器或者一个带有可以悬挂试样钩子的便携式试验台(取决于是否对纯树脂或预浸料进行研究)和一台循环空气式或强制通风式加热炉。

试验步骤

研究预浸料的时候,细心称量试验重量,然后放置在循环空气式加热炉中高温加热,让挥发性物质完全挥发。重新称量加热后的样品,重量的百分比变化表示挥发物含量。研究纯树脂的时候,已知的一定数量的粉末树脂加热到恒重。计算出的质量损失定量地确定了样品中的挥发性物质。

参考文献

[1] ASTM D 3030 - 84 Test Method for Volatile Matter (Including Water) of Vinyl Chloride Resins [S].

[2] ASTM D 3530 - 90 Test Method for Volatiles Content of Epoxy Matrix Prepreg [S].

线性热膨胀系数

试验目的

增强塑料的热膨胀由一个可逆原件组成,可逆原件的长度由于含水率、固化、溶剂的损失、压力的释放、相变和其他因素的变化而可能产生叠加的效应。试验目的是在尽量排除这些因素的情况下确定线性热膨胀系数。因为增强材料的定向影响和与基体的相互作用,确保评价足够数量的试样,用以准确确定材料的具体方向的性质是必要的。这里所讲的方法包括塑性材料线性热膨胀系数的确定,塑性材料的热膨胀系数比用玻璃体硅膨胀计测量的 $10^{-6}/℃$ 还要大。大多数塑料的性质和膨胀计的构造使塑料的线性热膨胀测量的温度范围为 $-30\sim+30℃$,这个范围涵盖了塑料通常使用时的温度。对一些具有非常低的热膨胀系数的材料,推荐使用干涉仪或者电容技术。

试样的类型、尺寸和制备

在应变量或者各向异性最小的情况下,用合适的切削加工准备好试验试样。试样的横截面可以是圆形的、方形的或者矩形的,长度为 $50\sim125$ mm,其应在没有过大间隙或过大摩擦的情况下比较容易地安装在膨胀仪的测量系统上。为了消除水分的影响,试样应预先干燥至恒重。将试样的末端切平,与试样的长轴相垂直,在试样安装在膨胀计上前,要在试样两端粘贴薄钢板以防止出现划痕。

试验仪器

需要一支如图 11.41 所示的合适的熔石英管膨胀计。另外,还需要某种测量长度变化的装置,测量试样初始长度的刻度尺或者卡尺,一个用于控制试样温度的可控温度环境。

试验步骤

试样必须小心对准石英计管以避免摩擦。牢固贴在试管外壁的测量装置和试管内壁顶端接触,显示试样长度随温度变化而变化的情况。把试管外壁放在液体池中,使温度发生变化。试样顶端应至少在液平面以下 50 mm 处,膨胀计的开口端应至少在液平面以上 50 mm 处。

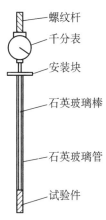

螺纹杆
千分表
安装块
石英玻璃棒
石英玻璃管
试验件

图 11.41　石英管膨胀计

参考文献

[1] CRAG Method 801　Method of Test for the Determination of the Coefficient of Linear Thermal Expansion of Fibre Reinforced Plastics [S].

[2] ASTM D 696 - 91　Test Method for Coefficient of Linear Thermal Expansion of Plastics Between −30℃ and 30℃ [S].

[3] ASTM D 581 - 87　Practice for Determining Chemical Resistance for Thermosetting Resins Used in Glass-Fibre-Reinforeced Structures Intended for Liquid Service [S].

[4] ASTM D 543 - 87　Test Method for Resistance of Plastics to Chemical Reagents [S].

[5] ASTM D 618 - 61　Method for Conditioning Plastics and Electrical Insulating Materials for Testing [S].

[6] ASTM D 648 - 82　Test Method for Deflection Temperature of Plastics Under Flexural Load [S].

[7] ASTM D 756 - 78　Practice for Determination of Weight and Shape Changes of Plastics Under Accelerated Service Conditions [S].

[8] ASTM D 3531 - 76　Test Method for Resin Flow of Carbon Fibre-Epoxy Prepreg [S].

[9] ASTM D 1043 - 91　Test Method for Stiffness Properties of Plastics as a Function of Temperature by Means of a Torsion Test [S].

11.3　夹芯材料

11.3.1　拉伸试验

试验目的

试验方法包括确定在给定温度、湿度和试验机速度的条件下测量标准形状的试样形式的硬质泡沫塑料的拉伸性能。这里有各种类型的试验试样,所以最好有足够的样品材料制成必要的试样。只有当试样只能提供非常小的样件的时候,可能需要采用另一种试样形式,例如采用夹层结构形式。

试样的类型、尺寸和制备

用孔锯从夹芯材料中切取直径大约为 34 mm 的圆柱体。在车床上切除试样的中部,形成一个过渡圆角和一个约 25 mm 的测量长度。如图 11.42 所示,这里有两种形状如滑轮的试样。一种类型的试样在专门设计的夹具中使用,如图 11.43(b)所示。而另一种类型的试样小心对准中心,粘在一对加载块上,如图 11.43(a)所示。采用拉伸试验方法的时候,为了避免末端影响和得到一个合适的测量长度,试样长度必须至少为 50 mm。如果只利用较小的试样,可以使用圆形或方形横截面积以及横截面积至少为 645 mm² 的试验试样。当怀疑试验材料是各向异性材料时,建议准备长轴分别平行和垂直于各向异性的疑似方向的拉伸试验试样。

试验装置

需要一台能控制十字头以恒定速率移动并带有能显示试验试样承载的总拉伸载荷的试验机。另外用来固定试验试样的夹头应是自调节型的。也就是说,必须用

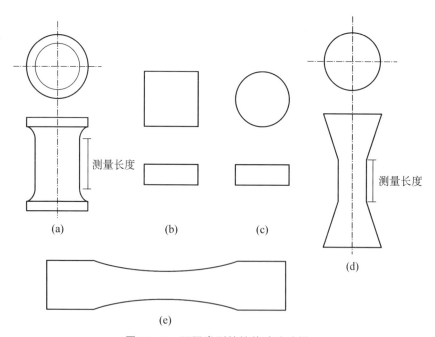

图 11.42 不同类型的拉伸试验试样

(a)、(d)、(e)用于存在足够样品材料时   (b)、(c)用于仅有较小的试样材料可用时

一种一旦施加载荷,其就会以自动对中的方式粘接在固定且可转动的部件上,以便试样的中心线和通过夹具组件的中心线以及所施加拉力的方向相一致。建议试样夹具上下都采用普通型接头,如图11.43(a)所示。如果需要测量试样的伸长量,就使用一个合适的引伸计。

试验步骤

建议至少试验 5 个试样。如果一个试样在明显的缺陷处失效,这个试样必须报废,应再重新做试验。除非那样的缺陷形成是一个需要研究的变量。首先,测量试样几个点处的横截面积尺寸,记录最小值。校准试验设备后,将试样放置在夹具组件上,正确校准整套夹具组件,确定和记录断裂时刻的载荷。如果使用引伸计,那么可以获得一条完整的应力-应变曲线。再次确定和记录试样断裂时

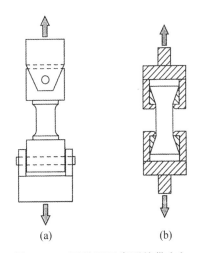

(a)   (b)

图 11.43 两种不同类型的带有加载组件的滑轮形状的拉伸试验试样

的拉伸量。通过把断裂载荷除以试样的初始最小横截面积,可以计算出抗拉强度。通过延长载荷延伸曲线的开始段线性部分和相应剖面的任何一段不同应力-应变关系的方法,可以计算出弹性模量。

参考文献

[1] ASTM D 638 - 93 Test Method for Tensile Properties of Plastics [S].

[2] ASTM D 1623 - 78 Test Method for Tensile and Tensile Adhesion Properties of Rigid Cellular Plastics [S].

[3] ISO/DIS 1798 Flexible Cellular Polymeric Materials—Determination of Tensile Strength and Elongation at Break(Revision of ISO 1798:1983) [S].

[4] ISO 1926:1979 Cellular Plastics—Determination of Tensile Properties of Rigid Materials [S].

[5] ISO 3386:1986 Plastics—Determination of Tensile Properties—Part 4:Test Conditions for Moulding and Extrusion Plastics [S].

11.3.2 压缩试验

试验目的

由于夹芯通常以夹层结构形式存在,为了设计的目的,在垂直于外表面平面的方向上,通常要确定夹层芯材的压缩性能。这个试验步骤主要描述在压缩方向的性能试验,但是也能在一些可能轻微的变化下确定其他方向的压缩性能。这里描述了

两个试验,其中一个提供了完整的变形数据,可以从一条完整载荷位移变形曲线计算出任意载荷下的抗压强度和计算出整个芯材的有效弹性模量。另一种方法仅仅用于测量压缩强度,经常建议作为蜂窝结构芯材的验收试验。一旦从前面试验过程中获取的试验结果与实际压缩强度建立联系,那么在准备试样时可以节约时间,用冲压试验方法测量芯材厚度可以作为一种快速的质量控制或验收试验方法。

试样的类型、尺寸和制备

试验件的横截面为方形或者圆形,其面积不超过 100 cm² ,但是建议不同类型的芯材采用不同的最小面积。诸如有细毛孔(直径小于 6 mm)的轻质木材、泡沫橡胶和泡沫树脂等连续性芯材,最小横截面积应为 625 cm² 。从胞体直径大于 12 mm 的开孔型或者网格型夹芯取得的试样应有 2 500 mm² 最小横截面积,或者足够大到至少包含一个完整的胞体。如果可能,试样高度应为 100~200 mm,但是不用大于宽度或者直径的 4 倍。如果要测量应变,实际的最低高度至少需要 12 mm。必须加以关注的是加载端需要相互平行并与试样边缘相互垂直。为了避免一些芯材特别是蜂窝结构型芯材和网格型芯材的加载端局部被压坏,需要用一薄层树脂或者另一种合适的材料加强加载端。试验压缩破坏强度的时候,试样只需要一片大约 12 mm 厚,横截面积至少为 250 mm×250 mm 的夹芯材料。这里不采用端部涂层或者浇铸。

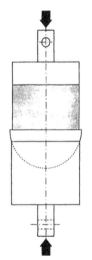

图 11. 44
自调节球面轴承座的压缩试验

试验装置

可悬挂的、自调型的球面轴承座和一台能控制十字头以恒定速率移动并带有能显示试样承载的总压缩载荷的试验机一起使用。为了测量应变,需要一个引伸计。引伸计应该重量轻,仅需要用最小的外力去操作。对极其柔软的夹芯,测量应变的合适方法由对准嵌入夹芯细针的点的螺旋显微镜组成。压缩破坏试验中,需要一台直径至少为 65 mm,且足够大到至少包括一个胞体的压缩杆用于大的胞体的夹芯材料,如图 11.44 所示。

试验步骤

通过球面加载块加载,并以尽可能均匀地把载荷分配到试样的整个加载面上的方式给试样加载。试验机的活动头以匀速运动加载。记录从应力-应变曲线得到的数据来确定弹性模量,用下式计算:

$$E_c = \frac{P}{A\varepsilon} \tag{11.38}$$

式中: E_c 是压缩弹性模量; P 是载荷; A 是试样横截面积; ε 是载荷 P 处的应变。通过把引伸计粘贴在试样长度的中心部位测量应变,粘贴引伸计不能损伤试样,也不能影响试验结果。

在做压缩强度试验时,通过试验机下压板的整个面积支撑测试样件,把压缩试验件压成片状。压缩杆以匀速运动加载。在一个芯材上可以做几次试验。把最大载荷除以横截面积可以计算出压缩强度。

参考文献

[1] ASTM C 365 - 57 Test Method for Flatwise Compressive Strength of Sandwich Cores [S].

[2] ASTM D 1621 - 73 Test Method for Compressive Properties of Rigid Cellular Plastics [S].

[3] ISO 844:1978 Cellular Plastics—Compression Test of Rigid Materials [S].

[4] ISO/DIS 844 Cellular Plastics—Compression Test of Rigid Materials(Revision of ISO 844: 1978)[S].

[5] ISO 1856:1980 Polymeric Materials,Cellular Flexible—Determination of Compression Set [S].

[6] ISO 3386:1986 Polymeric Materials,Cellular Flexible—Determination of Stress-Strain Characteristics in Compression—Part 1:Low-Density Materials [S].

[7] ISO 3386 - 2:1986 Polymeric Materials,Cellular Flexible—Determination of Stress-Strain Characteristics in Compressive—Part 2:High-Density Materials [S].

11.3.3 剪切试验

试验目的

当剪力平行施加在夹芯平面上的时候,试验方法能提供夹层结构或者芯材的载荷-位移的特征。可以从一条完整载荷-位移变形曲线计算出任意载荷下夹芯结构或者芯材的剪切强度,以及计算出整个夹芯结构的等效剪切模量或者芯材的剪切模量。如果面板材料的剪切模量是已知的,利用夹层结构的试验,可以从等效夹层板的剪切模量中计算出芯材的剪切模量。通过测量芯材的应变,可以从一个整体的夹层结构中直接获得夹芯的剪切模量。如果芯材不粘贴面板材料,而是直接将载荷作用到芯材上,也可以直接进行芯材试验。这种试验不能产生纯剪力,但是规定的试样长度应使其他应力的影响最小。

试样的类型、尺寸和制备

试样的厚度等于夹芯结构的厚度,宽度不小于厚度的 2 倍,长度不小于厚度的 12 倍。将夹具钢板粘贴到夹层面板上,或者直接粘贴到芯材上。如果芯材或者夹层结构显示出关于剪切强度的方向性特征,那么需要通过试验设计使得在每一个主方向产生剪切应力。

试验装置

用一个球面轴承座或者一个万向接头安装在试验机上,这台试验机能控制十字头以恒定速率移动并带有能显示试验件承载的总拉伸载荷。需要一台光学水平仪系统、带度盘式的指示器或者任何其他合适的测量工具来测量变形。

试验步骤

通过球面轴承座或者万向接头压缩或者拉伸末端夹具钢板,以便使载荷均匀分布于试样的宽度方向。用试验机的可动夹头以匀速运动给试样施加载荷。最好保持应变增量是相等的,获取足够的读数来形成应力-应变曲线。通过光学水平仪系统、刻度盘式指示器或者任何其他合适的工具读取变形量。记录用于载荷-变形曲线的数据,载荷变形曲线能用来确定夹芯结构的等效剪切模量。剪切应力 τ 计算如下:

$$\tau = \frac{P}{Lw} \tag{11.39}$$

式中:P 是试样所受载荷;L 是试样长度;w 是试样宽度。剪应变利用公式 $\gamma = \dfrac{\Delta}{t_c}$ 可以求得,芯材的剪切模量用如下公式可以计算:

$$G_c = \frac{\tau}{\gamma} = \frac{Pt_c}{\Delta Lw} \tag{11.40}$$

式中:Δ 是试样的一块承载面板相对于另一块的位移或运动量;t_c 是芯材试样的厚度。如图 11.45 所示。

参考文献

[1] ASTM C 273 - 94   Test Method for Shear Properties in Flatwise Plane of Flat Sandwich Constructions of Sandwich Cores [S].

[2] ISO 1922:1981   Cellular Plastics—Determination of Shear Strength of Rigid Materials [S].

11.3.4 弯曲试验

只有泡沫夹芯材料能用来做弯曲试验,能用 11.2.5 节所述的完全相同的方法做弯曲试验。由于泡沫夹芯材料对表面损伤通常是比较敏感的,需要非常小心以避免在加载点处出现过大的缺口。可以采用方形支柱或大半径圆柱面的加载头来进行加载。

参考文献

[1] ISO 1209 - 1:1990   Cellular Plastics,Rigid—Flexural Tests—Part 1:Bending Test [S].

[2] ISO 1209 - 1：1990 Cellular Plastics，Rigid—Flexural Tests—Part 2：Determination of Flexural Properties [S].

11.3.5 疲劳试验（剪切块试验）

试验目的

如果夹层结构的面板设计是弹性稳定的，那么芯材受到的最大临界应力是剪应力。因此，在夹芯材料上反复施加剪切载荷的影响是最重要的。这种试验方法包括确定在夹芯材料上反复施加剪切载荷的影响。

试验的类型、尺寸和制备

试样的厚度等于夹层结构的厚度，宽度不小于厚度的 2 倍，长度不小于厚度的 12 倍。将夹具钢板直接粘贴到芯材上。如果夹芯材料显示出关于剪切强度的方向性特征，那么需要通过试验设计使得在每一个主方向产生剪切应力。需要一些试样用于静力试验，至少进行 5 个应力级别的疲劳测试，每一个应力级别所需的试样数量大致相等。

试验装置

使用一台能给试样直接施加应力载荷并带有计数器的标准恒幅载荷疲劳试验机。还需要如 11.3.3 节所述的用于静力试验的试验装置和一台拉力试验机。

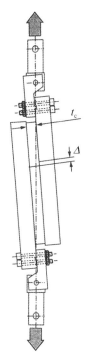

图 11.45
剪切试验

试验步骤

疲劳试验前，根据 11.3.3 节所述的试验方法用拉力试验机静态测试一组最少 5 个试样。使用从静力试验得到的平均结果作为疲劳试验的 100% 级别载荷。定义应力幅度为试样所承受的最大循环应力，这个值需要试验各方达成一致。建议用于标准试验的应力比即最小负载和最大负载的比值为 0.1。试验开始后，检查加载频率，除非试验机器配备了自动加载稳定器。继续试验直到产生试样失效或者在没有失效的情况下，达到预定的循环周期数。需要注意要保证试验环境是在同样的温度和湿度条件下进行。

参考文献

[1] ASTM C 394 - 62 Test Method for Shear Fatigue of Sandwich Core Materials [S].

[2] ISO 3385：1989 Flexible Cellular Polymeric Materials—Determination of Fatigue by Constant-Load Pounding [S].

11.3.6 断裂韧性试验

试验目的

通过这些试验方法确定的断裂性能 K_{Ic},表示材料在自然环境中、在拉伸条件下,存在尖锐裂纹时抵抗断裂的能力。裂纹前缘附近的应力状态接近平面应变状态,裂纹尖端在约束面上的塑性区尺寸和裂纹尺寸以及试样尺寸相比是很小的。用类似的方法,性能 K_{IIc} 表示在剪切条件下,材料存在尖锐裂纹时抵抗断裂的能力。周期载荷可能造成裂纹扩展的 K 值比临界 K 值小(例如 K_{IIc})。在严酷的环境作用下,循环载荷作用下的裂纹扩展会有所增加,因此,在设计结构组件时,实际条件下的 K_{Ic} 和 K_{IIc} 值可能与试验室测试环境下得到的值存在相当大的差异。

I型:单边缺口弯曲试样(SENB)

用来获取 I 型应力强度的 SENB 试样有几个优点:试样容易制造,试验简单,仅仅使用一个简单的弯曲夹具在任何准静力试验机上都可以完成试验。SENB 试样主要用于各向同性或者适度的各向异性材料,例如大多数泡沫材料,如图 11.46 所示。

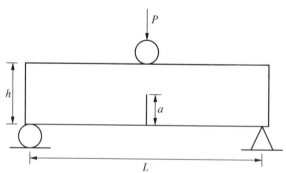

图 11.46 测量 I 型断裂韧性的 SENB 试样

试验类型,尺寸和制备

将 SENB 夹芯材料试样切成矩形。试样长度 L 应至少为试样高度的 4 倍,高度应大约为厚度的 2 倍。用一块薄锯片锯出一道裂缝,用刀片切割裂缝的最后 $2\sim4$ mm。裂纹应满足条件 $0.2h < a < 0.8h$,a 是裂缝长度,h 是试样高度。

试验装置

使用一台控制十字头匀速移动并经过标定校准的试验机。其应配备一个挠度测量装置和一个高精度载荷测量系统。在三点弯曲装置上的加载头和支柱应采用圆柱面。为了避免由于在加载头下的应力集中直接产生过大压痕,加载头和支柱的半径应最小应为 3 mm,最大可达试样深度的 1.5 倍。

试验步骤

把试样安装在三点弯曲装置上,每一边伸出一短段,支柱之间的长度应为高度的 4 倍,如图 11.46 所示。以指定速率施加载荷,同时记录载荷-挠度数据。写出断裂强度如下:

$$K_{Ic} = \frac{6P_C}{h}\sqrt{\pi a} \cdot F\left(\frac{a}{h}\right) \tag{11.41}$$

式中:P_C 是临界载荷,例如断裂出现时的载荷;$F\left(\frac{a}{b}\right)$ 是裂缝长度和试样几何形状的函数,称为有限宽度校正系数。如果试样长度是 $4h$,下面的近似式在 $\frac{a}{b}$ 不大于 0.5%时都适用:

$$F\left(\frac{a}{h}\right) = \frac{1}{\sqrt{\pi}} \frac{1.99 - \frac{a}{h}\left(1-\frac{a}{h}\right)\left[2.15 - 3.93\frac{a}{h} + 2.7\left(\frac{a}{h}\right)^2\right]}{\left(1+2\frac{a}{h}\right)\left(1-\frac{a}{h}\right)^{\frac{3}{2}}} \tag{11.42}$$

$\frac{a}{h}$ 是裂缝长度和试样高度的比值,当 $\frac{a}{h} = 0.5$ 时,可以计算出有限宽度校正系数 $F\left(\frac{a}{h}\right) = 1.416$。

Ⅰ型:紧凑拉伸试样(CT)

标准紧凑拉伸试样是一个简单可以施加拉伸载荷的边缘带裂纹的平板,试样也是很容易制造,试验也很简单。

试验的类型、尺寸和制备

试样厚度应和材料板厚相同,试样宽度 w 应为厚度的 2 倍。用一块薄锯片锯出一道裂缝,用刀片割裂缝的最后 2~4 mm。选择裂纹长度 a 满足不等式 $0.45 < \frac{a}{w} < 0.55$。试样几何形状如图 11.47 所示。

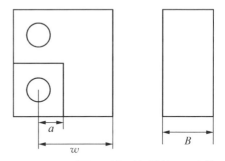

图 11.47　测量Ⅰ型断裂韧性的 CT 试样

试验装置

通过安装在如前面章节所述的同样类型的试验机上的加载装置给试样加载。

试验步骤

把耳片夹头和附属装置装配到拉力机上的时候,应该十分小心以尽量降低外端部安装偏心。以给定速率给紧凑拉伸试样施加载荷。从下式计算出模式Ⅰ的断裂韧性 K_{Ic}:

$$K_{Ic} = \frac{P_C}{B\sqrt{w}} \cdot f\left(\frac{a}{w}\right) \tag{11.43}$$

式中：a，B，w 如图 11.47 所示；P_C 是临界载荷。有限宽度校正系数 $f\left(\frac{a}{w}\right)$ 计算如下

$$f\left(\frac{a}{w}\right) = \frac{\left[2+\left(\frac{a}{w}\right)\right]\left[0.866+4.64\left(\frac{a}{w}\right)-13.32\left(\frac{a}{w}\right)^2+14.72\left(\frac{a}{w}\right)^3-5.6\left(\frac{a}{w}\right)^4\right]}{\left[1-\left(\frac{a}{w}\right)\right]^{\frac{3}{2}}}$$

$$\tag{11.44}$$

上述关于 $f\left(\frac{a}{w}\right)$ 表达式在 $0.2 < \frac{a}{w} < 0.8$ 时成立。

Ⅱ型：端部缺口弯曲试样（ENF）

在夹层结构中，夹芯材料承受横向载荷，并且传递面板材料之间的载荷，承受剪应力。因此，夹芯上沿着或者垂直于表面的裂纹处于几乎纯剪切的状态。端部缺口弯曲试样（ENF）用来获取只受Ⅱ型变形影响的夹芯材料的裂纹韧性。与 SENB 试样相似，裂纹位于夹芯中间的侧边端部，但是方向平行于表面。另一个不同点是在芯材的每一边粘贴薄的蒙皮材料，来预防试样在裂纹扩展前在加载点处出现局部压缩失效或者在试样底部中点处出现拉伸断裂。试样主要用于各向同性或者适度的各向异性材料，例如泡沫材料。

试样的类型、尺寸和制备

ENF 试验件从一整块芯材中取厚度相等的两部分来制造。在两个夹芯之间填充特氟龙薄膜用来模拟裂纹。允许试样伸出支撑两端一部分，因此要求特氟龙薄膜比实际要模拟裂纹长度稍微长些。试样的厚度至少应为 $\frac{h}{2}$，h 是试样高度。

试验装置

所用试验装置与上面提到的 SENB 章节中所述的试验装置类似。

试验步骤

把试样安装在三点弯曲装置上，每一边伸出一短段，支柱之间的长度应为高度的 4 倍。以指定速率施加载荷，同时记录载荷-挠度数据。如图 11.48 所示，裂纹扩展初始方向与裂纹方向的夹角约为 80°。

Ⅱ型试验中可以写出应力强度，用Ⅰ型断裂韧度试验类似的方法可以写出能量释放率，即

$$K_{II} = \tau_\infty\sqrt{\pi a}g \quad \text{和} \quad G_{II} = \frac{K_{II}^2(1-\nu^2)}{E} \tag{11.45}$$

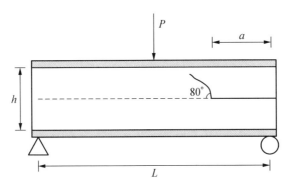

图 11.48 测量Ⅱ型断裂韧性的端部缺口弯曲试样（ENF）

式中：g 是有限宽度校正系数；E 是杨氏模量；ν 是泊松比；τ_∞ 是远端剪应力，若存在裂纹，应力可能作用在裂纹表面。为了从 $K_{\text{Ⅱ}} = \tau_\infty \sqrt{\pi a g}$ 计算有限宽度校正系数，必须首先计算出剪应力 τ。用式（3.13～3.14）和式（3.16～3.18）计算剪应力 τ。用有限元法计算得到有限宽度校正系数 g，有些值能在 Schubert 等人和 Grenestedt 等人的文献中找到。

参考文献

[1] ASTM D 5045 - 93 Test Method for Plane-Strain Fracture Toughness and Strain Energy Release Rate of Plastic Materials [S].

[2] Schubert O, Zenkert D, Falk L. Fracture Toughness of Sandwich Core Materials [M]. DAMTOS WP403 - 2.1.

[3] Grenestedt J L, Hallstrom S, Kuttenkeuler J. On Cracks Emanating From Wedges in Expanded PVC Foam [J]. Engineering Fracture Mechanics, 1996, 54(4): 446 - 456.

[4] ASTM D6068 - 96 Test Method for Determining J - R Curves of Plastic Materials [S].

11.3.7 高应变率

试验目的

夹层结构承受瞬态载荷的特殊情况下，建立材料的本构非常需要该材料性能数据。给夹层结构的材料快速加载的时候，材料的高应变率特性是一个非常重要因素，夹芯材料尤其如此，因为大多数商用泡沫夹芯相对来说是脆性的。本节提出了一种测量泡沫夹芯材料的高应变率的拉伸试验方法。

试样的类型、尺寸和制备

从所研究的夹芯材料块中切取一个 200 mm×200 mm 的试样，形成一个如图 11.49 所示的试样，中间腰部为 15 mm。试样厚度应为 10 mm，标距长度为 100 mm。

图 11.49 确定高应变率拉伸性能的试样

试验装置

对于高达 500 mm/min 的应变率,为了完成试验,试验机应具备控制和调整可动加载头的速度要达到至少 500 mm/min 的试验速度的能力。对更高的应变率,使用一个 11.2.6 节所述的钟摆型试验机。试验机的加载传感器应能显示试验试样承受的总载荷。为了给试验施加载荷,使用合适的重量轻的夹具。为了测量应变,尽管连接在试样上的应变计会影响结果,还是要使用一台外面严格校准的伸长仪,最好是一台激光伸长仪。一台激光伸长仪包括两个激光光源,这两个光源能通过光缆产生两道激光束,把光缆通过试样垂直连接到标距的每一端。然后两台传感器接受激光束,并记录激光束的位置。还需要一台示波器和一套合适的高速数据采集系统采集所需数据。

试验步骤

当作高应变率试验的时候,引入到系统的质量尽可能低是非常重要的。否则,产生的惯性力会影响试验结果。然而,试验装置必须足够硬,承受所加载荷而不弯曲,否则结果会出现错误。试验装置如图 11.50 所示。采用不同应变率做一系列试验,比较应变率是如何影响不同的材料性能。选择不同的初始高度可以获得所要的应变率,从所选择的高度处让钟摆开始运动。通过钟摆击打连接到试样上的两个又轻又硬的杆(建议采用薄碳纤维复合材料)之间的钉子,将钟摆的能量传递到试样上。用安装在另一个试样末端和固定底座之间的一个测力传感器测量载荷。用示

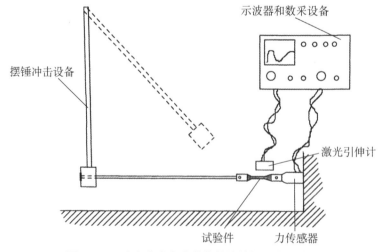

图 11.50 确定高应变率拉伸性能的摆机试验装置

波器和数据采集设备记录载荷、应变和时间关系曲线图。从例如 0.5%～1.5% 之间应变处的应力应变比值可以计算出弹性模量，因为在试验开始阶段，0.5%～1.5% 区间能产生一个相对稳定可靠的正切值。在试验标距段上单位体积吸收的能量可以通过在整个循环中增加试样应力获得应变增量来计算。

参考文献

P. Wennhage, K. - A. Olsson. High Strain Rate Testing Techniques of Ductile Core Materials [R]. Report 97 - 11, Department of Aeronautics, Kungliga Tekniska Hogskolan, Stockholm, Sweden, April 1997.

11.3.8　蠕变试验

用 11.2.12 节所述的关于面板材料的相类似的方法完成泡沫夹芯材料的蠕变试验。应十分小心以避免做弯曲蠕变试验的时候在加载点产生过大的压痕。要采用大半径圆柱面的支撑和加载头。

参考文献

[1] ISO 7616：1986　Cellular Plastics, Rigid—Determination of Compressive Creep Under Specified Load and Temperature Conditions [S].

[2] ISO 7850：1986　Cellular Plastics, Rigig—Determination of Compressive Creep [S].

[3] ISO 10066：1991　Flexible Cellular Polymeric Materials—Determination of Creep in Compression [S].

11.3.9　密度试验

试验目的

用这种试验方法可以确定在夹层结构中使用的夹芯材料的密度。

试样的类型、尺寸和制备

试样形状为长度大约为 75 mm，宽度大约为 75 mm 的夹层结构芯材。建议试样数量至少为 3 个。

试验仪器

试验需要一台分析天平或一个高精度刻度尺，一个干燥箱，一个能准确到 0.01 mm 的测微计，一个吸湿器。

试验步骤

将试验试样置于规定条件下，例如大气条件，在干燥箱中并规定一定温度，或者试验需求方与测试方达成一致的条件。试样达到环境条件后,如果必要的话,在吸湿器中将试样冷却到室温。称量试验件的重量,确定尺寸,然后计算密度。

参考文献

[1] ASTM C271 - 94　Test Method for Density of Core Materials for Structural Sandwich Constructions [S].

[2] ASTM D 1622 - 88　Test Method for Density, Apparent, of Rigid Cellular Plastics [S].

[3] ISO 845:1988　Cellular Plastics and Rubber-Determination of Apparent(Bulk) Density [S].

11.3.10　热传导特性试验

试验目的

这里所述的试验方法称作隔热板法,包括通过测量流过平直试样的稳态热流量。由于热流量和其不确定性可能依赖于环境和装置的试验条件以及试样的固有特性,所以试验报告必须包括试样和条件的详尽说明。另外,由于这种试验方法应用范围宽,包括试样特性、试验条件和装置设计,因此,全面陈述试验方法的准确性和不足是不切实际的。根据通过这种试验方法测量的热流量可以计算出热传导性能。

试样的类型、尺寸和制备

在隔热板试验中所用的试样的尺寸应覆盖整个测量区域,试样表面应为平滑而且相互平行。另外,试样厚度的测量精度依赖于几个参数,包括装置的大小、材料的热阻和所希望达到的精度。为了把边缘热耗维持在大约 0.5% 以下,因为隔热宽度是测量区域线性尺寸的约 $1/2$,所以建议试样最大厚度是测量区域的最大线性尺寸的 $1/3$。

试验装置

隔热板装置的机构总体布置如图 11.51 所示。这套系统由隔热装置、两个辅助加热板、两个冷却装置、边缘绝热形式的二次防护和温度控制的二次防护装置组成。如果仅填充大气空气,可能就不必使用环境模拟室。将两个基本相同的试样安放在隔热装置的每一边。试样相对的两个面和已调整好的辅助加热装置接触,以便其处于同一温度。这三个等温装置的目的是通过两个试样创造一个精确可测量的单向稳态热流量。二次防护和边缘绝热的目的是进一步减少径向热流量,冷却装置是一套等温散热片,用来释放加热装置产生的热量。使用一个适当的温度传感器来精确测量温度及控制系统内部的温度,并用来进行所需的误差分析。

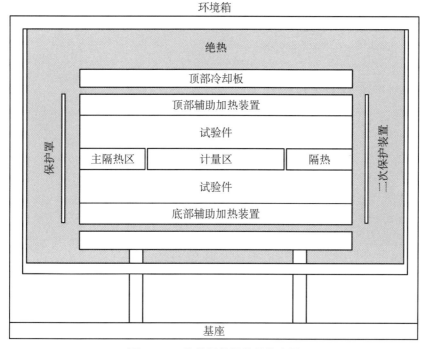

图 11.51　防热板装置的总体布置

试验步骤

　　安装试样和二次防护装置之后,如果必要的话,再安装一个环境模拟室,开始热试验过程。使用各种加热和冷却装置达到试验温度条件。达到系统的热稳定状态所需时间随装置设计的特性、待测量的试样和试验条件发生显著变化。一般来说,由于这种方法适用于低热导试样,设定时间按小时为单位。达到所需的稳态后,重复三次完成数据采集。这三次测量应在时间间隔不小于 30 min 的条件下进行。

　　这种试验方法需要的主要数据包括电功率、表面温度、面积和厚度。当然,通常只有厚度可以直接测量。其他量由其他更多的基本量计算得到,或者由电器装置转换得到。待测的热流量是流过每一个试样的热流量。在所述的方法中,只有一半的功率由流过每一个试样的加热器产生。功率 W 由电压 D 和电流 Z 确定,计算如下:

$$W = DZ \qquad (11.46)$$

　　从测量数据还可以计算出导热能力、热阻、导热率和热阻系数。

参考文献

[1] ASTM C168 - 90　Standard Terminology for Relating to Thermal Insulating Materials [S].

[2] ASTM C177 - 85　Test Method for Steady-State Heat Flux Measurements and Thermal

Transmission Properties by Means of the Guarded-Hot-Plate [S].

[3] ASTM C1045 – 90   Standard Practice for Calculating Thermal Transmission Properties From Steady-State Heat Flux Measurements [S].

11.3.11   热膨胀系数

泡沫夹芯材料热膨胀系数的测试方法与 11.2.16 节中所阐述的方法类似。

参考文献

[1] ASTM D 696 – 91   Test Method for Coefficient of Linear Thermal Expansion of Plastics Between −30℃ and +30℃ [S].

[2] ISO 4897：1985   Cellular Plastics—Determination of the Coefficient of Linear Thermal Expansion of Rigid Materials at Sub-Ambient Temperatures [S].

11.3.12   吸湿试验

试验目的

大部分夹芯材料的电学和力学性能与含水量有关。另一个重要特征是结构通过夹芯材料吸收水分获得的重量。这个测试方法包含了确定各种结构夹芯材料(如蜂窝、泡沫和轻木)在相对高湿度环境下吸收水分的相对速率。

试样的类型、尺寸和制备

从夹芯样品上机加、锯或者切割测试试件,使试件具有光滑没有裂纹的表面。试件大约为 76 mm×76 mm×13 mm,当材料用于夹层结构的时候,试件的厚度应该与夹芯材料厚度方向一致。

试验仪器

一个高精度天平,一个可以高精度保持恒温的空气循环烘箱,一个可以保持试验要求的恒温恒湿的试验容器。在测试过程中还需要一个水下称重装置。在试验中只能使用蒸馏水或者电离水。

试验步骤

试验过程是将一个试件完全浸入 23℃ 的水中。如果材料浮起来就用一个网将其罩在水下。24 h 后,从水中取出试件,用干布把表面上的水擦掉,然后称重并记录下重量。对那些能在表面积聚水或者在角上能存水的试件,应该把它浸泡在酒精里,让酒精蒸发后再称重。

在另外一个试验中,试件暴露在一个加温加湿的试验容器中。推荐使用 70℃ 和 85% 相对湿度环境,时间为 30 天。其他温度、湿度和试验时间同样可以使用。试件取出容器后,冷却到室温,然后进行称重。

第三种试验过程的目的是确定增加重量的最大百分比。把一个试件浸入装有 23℃水的容器内。和前面一样,如果材料浮起来就用一个网把它罩在水下,但是这次的时间是 48 h。然后把试件取出,擦干表面水分,称重量后再放回水中。重复这个过程直到某一次 48 h 间隔后增加重量小于前面所有增加重量的 2%。

这里还有一个方法可以修正试件表面水引起的问题。称量一个试件,将其迅速浸入水中,然后用这个试件按照相同的步骤来确定增加的重量。减掉表面水增加的重量来修正实际的试件重量。

如果只对刚性多孔塑料进行有效测量,则可以将试件放在一个水下称重装置上,然后浸泡在一个浸泡容器里。经过 96 h 的浸泡,称量试件。

参考文献

[1] ASTM C 272‐91　Test Method for Water Absorption of Core Materials for Structural Sandwich Constructions [S].

[2] ASTM D 2842‐69　Test Method for Water Absorption of Rigid Cellular Plastics [S].

[3] ISO 2896：1987　Cellular Plastics, Rigid-Determination of Water Absorption [S].

11.3.13　透湿性

试验目的

这些试验的目的是为了通过简单的试验仪器来获得水蒸气通过透水材料和半透水材料的穿透性值。用来测量透湿性有两种基本方法,干燥方法和喷淋方法。有两种不同的环境,一个是单边湿润,另一个是一边高湿度或者一边低湿度。在一特定测试情况下获得的透湿性可能不能表明其他不同的情况的透湿性。基于这个原因,应该选取最接近使用状况的测试环境进行试验。

试样的类型、尺寸和制备

试件应该与装干燥剂或者水的盘口具有相同的尺寸,并且厚度与使用材料的厚度一致。

试验仪器

试验盘可以是任意形状并且是由不可腐蚀的材料制成,不能渗透水或者水蒸气。最好是大而浅的盘子(见图 11.52),但是当选择一个分析天平来检测重量的微小改变时,盘子的尺寸和重量是受到限制的。盘口应该与实际的一样大,并且干燥剂或水的面积不应该小于开口面积。对于干燥剂,推荐使用经过筛子筛选的小块状脱水氯化钙作为干燥剂;对于水(喷淋),应该使用蒸馏水。放置装好试件的实验盘的房间或橱柜应该可以控制温度和相对湿度。

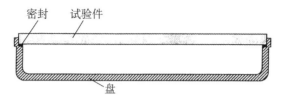

图 11.52　显示盘装配原理

试验步骤

用干燥剂方法做试验时,盘子里装的干燥剂应该与试件有 6 mm 以内的距离,因为每次称重前都要摇晃盘子,这样就需要足够的空间使得干燥剂能够混合。通过密封和夹紧使试件与盘子贴紧,并且把它放入可控室内,样品朝上,立即称量重量。定时称组合体的重量,一般要提供至少 8～10 个试验数据点,可以得到一个重量-时间曲线。

用水方法做试验时,盘子内装的蒸馏水量大概与试件有 20 mm 的距离。因而这个空气空间会有一个小的水蒸气渗透阻力,但是这个距离是必需的,主要是为了减少在操作盘子组合体时避免水接触到试件。试验用前述相似方法执行。水蒸气的透湿量(WVT)用下式计算

$$WVT = \Delta W/tA \tag{11.47}$$

式中:ΔW 是重量改变量;t 是时间;A 是试验面积,即试验盘的开口面积。

参考文献

[1] ASTM E96 - 94　Test Methods for Water Vapour Transmission of Materials [S].
[2] ISO 1663:1981　Cellular Plastics—Determination of Water Vapour Transmission Rate of Rigid Materials [S].
[3] ISO/DIS 1663　Rigid Cellular Plastics-Determination of Water Vapour Transmission Properties (Revision of ISO/DIS 1663) [S].
[4] SS 02 15 82　Water Vapour Permeability [S].

11.3.14　其他试验

刚性多孔塑料的胞孔尺寸

试验目的

各种刚性多孔塑料的物理性质依赖于孔洞的大小和孔洞的位置。测量吸湿量和开孔含量需要表面孔体积的信息,其用胞孔的尺寸来计算。这种试验方法是通过计算特定距离内孔壁相交的数量来确定刚性多孔塑料胞孔大小。

试样的类型、尺寸和制备

试件应该是 55 mm×55 mm,厚度与结构材料相同,并且应该是从需要测试的

地方切下来的。

试验装置

为了看胞孔大小,需要一个可以切割非常薄大片试件的切割仪器。可以使用一个传统 35 mm 幻灯片放映机用来观看孔大小的幻灯片,其可以接受标准 55 mm × 55 mm 幻灯片。

同时还需要布置一个胞孔尺寸放大的幻灯片组合体,将其放在一张薄塑料片上带有标准刻度之间,并且包括可以沿着一边滑动的玻璃载片。

试验步骤

准备胞孔大小观察试件,可以从试件的立方体表面上切下一个薄片。薄片的厚度要薄到可以使影像图不致因重叠的孔壁而交错不清。把薄片泡沫试件插入到胞孔尺寸薄片组合体。在需要测量的地方区域上方采用网格线并定位零点。把薄片组合体插入到放映机里,然后将放映机对焦在一个屏幕上,使之得到一个清晰的投影结果。通过计算与 30 mm 试件投影线上相交的胞孔数量,用 30 mm 除以这个数量就可以确定平均孔的大小。

参考文献

ASTM D3576 - 77　Test Method for Cell Size of Rigid Cellular Plastics [S].

蜂窝芯材的剥离强度

试验目的

这个试验方法包含蜂窝夹芯材料点到点连接的剥离强度。这个试验是很有用的,可以确定在切割或者机械加工工艺过程中芯材是否可控不发生剥离。

试样的类型、尺寸和制备

测试试件应该 130 mm 宽,260 mm 长,在夹具外的试件表面长度约为 200 mm。试件的宽应该平行于点到点结合区域。为了防止压坏试件,当使用夹钳类夹具时,可以在试件边上填上石膏或浸渍树脂涂层以加强试件。

试验装置

试验需要一个拉力测试设备,一些合适的夹具和可以缓慢移动的夹头,并且要能够显示失效时的载荷。

试验步骤

将一个拉伸力垂直加载到板条上,以产生一个恒定速率的分离,并记录下逐步增加载荷,芯材的剥离强度为

$$F_u = P/wt \tag{11.48}$$

式中：F_u是剥离强度；P是最终拉伸破坏载荷；w，t分别是试件宽度和厚度。

参考文献

ASTM C363 - 57　Test Method for Delamination Strength of Honeycomb Type Core Material [S].

夹层结构芯材厚度的测量
测试目的

这个试验主要测试夹层结构芯材厚度方向上的变化情况，并且可以获得一个平均厚度尺寸。这个试验方法是为了测量生产后芯材的厚度，并不是为了在其他试验中用于确定夹芯试件的尺寸。正常情况下芯材厚度取一个紧公差，以便在制造夹层结构时不至于将芯材压溃。

试样的类型、尺寸和制备

试件要求是平坦的，可以是任意长度和宽度，厚度只要在测量仪器范围内即可。

试验装置

可以使用一个辊式厚度测试仪，包含一个连有坚硬支架结构的平板桌，如图11.53所示。两个辊子架置在支架上，一个辊子位置固定，另外一个可以垂直方向移动。上辊子的垂直移动信息传递到一个指示计数器上，可以记录厚度的变化量。

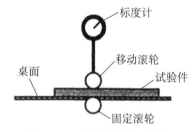

图 11.53　滚轮类厚度测试仪

还有一种设备是使用一种圆盘厚度测试仪，其包含一个连有坚硬支架结构的平桌，在垂直方向采用一个可以移动的压力圆盘架置在这个支架上。圆盘垂直方向的移动可以传递到一个指示计数器上，可以记录厚度的变化量。

试验步骤

把一个厚度等于期望的名义夹芯厚度的间隔板放进辊子之间，如果使用圆盘厚度测试仪，就把间隔板放到圆盘下面，用来校准这个指示计数器。然后将其移走，再插入需要测量的夹芯材料。把芯材放入辊子，前后移动并观察指示计数器的读数。如果使用圆盘厚度测试仪，可以把芯材沿着试件长度成锯齿型移动。

参考文献

ASTM C 366 - 57　Test Method for Measurement of Thickness of Sandwich Cores [S].

开孔含量
试验目的

多孔塑料是由聚合物膜或者壁组成,这些膜或壁被小腔或孔分离。这些孔可以是相互连接的(开孔形式)、不连接的(闭孔形式)或者是这些种类的混合体。这个试验可以确定开孔含量。可以确定多孔程度和材料可获取的多孔体积。

试样的类型、尺寸和制备

试件应该为立方体,从样品上通过机械加工或者切割下来的,需要有光滑的表面,名义尺寸是 25 mm×25 mm×25 mm。

实验设备

一个空气比重器,一个可以制造出光滑尺寸的切割设备,一个微米测量设备。

试验步骤

试验方法基于多孔程度的确定方法,使用玻意耳定律可以确定多孔塑料的多孔体积,玻意耳定律是:受限的气体体积上的减少会导致压力的成比例增长。试验仪器包含两个相同体积的圆柱体,附带一个半封闭腔,它是通过将试件插入到其中一个圆柱体中。两个圆柱中的活塞允许容积的改变。当一个试件置入样品腔中时,压力增长等同于两个体积的减少。试件圆柱体中体积的改变比空腔的参考腔要小,对应于试件的排水量。这个体积与试件几何体积的不同就是开孔体积的测量方法。

参考文献

[1] ASTM D 2856 – 87 Test Method for Open Cell of Rigid Cellular Plastics by the Air Pycnometer [S].
[2] ISO 4590:1981 Cellular Plastics-Detemination of Volume Percentage of Open and Closed cells of Rigid Materials [S].

湿热老化
试验目的

由于刚性多孔塑料具有潜在而广泛的使用,很大程度上,为测量这些材料的有效性而使用的人工暴露方法必须基于以后可能的应用条件。这里推荐的环境已经广泛用于人工暴露刚性多孔塑料,并用于确定这些材料在不同温度和湿度下的老化结果。试验结果不适用于预测产品的寿命特性,也不足以作为工程和设计计算。

试样的类型、尺寸和制备

试件应该从样品上锯下或者采用机械加工,以使其具有光滑没有裂纹的边缘。试件名义尺寸是 100 mm×100 mm×25 mm。具有自然表面或者带有与多孔材料一起使用的层压板表面。

试验设备

一个天平,一个空气循环类烘箱,一个冷却盒,一个带刻度盘式计数器,一个湿度箱。

试验步骤

确定试件的尺寸和质量并对试件做一个光学可视检验。把试件暴露在一些特定的环境下 24 h、168 h 和 336 h。在暴露全周期过程的中间需要进行观察。暴露完后,可以让试件放置于室温下,然后通过测量试件尺寸,可视化试验和执行可以评估试件的任何属性的试验测试。

参考文献

[1] ASTM D 2126 - 87 Test Method for Response of Rigid Cellular Plastics to Thermal and Humid Ageing [S].

[2] ISO 2440:1983 Polymeric Materials,Cellular Flexible-Accelerated Ageing Test [S].

[3] ISO/DIS 2440 Flexible and Rigid Cellular Polymeric Materials—Accelerated Ageing Test (Revision of ISO 2440:1983)[S].

11.4 夹层结构(包括芯材/面板的粘接)

11.4.1 拉伸试验

试验目的

这个试验方法是确定芯材的面外拉伸强度或者芯材和面板组成的夹层结构的粘接强度。试验包含了将一个垂直夹层板的拉伸载荷作用于夹层结构上,这个载荷通过与夹层面板连接的厚加载块传递到夹层结构上。

试样的类型、尺寸和制备

试件应该是方的或圆的,厚度与夹层结构板厚度一样。对于连续的夹芯材料,比如有小细孔(小于 6 mm)的轻木、泡沫橡胶和泡沫树脂,试件的最小试验面积应大概是 625 mm²。如果夹芯是具有大于 6 mm、小于 12 mm 孔的开孔式的或者网格式芯材,最小面积应该是 250 mm²;如果孔大于 12 mm,面积应至少 250 mm²,或者足够大到包含至少一个完全的胞孔。如果想确定夹层结构样件的夹芯和两个面之间连接的强度,可以使用如图 11.54(b)所示的试件,或者使用更为复杂的如图 11.54(c)所示的试件。可以使用任何可行的方法用加载夹具连接试验试件的面,这个加载夹具不能明显地影响现有的面板芯材间的连接。

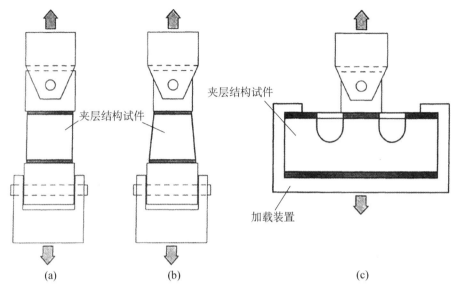

图 11.54 不同的带万向接头装置的拉伸试验试样

(a) 常规的 ASTM C297 拉伸试验试样 (b)和(c)由 KTM Stockholm 修改的试样,用于测试夹层结构两面的胶结强度

试验装置

一个可以控制十字联轴器恒定移动速度的试验机,还有一个可以显示作用在试件上总拉伸载荷的机械装置。加载夹具应该可以自动校准并且不能施加偏心载荷,而且加载块应该具有足够的刚度以保持连接面在载荷作用下基本平整。加载块的面积不能小于试验件的截面尺寸。

试验步骤

通过试验机的可移动头以恒定速率移动,作用一个拉伸载荷并记录下载荷值。面外拉伸强度是最大载荷除以总的截面面积。对开孔式或网格式芯材,如失效发生在夹芯和面之间连接的蜂窝结构,连接边的单位长度强度是"面外拉伸强度"除以"每单位夹芯面积的连接边长度"。每单位夹芯面积的连接边长度可以通过考虑芯材孔的几何形状得到。对六边形或者四边形夹芯孔,每单位夹芯面积的连接边长度等于孔的尺寸除以 4。

参考文献

[1] ASTM C 297 - 61 Test Method for Tensile Strength of Flat Sandwich Constructions in Flatwise Plane [S].

[2] Olsson K‐A. Testing of Sandwich Panels and Structure, Report No. 88‐17, Department of Aeronautics, Kungl. Tekniska Hogskolan, Stockholm, Sweden [R].

11.4.2 面外剪切试验

试验目的

当剪切载荷平行于夹层结构面板时,这个试验方法提供了此时的载荷-变形性能。从一条完整的载荷-变形曲线,可以计算夹层结构或者芯材在任何载荷下的剪切应力和作为一个整体的夹层结构的等效剪切模量或者芯材的剪切模量。试验中没有产生纯剪切,但是指定的试件长度可以降低其他应力产生效果。

试样的类型、尺寸和制备

试件的厚度应等于夹层结构的厚度,宽度不小于厚度的 2 倍,长度不小于厚度的 12 倍。试件由刚性夹具板粘接到夹层结构的面板上。如果夹芯或者面板材料显示出与剪切强度方向相关的特性,就需要用不同的试验通过施加剪切应力到每一个主方向下的性能。

试验装置

试验组合体置于球形支座上,或在万向节上(见图 11.55)。支座或万向节连接在一个可以控制十字联轴器恒定移动速度试验机器上,有一个可以显示作用在试件上的总剪切载荷的机械装置。为了测量变形,还需要一个光学杠杆系统,一个刻度盘式指示器,或者其他可用的工具。

试验步骤

通过球形支座或者万向节连接作用拉伸或压缩载荷到刚性夹具板的末端,可以将载荷平均分配到试件的宽度上。通过试验机器使可移动头以恒定的速度移动,从而使载荷作用到试件上。获取足够的读数,最好是等应变增长,来确定应力-应变图。借助于光学杠杆系统、刻度盘式指示器或者其他适用的工具可以得到变形值。记录适当的数据,可得到载荷-变形图,可以用于确定夹层结构的等效剪切模量。夹层结构试件的剪切应力为

$$\tau = \frac{P}{Lw} \tag{11.49}$$

式中: P 是载荷; L 是试件长度; w 是宽度。需要注意的是,这种方法获得的等效剪切模量是对在加载夹具板之间的各种材料混合体这个整体来说的。这个剪切模量 G 和面板剪切模量 G_f 以及芯材剪切模量 G_c 的理论关系是

$$G = \frac{G_c h}{\left[t_c + (h - t_c)G_c/G_f\right]} \tag{11.50}$$

图 11. 55
夹层结构
面外剪切
试验加载

式中：t_c 是芯材厚度；h 是试件总厚度。夹层结构试件的剪切模量是

$$G = \frac{\tau}{\gamma} = \frac{Pt}{\Delta Lw} \tag{11.51}$$

式中：$\gamma = \Delta/t$ 是剪切应变；Δ 是试件一个加载夹具板相对于另一个加载夹具板移动的位移量。在大部分的夹层结构中，G_f 比 G_c 大很多，并且 t 和 c 相差不大，所以 G 基本上等于 G_c。

参考文献

ASTM C 273 - 61　Test Method for Shear Properties in Flatuise Plane of Flat Sandwich Constructions for Sandwich Core [S].

11.4.3　面内剪切试验

试验目的

这部分有两个相似的试验方法测量面内剪切属性，使用一个正方形板那样的试件来进行试验。这两个不同的试验试件如图 11.56 所示，试验配置如图 11.57 所示。

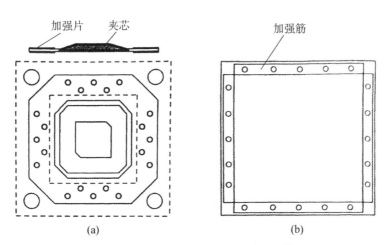

图 11.56　夹层结构面内剪切试验加载

说明：(a)中的虚线表示加载框

试样的类型、尺寸和制备

如图 11.56(a)所示的试件，是用湿铺工艺、模压或其他任何合适的工艺方法成型的。试件上粘贴加强片并与加载框架相连。其他种类的试件仅仅是从需要测量

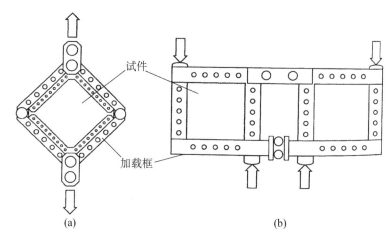

图 11.57   夹层结构面内剪切

的夹层板上切割下来。推荐试件尺寸约为 900 mm×900 mm。如图 11.56(b)所示，加强边与试件边相连，加载框通过螺栓将试件和加强边连接起来。这个试验方法适用于大的结构件，比如从船体上切割下来的板试件。

试验装置

需要一个可以控制十字联轴器恒定移动速度的试验机，还有一个可以显示作用在试件上的总的剪切载荷的机械装置。当要对更大的试件试验时，可能需要一些独立控制协调加载的液压作动缸。另外，如图 11.57 所示，试验夹具有一个加载机构，还需要应变片或者其他任何适用的测量变形的工具。

试验步骤

注意加载框与试件是刚性连接。图 11.57(a)的试验组合体安装在试验机上。应变由连接在试件上的应变片测得。当用如图 11.57(b)所示的装置对更大的试件进行试验时，位移由测微仪测得，应变由应变片测得。载荷和位移数据记录下来后要进行后处理。对于有相同面厚度的夹层板，其剪切模量是

$$P = \int_0^a \tau_c t_c \mathrm{d}x + 2\int_0^a \tau_f t_f \mathrm{d}x \qquad (11.52)$$

式中：下标 c 表示夹芯；下标 f 表示面板。因为夹芯的剪切承载量是总的承载量的一小部分，所以这一部分可以忽略。上式可以简化为

$$G = \frac{1}{2t_f a} \cdot \frac{\mathrm{d}P}{\mathrm{d}\gamma} \qquad (11.45)$$

式中：t_f 是面板厚度；a 是试件边长；$\dfrac{\mathrm{d}P}{\mathrm{d}\gamma}$ 是从载荷-应变图上测得的斜率。

参考文献

[1] DAMTOS 2nd Twelve Monthly Process Report, (Reference Period from 01.01.94 - 31.12. 94), Document No. DAMTOS - CR - 005 - 1.2/ECD, January 1995 [R].

[2] Rand T, Lindmark G, Olsson K-A. Analys av Skejuvbelastade AP-Laminat och Sandwichpaneler [M]. Rapport M 22, Institution for Flygteknok, Kungl. Tekniska Hogskolan, Stockholm, Sweden, (in swedish)

11.4.4　弯曲试验

试验目的

采用三点弯曲和四点弯曲试验方法用于确定平的夹层结构属性,在一片夹层结构的平面上作用力矩使其处于弯曲的状态。

可以对平面夹层结构实施弯曲试验,来确定结构的弯曲和剪切刚度、芯材的剪切模量和剪切强度,或者面板的压缩和拉伸强度。评价芯材剪切强度的试验同样可以评价芯材和面板之间的粘接,这个连接中的剪切应力与芯材的剪切应力相等,但粘接的剪切强度可能小于芯材的剪切强度,因而表明了失效从粘接处开始。通过适当的夹层梁设计,可以确定,夹层梁会由于剪切引起的夹芯材料的断裂而失效。通过逆向考虑确定芯材剪切强度的方法,可以获得确定面板拉伸和压缩强度的适当试验件。

在三点弯曲试验中,如图 11.58 所示,载荷应当作用在更大的面上以避免面板上的局部压痕。当使用四点弯曲试验时减少了局部载荷,从而减少了由面片压痕造成局部失效的危险。无论是静态加载还是疲劳试验,都可以在夹层结构试验中测试芯材的剪切强度。

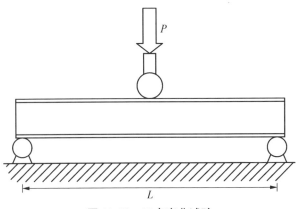

图 11.58　三点弯曲试验

试样的类型、尺寸和制备

可以使用任何形状的夹层试件：多孔泡沫夹芯、蜂窝或轻木夹芯，面板采用金属或者复合材料，厚度可以相等或不等，面板应该是薄的。试件是一个平的夹层梁结构，尺寸取决于试验台。梁的宽度至少与梁的总高度一样，最好比高度更宽些。为了在芯材中得到一个剪应力场，需要尽可能薄的面板。然而，面板厚度必须能够使得应力低于面板失效应力。薄面板由下面的关系式决定：

$$\frac{t_c + t_f}{t_f} \geqslant 5.7 \tag{11.54}$$

为了试验目的，试件可以用任何现有方法制造，也可以直接取自成品中。两种方法中，重要的是面板和夹芯间的粘接应该足够好以避免界面处过早地失效。

试验装置

任何形式的挠度试验机，可以让加载头以恒定速度运动。在三点弯曲试验台上，加载头和支撑应该具有圆柱表面。为了避免过多的压痕或者在加载头下直接由应力集中产生失效，加载头和支撑的半径至少要有 3 mm 到 1.5 倍的试件宽度。四点弯曲试验的例子如图 11.59 所示。通过设计，可以通过球轴承支撑使载荷绕梁中性轴旋转。另外，支撑在梁轴线方向（水平）上是可移动的，可以实现各种对 L_1 和 L_2 的组合配置。使用橡胶衬垫包住支撑以使载荷平滑传递。而且，外部加载臂允许水平移动，因而可以避免生成任何面内载荷。

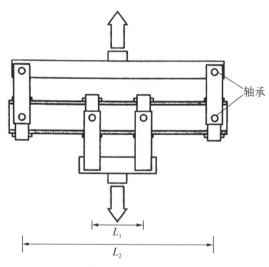

图 11.59　四点弯曲试验装配

试验步骤

试验夹具放置在静态试验机上，试件放置在试验夹具上。静态试验可以以任何速度进行,但是对一个准静态试验,试验机的十字头的适当位移是 $1\sim10\ \mathrm{mm/s}$。试验采用数据采集和光学观察方式来测量。三点弯曲试验上最大的弯矩和横向力是

$$M_{\max}=\frac{PL}{4}, \quad T_{\max}=\frac{P}{2} \tag{11.55}$$

加载点处的挠度为

$$w=\frac{PL^3}{48D}+\frac{PL}{4S} \tag{11.56}$$

在这个方程中,弯曲刚度 D 和剪切刚度 S,可以通过对同一个夹层梁进行两次不同跨距的试验得到。四点支撑弯曲试验中内支撑和外支撑点之间的区域中,横向剪力是恒定的,意味着在相当长一段的梁上芯材内的剪应力是恒定的。在内支撑区域内,弯矩恒定而横向力为零。假如面板很薄的话,加载点的变形等于试验机十字头的位移:

$$w\left(\frac{L_2-L_1}{2}\right)=\frac{P(L_2-L_1)^2(L_2+2L_1)}{24D}+\frac{P(L_2-L_1)}{2S} \tag{11.57}$$

在梁中点处梁的最大挠度可以简化为

$$w\left(\frac{L_2}{2}\right)=\frac{P(L_2-L_1)(2L_2^2+2L_1L_2-L_1^2)}{24D}+\frac{P(L_2-L_1)}{2S} \tag{11.58}$$

如果夹层结构为等厚度薄面板,则面内最大正应力出现在内支撑之间,最大横向剪应力出现在内外支撑之间,分别是

$$\sigma_f=\pm\frac{M}{t_fd}=\pm\frac{P(L_2-L_1)}{2t_fd}, \quad \tau_c=\frac{P}{d} \tag{11.59}$$

尽管在中间部分横向剪力为零,弯矩恒定,但是这部分的弯曲刚度是很容易测得的。因为曲率只能从梁的弯曲得到。试验夹具置于四点弯曲试件上面,再把一个测微仪安置在这试验夹具上,用来测量在内支撑区域位移,这个位移是作用载荷函数。因为弯矩恒定,弯曲刚度是

$$w=\frac{Mc^2}{8D}=\frac{P(L_2-L_1)c^2}{16D} \tag{11.60}$$

式中: w 是测微仪测得的位移; c 是夹具支撑之间的距离,如图 11.60 所示。

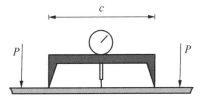
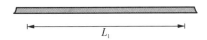

图 11.60 测定弯曲刚度的四点弯曲试验件测试装置

参考文献

[1] ASTM C393 - 62 Test Method for Flexural Properties of Flat Sandwich Constructions [S].

[2] Burnman M, Zernkert D. Fatigue of Form Core Part 1: Undamaged Specimen [J]. Intenational Journal of Fatigue, 1997,19(7):551 - 561.

[3] Zernkert D. An Introduction to Sandwich Constructions [M]. Engineering Materials Advisory Service Ltd., United Kingdom,1995.

11.4.5　夹层板的冲击试验

试验目的

冲击试验是为了得到夹层板的抗冲击能力。冲击试验包含短时间内作用在一小块局部地方相对较高的接触力。一般情况下,复合材料通过各种断裂机理吸收能量,如剥离、基体和纤维开裂等,有一些研究阐述了剥离和纤维开裂强度的降低作用。冲击试验因而经常在冲击试验后进行面内剪切试验或者压缩,用来确定板的剩余强度。

试样的类型、尺寸和制备

试件如图 11.56(a)所示的正方形板形式,可以用来测量剩余剪切强度,或者用长方形或正方形试件,可以从夹层板上切下来并在冲击后进行压缩试验。

试验装置

冲击试验在一个坠落重量的冲击试验机上进行,如图 11.17 所示。试验机上有一个反弹设备以避免多次冲击。冲头应该包含一个钢半球面撞锤,并且冲击能量必须可控。冲击支承座由钢板制成,有一个开口和引导销或者类似可以将试件定位在中央的东西。试件应由一个橡皮镶边夹具或者类似的设备支撑。为了测量冲击机的冲击力,可以为冲击机准备一个接触力传感器,这样在接触开始时的冲击速度可以使用光电感应器测得。

试验步骤

小心夹住试件边,让冲击头掉下,然后冲击力对时间曲线可以使用上面提到的仪器记录下来。因而,接触力 $F(t)$ 由力传感器测得,其安置在冲击试验机上,冲击的加速度可以这样计算获得:

$$a(t) = \frac{F(t) - P}{m} \tag{11.61}$$

式中:F 是接触力;m 是冲击头质量;P 是坠落时冲击头的重量。数值积分可以得到冲击过程中的速度为

$$v(t) = v_0 - \int_0^t \frac{F(t) - P}{m} \mathrm{d}t \tag{11.62}$$

v_0 是接触开始时的速度($t=0$),对应的动能是 u_0。这是用光电传感器测得的。进一步积分可得冲击过程中的冲击头的位移为

$$x(t) = x_0 + \int_0^t \left[v_0 - \int_0^t \frac{F(t) - P}{m} \mathrm{d}t \right] \mathrm{d}t \tag{11.63}$$

这里 $x_0 = 0$。时间 t 内的能量转换,也就是在加载和未加载试件内做的功,定义如下:

$$e(t) = \int_0^t F(t) \left[v_0 - \int_0^t \frac{F(t) - P}{m} \mathrm{d}t \right] \mathrm{d}t \tag{11.64}$$

在时间 $t = t^*$,当接触结束时(冲击头回弹后或者通过层压板后,冲击头离开板),上面定义的能量结果等于 e^*,由于没有能量交换,所以这个值在 $t > t^*$ 时恒定不变。因而,在完全弹性回弹的例子中有

$$u_0 = e_{\max}, \quad e_{\max} > e^* = 0$$

否则,破坏发生时,一部分传递到层压板的能量被材料破坏吸收掉。

参考文献

[1] DAMTOS 2nd Twelve Monthly Process Report [R]. (Reference Period from 01.01.94 - 31. 12.94),Document No. DAMTOS - CR - 005 - 1.2/ECD,January 1995.

[2] Scarpooni C, Briotti G, Barnoni R, et al. Impact Testing on Composite Laminates and Sandwich Penals [J]. Journal of Composite Materials,1996,30(17):1873 - 1911.

11.4.6 压缩和失稳试验

未破坏板

试验目的

通过在短夹层结构试件的边缘施加压缩载荷,使得面板应力增加直至达到面板屈服应力,来获得夹层板的承载能力。夹层结构柱无论有多么短,都与失稳类的失效形式有关,除非面板太短了以至于面板本身就属于短柱类。面板失效形式主要有:面板起皱,这种情况下芯材变成了面板的波形;面板凹陷到蜂窝或者网格类夹芯的孔中;由于夹层板的弯曲,导致边缘附近的皱曲,这是由芯材的剪切失效产生的,或者也许是面板和芯材之间的粘接失效产生的。

试样的类型、尺寸和制备

试件截面形状为矩形,宽度至少为 50 mm,但不能少于总厚度的 2 倍,当使用大的网格类夹芯时,也不能少于两个完全胞孔的尺寸。没有支撑的长度(平行于加载方向)不能大于总厚度的 12 倍。要仔细准备试件,以确保端面光滑,末端要相互平

夹层结构试件

支持端

图 11.61   夹层结构压缩试验装配

行并且与试件长度方向夹角垂直。应该在夹层结构试验件加载端的旁边对试件进行支持,以避免在加载点旁边由于面板和芯材分离而过早产生失稳失效。可以将试件紧贴安装在直径位置沿着轴向开槽的圆钢柱内(见图 11.61),这样的圆钢柱直径不小于夹层板厚加 6 mm,或者使用矩形钢柱制成的夹具相互夹紧,以使试验件轻轻夹在其中间。末端支撑可以通过用树脂材料或其他合适的成型材料与试验件末端一起铸造获得。面板的承载端应当在硬化模具材料上磨平。

试验装置

试验件与夹具组合体安装在一个球轴承座上,具有自调整能力,在一个普通的试验机上,可以控制十字联轴器以恒定速度移动,有一个可以显示作用在试件的总压缩载荷的装置。为了测量应变,应该使用应变片,试验件标距长度不超过没有支撑试件长度的 2/3。

试验步骤

通过一个合适的夹具装置进行加载,这个夹具装置能将载荷平均分布到每一面上(见图 11.61)。如果在开始阶段加载中,每一面板上测得的应变误差在 5% 内,可以认为载荷分布是合适的。通过可移动头以恒定速度移动施加载荷,用应变片测量应变。仔细观察和描述失效形式:面板是否起皱、凹陷或是皱曲;试件在失效前是否弯曲;芯材与粘接处是否失效等。压缩模量可以计算如下:

$$E = \Delta P / A \Delta \varepsilon \tag{11.65}$$

式中:ΔP 和 $\Delta \varepsilon$ 分别是载荷-应变曲线上两个固定点的载荷和应变的增量;A 是两个面加起来的名义截面面积。

参考文献

ASTM C364 - 61   Test Method for Edgewise Compressive Strength of Flat Sandwich Constructions [S].

冲击后压缩试验(CAI)
试验目的

如果在设计夹层结构时按照损伤容限原则设计,那么就可以实现减重和降低成本的效果。这里的试验方法是对夹层结构采用冲击和剥离破坏试验。夹层板一个最关键的载荷限制是承受压缩载荷状态，尤其是在具有缺陷和损伤存在的情况下。

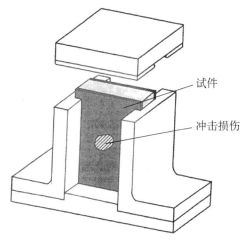

这里参考的试验件的几何外形是基于 Boeing Specification Support Standard BSS 7260 和 ACOTEG/TP10，它们对于纤维增强层压板材料冲击试验后，压缩试验也是有效的。

试样的类型、尺寸和制备

采用的试验件边长为 150 mm×100 mm，但是也有其他类似的试验方法可以使用更大的试件构型。首先对试件进行冲击，与 11.4.5 节阐述的方法一致，并且应该仔细加工试件末端以保持相互平行。应变片应当粘贴在试件两侧，以便加载时可以检验试件的对中度。

图 11.62　带冲击损伤的夹层板压缩试验装置

试验仪器

试验设备与上面描述的压缩试验的设备相似，以及一个如图 11.62 所示的试验夹具。

试验步骤

在压缩试验夹具上需要仔细调整试件，确保试件与底板垂直。在实验前对试验件进行预加载，以确保施加载荷均匀分布。如果宽度或厚度方向上的应变有大于 10% 的变化，则试件需要卸载并且需要重新检验校准。当应变是均匀的，则不断加载直到试验件失效。失效点定义为作用载荷的第一次明显下降。试验过程中，记录应变和位移分别对应载荷的关系。最后的压缩应变由每个应变片最后应变总和除以应变片的总数得到。最后的压力强度由最后压力载荷除以名义表面截面面积得到。

参考文献

Harvey R，Kemp M，Wolf K. A Comprission Test Method for Damaged Fiber-Reinforced Plastic Sandwich Specimens [C]. Sandwich Constrution 3 Volume Ⅱ，Proceedings of 3：rd International Conference on Sandwich Constrution，September 1995，Southampton，U. K. ，669 – 676

11.4.7　均布压力下的矩形板

试验目的

这个夹层板试验是为了确定在均匀分布的静态载荷下整个夹层板的强度和刚度。这块板四边简支。设计出来的试验夹具可以在面板上施加平均分布面外载荷，并且与板的挠度无关。夹层板的设计因试验目的而不同。如果板设计能够承受作用载荷，则可以测量这块板的刚度，如果板设计成在试验中因载荷作用而破坏，则可以测量板的失效载荷。

试样的类型、尺寸和制备

可以使用任何外形的夹层板试验件：采用空心泡沫夹芯、蜂窝或者轻木夹芯，具有相同或不同厚度的金属或复合材料面板。这里所述的试验夹具可以是接受边长为 850 mm 的平整正方形的夹层板。支撑之间的距离是 800 mm。在试验夹具上使用一个辅助支撑可以对最长边为 850 mm 的矩形板进行试验。这种情况下，板要比支撑间的距离宽 50 mm。其他尺寸的试件当然要使用其他的试验夹具。还有，夹层板设计时应考虑避免出现下面板压缩失效，因为这个可能导致橡胶囊的破坏。

试验设备

平板弯曲试验夹具包括：一个下隔框，一个上支撑框和一个填了水的橡胶囊，尺寸如图 11.63 和图 11.64 所示。橡胶囊由 2 mm EPDM 乙烯丙烯橡胶制成，在其底面有一个密封的注水孔。支撑框上的支撑由分离的圆柱形杆制成，并且用螺栓连接到框上。

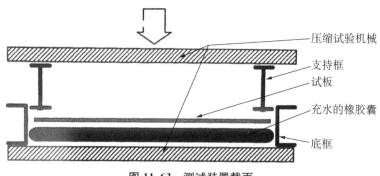

图 11.63　测试装置截面

试验步骤

试验中，将橡胶囊注入特定量的水。将底框和橡胶囊放置在压缩试验机的下工作台上，上支撑框与上工作台连在一起。试验板放在橡胶囊的上面。压力的施加是通过升高下工作台和试验板直至达到要求的载荷。

可以测量许多不同的参数，即面外挠度、拉伸应变或者剪切应变。上工作台提供了一个固定的参考基准，使用磁性基底可以将测微仪连接到上工作台上去（见图

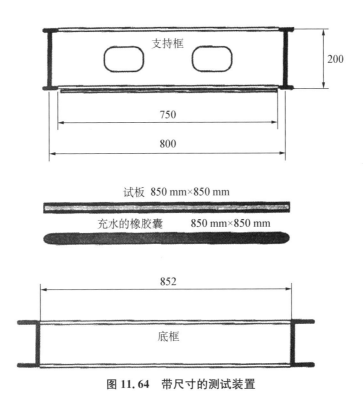

支持框

200

750

800

试板 850 mm×850 mm

充水的橡胶囊 850 mm×850 mm

852

底框

图 11.64 带尺寸的测试装置

11.65)。可以将测微仪置于试验板上表面的不同位置来进行试验。使用内嵌于试验板内的应变片来测量芯材的剪切应变,普通的应变片要置于夹层板的上表面(见图11.66)。应变片和传感器的布线通过支撑框边上的孔来完成。

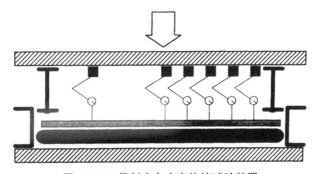

图 11.65 带刻度盘应变片的试验装置

当试验板下面板有缺陷时(例如冲击破坏),使用一个塑料膜或者橡皮布来防止橡胶囊与尖锐的底边或纤维接触。

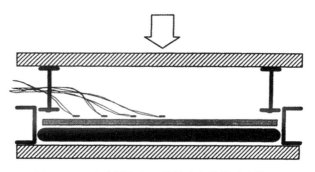

图 11.66　在试板上表面粘接应变片的试验装置

参考文献

Per Wennhage, Dan Zenkert. Testing of Sandwich Panels Under Uniform Pressure [M]. Department of Aeronautics, Division of Lightweight Structures Royal Institute of Techonology, S-100 44 Stockholm, Sweden, 1998.

11.4.8　断裂韧性试验

在多种材料组合体的两种不同材料的分界面,裂纹尖端的奇异点与同质材料体不同。裂纹尖端的应力集中是由于材料和材料几何特性的不连续引起的,而同质体应力加强仅仅是由几何特性的不连续引起的。这样的结果是,单一的加载模式可以同时导致张开型(K_I)和剪切型(K_{II})的断裂。

Ⅰ型断裂韧度试验(DCB)

试验目的

这里描述的方法是使用一个改进的双悬臂梁(DCB)夹层结构试验件,用来确定张开型(Ⅰ型)界面断裂韧度 K_{Ic},以及临界能量释放速率 G_{Ic}。试验件的面板和芯材有一处脱粘。这个试验方法被证明对不同种类别的夹层结构适用,然而,试验过程中必须相当小心,并且试验报告必须详细描述试件的成分和试验时试件的性能。

试样的类型、尺寸和制备

这个改进的 DCB 试件包含从一个夹层板上切割下来矩形等厚度块,但是只有一个面板,包含一个在芯材和面板层之间的非粘附嵌入片,其是用来作为引入剥离的。这个非粘附的嵌入片,即一片 0.025 mm 特氟龙薄膜,应该在铺层或者粘接面板和芯材时,将其插入到芯材和面板之间的分界面内,来形成一个初始的剥离面。通过连接到试件端部的铰链或加载块将张开载荷作用到 DCB 试件上(见图 11.67)。图 11.67 中,a 为分层的长度。

试验装置

试验机应该具备控制和调节可移动头速度的能力,试验机的加载传感设备应该

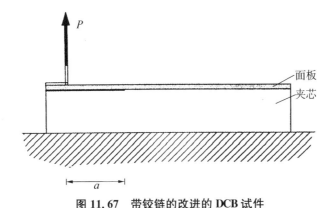

图 11.67 带铰链的改进的 DCB 试件

具有显示作用于试件总载荷的能力。为了作用载荷到试件上,试验机应该装备有手柄以便夹住加载铰链,或者装备销子来连接加载块,加载铰链和加载块与试件连接在一起。为了确定张开位移,使用连杆器行程,或者在外部使用一个经过校准过的量规或者传感器。记录并存储载荷和张开位移并进行后处理,或者直接在 X - Y 绘图仪或类似的设备上标出来。试验中当剥离沿着边界扩展时,使用一个移动的光学显微镜来观察剥离前缘。可以鉴别剥离前缘的设备精度至少应该达到±0.5 mm。

试验步骤

在加载试验机的夹头连接加载块或者试验件端头的铰链,确保试验件被校准和对中。设置光学显微镜(或者一个类似的放大设备)的位置用来观察剥离前缘的运动,在一侧测量试件的剥离长度。为了记录裂纹的长度,试验机的控制程序应该能使试验暂停,记录裂纹长度,然后继续试验,绘制载荷-张开位移曲线。在载荷-张开位移曲线上记录随着剥离增长时剥离前缘的位置。尽管剥离趋于逐步增长,但在特定间隔内记录裂纹长度可能是比较困难的。对于一个基于弹性地基梁的简单分析,柔度 d/P 是一个关于 a 三次多项式:

$$\frac{d}{P} = c_0 + c_1 a + c_2 a^2 + c_3 a^3 \tag{11.66}$$

式中: d 是位移; P 是作用力; $c_0 \sim c_3$ 是几何和弹性刚度的函数。下面三次多项式可以拟合试验获得的数据,即系数 $c_0 \sim c_3$ 由最小二乘法拟合。临界能量释放速率由下式确定:

$$G_{\mathrm{C}} = \frac{p_{\mathrm{C}}^2}{2w} \frac{\partial (d/P)}{\partial a} \tag{11.67}$$

式中: p_{C} 是临界载荷; a 是剥离长度; w 是试件宽度。能量释放速率不是纯 I 型模式,这时裂纹在两个不同材料之间的非同材质区域内传播。层间断裂韧性 K_{C},在平面应变下可以由以下关系式得到:

$$G_C = \frac{K_C^2(1-v^2)}{E} \tag{11.68}$$

参考文献

Olsson S. A Comparative Study of Manufacturing Techniques for Form Core FRP Structures [M]. Skrift 95‐7, Department of Aeronautics，Kungl. Tekniska Hogsklan，Stockholm，Sweden.

Ⅱ型含裂纹夹层梁(CSB)
试验目的

在多种材料组合体的两种不同材料分界面，裂纹尖端的奇异点与同质材料体不同。裂纹尖端的应力集中是由于材料和材料几何形状的不连续引起的，而同质体应力集中仅仅是由几何形状的不连续引起的。这样的结果是，单一的加载模式可以同时导致张开型(K_{I})和剪切型(K_{II})的断裂。建议使用含裂纹的夹层梁(CSB)试件来测量界面间裂纹的韧性。这个试件可以适用于所有的材料混合体，只要应力强度因子可以精确地计算出来。

对 CSB 试件，与 ENF 试件是相反的(如11.3.6节描述的)，裂纹被强迫沿着分界面传播，而不是在夹芯材料里传播。因而，如果将试件翻转，则裂纹将逆向增长，例如与在 ENF 试件里一样，裂纹向着夹芯材料里传播。测得的断裂韧性总体上和 ENF 试件不一样，但相似。优点是该试件可以用于蜂窝夹芯。

试样的类型、尺寸和制备

试件的制造方法与 ENF 试件的制造方法相似。用一片特氟龙薄膜放置于夹芯上以避免和需要预制界面裂纹区域的面板粘接。这样，面板可以直接粘接或者层压固化到芯材上。将试件加工成正确的尺寸，两侧需要包含一些突出部分。推荐厚度等于试件的高度，裂纹长度从支撑到裂纹前缘测得，如图 11.68 所示。

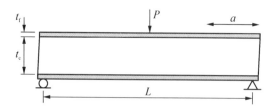

图 11.68　用于测量界面断裂韧性的带裂纹的夹层梁(CSB)试件

试验装置

要用到一个标定好的试验机,其十字头可以在指示范围内以恒定速度移动。应有一个挠度测量设备和一个高精度载荷测量系统。三点弯曲夹具的加载头和支撑应该有圆柱形的表面。为了避免过多的压痕,或者直接在加载头下因应力集中产生的失效,加载头和支撑的半径至少要 3 mm,并且小于 1.5 倍的试件宽度。

试验步骤

将试件置于三点弯曲试验夹具,每边突出一小部分,试验在恒定速度的挠度下进行直到断裂。这个应力强度几乎是纯 II 型的,正如 11.3.6 节描述的 ENF 试件一样。还有另一种解析的方法来计算应力强度。在这种方法中,能量释放速率 G_{II} 是基于随着裂纹扩展下梁柔度变化的速度得到的。CSB 试件的柔度定义为在中心加载点处的位移 δ 除以作用载荷 P。梁位移通过基于包含剪切变形的层压板梁理论得到。分析首先是分析平面应力层压板的基本关系式:

$$\begin{pmatrix} \boldsymbol{N} \\ \boldsymbol{M} \end{pmatrix} = \begin{bmatrix} \boldsymbol{A} & \boldsymbol{B} \\ \boldsymbol{B} & \boldsymbol{D} \end{bmatrix} \begin{bmatrix} \boldsymbol{\varepsilon}_0 \\ \boldsymbol{\kappa} \end{bmatrix} \tag{11.69}$$

式中:$\boldsymbol{N}$ 和 $\boldsymbol{M}$ 是力和力矩;$\boldsymbol{A}$、$\boldsymbol{B}$ 和 $\boldsymbol{D}$ 分别是面内刚度矩阵、耦合刚度矩阵和弯曲刚度矩阵。$[\boldsymbol{\varepsilon}_0]$ 和 $[\boldsymbol{\kappa}]$ 分别是层压板中面的应变和曲率,对方程(11.61)做逆变换得到

$$\begin{pmatrix} \boldsymbol{\varepsilon}_0 \\ \boldsymbol{\kappa} \end{pmatrix} = \begin{bmatrix} \boldsymbol{A}' & \boldsymbol{B}' \\ \boldsymbol{H}' & \boldsymbol{D}' \end{bmatrix} \begin{pmatrix} \boldsymbol{N} \\ \boldsymbol{M} \end{pmatrix} \tag{11.70}$$

这里 $\boldsymbol{A}'$、$\boldsymbol{B}'$、$\boldsymbol{H}'$ 和 $\boldsymbol{D}'$ 在 R. M. Jones 文中有定义。对夹层梁,发展了一个梁理论方程,并且 $\boldsymbol{D}'$ 也在 R. M. Jones 文中有定义。对于假定 $\boldsymbol{N} = 0$ 和 $M_y = M_{xy} = 0$ 的夹层梁,也发展出一个梁理论方程。

在这个分析中,梁的 BC 和 CD 部分(见图 11.69)假定为性质相同,并且是对称均衡铺层的。梁每一部分的解通过组合方程中梁的中面曲率、弯曲刚度和力矩曲率关系得到。能量释放速率 G_{II} 通过对梁柔度微分得到:

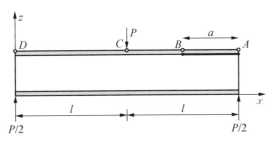

图 11.69 带裂纹的夹层梁(CSB)试件的几何尺寸和加载形式

$$C = \frac{l^3 (D'_{11})_{BC}}{6b} + \frac{l(A^*_{55})_{BC}}{2bk} + \frac{a^3 \left[(D'_{11})_{AB} - (D'_{11})_{BC}\right]}{12b} + \frac{a\left[(A^*_{55})_{AB} - (A^*_{55})_{BC}\right]}{4bk}$$

(11.71)

对于裂纹长度乘以 $P^2/2b$：

$$G_{\mathrm{II}} = \frac{P^2}{2b} \frac{dC}{da} = \frac{P^2}{8b^2} \left[a^2 \left[(D'^*_{11})_{AB} - (D'_{11})_{BC}\right] + \frac{a\left[(A^*_{55})_{AB} - (A^*_{55})_{BC}\right]}{k} \right]$$

(11.72)

式中：D^*_{11} 和 A^*_{55} 分别是弯曲柔度和剪切柔量；对梁的不同部分，b 和 l 分别是梁的宽度和长度；k 是由 Reissner 和 Mindlin（见 L. A. Carlsson 文）引入的剪切修正系数。观察这个方程可以得出，能量释放速度随着断裂和未断裂区域之间弯曲刚度的不同增长而增长，并且剪切变形的影响与在断裂和未断裂区域的剪切刚度的不同成比例。

在区域 AB，载荷通过在裂纹分界面上的压缩面张力从梁下表面传递到上表面。这个载荷传递类似于两个作用于载荷支撑上集中载荷 P_1 和 P_2，如图 11.70 所示。由静平衡要求：

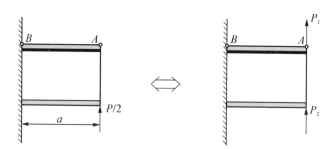

图 11.70　载荷在试件的断裂部分的传递

$$P_1 + P_2 = P/2$$

(11.73)

从这个方程并比较末端位移，剪切变形理论应用于如图 11.70 所示的每个梁（上面和下面部分），得出下面的载荷剪切关系：

$$\frac{2P_2}{P} = \frac{\dfrac{a^3 (D'_{11})_1}{3} + \dfrac{a(A^*_{55})_1}{k}}{\dfrac{a^3 \left[(D'_{11})_1 + (D'_{11})_2\right]}{3} + \dfrac{a\left[(A^*_{55})_1 + (A^*_{55})_2\right]}{k}}$$

(11.74)

对于区域 AB，有效弯曲和剪切系数 $(D^*_{11})_{AB}$ 和 $(A^*_{55})_{AB}$ 可以通过作用 $P/2$ 到长度为 a 的梁上获得，梁具有等效的弯曲属性和剪切属性，以及设置末端位移等于由 P_1 施加在梁的上部分（上面板）的位移，或者通过等价的 P_2 作用在梁的下部分（夹

芯和下面板),如图 11.70 所示。根据这个分析得到

$$(D'_{11})_{AB} = \frac{2P_2}{P}(\dot{D'}_{11})_2 \tag{11.75}$$

$$(A^*_{55})_{AB} = \frac{2P_2}{P}(A^*_{55})_2 \tag{11.76}$$

这一系列的方程定义了一个 CSB 几何的解。读者可以参考 L. A. Carlsson 的文献,了解更多知识。

参考文献

[1] Schubert O, Zenkert D, Falk L. Fracture Toughness Tests of Sandwich Core Materials [M]. DAMTOS WP 403 - 2.1

[2] Carlsson L A. On the Design of the Cracked Sandwich Beam (CSB) Specimen [J]. Jounal of Reinforced Plastics and Composites, 1991,10:434 - 444.

[3] Jones R M. Mechanics of Composites Materials [M]. McGraw-Hill,1975.

11.4.9 疲劳试验

四点弯曲试验(见 11.4.4 节)也可用于疲劳载荷作用下夹层结构的剪切强度。四点弯曲梁试验具有几个特征。首先,来自支撑点的局部载荷强度比三点弯曲试验要小,因而减少了梁局部出现压塌失效的危险;其次,芯材内没有应力集中,比如采用剪切块,如 ASTM C394 - 62,因为其可能导致提早的失效。最重要的是,在内外支撑之间的区域内,恒定的面外力给夹芯材料的绝大部分作用了一个几乎恒定的剪应力。通过适当的梁设计,在静态加载和疲劳加载下,确保夹层梁的失效是由夹芯材料受剪切应力断裂引起的。内支撑之间的区域非常适合面板的拉伸强度和压缩强度试验。设计一种可以得到几乎恒定夹芯剪应力的梁(通过使用薄的刚性面板),并且在中间部分有足够低的面板应力,以避免面板压缩、拉伸或者局部失稳失效,从而导致在内外支撑之间使芯材剪切失效。四点弯曲试验夹具如图 11.71 所示。

试样的类型、尺寸和制备

可以使用任何构型的夹层板试验件:采用空心泡沫夹芯、蜂窝或者轻木夹芯,具有相同或不同厚度的金属或复合材料面板。然而,这些面板必须是比较薄的。试件是一个平的夹层结构梁,尺寸与试验夹具一致。梁的宽度应至少与梁的总厚度一样,最好更宽一点。为了在夹芯里得到恒定剪应力场,尽可能使用薄面板。但是,必须足够厚,以保证面板应力低到不出现面板失效。薄面板由这个关系式来决定:

$$\frac{t_f + t_c}{t_f} \geqslant 5.7 \tag{11.77}$$

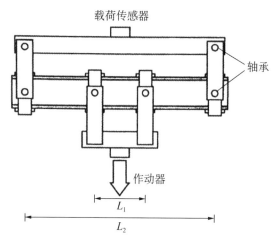

载荷传感器

轴承

作动器

L_1

L_2

图 11.71　四点弯曲夹具

试验件可以用现有的专门为试验目的制造方法制备,也可以直接从产品中获取。两种情况下,面板和芯材之间的粘接要足够好,以避免在分界面上出现过早的失效。

试验装置

试验夹具如图 11.71 所示。试验过程中,载荷支撑允许通过球轴承绕着梁的中性轴旋转。这样做是为了减小载荷引入点的应力集中。而且,支撑在梁长度方向上是可移动的,可以设置不同的 L_1 和 L_2。使用橡胶衬垫包住支撑以使载荷平滑传递。而且,外部加载臂允许水平移动,因而可以避免生成任何面内载荷。

试验步骤

将试验夹具安装在液压疲劳试验机上,如图 11.71 所示。把试验件放在试验夹具上,拧紧螺母。试验件面板很薄,拧紧时要非常小心,因为太高的扭矩会导致芯材内的应力过大并导致过早失效。如果调整扭矩太松则会出现空隙,导致试验时出现问题。要谨慎选择疲劳试验正确的试验频率。泡沫和蜂窝夹芯适合选择 $1\sim 3$ Hz 的频率。太高的频率会导致因磁滞而产生的芯材温度升高,从而影响疲劳寿命。低的 R 值和相对高的载荷也要求采用较低的试验频率。对于泡沫夹芯材料的试验,大致选择一个大概 $10\%/s$ 的剪切应变速率,这样可以得到好的可重复的结果。频率 f 可以这样调整:

$$\frac{\mathrm{d}\gamma}{\mathrm{d}t} = \Delta\gamma \cdot f = \frac{P}{G_c(t_f + t_c)}(1-R)f \tag{11.78}$$

式中:P 是作用载荷;G_c 是芯材剪切模量;t_f 是面板厚度;t_c 是芯材厚度。疲劳试验要用到数据采集和可视化观察。连续监控刚度变化,任何间隔内需要观察损伤的增长。试验中可能会有载荷控制或者位移控制的问题,因为可能需要非常低的载荷。解决这个问题的办法是进行所谓的"非直接循环试验"。也就是试验在位移控制下进行,但是连续记录加载时的结果,并且经过一定数目的循环后,载荷平局偏差反馈给位移控制,随后调整希望的载荷水平。

有几个疲劳失效准则可以用于这个试验:破坏非常大、裂纹从一个面板扩展到另一个面板、形成第一个可见裂纹或刚度降低到一个特定的水平。所有这些都可以得到相似的结果,因为疲劳失效的开始占总寿命的绝大部分。第一个可见的损伤出现后,破坏增长是相当迅速的。面板和芯材应力可以按照下式:

$$\sigma_f = \pm \frac{M}{t_f d} = \pm \frac{P(L_2 - L_1)}{2t_f d} \tag{11.79}$$

和

$$\tau_c = \frac{P}{d} \tag{11.80}$$

分别得到,其与作用载荷直接相关。将芯材应力 τ_c 和特定试验试件失效的周期数绘制在一个 S - N 曲线图上。

参考文献

[1] ASTM C 393 - 62. Test Method for Flexural Properties of Flat Sandwich Constructions [S].

[2] Burman M, Zenkert D. Fatigue of Foam Core Part 1: Undamaged Specimens [J]. International Journal of Fatigue, 1997,19(7):551 - 561.

[3] Burman M, Zenkert D. Fatigue of Foam Core Part 2: Effect of Initial Damages [J]. International Journal of Fatigue, 1997,19(7):563 - 578.

11.4.10　其他试验

弯曲蠕变试验

试验目的

蠕变速度是夹层结构在恒定载荷下承载性能的特征属性。试验方法包含了在弯曲载荷下确定夹层结构的蠕变特性和蠕变速度。可以在图上画出从这个试验方法获得挠度数据和时间的关系,这样,蠕变速度就确定了。通过采用标准试件和恒定载荷,这个试验方法也可以用于得到夹层结构使用的胶黏剂的蠕变特性。

试样的类型、尺寸和制备

试验件应当是矩形截面,深度等于夹层结构的厚度,宽度不低于总厚度的 2 倍,不能小于一个胞孔尺寸的 3 倍,也不能大于一半的跨度。试件长度应等于跨度长度加上 5 cm 或者加上夹层结构厚度一半中的较大者。

试验装置

载荷通过重力的形式作用到四点弯曲试验夹具上,通过一根直径大于夹芯厚度一半并小于夹层结构厚度 1.5 倍的钢杆或钢管带有重物来施加。如图 11.72 所示。

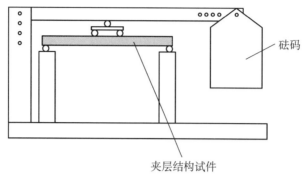

砝码

夹层结构试件

图 11.72　弯曲蠕变试验

试验步骤

把重力托盘挂到平衡臂上，暂时托起，使得没有载荷作用在试件上。去掉临时支撑，慢慢作用载荷上去。使用任何可行的工具测量挠度。读出初始的挠度并记录下来，然后记录足够多时间间隔内的数据来完全确定一条蠕变曲线。将挠度作为纵坐标，时间作为横坐标。

参考文献

ASTM C480 - 62　Test Method for Flexural-Creep of Sandwich Constructions [S].

老化试验

试验目的

试验方法包含确定夹层板经过暴露环境后的抵抗能力，通过测量所选择材料属性的改变来作为衡量指标的。作用在试件上的暴露周期是任意的，没有对自然天气状况做修正。

试验步骤

在做老化试验前，对要研究的材料试件进行特定属性的试验。在一些特定的老化环境下暴露后，对所选择的属性做相同的试验，然后把这些结果做比较。老化过程中，试件将承受特定数目周期的实验室老化。一个实验室老化周期的例子是：把试件完全水平浸入 50℃的水中 1 h，用约 93℃的蒸气或水汽喷射到试件上 3 h，再储藏在-12℃环境下 20 h，再在约 100℃干燥环境下加热到 3 h，再用约 93℃的蒸气或水汽喷射到试件上 3 h，最后，在约 100℃干燥环境下加热 18 h。在老化周期中，应频繁地观察材料的任何脱层或者其他分裂的特征。

参考文献

ASTM　Test Method for Laboratory Ageing of Sandwich Constructions [S].

夹层剥离试验

试验目的

这个试验方法是想要确定在具体的试验环境下,夹层结构芯材和面板之间相对的粘接抗剥离能力。一种方法是滚筒法,当被剥离的面板相对较薄的话,这种方法最可行。从试验中计算出的剥离扭矩,包含剥离粘接的力和使面板弯曲的力。另一种方法不需要试件有很薄的面板。其很像 DCB 式的 I 型断裂韧性试验,另外一个试验使用空气压力来使面板芯材剥离。

滚筒剥离试验

试样的类型、尺寸和制备

滚筒剥离试验的试件应该符合如图 11.73(a)所示的一般形式。推荐的试件尺寸是 76 mm 宽,至少 305 mm 长,包含每一端面板的 25 mm 的长出部分。芯材厚度是不重要的,除非面板被剥离时要求试件不能弯曲的情况。对正交各向异性的夹芯(如蜂窝夹芯)构造的夹层结构试件,长度方向和宽度方向都需要进行剥离试验,方向由胞孔结构的布局决定。

试验装置

剥离装置包含一个带凸缘的滚筒、柔性的加载皮带和可以提起试件的夹具,如图 11.73(a)所示。一个连杆器以恒定速度移动施加拉伸载荷的试验机,还要一些数据采集设备来记录载荷对十字连轴器的位移。

试验步骤

当做这个试验时,试件下端面板紧紧地夹在滚筒上,另一面板,即上端面板夹在上面的夹具上,通过加载棒连到试验机的可移动夹头上,如图 11.73(a)所示。施加一个拉伸载荷,以恒定的十字连轴器速度加载到试验组合体上,然后确定大概至少150 mm 的黏接剥离阻力。试验中,最好自动记录绘制载荷对连杆器位移曲线或者载荷对剥离长度曲线。从自动绘制的曲线中确定平均剥离载荷。平均剥离力矩是

$$T = \frac{(r_o - r_i)(F_p - F_o)}{w} \tag{11.81}$$

式中:r_o 是凸缘半径(包含加载皮带的一半厚度);r_i 是滚筒半径加一半的被剥离面板的厚度;$F_p - F_o$ 是能够弯曲和剥掉面板的平均载荷;F_o 是能够承受反向扭矩(包含一个修正因素)的载荷;w 是试件的宽度。

DCB 类剥离试验

试样的类型、尺寸和制备

DCB 类试件如图 11.73(b)所示。试件的夹芯被磨掉了,剩下一个面板的突出部分,在这个突出端作用载荷。在试验中,试件与一个刚性的钢板连在粘连在一起以避免夹层试件在面板剥离时出现弯曲,芯材的厚度并不重要。对正交各向异性夹芯(如蜂窝夹芯)的夹层结构试件,长度方向和宽度方向都需要进行剥离试验,方向由胞孔结构的布局决定。

试验装置

一个试验机,要求与上面描述的一样,并且还要特殊的载荷引入设备(如安装在试验机夹具上的带铰链的拉杆)。

试验步骤

这个剥离试验与 11.4.8 节描述的 DCB 断裂韧性试验类似。试验安装如图 11.73(b)所示。测量载荷-位移曲线,综合处理后得到一个剥离面板所需的能量值。

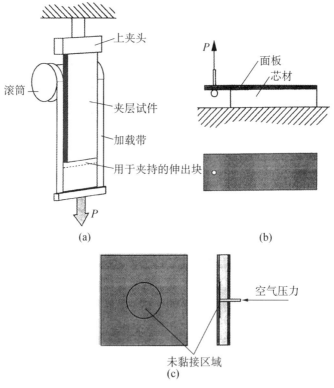

图 11.73 不同的剥离试验

(a) 滚筒剥离试验装配　(b) "DCB-型"剥离试验　(c) 使用空气压力迅速剥离面板材料的剥离试验

使用空气压力的剥离试验

试样的类型、尺寸和制备

如图 11.73(c)所示为使用空气压力进行剥离试验。这是一个中心带有圆形的初始分层的夹层板。使用一块薄的特氟龙圆片嵌入芯材和面板之间用来制造一个初始的分层,使用一根贯穿面板和芯材的管子,连接到芯材和另一块面板的分层处,通过管子施加空气压力作用。

试验装置

试验要有一个空气压力系统,带有一个降压阀以控制作用压力。

试验步骤

这个试验方法可用于观察当一个薄面板被迅速剥离时发生的现象。试验装置如图 11.73(c)所示。空气压力通过安装在试件上的管子来施加。当面板开始剥离或者完全剥离时,通过压力和降压阀门来控制空气压力并记录。临界压力值被用来估计剥离面板需要的能量。

参考文献

[1] ASTM D 1781‐93 Test Method for Climbing Drum Peel for Adhesives [S].

[2] Olsson K‐A, Lonno A. Shear Fatigue of the Core and Peeling of Skins in GRP-Sandwich, Report No. 90‐4, Department of Aeronautical Structures and Materials, Kungl. Tekniska Hogskolan, Stockholm, Sweden [R].

热传导属性试验

试验目的

这里描述的试验方法就是隔热盒方法,包含对板的稳态热传导属性的测量。试验方法最初是为计算普通建筑环境温度设计的,然而,这个方法可以在其他范围以外使用。因为热流和其不确定性可能取决于环境和仪器试验状况,也与试件的内在特性有关,从试验中得出的报告必须包含整个试件和环境的描述。同时,因为这个试验方法能适用于比较宽范围的试件特性、试验环境和仪器设计,所以给出一个试验方法,所有涉及精度和误差的结论是不现实的。可以通过这个试验,用基于热流测量值的结果计算出热传导属性。

试样的类型、尺寸和制备

这个试验中的试件应该能代表需要研究的结构。而且,制造试件的过程中,可以将温度传感器和其他传感器安装在试验件的里面和表面。当把试验板安装在试验盒里时,其端面应当绝热,以避免过多的来自于板边界影响,这个影响源自面板隔热区域过渡的保护效果。

试验仪器

隔热盒部件的一般布局如图 11.74 所示。测量盒的尺寸主要由所需的测量面积控制,并且也决定了其他要素的最小尺寸。测量盒的壁应当具有非常好的均匀热阻。要一个确保空气平缓地穿过试件板的测量区域的装置。要用到一个电加热器,放置于一个罩内,这个罩的壁是高热阻的而外表面是低辐射率的,为的是减少辐射热传到测量盒的壁上。用一个风扇使空气在这样的布局中连续循环。为了得到可靠的试验结果,需要用到精确的温度控制装置。而且,为了使测量盒的墙壁作为热流传感器,需要提供一个可以检测测量盒壁两边温度不同的工具,或者一个可以检测通过测量盒壁热流的工具(通过将在测量盒壁内外的许多差动热电偶连成一片以形成一个温差电堆)。建议隔热盒要足够大,以使其内壁与最近的测量盒之间有一段明显的距离,这段距离不能小于被测板中最厚板的厚度,但是绝不能小于150 mm。同时隔热盒应当具有与前面所述的相同类型的壁、加热装置和温度控制装置。冷却盒的尺寸由试验板的尺寸或者所用盒子的布局来决定。冷却盒应当在很大程度上绝热,这样可以减少所需冷却设备的容量,冷却盒还要装备一个空气循环装置和一个温度控制装置。为了测量被研究试件的表面温度,需要一个包含有热电偶的温度测量设备,或者其他的温度传感器和一些所需的测量设备。

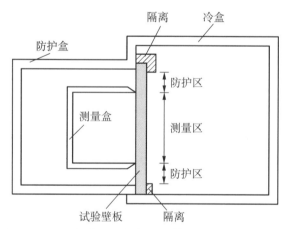

图 11.74   一般布置:试验区、防护区、试验壁板和冷区

试验步骤

布置好各种加热和冷却单元,然后运行以实现试验所需的温度环境。实现系统热稳态所需的时间因仪器设计的特性、被测试件和试验环境而有所不同。一般地,因为这个试验方法适用于低导热性的试件,所以设置时间是小时的数量级。采集数据前,至少需要执行 4 h 的稳态环境。在这段时间内,以 1 h 或更少的时间为间隔来采集数据。当这些情况满足后,试验的周期要延续到至少 8 h。导热性 C、热阻 R 和

热传导率 λ，可以从测量数据中计算出来，如下所示：

$$C = q/\Delta T \tag{11.82}$$

$$R = \Delta T/q \tag{11.83}$$

式中：q 是热流通过试件每单位面积的速度；ΔT 是试件表面间的温差。

$$\lambda = \frac{Q}{A} \frac{t}{\Delta T} \text{（平板试样）} \tag{11.84}$$

式中：Q 是通过试件面积的热流速度；A 是垂直于热流方向的法向面积；t 是试件的厚度。

参考文献

[1] ASTM C168 - 90 Standard Terminology Related to Thermal Insulating Materials [S].

[2] ASTM C236 - 89 Test Method for Steady-State Thermal Performance of Building Assenmblies by Means of a Guarded-Hot-Box [S].

[3] ASTM C1045 - 90 Standard Practice for Calculating Thermal Transmission Properties From Steady-State Heat Flux Measurements [S].

11.5 杂项

11.5.1 剪切应变片

在芯材中存在纯剪应变场，按照

$$\tau_{xz} = \frac{T_x}{(t_f + t_c)}, \quad \tau_{yz} = \frac{T_y}{(t_f + t_c)} \tag{11.85}$$

主应变与坐标轴成 45°，贴在这个方向上的应变片将给出一个剪切应变的测量值。所谓的剪切插件可以用于这个目的。将一个应变片布置于一块夹芯材料中，这块夹芯材料与所用的夹层结构芯材是相同的。这个应变片以 45°角和对应于夹芯中心深度位置粘贴在两块夹芯材料中间（见图 11.75）。然后把这个组合插件放入车床中加工成直径为 30 mm 的柱体。

图 11.75 中，粘贴有应变片的夹芯材料块和加工完成的剪切插件，即将安装在夹层结构中，t_c 是芯材的厚度。

这个剪切插件切割成适合夹芯的厚度，并且当只有一个面板与芯材相连的时候，把其置于夹层结构中。穿过芯材钻一个直径为 30 mm 的孔直到对面的面板，使用铰刀使含有多孔单胞的孔表面质量光滑。在面板上钻一个小孔使得连接头能够

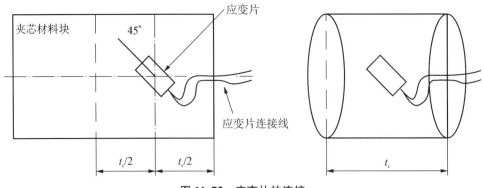

图 11.75 应变片的连接

顺利通过。使用适当的胶黏剂把剪切插件装填并放置好,应变片在夹层结构中要准确定位,这样的话,当全部载荷作用时应变片才能承受拉伸载荷。

剪切插件的标定

嵌入剪切插件的两根夹层结构梁可以用于校准剪切插件。夹层梁应当与被测板具有相同的截面形状和相同的材料。当夹层板在平板弯曲试验夹具(见 11.4.7 节)上试验时,如果要转换来自剪切插件的结果时就要用到来自标定的数据。应当在一个四点弯曲夹具的通用试验机上进行剪切插件的校准。将剪切插件置于梁上剪力恒定的部分,即内外支撑之间且在板试验过程中,剪切插件被标定到高达芯材的最大剪应力,应力水平应该在芯材的弹性范围内。不同的应变片所显示的剪应变片的读数应一致性很好。这反映了剪切插件的高精度制造过程。画出从应变片得到的读数对应于载荷的曲线,曲线显示是接近线性的,并且可以发现在加载和卸载中的轻微磁滞现象。芯材内的剪应变按照式(11.85)计算。

参考文献

Per Wennhage, Dan Zenkert. Testing of Sandwich Panels Under Uniform Pressure [J]. Jowrnal of Testing & Evaluation, 1998,26(2):101 - 108.

11.5.2 振动试验

在所有的结构设计工作中,显然需要可靠的力学性能数据。在制造和质量控制时经常需要对材料进行试验。不考虑这些所使用的信息,还是有很多并非琐碎的选择来组成充足的试验方法。正如已经看到的,有大量的测量纤维复合材料弹性模量的标准,尽管存在很好的标准试验流程文档,比如来自 ASTM、DIN 或者 ISO,这些试验结果某种程度上取决于做试验的人员。整个流程中,从提取和测量试件到解释最终的平均结果以及各个阶段的偏差,这些过程中,主观性都可能会影响最终结果。

静态试验方法的另一个主要缺点就是涉及许多试样和特殊的试验夹具,因而试验进度缓慢且成本巨大。因而,人们开发了使用材料固有频率来确定各向异性弹性材料板性能的试验方法(并经过验证)。弹性性能可以通过测量谐振和特征频率之间的不一致的极值来得到。这里的特征频率由使用弹性性能作为参数的有限元分析方法获得。基于有限元方法的优点是可以分析更复杂的板的形状,而基于有限位移场假设方法只能分析简单的形状,基于有限位移场假设的方法是更早期工作的基础。这些方法一般是基于 Reyleigh 类模型描述。

这个确定材料性能的新颖方法有几个吸引人的优点:

(1)与大部分使用应变片或者加持计量计的标准试验方法相比,这个方法会自动平均化整个试件上的某一属性。

(2)在一些情况下,可以在一个单一试验件上测出所有属性。

(3)这个方法允许在限制范围内对试验件进行特定的尺寸和形状修正,以实现对某一参数的敏感性。

(4)大大减少了对试验件切割的精确需求,分别为试验件边的对齐和纤维方向的定位。

(5)这个方法快速且不需要昂贵的设备。

(6)试验的简单化意味着试验的可重复性好和试验者的试验技能对试验结果影响小。

(7)平板的刚度可以在动态加载和低应力水平下测得。

(8)这个方法是非破坏性的,并且处理的是相当复杂的试件形状。因而测量将要在其他试验中使用的平板试验件的性能也是可以的。

根据试验,平板的固有频率由脉冲技术确定。引入一个锤击的振动激励到悬挂的试件,使用麦克风或者加速度传感器来测量衰减响应。一个简单的声学电容麦克风就可以满足要求。使用一个非接触的麦克风的优点是不会对试验件增加附加的质量,并且传感器的位置容易改变。一个稳固地夹在隔振桌上的坚固的钢座和一个两个刚性悬臂梁加持到端部,夹在钢座上以便作为试验件的支架。然后将复合材料平板试验件使用尼龙线或者轻的弹性橡胶黏接带挂在悬臂梁上,为的是尽可能精确地模拟完全自

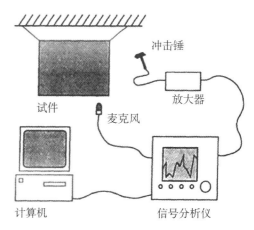

图 11.76 试验方案

由的边界状况。在另一个悬浮试验方法中,可以将试件放在一张棉的基材上。试验方案图如图 11.76 所示。使用手持锤或者仪器脉冲锤进行冲击使试件振动起来。某些种类的试验中不需要扰动信号,只需要频率响应函数特征是在频域范围内谐振的位置。因而,这个数据中和了对仪器脉冲锤的需要。目的就是去用一个包含在很大频率范围内的连续扰动激励谱的脉冲力来激励试验件。冲击头的特性会影响激励,所以,由不同种类的试验件可以试验使用不同种类的冲击头。谐振可以直接由快速傅里叶变换的响应信号得到。采集系统基于普通的电脑和一些适当的软件和与数据采集板一起的信号调节板组成。特别地,为了获取一系列的谐振,不得不做一系列的试验,在这些试验中冲击位置和麦克风的位置都需要改变。

　　使用有限元计算的目的是专门为了计算许多平板的特征频率的。即便在平板问题中,选择大多数的平板模型也不明显,经常做这样的选择是基于厚度尺寸比。尽管说在平板(或壳)问题中厚度不是一个严格的几何概念。一块平板是否是薄板取决于计算的目标。如果只关注开始的几个特征频率,那么一块特定平板就可谓之薄板,如果需要计算力矩、剪力或者更高的频率,那么则谓之厚板。基本问题是要去找到一套刚度 D,在某种意义上,最好地遵守了被测的谐振 $\hat{f}$ 和计算出的特征频率 $f(D)$。也许最常用的方法是用来解无约束最小二乘方程的变化、一个加权的最小二乘方程的变化或者一个移动渐近线的极值算法方法的变化。在这个过程中不确定性和误差的不同原因可分为三种,分别为基于试验的、模型的和数值的。一个复杂因素是引起这些误差的原因难以量化。

参考文献

［1］ Frederiksen P S. Identification of material parameters in anisotropic plates—a combined numerical/experimental method ［M］. The Technical University of Denmark, 1992.

［2］ Frederiksen P S. Experimental Procedure and Results for the Identification of Elastic Constants of Thick Orthotropic Plates ［J］. Journal of Composite Materials, 1997, 31(4): 360 – 382.

［3］ Ulf Ringertz, Jakb Kuttenkeuler. Finite Element Based Modal Method for Determination of Stiffnesses of Anisotropic Plates ［M］. Department of Aeronautics, Division of Aircraft Design, Royal Institute of Technology KTH, Stockholm, Sweden, 1977.

12 热 绝 缘

夹层结构的固有特性除了具有很高的比刚度和比强度,还有热性能。热性能取决于选择什么样的材料,材料在构筑结构的同时,也具备了热性能。热性能是一个很重要的属性,其使夹层结构概念在集装箱、罐体和其他有隔热需求的运输结构中占据重要位置。

本章并不做全面的介绍,而是对使用的参数以及用于计算多层材料(如夹层结构横截面)的热属性所用的公式做个简单汇总。

要了解关于泡沫和蜂窝结构更多的基础内容,读者可以参考 Gibson 和 Ashby 关于多孔固体方面的书籍[1]。

12.1 定义

下列是关于文中所用热属性参数的简要描述。

热膨胀系数 α:温度变化和应变之间的本构关系,单位是 K^{-1}。

热导率 λ:热导率又称导热系数,在物体内部垂直于导热方向取两个相距 1 m,面积为 1 m^2 的平行平面,若两个平面的温度相差 1 K,则在 1 s 内从一个平面传导至另一个平面的热量,单位是 W/m·K。

面积热阻 R:反映阻止热量传递的能力的综合参量,热交换的两个物体,当一个物体的热功率每变化 1 W,通过一定面积的热传导而产生的物体温度的差值,单位是 m^2·K/W。

传热系数 a:是指在稳定传热条件下,围护结构两侧空气温差为 1 度(K,℃),1 s 内通过 1 m^2 面积传递的热量,单位是 W/m^2·K。

热穿透率 k:单位时间内垂直穿过面积为 1 m^2,温差为 1 K(1℃)的墙体的热量,单位是 W/m^2·K。

热通量 q:是一个矢量,也称热流密度,具有方向性,其大小等于沿着这方向单位时间、单位面积流过的热量,方向即为沿等温面之法线方向,且由高温指向低温方向,单位是 W/m^2。

平均温度 T_m：结构内外的平均温度，单位是 K(开尔文)。

12.2 隔热的评估

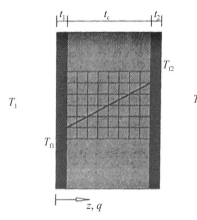

图 12.1 夹层结构截面的温度分布

要测量夹层结构板的隔热性能，可以通过分析图 12.1 中所示夹层结构的横截面，该结构内部温度为 T_1，外部温度为 T_2。

材料的热导率 λ 与材料温度相关。因为面板很薄，对于面板 1 和 2，可以用面板的表面温度 T_{f1} 和 T_{f2} 来简化。然而对于芯材，需要使用平均温度。假设芯材温度在 T_{f1} 和 T_{f2} 之间呈线性变化。

$$T_m = \frac{T_{f1} + T_{f2}}{2} \tag{12.1}$$

这个特定温度对应的材料热导率为 λ_c。截面两侧具有不同温度 T_1 和 T_2(见图 12.1)，横截面单位面积的热量损失等于热穿透率乘以温差：

$$q = k(T_1 - T_2) = \frac{T_1 - T_2}{R} \tag{12.2}$$

图 12.1 中，在 z 轴正方向，q 具有正值。为了深入理解并测量热穿透率 k 的值，必须掌握热传递的物理原理。在热分析中，有三种热传递方式：传导、对流和辐射。最后一个，即辐射通常较小，所以在结构热分析中常常忽略不计。但是在特殊情况下，比如空间应用中，热辐射可能会非常重要。

1) 传导

对于存在温度差异的各向同性材料来说，热量沿着温度梯度方向，从温度高的地方流向温度低的地方。这种现象与分子热运动相联系，分子热运动随着温度的升高而加强，当具有高能量的分子(高速度、高"温度")和周围能量较低的分子碰撞时，能量在两者之间传递。这种现象出现在所有材料的固相、液相以及气相中。

这里，可以将热传导近似为一维，即从板的一侧到另一侧。z 轴方向如图 12.1 所示，根据傅里叶定律把热传导表示成[2]

$$q = -\lambda \frac{dT}{dz}, \quad \text{或者是对应的积分形式} \quad T_1 - T_2 = \frac{qt}{t} \tag{12.3}$$

2) 对流

对流出现在不同的介质之间，其中一种介质必须是液体或者气体，并能在相对坚固的表面流动。以图 12.1 中的夹层结构为例,其面板材料与周围空气或流体的温度不同,在临近表面的区域将会存在一个热边界层,在该边界层处必然存在温度梯度。因为热边界层处的空气或者流体和周边的流体存在温差,受到加热或者冷却,发生流动。这种运动导致新的流体进入边界层,再被加热或者冷却,热传递过程得以继续进行。对流由媒介之间的温差以及这两种介质在特定温度下的对流传热系数 α 确定。在某些应用中,第一介质可能是水,以船为例。对流传热系数 α 是结合特定材料组合的一个值。这里,对流的公式是

$$q = \alpha \Delta T \tag{12.4}$$

式中:ΔT 是面板和周围空气之间的温差;对流传热系数 α 和多个参数相关,其值很难获取。

3) 辐射

热辐射是所有高于绝对零度的温度下物质辐射电磁波的现象。一切材料,无论以哪种形式存在都会辐射热量。这种热散射源于电子或组成原子或者组成分子能级的变化。辐射传热不像热传导和对流一样取决于周围介质,实际上,辐射在真空中反而效率更高。辐射热流由斯蒂芬·玻尔兹曼定律给出:

$$q = \sigma T^4 \tag{12.5}$$

式中:T 是绝对温度(K);σ 是斯蒂芬·玻尔兹曼常数($\sigma = 5.67 \times 10^{-8}$ W/m^2 · K^4)。这样的表面称为理想散热体或者黑体。对于任何其他表面的辐射,相对黑体乘以一个系数,可以表示为

$$q = \varepsilon \sigma T^4 \tag{12.6}$$

式中:ε 为辐射率,表征辐射性能,$0 < \varepsilon < 1$。相反地,如果一个表面暴露在辐射中,一部分能量将被对应的表面所吸收,其关系满足

$$q_{abs} = \gamma q_{rad} \tag{12.7}$$

式中:q_{rad} 是放射的能量;q_{abs} 是吸收的能量;γ 是吸收率,$0 < \gamma < 1$。

回到图 12.1 所示的夹层结构截面,把所有的热流加起来,并且只考虑稳态一维流动。因为热辐射在大多数条件下可以忽略不计,通过略去热辐射部分而只考虑热传导和对流,可以把每个热传递模式的热阻 R 表示为 $q/\Delta T$,温差除以总的热阻得到总的热流为

$$q = \frac{T_1 - T_2}{\sum R_i} = (T_1 - T_2)\left[\frac{1}{a_1} + \frac{t_1}{\lambda_1} + \frac{t_c}{\lambda_c} + \frac{t_2}{\lambda_2} + \frac{1}{a_2}\right]^{-1} \tag{12.8}$$

所以,整个截面的热穿透率是

$$k = \left[\frac{1}{a_1} + \frac{t_1}{\lambda_1} + \frac{t_c}{\lambda_c} + \frac{t_2}{\lambda_2} + \frac{1}{a_2} \right]^{-1} \tag{12.9}$$

这里下标 1 和 2 分别对应上下面板,下标 c 对应芯材。热能损失通过式(12.2)给出。自然对流条件下的气体,对流传热系数 α 值的范围大约在 2~25 之间;对液体更高。强制对流条件下,如风或者流动液体,对流传热系数将变得更大。常用的面板材料,例如金属或纤维复合材料,金属的热导率大约为 40~200 W/m·℃,复合材料则为 0.2~0.4,常见芯材材料 λ 值,如轻木为 0.07,非金属蜂窝结构为 0.1,大多数泡沫材料为 0.03。考虑到芯材通常比面板要厚,可以将热传递方程简化为只包含芯材:

$$q \approx \frac{(T_1 - T_2)\lambda_c}{t_c} \tag{12.10}$$

可以明确看出,要获得较好的隔热性能,即减少热流来避免热损失,需要选择低热导率且较厚的芯材。

参考文献

[1] Gibson L J, Ashby M F. Cellular Solids-Structure and Properties [M]. Pergamon Press, Oxford, 1988.

[2] Incropera F P, de Witt D. Fundamentals of Heat and Mass Transfer [M]. Third edition, 1990, John Wiley & Sons, New York.

13 无损检测

对结构轻量化和全寿命低成本的需求,特别是交通部门,要求增加对结构设计变量和基础理论的理解,并且积累更多的经验知识。结构的形式有很多,然而这里的宗旨是减重的同时保持甚至增加承载能力。常用于改善性能的途径有:提高材料特性、改进理论分析、增加数值分析和提高制造技术水平。提高制造技术水平包括通过无损检测(NDT),确保结构的完整性,明确可否进行下一步的装配或交付顾客。

夹层结构可以实现全寿命低成本,然而也存在一些很难解决的问题,例如在制造过程中涉及很多生产变量,这样产生缺陷的机会就会增多。另外,很多夹层结构的结构和材料同时完成,这也产生一些问题。夹层结构中可能出现缺陷的原因有两个:第一,由于材料缺陷以及性能离散性,在固化过程中产生缺陷;第二,偏离制造工艺或者使用规范而产生的缺陷。因为可能存在未能发现或者无意中偏离材料规范和制造工艺的情况,所以不能保证同一种材料生产的两个不同产品的质量一致性。因此,必须针对全制造过程的质量保证体系(QA),建立严格的控制流程。

当理论和数值方法改进的时候,对 NDT 的要求也增加了。因此,针对各种应用提出了一系列的方法。另外,夹层结构的尺寸和复杂性千差万别,从小且质轻的航空航天结构到海军扫雷艇或水面效应船的船身,对 QA 和 NDT 的要求也各不相同。传统意义上,航空航天领域的要求最高,随之而来,无损检测技术的趋势是变得越来越复杂、专业,有时还非常耗时,非常昂贵。其他领域不能在保持竞争性的同时解决成本的问题,因此必须努力找到新的方法。

本章将总体介绍 QA 尤其是夹层结构的 NDT 的重要性。

13.1 为什么采用 NDT

NDT 总的目标是获取相关信息,对产品质量和完整性进行可靠评估。主要有两种方法:一是监控制造全过程,二是通过无损检测来评估特定缺陷。前者是间接方法,目的在于评测生产过程中材料的机械和物理性能。另外一种方法用来测定最终部件和结构的完整性。

夹层结构生产厂家最关心产品的质量,为顾客提供合格的产品。运营商或者负责结构安全的独立第三方则关心结构的完整性。应用检测技术是基于以下目的:

(1) QA——贯穿生产的全流程,从原材料到部件或整体结构的控制。

(2) 维护——结构需要定期的检测,保证完好、安全和功能性。

(3) 修理——经过事故或者维护以后,部件重新投入使用之前必须检测修理的质量并确认。

(4) 更换——结构的某些部分可能不需要替换,因此,通过检测可以决定更换哪些部分。

13.2 NDT技术的基本概念

所有的 NDT 技术的基本概念都是通过某些物理性能的检测来反映被检材料的性状。其基本原理是通过干扰检测对象的平衡状态记录下其反应。并在不同的反应之间进行对比,其中一个为已知材料性能的正确信号反应样板。

13.2.1 基本案例

有些材料受到内部结构的影响,外加干扰可能会很快衰减。通过测量这类材料对干扰的反应的方法就会失败,然而基于另外一种机理的技术也许可以解决问题。另外,如果缺陷导致材料密度发生微小的变化,那么通过测量密度的 NDT 技术也有可能会遇到问题,而此时其他技术可能成为该类缺陷的解决方案。

通过这两个例子,可以理解 NDT 技术所基于的物理机理的重要性。有了这些知识,就很容易理解各种技术应用的局限性和可行性,通过挖掘 NDT 技术的潜力,实现低成本。

13.2.2 安全量

在设计承载结构件时,基本安全系数(SM)的值取决于该部件对于整体结构的重要程度。基本安全系数,是在静载条件下,考虑到材料离散性和结构在制造过程中的尺寸误差等。附加安全系数(KDF)被用于那些可能受到外界影响的结构,比如环境暴露等。SM 和 KDF 的大小通常取决于结构用途以及使用经验。

SM 和 KDF 意味着要增加重量。例如,在航空航天工业中,重量是一个重要参数,大量的精力用于减重。如果生产过程可控并且把结构的完整性控制在一定限度的话,可以降低 SM 和 KDF 的值。

13.2.3 选择方法时的考虑

在选择哪种方法最适合某项检测的时候,最好先做一些问答。下面是提出一些问题和对应的原因,可以给读者提供一个指南。

(1) 需要探测哪种类型的缺陷? 因为有些技术不适合检测某些材料中的特定

缺陷。

（2）缺陷有无必要完全表征？一些 NDT 适合检测出是不是存在特定的缺陷，但是另一些则对相同的缺陷可以做更好的表征。

（3）有必要大面积检测吗？要找出大型结构中脱胶的问题，比如船体，采用缺陷定位技术能够在大面积扫描时大大节约时间。缺陷定位以后，可以通过更适合表征的技术进行进一步表征。

（4）具备安全措施了吗？使用 X 光设备，为了提高分辨率，使用了一些对人体有害的渗透性液体。同样，如果 X 光设备用于现场探测的话，X 光的照射也会引起健康问题。

（5）所采用的方法会引起结构损伤吗？对夹层结构进行加热的时候需要十分谨慎，因为过热会严重破坏面板和芯部的胶接，降低结构强度。

（6）在什么地方检测？是在实验室或者生产中，抑或使用阶段中检测？某些技术更适合生产在线控制而不是外场检测，而大多数技术在实验室都适用。

（7）合格/不合格？设计依据了什么标准？航空航天领域的标准通常更加严格，而其他领域可能不需要这么严格的标准。

（8）关于 NDT 的规范和质量体系有什么含义？有些客户要求制造商除了满足产品的标准以外，还要遵守某些质量体系，如 ISO9000 或者 AQAP 1。而产品的运营必须遵从规范，例如飞机制造商要对结构做定期检测，确保安全。

（9）最后，员工需要相关技术的培训和认证来获得进行检测资质吗？各种机构都提供关于现有技术的培训。完成不同种类的检测需要不同层次的培训，这取决于检测的难易程度。

13.2.4 夹层结构 NDT 的特点

从 NDT 的角度来看，夹层结构由三个部分组成，各自材料属性却大相径庭。例如面板材料，无论是金属还是复合材料，与芯材相比，密度高并且薄，采用传统的金属的 NDT 方法就可以了。有时，也做一些调整以使传统方法更适用于复合材料。芯材部分则正好相反，材料密度低而且厚，其 NDT 技术只到最近才被研究，常见的芯材的 NDT 技术的研究和经验都不如面板材料那么深入。

当用分次固化工艺制造夹层结构时，通常在装配之前，就要采取合适的方法对各组分进行检测。例如，一结构采用铝面板和蜂窝芯材，胶接层是生产完成后唯一需要检测的部分。如果夹层结构通过热压罐或手工铺层共固化工艺成型，那么面板本身以及面板与芯材之间的胶接层都需要在制造完成后检查确认。这样，因为面板和芯材胶接在一起以后，截面上有不同的材料属性，差异甚大，这给整个截面检测过程带来了困难。

确定满足夹层结构 NDT 要求的检测技术并不容易。夹层结构材料各不相同，比检测单组分材料要难很多。但是,随着对 NDT 技术研究的大量投入,结合现有技术,将获得更多知识。但是因为夹层结构具有独特性,大多数技术只限于小范围应用。

13.2.5 缺陷类型

依据出现的位置将缺陷分为三类,分别是:

(1) 面板缺陷;

(2) 胶层缺陷;

(3) 芯材缺陷。

夹层结构有大量的材料可供选择,但上述缺陷都有可能出现,且总的来说,这些不希望出现的缺陷既可能在制造过程中出现,也有可能在使用过程中产生。

1) 制造过程中产生的缺陷

夹层结构分次固化工艺分为两个阶段:部件生产和结构装配。夹层结构的面板主要有两类材料:金属和复合材料。复合材料面板,制作完成后最常出现的缺陷有夹杂、孔隙、铺层或纤维方向误差、纤维屈曲、疏松、富胶或贫胶等,如图 13.1 所示。金属部件生产前后很少需要通过无损检测来发现缺陷。目前用于承载夹层结构的大部分芯材,从金属到预浸纸,再到聚合物泡沫,在夹层结构装配前很少采用NDT 技术进行检测。因此,这些芯材可能出现的问题有脱胶、空洞和尺寸偏差等。脱胶和空洞影响结构的力学性能,导致应力集中,形成初始破坏。

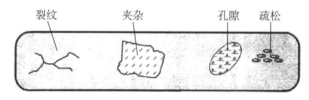

图 13.1　复合材料面板的典型缺陷

2) 使用过程中引起的缺陷

使用中最值得关注的是冲击损伤。复合材料面板的冲击损伤通常对面板的承载性能,尤其是受压时产生明显的影响,导致整个夹层结构的强度大幅下降。另外,结构强度降低的幅度通常比可以观察到的损伤要大。冲击对金属面板造成的后果通常是出现凹坑。凹坑的深度和大小取决于冲击的能量和造成凹坑的物体的尺寸。金属面板夹层结构的强度也会下降,尤其是受压时。

另外一种使用阶段容易产生缺陷的原因是过载,无论是静态还是疲劳状态下,过载都会导致缺陷,如剪切裂纹、脱胶和分层。所有这些缺陷都会降低结构强度。另一个必须考虑的因素是使用环境的影响,例如民用飞机上蜂窝芯材的吸水问题。

13.3 夹层结构的 NDT 技术

下面简单地介绍几种可供用于夹层结构的 NDT 技术。

13.3.1 声发射

声发射检验(AE)是纤维复合材料测试的一种常用验证加载试验方法。然而,这种方法并非真正意义上的无损检测。其原理如下:一材料在加载过程中,积聚了很多能量。一旦超过局部极限强度,树脂基体或者纤维就会出现裂纹。储存的应变能以能量波的方式释放到材料中,而这可以通过传感器检测。如果在物体上设置多个传感器,在几何尺寸和材料中声波的速度已知的情况下,理论上就有可能找到能量源。

所采用仪器的复杂程度决定了能够从应变能释放的记录中获取信息的多少。记录的数目、位置和程度都是所关心的参数。通过 AE 技术很难确定缺陷或者破坏的类型。在试验加载或验证加载时,最好是对一定数量同型号的部件使用 AE 技术,得到部件对载荷的响应。

13.3.2 全息成像检测

全息成像检测是基于激光基础上的应用。全息成像是波前再现成像,使同一物体的两张图像再现并空间叠加。物体和叠加的影像之间任何相对位移能很容易辨识出来。全息干涉图能够测量外形的变化或者相对位移,非常精确,可以检测出很小的扰动。具体有三种方法,分别是二次曝光法、时间平均法和实时法。

13.3.3 机械阻抗法

阻抗法的基本原理是在结构内部生成垂直于截面方向的弯曲波。通常是通过传感器把电振荡转化为机械变形来实现。在结构激发机械变形以后,要找到这样一个区域,在这个区域内机械阻抗(垂直于表面方向的弯曲刚度)相对于周围发生变化。弯曲刚度通过激发机械变形的同一传感器进行测量。例如,阻抗会受到平行于面板的缺陷的影响,这类缺陷会导致结构分层,而截面的阻抗和高度成反比,因此缺陷出现的位置阻抗较小。这种方法可以有效地发现与面板方向平行的裂纹。可检测到裂纹的大小取决于变形激发的频率。也就是说,对某一结构进行检测必须经历一个相当宽的频率范围。另外,测试结果很大程度上也受到传感器和结构之间的接触刚度的影响。

13.3.4 射线照相法

射线照相法采用垂直于被检测物体的穿透性电磁波照射,波束能量在物体内部部分被吸收,其余部分则直接穿透。能量吸收率取决于材质、材料的厚度和密度。穿透工件的能量可以通过适当的媒介显示出来,通常情况下是一种特殊的胶片。

波束的类型与品质、曝光的几何尺寸、可视化媒介和评估技术等都对结果产生影响。操作过程中涉及的参数包括主因对比度、胶片对比度、失真和可视化能力。可视化的能力可以直接测量，然而其他参数需要通过与工件同时曝光的比较图进行对比才能确定。失真与曝光技术和试样的材质有关。

试样的对比度非常重要。对比度受到被测样品吸收能力的影响，与密度和材质有关。

13.3.5 超声波

有多种源于均质材料并且有了很好应用的超声波检测方法也可用于夹层结构。下面将给出这种基本方法的基本原理。原理的详细描述超出了本书范围，有兴趣的读者可以找到更多细节[18, 19]。

超声波的基础知识

因为气体和固体的声阻抗差别很大，超声波检测需要通过固体或者液体媒介，将超声波传感器和工件之间进行耦合。对于大型组件开发了喷水超声波检测技术，工件两侧分别安装发生器和接收器，用穿透法检测。对于小部件则采用水浸技术，既可用穿透法，也可用脉冲反射法。

超声波技术在夹层结构应用的常见障碍

固体和气体在阻抗上的巨大差异导致很难用超声脉冲反射法检测蜂窝夹层结构，因为除了蜂窝壁位置，超声波不能穿透横截面。因此，通过脉冲反射法只能可靠地检测上面板和上面板其下的胶接层，而穿透法可以一次测试完夹层结构两侧的胶接面，但是不能辨别出缺陷出现在哪一侧。对于夹层结构的硬质泡沫芯材，超声波在穿透过程中会发生散射，所以只能通过脉冲反射法来检测泡沫夹层结构的面板或胶接层缺陷，如果面板材料不是障碍的话。对穿透法，硬质泡沫芯材会带来很多问题，尤其在芯材密度低于 $250\ kg/m^3$ 时。

手工检测

当用手工的方法检测试样的时候，通过同一个传感器来测量脉冲反射，用胶作为传感器和结构之间的耦合剂。胶尤其适合现场检测使用，当然有时也使用其他耦合剂，比如水。手工检测十分耗时，有时会采用滚轮探测器。在滚轮中装有传感器，超声通过柔软的橡胶轮胎传导到结构中。然而，后一种方法在缺陷的具体表征上并不令人满意。另外一种缩短手工探测时间的方法是安装传感器矩阵，大面积同时检测。但是这种方法需要了解工件的表面特征，是否是平板或者单曲率板。

13.4 夹层结构上适用的 NDT 技术

下文简单地介绍一下夹层结构上适用的 NDT 技术。

13.4.1 声发射

AE(声发射)对复合材料结构的在线监测很有用[1—3]，以避免结构过早破坏。

也有一些 AE 用于夹层结构检测的报道,比如,Sriranga 和 Samuel[4] 利用 AE 技术检测蜂窝夹层板树脂充填嵌件的受载情况。

13.4.2　全息成像检测

已有文献报道了一些夹层结构全息成像无损探测的研究[5—14]。大部分报道的试验是基于蜂窝芯材和不同材质的面板相结合。面板和芯材的材质包含了复合材料和金属。芯材厚度为 6、12 和 20 mm,面板厚度为 0.125～0.15 mm。

工件的应力加载方法有加热、机械加载、压力或振动。所有应力加载方法的目的是让工件产生应变场,如果存在缺陷,会导致局部应变不同于周边的应变场,产生干涉条纹。

文献中,检测缺陷的主要全息成像方法有干涉测量法和其他记录分析干涉条纹的系统。这些系统的开发方向是对工业领域[8] 大型复合构件争取做到实时检测[12]。同步检测与评估的工件的大小和测试装置相关,据报告[9, 10],尺寸最大可达 $500 \ mm^2 \times 500 \ mm^2$。文献[13]报道了一种通过混合应力分析,计算检测出的缺陷对结构完整性的影响。

散斑干涉是另一种基于激光的 NDT 方法,这种方法可以用于有环境光并且对振动不敏感的情况下。在文献[14]中,报道了用该方法探测界面脱胶。已经研究的缺陷类型有脱胶(缺胶)和分层(冲击损伤)。文献[9]报道了成功用于 0.3 mm 厚度铝面板,模拟直径 12～24 mm 的圆形界面脱胶缺陷检测。文献[11]报道了直径小于 5 mm 的分层缺陷检测。

13.4.3　射线照相法

射线照相法受益于电子技术的进步而快速发展。其中最突出的是断层扫描,该技术可以给出工件每个点的吸收系数。大部分断层扫描的研究是针对医学应用,然而航空航天领域对复合材料组件进行可靠并全面检测的需求推动了断层扫描技术进入工程领域[15, 16]。文献[15]报道了将工业用电子计算机断层扫描技术应用于夹层结构和拉挤复合材料部件,可以很容易地检测出分层、脱胶和空洞等缺陷。

13.4.4　超声波

最常用的技术包括速度和衰减的测量,但是也进行了更加复杂的测试,例如:声-超声、leaky-lamb 波和反向散射。文献[17]进行了超声波探测泡沫芯材-铝面板夹层结构板疲劳和冲击损伤研究,结果是通过脉冲反射法可以检测出通过胶接层间隙模拟出的脱胶现象,声-超声可以检测出疲劳和冲击损伤。

13.5　泡沫夹层结构的热成像 NDT 技术

下面将要寻找适用于泡沫夹层结构的 NDT 技术,该工作由位于斯德哥尔摩的皇家理工学院航空航天系进行。

13.5.1 缺陷类型

除了在其他章节中提及的缺陷外,本节中将着重胶接位置。胶接是夹层结构最敏感的问题之一。夹层结构中有两类胶接面:第一类是芯材之间的胶接,目的是使芯材胶接在一起,获得理想的厚度。泡沫块体间的胶接面处可能出现的缺陷有气泡和贫胶。第二类是面板和芯材之间的胶接面。利用 NDT 技术很难区分胶接强度够或不够。所以,首先关注的是贫胶区域的定位。如果某处存在脱胶,根据夹层结构理论,其弯曲刚度将急剧下降,因此,这种类型的缺陷的发现十分重要。

13.5.2 NDT 技术的要求

理想的 NDT 技术可以检测所有类型的缺陷,并具有以下特点:

(1) 无论在实验室还是现场,都能方便使用。

(2) 能大面积扫描,检测结果可靠。

(3) 容易解读。

理想状态下,一种方法应该可以检测出结构缺陷并能给出量化的结果。如果建议的检测方法不能表征被测缺陷,那么定位以后,局部必须采用能够表征缺陷的方法。建议使用两种技术:激光和红外。

初步研究表明两种方法基本都可以满足要求,但是红外热成像法更好一些,因为热成像技术的硬件要求已经成熟,而激光法还需要进一步完善。所以,接下来重点讨论热成像 NDT 应用于泡沫夹层结构,尤其是复合材料夹层结构。

13.5.3 物理原理

热成像 NDT 技术的物理原理相当简单。这里只考虑均质、各向同性材料。对被测样件一侧加热,如图 13.2 所示,在加热了一定的时间以后,移开热源,重新放置到周围环境中,物体中含有的热将会均匀地散发出来。如果结构中含有异常的位置,那么热流在流过时就被干扰。干扰取决于异常位置的形状、材质、热流的持续时

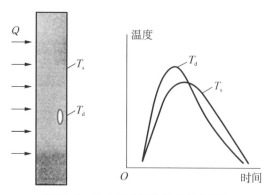

图 13.2 热成像无损检测的基本原理

间和振幅。如果异常足够大,就可以探测到表面热场的变化。可探测性也取决于测试时的温度和时间。如果测试结果出现异常,可以认为是结构中存在不希望出现的特征,图解如图 13.2 所示。

考虑到热量穿透夹层结构板材时,热场的温度梯度不断降低,干扰可能探测不出。图 13.3 表示了泡沫夹层结构板材温度与时间的关系。可以看到,在板材受热的一侧,温度梯度很大,但在到达背面时急剧降低。如图 13.3 所示,整个测试过程只加了少量热量,但是已经可以探测到温度梯度的干扰。图 13.3 中,曲线 1 为加热一侧的温度,曲线 6 为观测一侧的温度。

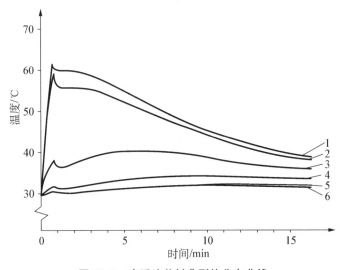

图 13.3　穿透法芯材典型热分布曲线

材料的热属性对缺陷的探测概率影响较大。例如,玻璃纤维的导热系数,平面方向和垂直方向的比值大约为 1,而对于芳纶或碳纤维,大约是 10。所以,如果使用碳纤维复合材料面板,与相同情况下的玻璃纤维相比,垂直于板方向传递过去的热信号会降低 10 倍。

有多种方法可以探测温度信息,例如热电偶、液晶或红外辐射测温仪。热电偶只能监测局部的温度变化,而后两种则可以提供整个区域的温度场。热电偶是通过热电阻来测量温度的改变,电阻则是通过电压变化测量。液晶是一种化合物,这种化合物能够发出可见光,光的颜色取决于介质温度。红外辐射测温仪是最常用的温度测量方法,其优点是对检测很有帮助,例如不需要与被测物接触,相反,热电偶和液晶需要接触检测,虽然热电偶和液晶设备成本稍低一些。

13.5.4　方法

有多种热成像 NDT 技术,具体情况取决于检测对象和环境。下面只讨论采用红外(IR)测温仪,针对泡沫夹层结构所做的瞬间被动热转换 NDT 方法。这里,被动的含义是没有引入机械加载,热转换指的是通过热加载产生热效应。

可以采用穿透法或反射法,如图 13.4 和图 13.5 所示。穿透法对厚度方向上的检测更有用,而反射法的检测速度则更快。所以,穿透法被证明是检测芯材内部空洞或者剪切裂纹最有效的途径,而反射法更加适合检测面板缺陷以及面板和芯材的界面缺陷,例如脱胶和到达表面的剪切裂纹。

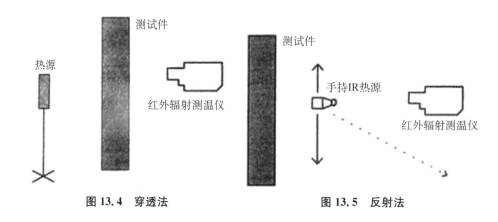

图 13.4 穿透法   图 13.5 反射法

13.5.5 红外辐射测温仪

针对不同情况,有各种不同的红外辐射测温仪。但是,商业用途必须能够提供可视化的红外热谱。这种红外辐射测温仪通常与计算机相连,以便储存信息,后期进行图像处理。通过传感器,有些系统还可以通过红外辐射测温仪提供温度在线检测。相机尺寸与普通摄像机相似,即使加上外设,也可单人操作。红外辐射测温仪通常对 $2\sim5\ \mu m$ 或 $8\sim12\ \mu m$ 波长的电磁波比较敏感,因为在这个波长范围内,环境空气只吸收少量的辐射能。电子技术的发展能提供非常敏感的红外辐射测温仪,目前灵敏度可以达到 0.1℃。

现场检测

现场检测是为了定期维护或检测可能存在的缺陷或者结构破坏。现场检测常常会遇到很多问题,例如恶劣环境、检测区域不可达等,这些都对测试方法和设备提出了特殊要求。现场使用的设备首先要求具有便携性,其次最好能够记录下来,以备后续研究。红外热成像,除了具有前面提到的这两个特点以外,还有第三个优点:不需要和被检对象发生物理接触。

实验室或生产现场检测

在实验室或者生产现场,环境通常容易控制,测试可以比较精确。最常见的是为了测试一个特定的部件或结构,可能会在特定的工段设计特殊的工装来完成。生产现场的 NDT,为了和生产相衔接,通常按照备好的流程进行。如果生产的产品属单件定制一类,那么 NDT 这时就与现场检测很接近。

13.5.6 热源

关于各种热源的文献包括了从红外加热灯到加热毯等。对热源来说,最重要的是提供均匀的热量。在这里,选用石英灯管红外加热器,使用方便,而且能量输出高。使用石英灯管的红外加热器的主要优点是:

(1) 热能辐射快,而且损耗低。

(2) 加热开始和结束都能瞬间完成。

(3) 迅速的反应使得可以实施复杂的加热程序。

(4) 反射器部分构造简单,方便调整加热器的大小和外形。

穿透法主要采用固定热源,反射法多用移动式。

13.5.7 校准

任何测量,仪器设备的校准都极其重要,热成像 NDT 也不例外。

红外辐射测温仪

可以通过各种方法检查红外辐射测温仪测量的温度是不是准确。建议最好查询一下手册,或者向厂家咨询校准红外辐射测温仪的操作流程,确认无误。在准备真正的测量时,需要注意:利用红外检测仪测温时,其中最重要的参数是被测物体表面发射率。为了测量精确,需要在系统中输入准确的物体表面发射率。特殊情况的处理,强烈建议联系设备厂家解决。

结构完整性

NDT 的前提是无损,所以,测量过程中应确保不对被测物造成任何损坏。报告中,课题涉及的所有热成像 NDT 试验,在进行真正的测量之前,都要在与被检工件同样结构的小样上,用热电偶对设备进行校准。被测物和加热器之间的距离、辐射热能输出高低以及辐射时间都要认真记录。设定一个特定温度范围,确保结构完整性不会出现问题,选择对应的测试辐射时间,作为随后的测试参数。泡沫芯材的特征温度是 T_g(玻璃化转变温度),设定温度要远低于 T_g。同时,还要考虑到面板和芯材之间胶接面处胶层的温度特征。

13.5.8 材料属性

热成像 NDT 相关材料属性有热导率、对流、密度和比热。所有这些都包含在描述介质热效应的热扩散方程中,对热成像 NDT 检测方法有很大的影响。尽管有ASTM 标准定义了热属性的测量方法,总的来说,对材料热属性了解得还不够充分。

材料性能数据的离散性会降低缺陷的探测机率,错误的对比数据会让操作人员产生误解。基于厂家的制造工艺和质量标准,材料的性能数据总是在标准值周围分布,例如芯材的密度有 $+x\%$ 到 $-y\%$ 的误差范围。所以,如果结构材料的生产厂家提供了足够的材料数据,建议检查数据的离散性和这些数据的有效温度。作为热成像 NDT 检测对象的复合材料部件,在生产时也要做相应考虑。一般情况下,手工铺层的制件比热压罐生产的制件离散性要大。

任何结构都可以用数值计算预测缺陷产生的热谱。但是众所周知,数值计算的精度只能与输入的数值一致。因为检测过程所处的环境参数很难获取,从而产生新的不确定性。还有,考虑到材料的各向同性或各向异性,热响应的数值计算通常要求 3D 建模。因此,尽管数值计算能够提供有用的信息,但是建议只做参考,了解结构对热转换载荷如何响应,得出典型缺陷探测的可能性。

13.6　热成像 NDT 实测案例

这里的热测量都是通过红外辐射测温仪完成,这些测温仪对波长在 2~5 或 8~12 μm 范围内的电磁波敏感。前者对应的冷却方式是热电式,后者是液氮。测温精度都可以达到 0.1℃,最佳物体温度为 30℃。大部分测试都是在实验室固定测试设备上完成,也有些检测是在外场用便携式设备完成,并且也可以获得较好的结果[20]。采用的 IR 加热器有一个固定 IR 模块和一个手持 IR 灯,最大能量输出分别是 6 kW 和 1 kW。

13.6.1　空洞

空洞的检测试验是通过在三种密度的 PVC 泡沫芯材上预制空洞完成,三种密度的名义值分别是 60、130 和 200 kg/m³[21]。测试厚度只有一种,均为 30 mm,空洞尺寸分别是 4、8、12 和 16 mm,空洞的深度(从观测面到空洞中心的距离)分别是 2、6、10 和 14 mm。

测试准备:扫描器放置在距测试样品 0.6 m 处,在这个距离可以扫描到的面积约为 350 mm×350 mm。热源放置在试样的另一侧,距离试样大约为 0.3 m。采用穿透法,热源对准试样中心。热源的能量输出值是 6 kW,根据不同的密度,设置了不同的辐射时间,如表 13.1 所示。

表 13.1　不同密度时的辐射时间

密度/(kg/m³)	时间	密度/(kg/m³)	时间
H60	36 s		
H130	1 min 42 s		
H200	2 min		

选择的加热时间确保芯材温度远低于 T_g。从加热完成到测试对象的可视化红外实际热谱,还要经过和加热时间差不多的间隔。如图 13.6 所示为一个测试结果。

13.6.2　脱胶

文献[22]模拟了面板和芯材中,平行和垂直于板面方向的脱胶现象,如图 13.7

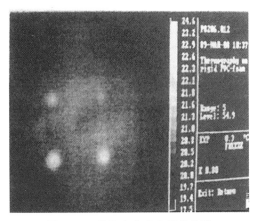

图 13.6 芯体中存在空洞的热谱

所示。通过预设一个没有胶的区域来进行模拟缺陷。板面平行方向的脱胶位置是一圆形区域,直径为 50、100 和 150 mm,而板面垂直方向的脱胶只有胶接横向长度的一半或贯穿整个厚度方向,没有胶黏剂。这样形成一个有空气的小间隙,间隙的大小大约与泡沫孔隙大小一样或为其一半,分别对应芯材与芯材以及芯材与面板的脱胶,如图 13.8 所示。

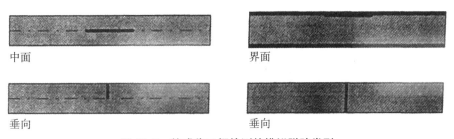

中面   界面

垂向   垂向

图 13.7 热成像无损检测的模拟脱胶类型

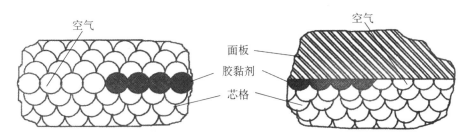

空气   空气

面板

胶黏剂

芯格

图 13.8 芯材内部及芯材与面板的脱胶

测试中芯材名义密度分别是 60、130 和 200 kg/m³,总厚度为 30 mm,一些中面脱胶的芯材试件总厚度为 60 mm。面板是由玻璃纤维增强的乙烯酯树脂材料,厚度为 1~4 mm。采用穿透法,进行芯材之间模拟脱胶检测的红外热谱如图 13.9 所示。

图 13.9　两个 30 mm 厚的芯材之间模拟脱胶的红外热谱

　　对于芯材和面板之间的脱胶,一般采用反射法,已证明可以检测所有大小缺陷。所检测的红外热谱如图 13.10 所示。借助手持 IR 加热器,采用穿透法检测芯材和芯材之间的脱胶。对于厚度为 30 mm 的芯材,所有尺寸的脱胶均能检测,而对于60 mm厚度的芯材只有密度低于 60 kg/m³ 的芯材之间的脱胶能够检测。这很可能是因为手持式加热器不能提供足够的能量输入造成的。垂直方向上的脱胶也可通过反射法和穿透法检测。

图 13.10　面板和芯材之间模拟脱胶的红外热谱

　　探测出芯材与芯材之间脱胶(也就是脱胶缺陷在热谱上完全显示)的时间并不相同,这与芯材的密度有关,从 30 s 到 90 s 不等,与该密度的芯材的加热时间基本一致。最短和最长的时间间隔分别对应密度 60 kg/m³ 和 200 kg/m³。反射法检测芯材和面板之间的脱胶时,热量变化很快,所以对记录下的图谱需要进行后期处理,例如,找到最好的分辨率或最好的相对灰度进行可视化解读。

13.6.3 剪切裂纹

剪切裂纹是因为结构过载导致：或者疲劳，或者静载。由疲劳引起的剪切裂纹通常源于疲劳裂纹，疲劳裂纹一般位于芯材的中央，与面板平行，因而相对于静载荷造成的剪切裂纹，疲劳裂纹更难检测。大多数情况下，静载剪切裂纹在上下面板之间扩散，有时候甚至达界面位置。这种类型的缺陷对面板之间的载荷传递十分不利，弯曲刚度大幅降低。

如图 13.11 所示，制造了三种预设不同剪切裂纹的测试板[23]。所有裂纹都嵌有特氟龙薄膜，确保没有机械载荷通过裂纹传递。面板进行 NDT 以后，将被分切成条状并用四点弯曲检测承载能力的降低。横截面的几何尺寸为 $t_f = 2$ mm，$t_c = 30$ mm。面板由 8 层 Fiberite MXB7701/7781 环氧玻纤制成，PVC 泡沫芯材，名义密度为 110 kg/m^3。

图 13.11 三种剪切裂纹

穿透法和反射法对该测试板都适用，都能检测出模拟缺陷，前一种方法可以提供更多信息，实现对缺陷方向和深度的实时表征。使用反射法时，因为热量变化很快，所以需要对结果图像进行后处理，只能揭示裂纹的走向。采用穿透法，确定缺陷的方向和深度耗时大约 3 min。然而，对于反射法，如果不包括图像的后处理，仅需数秒。如图 13.12 所示为采用反射法检测预设中面和面板之间的剪切裂纹的热谱，

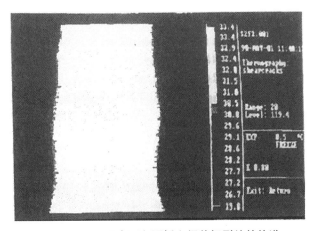

图 13.12 预设中面和面板之间剪切裂纹的热谱

其中,实线是界面中裂纹的位置。如图 13.13 所示为采用穿透法检测上下面板之间的剪切裂纹的热谱,注意整个剪切裂纹的投影,并与图 13.12 中的裂纹标志相对比。

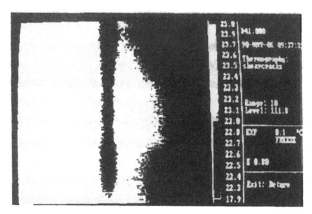

图 13.13　上下面板之间的剪切裂缝的热谱

结论：利用手持红外加热器和移动红外辐射测温仪可以快速扫描案例相似结构的剪切裂纹。

13.6.4　J 接头

当生产夹层结构时(见图 13.14)经常使用 J 接头来搭接芯材。树脂呈流动状态,常常不能完全填充底部的空隙,造成了空洞,这些空洞使结构中存在潜在的"热点",请注意图中贫胶的位置。

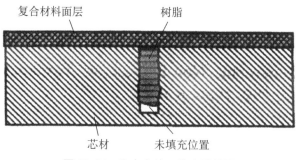

图 13.14　生产中的 J 接头横截面

对大型船体上的 J 接头需要进行现场检测。从底部开始,使用反射法。该方法已证明即使尺寸很小也能十分迅速地检测出缺胶产生的空洞。这里,结论是利用手持红外加热器和移动红外辐射测温仪可以大面积快速检测出缺胶空洞。

13.7 NDT 的前景

各公司都开始意识到结构维护的简单可靠是一个竞争优势,结构设计是影响维护性能的主要因素也是不争的事实。所以在设计新的结构时,必须考虑合理的 NDT 技术。除了能够满足现场检测的需求,还可以为特殊情况而定制,结合简易跟踪检查树,引导操作员完成检测的全过程。

制造技术的发展在对 NDT 方法的要求上得到体现。为了更多地实现检测自动化,缩短测试时间,NDT 技术的侧重点由成本向速度转移。对于夹层结构,尤其在使用过程中的检测,大面积快速扫描和局部缺陷表征相结合是重要的发展方向。

参考文献

[1] Cole P T. Using Acoustic Emission Emission (AE) to Locate and Identify Defects in Composite Structures [J]. Composite Structures,1985,3:259 - 267.

[2] Mcnally D J. Inspection of Composite Rocket Motor Cases using Acoustic Emission [J]. Materials Evaluation,1985,43(5):728 - 732.

[3] Houghton W W, Mitchel J W. NDE of Composite Rotor Blades during Fatigue Testing [R]. Technical Report:TR-103-48, Physical Acoustics Corporation.

[4] Sriranga T S, Samuel R. Acoustic Emission Studies on Potted Inserts of Honeycomb Sandwich Panels [J]. Journal of Acoustic Emission,1989,7(3):535 - 539.

[5] Daum W, Munschau J, Roos A. Optishe Verfahren zum Zerstorungsfreien Prufen Neuer Konstruktionswerkstoffe [J]. Materialprufung,1990,32(9):251 - 254(in German).

[6] De Smet M A. Holographic Nom-Destructive Testing for Composite Material used in Aerospace [J]. SPIE,1986,599:46 - 52.

[7] Erdman-Jesnitzer F, Winkler T. Application of the Holographic Non-Destructive Testing Method to the Evalaction of Disbondings in Sandwich Plates [J]. International journal of Adhesion and Adhesives,1989,1(4):189 - 194.

[8] Holografic Non-Destructive Testing of Large Sandwich Structures under Industrial Conditions [M]. Bremer inst. fur Angevandte Strahltechnik,1990(in German).

[9] Rao M V, Samuel R, Ramesh K. Dual Vacuum Stressing Technique for Holographic Non-Destructive Testing of Honeycombo Sandwich Panels [J]. NDT International,1990,5(23): 267 - 270.

[10] Samuel R, Rao M V. Autoated NTD of Spacecraft Sandwich Components by Holographic Interferometry [C]. SEM Fall Conference. On Experimental Mechhanics:Optical Methods in Composites,1986,23 - 27.

[11] Winkler T, Schulz W. Pruefen von Sandwichplatten:Holografische Interferometrie auch bei Industruieller Fertigung [J]. (in German) Maschinemarkt,1979,85(68):1990 - 1334.

[12] Feffaro P, Pagnotta L, Poggialini A, et al. Holographic Interferometry as Inspection Technique on Aerospace Composite Structure [J]. ESA SP - 303,1990,151 - 155.

[13] Lin C H, Genge G G, Pearce L J, et al. Evaluation of Damage in Composite Materials using Digital Comparative Holography [C]. Proc. of Spring Conferce on Experimental Mechanics, 1989,1:18 - 26.

[14] Goodlin D L. Shearography for Nom-Destructive Testing [M]. Southwest Research Institute.

[15] Bossi R H, Cooprider K K, Georgeson G E. X-ray Computed Tomography of Composites, 36 th International SAMPE Symposium, 1991 [C], 224 - 238.

[16] Potet P, Lesbre F, Bathias C. Quantitative Characterisation of Impact Damage in Composite Materials: A Comparison between Computerized Vibrothermography and X-ray Tomography [M]. Nondestructive Testing and Evaluation for Manufacturing and Construction, 1990, 95 -105, Hemisphere Publishing Corporation, New York, USA.

[17] Fahr A, Chapman C E, Tanary S, et al. Non-Destructive Inspection of Foam Core Aluminium Panels [R]. Technique resport LTR-ST-1655, Canadian National Aeronautical Establishment, 1987.

[18] Summerscales J. Non-Destructive Testing of Fibre-Reinforced Plastic Composites [M]. Vol 1, 1987, Elsevier Science Publishers Ltd, Essex, UK.

[19] Summerscales J. Non-Destructive Testing of Fibre-Reinforced Plastic Composites [M]. Vol 2, 1990, Elsevier Science Publishers Ltd, Essex, UK.

[20] Vikstrom M. Thermographic Nondestructive Testing of Sandwich Constructions [R]. Report 89 - 14, Dept. of Aeronautical Structuctive and Materials, The Royal Institute of Technology, Stockholm, Sweden.

[21] Vikstrom M. Thermografic NDT of Foam Core Materials [C]. First International Conference on Sandwich Constructions, Stockholm, Sweden, 1989, EMAS, UK.

[22] Vikstrom M. Thermografic Non-Destructive Testing of Sandwich Stuctures with Simulated Disbonds [C]. Second International Conference on Sandwich Constructions, Gainesville, FL, USA, EMAS, UK, 1992.

[23] Zenkert D, Vikstrom M. Shear Cracks in Foam Sandwich Panels: Non-Destructive Testing and Damage Assessment [J]. Journal of Composite Research & Technolgy, JCTRER, 1992,14(2):95 - 103.

14　损　伤　评　估

　　20 世纪 70 年代早期,美国空军在新型军机的设计中给出了损伤容限要求,结构设计必须考虑已存在的裂纹缺陷。裂纹的存在是允许的,但是在其达到临界长度和产生结构破坏前必须要能够在正常的定检中检测到。当把这个要求应用到夹层结构设计时,结构设计必须确保缺陷能被检测到,缺陷的尺寸能得以控制,并确定缺陷扩展的时间或临界载荷。本书第 13 章中已经给出了缺陷的检测方法。缺陷控制如以下两方面所示:

　　(1) 当缺陷被检测到时,必须有可靠的工具或方法来估计该缺陷对结构完整性的影响。亟待解决的问题是确定此时结构在其设计载荷下能继续使用还是将会失效。

　　(2) 第二部分是有关设计方面。检测方法检测到缺陷的能力与材料、厚度和缺陷形状等参数有关,这种检测方法能够找到某一尺寸范围的缺陷。当结构中存在检测方法对应的可检测最小缺陷时,结构不得失效,缺陷不会扩展。这一设计思路必须通过在临界部位引入假定损伤,在设计时通过有限元或分析方法予以确认。

　　对于上述两种情况,必须有合适的工程方法来估算不同破坏损伤的扩展临界载荷。这是本章所要阐述的问题。本章仅给出了那些夹层结构中夹芯或胶接相关的缺陷的处理方法。诸如外来物冲击导致的面板损伤或芯材损伤将在以后版本中单独阐述。

14.1　缺陷

　　夹层结构中缺陷或损伤的产生有两种原因,即制造缺陷和服役损伤。不同类型的缺陷在结构各部分的材料制备中都可能已经存在,如金属面板中的裂纹和孔洞、复合板中的分层和泡沫内的气泡等。鉴于前人已对面板中的缺陷问题进行了深入研究,并有论著发表[1, 2],本章将不再阐述。蜂窝泡沫夹芯中的气泡会成为裂纹扩展的起始点直至引起破坏,所以其在夹芯结构的制造中尤其重要。

　　在夹芯结构的制造过程中,可能会发生各种的问题。由于夹芯结构的制造过程比较复杂,涉及不同的材料,材料的性能差异很大,且通过胶黏剂粘接起来,所以可能会导致诸多潜在的制造缺陷。制造过程中的不良控制可能会导致芯材之间(因为毛料尺寸原因导致的拼接)或者芯材与面板之间的弱粘接或者完全脱粘,如图14.1(a)和图14.1(b)所示。这些缺陷会导致应力集中或本身就是裂纹尖端。由于大多夹芯材料以固定尺寸的毛料生产出来,所以需要进行展向拼接,同时泡沫夹芯也经常会切割成更小的块,然后进行拼接以满足大的曲率,所以会产生很多拼缝。通常使用填充或灌封材料来完成拼接,可能会发生部分甚至完全未粘接的缺陷,如图14.1(c)所示,其使结构不连续,同时也产生应力集中。

另一方面,服役过程中会发生因外来物冲击、过载或疲劳所引起的损伤。这种损伤如图14.1(d)所示的芯材剪切开裂。图14.1(a)和图14.1(b)给出了源自制造缺陷的夹芯或界面疲劳裂纹的形成和扩展示意图。本文不对面板缺陷进行阐述。

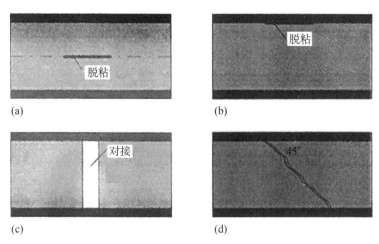

图14.1 夹芯结构中的疑似制造缺陷及使用过程中的损伤

几何特性和材料不连续处奇异应力场通常用来预测结构和部件中的损伤扩展。本节的分析方法是基于线弹性断裂力学方法。对于楔形裂纹问题,裂纹奇点附近的位移场方程如下所示:

$$u_i = \sum_{n=1}^{N} \sum_{j=1}^{3} K_j^{(n)} r^{\lambda(n)} f_{ij}^{(n)}(y, \varphi) \tag{14.1}$$

式中:K是应力强度因子;$\lambda(n)$是特征值或奇异值;$f_{ij}^{(n)}$是柱坐标系中以轴向(y——边界)和周向(φ——x-z平面)为变量的函数。通常仅会存在一个比整体特征值更小的特征值$\lambda(n)$,其最终将决定奇异点附近的应力场,$\lambda(n)$常表示奇异点强度。方程(14.1)可简写为

$$u_i = \sum_{j=1}^{3} K_j r^\lambda f_{ij} = K_\text{I} r^{\lambda_\text{I}} f_{i\text{I}} + K_\text{II} r^{\lambda_\text{II}} f_{i\text{II}} + K_\text{III} r^{\lambda_\text{III}} f_{i\text{III}} \tag{14.1$'$}$$

K 分别表示三种开裂模式 Ⅰ、Ⅱ 和 Ⅲ，即张开型、滑开型和剪开型。相似的模式也可定义锲问题。奇异值 λ 是个复杂的变量，对裂纹问题，Reλ＝0.5，在大多数现实环境中，Imλ 的值非常小(Imλ 在奇点附件处应力应变场中导致应力应变振荡)。这种情况下的应力强度函数可以近似为

$$K_\text{I} = \lim_{r \to \infty} \sqrt{2\pi}\, r^{1-\lambda} \sigma_y(x, y, 0)$$

$$K_\text{II} = \lim_{r \to \infty} \sqrt{2\pi}\, r^{1-\lambda} \tau_{xz}(x, y, 0)$$

$$K_\text{III} = \lim_{r \to \infty} \sqrt{2\pi}\, r^{1-\lambda} \tau_{yz}(x, y, 0)$$

14.2　夹芯脱粘

如图 14.1(a)给出了因为制造缺陷导致的两块夹芯材料之间的脱粘。

1) 断裂力学基础

脱粘可以近似看做均匀介质中的裂纹。如果夹芯能像泡沫夹芯一样可以认为是各向同性结构，则这种问题能用线弹性断裂力学的方法来处理。即 λ 是实数且为 0.5。根据不同的受载情况，裂纹表现为张开型裂纹(模式Ⅰ)或滑开型裂纹(模式Ⅱ)两种。这可表示为

$$K_\text{I} = \sigma_0 \sqrt{2\pi r}, \quad K_\text{II} = \tau_0 \sqrt{2\pi r} \tag{14.2}$$

式中：σ_0 是名义应力；τ_0 是名义剪切应力；K 的单位是 MPa$\sqrt{\text{m}}$。这种裂纹是几乎为纯剪力下的状态，其分布模式是纯粹的模式Ⅱ，K_I 近似为 0。

2) 有限元分析

此类裂纹问题可以通过自有限元分析进行评估。首先，由于裂纹尖端处的应力梯度非常高，所以该区域有限元网格划分更为精细，最小的单元尺寸通常是 $0.01a$，或者更小。采用四边形单元，最接近裂纹尖端节点的节点应该移至 $L/4$ 位置点处，即是指裂纹尖端到最近节点的距离为沿尖端节点线上到下个节点距离的 $1/4$，如图 14.2 所示。

裂纹尖端附近的单元显示为理论上奇异值的平方根，如果这样就需要提高计算的精确度。有几种方法可以从计算的节点位移分布输出中提取应力强度。一个较为简单、精确可靠的方法是 Shih 等人[3]提出的利用 $1/4$ 处节点的数据，K_I 和 K_II 可以通过下式计算

$$K_\text{I} = \frac{G\sqrt{2\pi}}{(1+\kappa)}\left[\frac{(4w_\text{b}-w_\text{c})}{\sqrt{L}}\right], \quad K_\text{II} = \frac{G\sqrt{2\pi}}{(1+\kappa)}\left[\frac{(4u_\text{b}-u_\text{c})}{\sqrt{L}}\right] \tag{14.3}$$

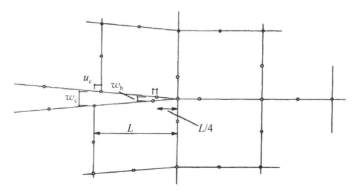

图 14.2　裂纹尖端处的有限元网格

式中：在平面应变中 $\kappa = 3 - 4\nu$；ν 为泊松比；L 是裂纹一侧第一个单元长度（见图 14.2）。平面应变能减小率 G 有

$$G_{\mathrm{I}} = \frac{K_{\mathrm{I}}^2(1-\nu^2)}{E}, \quad G_{\mathrm{II}} = \frac{K_{\mathrm{II}}^2(1-\nu^2)}{E} \tag{14.4}$$

3）预测

该条件下，裂纹尖端外部仅有单一介质，即夹芯，且属于Ⅱ型裂纹。局部几何形状与第 11 章中描述的缺口弯曲（ENF）是一样的。可以假定，当应力强度 K_{II} 达到由试验程序所得到的 $K_{\mathrm{II}c}^{\mathrm{ENF}}$ 值时，裂纹开始增长。

$$K_{\mathrm{II}} \geqslant K_{\mathrm{II}c}^{\mathrm{ENF}} \tag{14.5}$$

第 2 章已经给出了一些不同夹芯材料的断裂韧性值。

4）夹芯梁中面脱粘案例

如图 14.3 所示，夹层梁在其两块夹芯材料之间的中面上出现了脱粘。这种脱粘通常出现在横向剪应力场中，横向剪切应力为常数，如四点弯曲条件下。

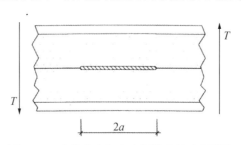

图 14.3　定常应力场中夹层梁中的中面脱粘

Zenkert[4]已经应用能量原理解决了这种问题。本处应用了该方法，更细节的计算参考相关文献，不在这里详述。在文献[4]中可以发现，随着裂纹长度和夹芯模量的增加，应力强度因子 K_{II} 变大；随着面板模量、厚度和夹芯厚度的增加而下降。

为简单起见,本处仅举几个例子。图 14.4 给出了一些中面脱节夹层梁的几何因子 g 和裂纹长度的函数关系。g 可通过下式确定:

$$K_{\mathrm{II}} = \tau_0 \sqrt{2\pi} g, \quad \tau_0 = \frac{T}{2D}\left[\frac{E_{\mathrm{f}}t_{\mathrm{f}}d}{2} + \frac{E_{\mathrm{c}}t_{\mathrm{c}}^2}{8}\right] \tag{14.6}$$

表格 14.1 列出了图 14.4 中几种例子的几何与材料特性值。τ_0 是名义剪应力,即在梁的均匀场中面上的应力,T 为梁单位宽度上横向剪切力。图 14.4 中最上面的曲线与表格 14.1 中的例 1 对应,其 E_{f} 较小,E_{c}、t_{f} 和 t_{c} 较大,因此代表着上限状况。同样地,表 14.1 中的例 4 恰好相反,代表着下限状况。例 1 和例 2 演示了不同几何参数条件。从图 14.4 可以发现,实际中的几何体和材料中 g 相差无几。

表 14.1   图 14.4 中示例的几何与材料特性值

示例编号	E_{f}/GPa	ν_{f}	t_{f}/mm	E_{c}/MPa	ν_{c}	t_{c}/mm
1	5	0.3	0.5	400	0.32	10
2	12	0.3	2	80	0.32	25
3	70	0.3	1	100	0.32	30
4	210	0.3	5	10	0.32	60

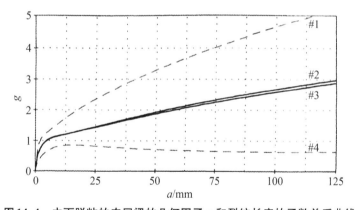

图 14.4   中面脱粘的夹层梁的几何因子 g 和裂纹长度的函数关系曲线

因此,若裂纹长度 a 已知,可以从图 14.4 中估算出 g,从而可以应用式(14.6)求得应力强度。最终,夹层材料问题中的 $K_{\mathrm{IIc}}^{\mathrm{ENF}}$ 可以求出,断裂载荷也由此估算得到。

14.3   面板/夹芯内部面脱粘

图 14.1(b)所示的面板与夹层之间的界面脱粘,可能缘于制造过程或服役过程中的冲击损坏。

1）断裂力学基础

多元材料体中两材料间的界面脱粘，裂纹尖端处的奇异性与均匀介质中的状况不同。由于材料上和几何上的不连续性，裂纹尖端处的应力会变大；而在均匀体中应力只在几何不连续处增加。所以，单一方向的载荷会诱导出张开型 K_{I} 和剪切型 K_{II}。得到此情况的一种方法是研究如图 14.5 所示的两种完全不同材料张力场处的界面裂纹。材料 1 是杨氏模量比较大、刚度较高的材料，常用作面板；材料 2 特性相反，常用作夹芯。这种材料的组合中，变形形式会有很大的不同。可以看出，界面

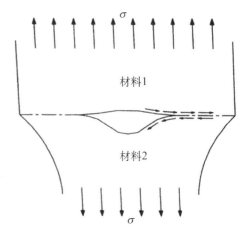

图 14.5　拉伸应力场中非相似材料的界面裂纹、张开及滑开型复合模式

上裂纹的增长与剪切失效的关系相比张开失效更加紧密。

均匀介质情况下，应力与到裂纹尖端径向距离的平方根成正比。但是，在异性材料间的界面裂纹中，应力表现出一种对 $r^{-0.5}\sin(\epsilon\lg r)$ 震荡现象，其中 r 是到裂纹尖端的径向距离，ϵ 是材料常数的函数。这意味着裂纹尖端附近会发生不确定的正弦变化，导致裂纹表面收缩和重叠，同时奇异性的程度即式（14.1）中的 λ 等于复数 $\dfrac{1}{2} \pm i\epsilon$。然而，在大多现实情况中，考虑到震荡区域与裂纹尺寸相比很小，这种现象可以忽略不计，$r^{-1/2}(\lambda = 0.5)$ 仍可以使用。

在夹层结构中界面裂纹主要是剪应力所致，因此裂纹的增长主要为如图 14.6 所示的剪切型。在裂纹尖端剪应力为反正弦，又由于材料的不连续性，在裂纹尖端的一个大的相关区域中裂纹是不对称分布的。对于多材料体中，这些区域假定是无摩擦的，这是一种理想化条件，必须予以考虑，因为该区域可能会影响全局解并且较为保守。与夹芯脱粘相似，裂纹区域的应力强度可以表达为

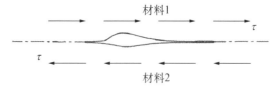

图 14.6　剪切场中异性材料的界面裂纹

$$K_{I} = \sigma_0 \sqrt{2\pi r}, \quad K_{II} = \tau_0 \sqrt{2\pi r} \qquad (14.7)$$

式中：r 是距裂纹尖端的径向距离；σ_0 和 τ_0 分别是完整界面中的正应力和剪切

应力。

2) 有限元分析

如上所述,多元材料体中应力集中通常具有张开型和剪切型复合模式。为了计算有限元模型中这种情况的断裂力学参数,Smelser[5]提出了一种方法。其是基于裂纹侧边变形的数值分布,即同坐标系下裂纹面每边上两节点间的相对位移分布。如图 14.7 所示。

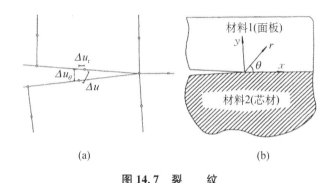

(a)　　　　　　　　　　　　　(b)

图 14.7　裂　　纹

（a）配对节点的相对位移　（b）多材料截面的裂纹尖端的基本
几何构型和局部坐标系

这种方法要求裂纹面光滑无摩擦。复杂坐标系中的节点位移分布和复杂裂纹张开量可由下式定义:

$$u = u_r + iu_\Theta, \quad \Delta u = u_2 \mid_{\Theta=\pi} - u_1 \mid_{\Theta=-\pi} \tag{14.8}$$

式中下标参考图 14.7(b)中的材料 1 和 2,裂纹开口的大小可以表示为

平面应变条件下,有

$$\mid \Delta u \mid = \frac{1}{4\sqrt{2}}(\Lambda_1 + \Lambda_2)\frac{k_0}{\lambda_0}\sqrt{r}, \quad \Lambda_i = \frac{4(1-\nu_i)}{\mu_i} \tag{14.9}$$

式中:r 是到裂纹尖端的径向距离;$\lambda = \lambda_0 e^{i\beta}$ 是裂纹尖端处奇异点的强度;$\lambda_0 = \sqrt{1/4 \pm i\varepsilon^2}$;$\varepsilon = 1/2\pi\ln\gamma$;$\gamma$ 为双材料常数;$\delta = \arctan 2\varepsilon$;$k$ 定义为应力强度 $K/\sqrt{\pi}$,极坐标形式表达为 $k = k_0 e^{i\beta} = k_{\mathrm{I}} + ik_{\mathrm{II}}$。为确定复杂应力强度因子的 β 角,首先应用有限元位移分布的数据来求得两节点间的夹角:

$$\phi = \arctan\left[\frac{\Delta u_\theta}{\Delta u_r}\right] \tag{14.10}$$

因此 β 可以由下式来计算

$$\beta = \varepsilon\ln r - \phi - \delta - \frac{\pi}{2} \tag{14.11}$$

　　应用上式,可以计算裂纹侧面上的成对节点的应力强度因子 K_{I} 和 K_{II}。在裂纹尖端 K 为常数,与 r 和取自裂纹尖端处节点对的数目无关,且需给出每个模式中应力强度的平均值。当有了应力强度后,能量变化率 G(平面应变)可以用下式计算:

$$G = \left[\frac{\kappa_{\mathrm{f}}+1}{G_{\mathrm{f}}} + \frac{\kappa_{\mathrm{c}}+1}{G_{\mathrm{c}}} \right] \frac{K_{\mathrm{I}}^2 + K_{\mathrm{II}}^2}{16} = G_{\mathrm{I}} + G_{\mathrm{II}} \tag{14.12}$$

式中:在平面应变问题中 $\kappa = 3 - 4\nu$。由于在裂纹尖端附近的应力梯度较大,所以需要对尖端的有限元网格进行精细划分,通常网格尺度小于裂纹长度的 1%。另外,推荐将尖端最近处的 4 个节点(实际上是 5 个,因为裂纹面上有一对重合点)至 1/4 节点位置,从而能够模拟平方根的奇异性。同时推荐将沿着裂纹缝的每一对节点连接到限制单元上,这样可以阻止两节点间相对负位移,因此能避免裂纹面不真实的重叠情况。只要相对位移是正值或零,这种单元就不起作用。

　　通过对裂纹尖端设置大量位置点及垂直于尖端的截面裂面的研究,发现这种方法对于三维问题仍然适用,从而得到裂纹尖端的应力强度分布。正如图 14.8(a)～图 14.8(c)所示的,从一个矩形板中取出带 1/4 圆形脱粘的单元。在这类问题中,对裂纹尖端单元划分的尺寸就不会像二维有限元中那么精细,否则模型规模将变得大而无法处理。但无论如何,裂纹附近的单元应尽可能地精细。

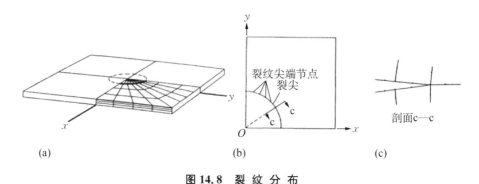

(a)   (b)   (c)

图 14.8　裂　纹　分　布

　　(a) 带圆孔夹层板在中心处的脱裂,1/4 板有限元模型　(b)和(c) 从每个交叉面 c—c 上相对节点分布来计算应力强度,因此也符合裂纹尖端向的分布

3) 预测

　　用于测试断裂韧性(K_{IIc})试样的选择,取决于裂纹尖端处模式 II 的应力强度。通过研究图 14.6 中所示的剪切型脱粘,可以看出全局剪力场导致在裂纹左端裂纹向上扩展进入材料 1,而在裂纹右端裂纹向下扩展进入材料 2。在夹层结构中如果裂纹出现在夹板与夹心的交界面处,材料特性的较大差异会产生两种不同的失效形式。面板材料的高韧性促使裂纹沿着界面扩展,其与带裂纹夹层梁(CSB)试样具有同样的扩展方式。如果剪力场相反,裂纹将会向夹心材料内扩展,此时应采用 ENF

试样。这是因为裂纹尖端附近的几何形态以及裂纹扩展方向都与 ENF 试样一致。当应力强度 K_{II} 达到断裂韧性 K_{IIc} 时,裂纹开始扩展:

裂纹在界面上扩展 $\qquad K_{\text{II}} \geqslant K_{\text{IIc}}^{\text{CSB}}$ (14.13a)

裂纹在芯材中扩展 $\qquad K_{\text{II}} \leqslant K_{\text{IIc}}^{\text{ENF}}$ (14.13b)

第 2 章中已经给出了一些不同芯材的断裂韧性值。

4) 带有界面脱粘梁的案例

此案例研究的对象是夹芯梁单位上承受横向剪切载荷 T(在整个研究剖面上剪力场是常量),且界面上存在长度为 $2a$ 的裂纹,如 14.9 所示。有 II 型开裂决定的应力强度可以由下式计算:

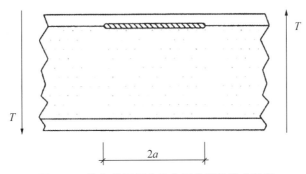

图 14.9 均匀剪切场中带有板芯脱粘的夹层梁

$$K_{\text{II}} = \tau_0 \sqrt{2\pi a}\, g(a) \qquad (14.14)$$

单位是 MPa $\sqrt{\text{m}}$,式中:τ_0 是初始剪切应力;a 是裂纹长度;$g(a)$ 是几何因子,是裂纹长度的函数。

表 14.2 列出了四个不同的夹层梁的例子,厚度和材料各不相同,与 14.2 节中展示的梁的案例相似。其中两个(2 和 3)代表在实际中常用的实际情况,而另外两个代表上限(1)和下限(4),包含了几何因子 g 的敏感性。

表 14.2 图 14.10 中示例的几何与材料特性值

编号	E_{f}/GPa	ν_{f}	t_{f}/mm	E_{c}/MPa	ν_{c}	t_{c}/mm
1	5	0.3	0.5	400	0.32	10
2	12	0.3	2	80	0.32	25
3	70	0.3	1	100	0.32	30
4	210	0.3	5	10	0.32	60

对于规定的裂纹长度和一定的载荷,剪切型中的剪切强度 K_{II} 可以用式(14.14)

及图 14.10 计算求得。线弹性断裂力学即指应力强度线性增加且与所施加载荷的增量成正比。因此,当断裂韧性(由受载条件所决定的 ENF 或 CSB)已知,可以求出断裂载荷：

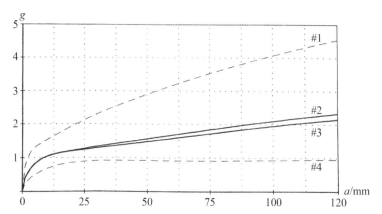

图 14.10　面板-芯材截面圆形脱粘条件下形状因子 g 与裂纹长度的关系

$$P_{\text{fracture}} = \frac{P_{\text{calc}} K_{\text{II c}}^{\text{ENF或CSB}}}{K_{\text{II}}} \tag{14.15}$$

式中：P_{fracture} 是破坏载荷；P_{calc} 是计算 K_{II} 处的载荷。在参考文献[6]中给出了详细的方法。

　　第二个例子是方形夹层板,板的中心有圆形的界面脱粘,承受均匀压载,如图 14.11 所示。板尺寸为 800 mm×800 mm。本例更为详细的描述可以参见附录[7],其虽没有第一个例子常见,但可以揭示三维板截面裂纹问题中界面脱粘影响程度。

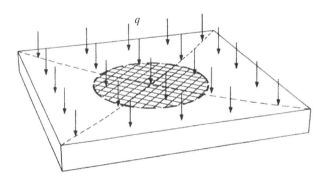

图 14.11　均匀压力作用下含有圆形脱粘的方形面板

　　如本章前面提到的例子所示,四种不同材料的组合代表了一些常规情况和极限状况。这与表 14.2 中的例子是相同的。当脱粘的尺寸已知,图 14.12 可以用来求解应力强度(在载荷水平 $P_{calc}=1$ MPa),图中,K 的单位是 MPa $\sqrt{m}$。给出合适的断裂韧性值(基于载荷施加部位确定 ENF 或 CSB 试样),断裂载荷可以以夹层梁例子所给出的相同方式来进行计算。

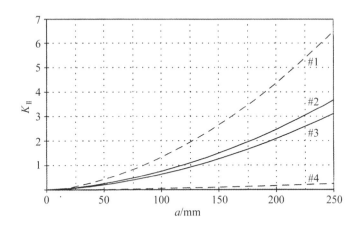

图 14.12　面板-芯材截面圆形脱粘条件下应力强度因子 K_{II} 与裂纹长度的关系

　　对于所有的这些例子,当裂纹尺寸和夹芯模量增加时,应力强度增加;当夹芯厚度、面板厚度和面板模量增加时应力强度减小。在板的例子中,在小缺陷处($r<150$ mm),沿着裂纹前端应力的变化可以忽略不计,而对于较大缺陷应力强度将变化 15%,在板的对角线上最小。

14.4　拼接处的缺陷

　　在生产制造过程中夹芯块体之间的拼接处可能会产生缺陷,导致连接处部分脱粘或完全脱粘,更糟糕的情况是如图 14.1(c)所示那样,粘接面上没有任何黏合剂填充。本分析假设结构的尖角或锲形棱角处由于缺少填充材料,从而表现出应力集中,可能诱发断裂。应该指出,即使拼接面都很好地得到填充,同样会产生应力集中,虽然不像带缺陷界面处产生应力集中那样严重。

　　1)断裂力学基础

　　在线弹性中,奇异应力或应变场出现在几何和材料上的不连续处。裂纹尖端处的奇异应力场已得到广泛认可,且广泛用于对结构的断裂和裂纹扩展的预测。如图 14.1(c)所示,当缺少填充时,异性材料的棱角处会存在奇异应力。因此,断裂很可能会从异性材料的棱角处发生,所以选择这些点作为损伤扩展的关键位置比较合适。

　　图 14.13 给出了异性材料棱角处的细节。棱角尖端的奇异应力可以用杨氏模

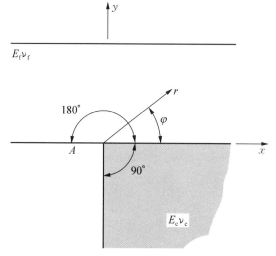

图 14.13　缺陷式对接中双性材料的扩展

量 E_f 和 E_c，泊松比 ν_f 和 ν_c 来表征。对于拼接棱角处的夹层板断裂，应注意应力的法向分量 σ_y 造成胶层的剥离。可采用单参数的一般性表达如下：

$$\sigma_{yy} = Q_{\mathrm{I}}\, r^{\lambda-1}, \quad \tau_{xy} = Q_{\mathrm{II}}\, r^{\lambda-1} \tag{14.16}$$

式中：Q_{I} 和 Q_{II} 是应力强度因子；λ 是奇异性强度。λ 一般是一个复杂的参数，而在许多实际的情况中，通常为实数值。λ 可以由 Hein 和 Erdogan[8] 或 Bogy[9] 的方法来计算，或者通过有限元方法，沿着裂纹径向的应力变化来估算。

2）有限元分析

式（14.16）中的有关参数可以通过有限元计算确定，并通过对 r 取大量不同的值拟合得到，如下式所示：

$$\sigma_{yy}(r,\ \varphi = 0) = Q_{\mathrm{I}}\, r^{\lambda-1} \rightarrow \lg \sigma_{yy} = (\lambda-1)\lg(Q_{\mathrm{I}}\, r) \tag{14.17a}$$

$$\tau_{xy}(r,\ \varphi = 0) = Q_{\mathrm{II}}\, r^{\lambda-1} \rightarrow \lg \tau_{xy} = (\lambda-1)\lg(Q_{\mathrm{II}}\, r) \tag{14.17b}$$

当 r 值太大时，奇异场的区域比较小，所以这种情况可以忽略不计。式（14.17）推导如下：

$$\frac{\mathrm{d}(\lg \sigma_{yy})}{\mathrm{d}(\lg r)} = \frac{\mathrm{d}(\lg \tau_{xy})}{\mathrm{d}(\lg r)} = \lambda - 1 \tag{14.18}$$

从式（14.8）可以推出 l。由于奇异性，棱角附近的应力梯度非常大，该区域处的有限元网格应该细化。奇异应力场仅控制棱角附近的总应力场，因此，Q 只能通过对靠近拐角节点进行评估。在距拐角节点 1 mm 内区域中应有尽量更多的节点（至少 10 个）。然后可以得到 Q 关于距离 r 的关系曲线。通常会发现 Q 对于若干节点来说是常量。当 r 较小时(例如第一个单元)应力梯度使精度变差,而当 r 较大时奇异场不再具有决定性,因此依照式(14.16)给出的估算是可信的。当 Q_z 基于大量棱角附近的点计算出来后,可以得到 Q 关于 r 的曲线,其中 Q_z 是 $r=0$ 时的外推值。Q 的单位量度是 $\mathrm{N} \cdot \mathrm{mm}^{\lambda-1}$(对于 $\lambda = 0.5$ 的裂纹问题,单位是 $\mathrm{N} \cdot \mathrm{mm}^{-3/2}$)。

3) 预测

由经典断裂力学类推,在小尺度屈服条件下,可以假定当全局应力强度因子达到临界值时就会导致断裂。此时断裂韧性 Qcrit 与普通断裂韧性值 $K_{\mathrm{I}c}$ 或 $K_{\mathrm{II}c}$ 比较相似,但只适用于有特定奇异强度 λ 的特别的棱角条件下。在文献[10]和[11]中给出了一些特例和材料的 Qcrit。

4) 有拼接脱粘梁的案例

本案例研究了受载为定常剪力场 T 的梁,可以通过对在内外加载点之间预埋缺陷的四点弯曲梁试验来达到。对这种工况或相似工况,还没有解析模型。文献[11]已经对基于不同梁的几何参数、材料特性和最大应力强度 Q 的几种梁的构型采用有限元方法进行分析,其中,用到了两种材料:Divinycell H100 和 Rohacell WF51[11]。

为了得到梁的几何参数与材料参数的关系以及计算应力强度因子,进行了大量的参数化数值研究。研究在保持面板材料不变,改变夹芯厚度(t_c)、面板厚度(t_f)、夹芯模量(E_c)(案例中各向同性材料采用相同泊松比)和拼接面的宽度(t_j)。此项研究的目的是要找到简单的、具有工程精度的应力强度因子估算方法。然后可以用来分析更复杂的问题,即对有相似局部几何特性的问题,能很容易地估算初始应力场。

H100 夹芯的结构:

$$Q_{\mathrm{I}} = 0.255\ 3 t_{\mathrm{f}}^{-0.721\ 4} t_{\mathrm{c}}^{-0.242\ 7} E_{\mathrm{c}}^{0.192\ 2} t_{\mathrm{j}}^{0.089\ 6} \tag{14.19a}$$

$$Q_{\mathrm{II}} = 0.059\ 7 t_{\mathrm{f}}^{-0.792\ 5} t_{\mathrm{c}}^{-0.201\ 2} E_{\mathrm{c}}^{0.192\ 7} t_{\mathrm{j}}^{0.089\ 8} \tag{14.19b}$$

式中:$1 \leqslant t_{\mathrm{f}} \leqslant 5,\ 15 \leqslant t_{\mathrm{c}} \leqslant 50,\ 85 \leqslant E_{\mathrm{c}} \leqslant 200,\ 1 \leqslant t_{\mathrm{j}} \leqslant 15$,面板材料类型为(A)。

WF51 夹芯的结构:

$$Q_{\mathrm{I}} = 0.142\ 7 t_{\mathrm{f}}^{-0.414\ 1} t_{\mathrm{c}}^{-0.112\ 0} E_{\mathrm{c}}^{0.163\ 3} t_{\mathrm{j}}^{0.268\ 3} \tag{14.20a}$$

$$Q_{\mathrm{II}} = 0.038\ 4 t_{\mathrm{f}}^{-0.294\ 7} t_{\mathrm{c}}^{-0.006\ 0} E_{\mathrm{c}}^{0.123\ 1} t_{\mathrm{j}}^{0.353\ 1} \tag{14.20b}$$

式中:$0.96 \leqslant t_{\mathrm{f}} \leqslant 4,\ 10 \leqslant t_{\mathrm{c}} \leqslant 40,\ 60 \leqslant E_{\mathrm{c}} \leqslant 130,\ 1 \leqslant t_{\mathrm{j}} \leqslant 8$,面板材料类型为(B)。

这些近似式给出了与有限元结果吻合很好的结果。但分析发现其应用范围有一定限制。例如,其只适用于给定类型的面板材料和变量 t_{f}、t_{c}、E_{c} 和 t_{j} 在一定限制范围内。

一旦通过以上结果或有限元计算数据推导出 Q,断裂载荷就能够从下式得到:

$$P_{\text{fracture}} = \frac{Q_{\text{cr}}}{Q_{\text{I}}} \qquad\qquad (14.21)$$

断裂将在拼接面上两个对角处的面板-芯体界面上发生。

任何类型材料的裂纹、脱粘和棱角失效的分析中,断裂韧性数据都很重要。当进行正确的测量或使用时,韧性是一个材料常数,并且能确定诸如裂纹此类的不连续性会在什么条件下进行扩展。第11章中的夹芯材料试验给出了关于如何导出这些性能的基本方法。

参考文献

[1] Williams J G. Fracture Mechanics of Polymers [M]. Ellis Horwood Ltd, Chichester, U. K. , 1987.

[2] Fuchs H O. Metal Fatigue in Engineering [M]. John Wiley & Sons Inc. , 1980.

[3] Shih C F, de Lorenzi H G, German M D. Crack Extension Modelling with Singular Quardratic Isoparametric Elemengts [J]. International Journal of Fracture, 1976, 12: 647 - 651.

[4] Zenkert D. Strength of Sandwich Beams with Mid-Plane Debondings in the Core [J]. Composite Structures, 1990, 15: 279 - 299.

[5] Smelser R E. Evaluation of Stress Intensity Factors for Bi-Material Bodies using Crack Flank Displacement Data [J]. International Journal of Fracture, 1979, 15: 135 - 143.

[6] Zenkert D. Strength of Sandwich Beanms with Interface Debondings [J]. Composite Structures, 1991, 17: 331 - 350.

[7] Falk L. Interface Debonds in Foam Core Sandwich Panels [R]. Report 92 - 93, Licentiate Thesis, Royal Institute of Technology, Stockholm, Sweden, 1992.

[8] Hein V L, Erdogan F. Stress Singularities in a Two-Material Wedge [J]. International Journal of Fracture Mechanics, 1971, 7(3): 317 - 320.

[9] Bogy D B. Two Edge Bonded Elastic Wedges of Different Materials and Ewdge Angles under Surface Tractions [J]. Journal of Applied Mechanics, 1971, 38(2): 377 - 386.

[10] Groth H L, Zenkert D. Fracture of Defect Foam Core Sandwich Beams [J]. Journal of Testing and Evaluation JTEVA, 1990, 18(6): 390 - 395.

[11] Zenkerts D, Schubert O, Burman M. Fracture Initiation in Foam Core Sandwich Structures due to Singular Stresses at Corners of Flawed Butt-Joints [J]. Mechanics of Composite Materials Structures, 1997, 4(1): 1 - 21.

15 制 造①

　　本章总结和讨论了实际夹芯结构的制造方法,包括工艺步骤、加工技术和所制造部件的特性,并给出了应用案例。这里着重给出了市面上常见的制造技术,较少使用的工艺方法也会简要介绍。本篇关于制造的总结包含两层含义:第一,为特定的结构应用提供相对可行的制造方法;第二,对夹芯结构领域的未来的研究和发展提供一个基础。本章最后,给出了最近材料和工艺领域的最新发展和未来发展趋势。

　　夹芯结构由两层薄且刚硬的面板及内部厚且相对较弱的芯材组成。两层面板和夹芯通过粘接形成整体结构,就得到了抗弯、刚度好且质轻的结构。因为芯材一般具有隔绝的性能,所以整个夹芯结构通常具有良好的隔热以及特定频率下的降噪特性。

　　夹芯结构应用十分广泛,比如汽车、冷冻运输容器、游艇、商船、飞机和建筑面板等。面板材料一般使用金属板或纤维增强聚合物复合材料,而通常芯材使用软木、蜂窝及聚合物泡沫。这些材料或材料组合都有其各自的市场份额,或多或少都有一些优势,比如低成本、高性能、良好的隔热和降噪功能、耐火性、低烟雾释放、相容性、易加工和易成形等。

　　虽然夹芯结构应用相当广泛,但制造夹芯结构的工艺技术并不太多,且通常需要大量的手工劳动。本章主要详细描述和讨论了一些最为常用的制造技术,同时也简要介绍了一些文献中提到的但却不常用的技术。本章对公开文献中很少提到工艺方法进行汇总,目的依然是为夹芯结构未来的研究和尚未成熟的制造方法的发展提供一种基础。

15.1 面板材料

　　对本章而言,夹芯结构的面板材料可分为纤维增强聚合物复合材料或其他材料。复合材料作为面板材料之所以独特,是因为其可以在芯材的表面直接铺贴成型。无论面板是何种材料都可以先行制造,然后与芯材粘接。

对于纤维增强聚合物材料,其组分可以用在复合材料中,也可以用作夹芯结构面板。增强材料包括玻璃纤维、碳纤维和芳纶纤维,同时,树脂基体包括热固性和热塑性树脂都可使用。当性能要求较高时,可以使用预浸过的单向或者织物的增强材料(预浸料),以获得面板的高性能或好的工艺性等优势。预浸料通常由玻璃纤维或者碳纤维增强环氧树脂构成。在船舶和运输领域,当复合材料面板直接铺贴在芯材上时,通常采用片状或织物及其组合的玻璃纤维作为增强材料,而树脂通常是不饱和的聚合物(UP),或是乙烯基树脂(VE)。在航空航天领域,则通常采用碳纤维增强环氧树脂复合材料。但在更高级的传播和交通运输领域,各种预浸料的使用都在不断地增加。自然地,各种类型的复合材料面板都会采用传统的工艺预先制造出来,也就意味着任何材料组合都可能用作面板材料。

除了先前提到的材料形式,面板可能通过使用模压的方法预先制造出来。这些模压包括模压板塑料(SMC)、模压体塑料(BMC)和片状玻璃强化的热塑性材料(GMT)。SMC 和 BMC 通常是热固性的,一般是不饱和聚合物(UP),而 GMT 是热塑性的,通常是聚丙烯(PP)。在多数情况下,模制成形的复合材料通常使用不连续的或者随机取向的玻璃纤维进行强化,纤维长度一般取 $3\sim25$ mm。

非复材面板通常是先行制造的,再粘接到芯材上,通常这类材料包括木质胶合板、金属薄板和未强化的聚合物等,但后者很少用到结构性的夹芯结构上。这类中,最常用的面板材料是金属薄板,经过阳极化处理后与芯材胶接,其可以提供成本和力学性能的优势,但在重量上处于劣势;应用领域主要包括冷冻运输容器和建筑材料。

15.2 芯材

在夹芯结构中最早使用的芯材是轻木,尽管有越来越多的其他芯材代替轻木,但这种材料在一些领域依然被使用。

除了航空航天领域外,各领域中应用最广的芯材是发泡的聚合物泡沫,这些材料一般是热固性的以达到要求的耐热性能,热塑性泡沫也会采用。几乎任何的聚合物都可以用来制造泡沫,但是在夹芯结构中最常见的应用是聚亚胺脂(PUR)、聚苯乙烯(PS)、聚氯乙烯(PVC)、聚甲基丙烯酰亚胺(PMI)、聚乙烯醚(PEI)和多酚(PF)。PUR 可以在面板间原位发泡,因此不需要预先发泡制成泡沫块体,不需要机加成复杂的形状。

在航空航天领域,尽管一些高性能的泡沫芯材,比如 PMI 和 PEI 会被使用,但蜂窝芯材依然占据统治地位。金属箔、纤维强化聚合物、未强化的聚合物及芳纶纸均可以制造蜂窝芯,最常见的蜂窝是铝蜂窝和芳纶纸蜂窝。芯材加工的不同方法有①芳纶纸蜂窝加工;②铝蜂窝加工;③泡沫夹芯加工。

15.3 湿法铺贴

湿法铺贴技术是一种最古老但依然最常使用的用以制造复合材料面板夹芯结

构的方法,这种方法是非常灵活的却是劳动密集型的,因此适合大部件的小批量生产。在下面的工艺一节中将介绍单块复材层压板[1, 2]制造方法及其如何适用于夹芯结构[1, 3—6]的制造。

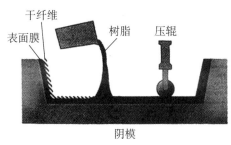

图 15.1　手糊法

15.3.1　工艺过程

湿法铺贴技术可以通过手工或者喷涂来实现。手工铺贴方法如图 15.1 所示。这个方法使用单面模具,可以是阴模或者阳模,模具上涂脱模剂。正常情况下,铺贴层压板之前,在模具上先直接铺放一层纯树脂层及一层胶衣,这是为了提高层压板的表面质量,并使其拥有好的耐受环境能力,因此,在随后的铺贴中允许使用某些质量稍微差一些但廉价的树脂。同时,胶衣表面膜也使得结构表面光滑美观,使得内部的结构不外露。

随后,在模具上施加适量均匀的树脂,在树脂上铺放增强层,典型采用的是片状的或者织物,如图 15.1 所示。通过手动的压辊将树脂压入增强层,同时也起到压实和挤出空隙的作用。当一层加强层已经被树脂浸润并压实,接下来就是重复这些工作,直到获得要求数量的增强层或者要求厚度的层压板,最后在层压板上部施加一层与上述表面层和材料类似的另外一层表面层。

采用喷涂法将树脂和干切纤维的混合物进行喷涂,是一种可以减少手工劳动的方法。一个手持或者固定在机械臂上特殊喷枪,用于喷涂纤维-树脂混合物到单侧模具上,如图 15.2 所示。如果喷涂的混合物中纤维含量保持比较低,短切增强体就会在模具上附着。

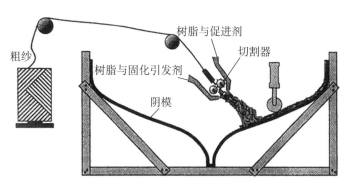

图 15.2　喷　射　成　型

虽然喷射方法可以大幅减少手工劳动,但是手工滚压依然是不可或缺的,而且,这对于层压板的压实和赶出空隙相当重要,同时能增强浸润效果。因为没有采用连续的和定向的纤维,喷涂法采用不连续和自由取向的短纤维,导致了层压板的力学性能较差。

上述的层压板制造工艺也可以用于制造夹芯结构的面板。通常,面板材料会直接铺贴在芯材上,同时起到模具的作用。在这个工艺过程中,芯材通常需要经过处理以提高与面板的粘接性能。此时,采用与面板材料同种类型的树脂,施加在芯材上甚至进行预先固化。或者,如果采用传统的模具(见图15.1和图15.2),芯材可以放在未固化的层压板的上面,或者与已经固化的层压板胶接在一起(见后文所述)。如果要求高的表面质量,则需要闭合模,每个模具上均需要采用表面膜,合模后夹芯结构在其内部。

采用夹芯结构的游艇和大型船只在制造时采用了与上面描述的方法稍微不同的方法。使用装饰钉将作为芯体的木条钉到木制框架上,初步形成外船体,如图15.3所示。对于平坦和低曲率的表面,可以采用较大较平的芯体,而对于曲率较大的结构,可以通过采用小块芯体或者通过在芯体上开一个或几个方向的开槽,使得其能弯曲和变形。同样,也可以采用与轻质织物粘接在一起的芯体,按照织物的两个正交方向锯成小块。在所有这些情况下,芯材断面间的间断使用基于层压板结构相同的树脂制备的填充剂进行灌封填充,当填充剂完全固化后,可以去掉钉子,结构表面打磨抛光,去掉灰尘,得到光滑表面,为后续的铺贴做准备。此时芯体结构可以视为凸模,此前提到的铺贴层可以直接铺放到芯体上。因为树脂固化后就形成胶接,所以铺贴层铺贴良好后,芯体与面板间的连接是十分充分的。在此之前,如上所述的芯体的表面处理通常是必不可少的,当铺贴层完全固化后,反转外船体,去掉木制框架。然后铺贴在内船体继续进行。因为在这道工序中外侧没有使用模具,所以至少外层要打腻子,并进行打磨抛光,以形成高精度的外形。最终,为了保护层压板或者美观的目的,在外侧会进行喷涂。

图15.3　木板装订在一起构成的木制框架,构成
阳模,在其外表面可以铺设铺层

　　高承载点可以采用高强度的芯体或者金属嵌入件的方式预先集成在芯体中。诸如密封舱头或甲板等部分通常预先单独制造,然后铺叠到船体上。

　　无论是采用手动铺层还是喷射成型来制备层压板,也无论其是否为夹芯结构的一部分,都必须经树脂交联反应进行固化。好的固化一般需要精确的温度、压力及时间的控制。最简单的固化要求就是自然条件,即室温、没有外加压力,树脂固化形成良好的层压板。因为交联反应过程中会产生放热,所以室温下进行交叉的很多树脂依然会被加热,进一步促进了反应,这通常保证了足够的交叉固化。但是许多树脂需要高温才能进行交联反应,且需要精确控制温度时间历程。尽管特定的温度可以满足这些树脂的交联反应,但是如果不施加外压去压实层压板,那么最终将得不到质量满意的层压板。通常,真空压力被用来确保低的孔隙率。

　　如图 15.4 所示的真空袋图中,芯材放置在层叠但没有交联的铺层上,然后施加真空,其体发生交联反应。上表面铺层直接铺放在芯材表面以实现真空压实。或者芯材与上铺层在抽真空前一起铺放。可在真空袋上进行滚压以排出空隙和多余的树脂。

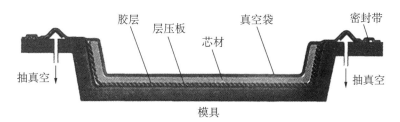

图 15.4　真空袋打袋

　　在交叉连接过程中,层压板的温度可以通过模具的加热或者周围空气的加热来控制,最简单的情况就是采用不透气毡罩住层压板,然后往里面吹热空气。加压力可以通过一个闭合模具、气囊、重物或液压等方法来施加。为了使用真空,可以采用一个柔软的橡胶膜即所谓的真空袋放在层压板上面或周围,膜的周边进行密封,以防止漏气,如图 15.4 所示。因为真空袋也能给层压板施加一定的压力,对于多数情况来说这就足够了。但是,更好的方式来进行交联固化的方法是使用热压罐,其是一个可以准确控制温度和内部压力的容器。另外,为了控制内部压力,热压罐内部也可以对真空袋进行抽真空。对于温度控制,热压罐能够根据需要控制内部空气的温度。无论如何,热压罐用于湿法铺贴层压板的交联固化是不常见的。

　　湿法铺贴工艺领域基本都采用不饱和聚合物,但亚乙烯聚合物也得到一定程度的应用。另外,低温交联固化的环氧树脂也可能被用到,尽管不是很常见。正如基体基本是聚合物一样,玻璃(特别是 E-玻璃)是主要增强纤维。在手工铺层中,织物、随机增强片及缝合体常被用到,但喷涂工艺中则经常用到粗纱纤维,其常被切成

$10\sim40$ mm 的碎纱。对于芯材,则常用软木及各种泡沫;目前最常见的是交联 PVC。

15.3.2 特性与特点

1) 湿法铺贴方法

(1) 资本投入少;

(2) 采用室温固化树脂,几乎不施加外压,温度容差适应性好;

(3) 要达到合适的交联固化,使用简单的工具;

(4) 劳动密集型;

(5) 对于小批量和原型件制造来说比较划算;

(6) 适用的尺寸范围比较广,特别是对大型的零件;

(7) 因为化学活性,需要考虑人员健康保护问题,特别是喷射工艺。

2) 使用湿法铺贴方法制造的夹芯结构

(1) 合适的力学性能(特别是喷射成型工艺);

(2) 树脂基体体积含量和空隙率很大程度依靠工人的技术(特别是喷射工艺);

(3) 层压板的质量也依靠工人的技术;

(4) 如果层压板直接铺贴在芯材上,则外表面质量较差(但是通过刚性闭合模具的使用,可以控制表面质量)。

15.3.3 应用

因为低投入和高劳动成本,浸渍手动铺层方法用于小批量产品的制造,结构和环境上的要求是不多的,也就是说,适当载荷和环境温度条件下要求是低的。应用包括[1, 4, 5, 8]:

(1) 发动机或帆船;

(2) 矿产扫描船和高速客轮;

(3) 冷冻卡车和火车车皮;

(4) 储存容器。

特别令人感兴趣的应用是船舶,因为船体是已建造的最大的复合材料部件。矿产扫描船,或者矿物测量舰(MCMV),50 多米长,10 多米宽,排水量达到 400 t,已经建成[7]。尽管有时候采用单块层压板结构,但其最常见的设计依然是采用泡沫夹芯结构。在这种设计中,复合材料手工铺层提供了实质的优势;非磁性材料的应用没有干扰磁性矿产感应的风险,且泡沫夹芯结构对水下爆破具有损伤容限性能;湿法铺贴方法也非常适用,因为大尺寸结构虽然可制造,但像 MCMV 这样的确实是很少见的。

类似地,气垫船(SES)能以超过 50 n mile/h 的速度运送 400 名乘客。SES 是一个在船头和船尾各有一个隔板的双体船,首尾之间形成气垫,气垫把船体部分抬离水面,从而明显减小了阻力,于是可以以更高的速度航行。已建造的最大的夹芯结

构 SES 船体大约为 40 m×15 m[7]。图 15.5 展示了瑞士隐身舰 SMYGE，是一个
30 m 长的气垫船原型，其采用芳纶纤维和玻璃纤维增强聚乙烯和聚酯，以及 PVC
泡沫芯材夹芯结构。SMYGE 有 140 t 的排水量，在静水中可达到 50 n mile/h。在
SES 中，为了使整个船悬浮在气垫上，轻质的复合材料起了重要作用，并且手工铺层
工艺对于该尺寸系列非常适宜。

图 15.5　瑞典"斯米格"隐身气垫船

　　MCMV 和 SEM 是湿法铺贴成功应用的特别案例，但是却较为罕见。相比之
下，这种技术更广泛地应用在游艇和各种容器的制造上。

　　手工铺层和喷射成型的主要区别在于人工成本和力学性能。喷射工艺的低劳
动成本意味着较大批量的生产在经济上是可行的，同时较差的力学属性也意味着其
适用于日常用品。喷射夹芯结构产品包括：

　　（1）小游艇；

　　（2）贮藏器皿或者容器。

15.4　预浸料铺贴

　　预浸料铺贴与湿法铺贴技术一样流行，并且因为所使用的材料、交联固化的条
件和较为彻底的浸润，其更适用于承载结构。单块的层压板和夹芯结构都适合于采
用预浸料铺贴应用在赛艇和航空航天等先进的结构中。预浸料的使用保证了增强

纤维很好地浸润,且所使用的树脂也比使用湿法铺贴工艺中用到的树脂有更好的力学性能。但预浸料的树脂需要更高的交联固化的条件,即固化温度必须高于室温。在固化过程中,需要采用真空袋,且在高性能结构中很可能会用到热压罐。

15.4.1　工艺过程

采用预浸料作为面板材料的夹芯结构的制造可以通过两种方式实现。其一,在一定条件下,与湿法铺贴类似,预浸料可以直接铺贴到芯材上[9—11];其二,可以采用预先制造的层压板然后与芯材粘接(细节在后面的胶接一节中给出)。接着前面一节,这里也介绍如何制备单块层压板,及如何在芯材上铺贴预浸料面板以制备夹芯结构[12]。

为了使用预浸料制造层压板,通常需要单面模具,且模具上需要采用脱模剂进行处理,预浸料一层接一层地铺设,过程中必须小心地确保没有空隙或者别的夹杂物(比如预浸料的衬纸),相互间能够完全结合到一起。预浸料的铺贴经常采用手工方法,但也可能会自动化的。集下料、铺层和压实过程于一体的自动带铺贴工艺在航空航天领域经常用于制造单向增强的平板或者小曲率结构(比如机翼蒙皮)[13, 14]。在此类高性能结构应用领域,铺层过程要在特别条件的洁净间进行以进一步控制层压板里的污染物。

几乎所有预浸料中的树脂都在不同程度上要求确定的温度和压力条件下才能达到一定的性能,交联固化过程通常需要加热和真空袋。在高性能结构中,还需要热压罐[15]。为预浸料层的交联固化做准备,铺层需要覆盖一层带孔隔离膜、一层溢胶层、又一层隔离膜、一层阻隔膜、一层透气毡以及一层真空袋,如图 15.6 所示。隔离膜的作用是能使制件脱模,溢胶层能够吸收预浸料中多余的树脂。阻隔膜的作用是避免树脂进入透气毡,从而保证真空袋的压力传递到制件上。在几种方法中,模具都会结合匀压板一起使用,匀压板可以是弹性或刚性的金属。弹性的匀压板可以放到预浸料层的上面,这样,可以通过保证均匀的压力来提高零件的表面质量。铸造或者模压的匀压板可以用来通过局部压力消除凹陷区域的纤维架桥。刚性匀压

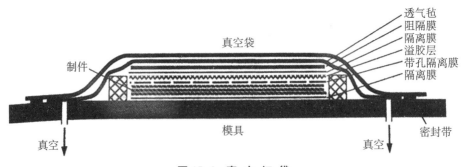

图 15.6　真　空　打　袋

板用于通过阻止树脂的流出,保证在制件边缘、孔边和缘条等处精确的几何外形,从而可以保证制件的几何过渡。

真空袋打袋后,固化过程就随着抽真空开始。在整个过程中可以维持或者不维持真空,然后施加压力,同时温度渐渐升高到树脂交联固化的指定温度,且这一温度要维持相当长的时间。在交联固化完成后,真空和压力撤去,温度也逐渐降低。需要注意的是不同材料体系的工艺条件是不同的,一般而言,对于环氧树脂预浸料,典型工艺过程为:

(1) 在模具上施加脱模剂;

(2) 在模具上打袋,如图 15.6 所示;

(3) 放在热压罐中,并抽真空;

(4) 施加一定的压力,撤去真空;

(5) 以指定的速率把温度升高到规定的温度;

(6) 维持温度和压力一定时间;

(7) 以一定的速率冷却。

以类似于在湿法铺贴技术中常见的过程,可以把预浸料放到芯材上,然后直接进行交联固化。在航空航天领域,直接铺层到芯材上[9, 11, 16]和单独制造面板然后胶接[9, 16—18]的方法都可以采用。在造船工业里,为了提高力学性能和减少湿法铺贴中对工人健康的危害,预浸料铺层直接铺贴在芯材上的方法正越来越广泛地使用。同时,在软木和泡沫芯上铺贴预浸料铺层时,可能需要对芯材表面进行处理以提高面板与芯材之间的黏接性能。

因为使用预浸料铺贴代替湿法铺贴的目的是为了提高复合材料的力学性能,所以也经常采用更高性能的材料。于是,碳和芳纶纤维经常采用,S 型玻璃纤维也会用到。在织物中纤维是连续编织的或单向排列的,基体材料通常是环氧树脂,在航空航天及其他高性能结构领域尤其如此。如此高性能的预浸料自然也要使用耐高温的高性能的芯材,比如蜂窝及 PMI 和 PEI 泡沫。最近也有采用低温交联固化的聚酯和环氧物树脂结合典型的玻璃或者碳纤维的工艺方法,成为替代湿法铺贴的一个有潜力的发展方向;在这种应用里最可能的芯材是泡沫,比如 PUR 和 PVC 及软木。

15.4.2 特点与特性

1) 预浸料铺贴法

(1) 中等的资本投入,如果使用热压罐则投入高;

(2) 要达到交联固化指标,需要使用升高温度、真空及加外压固化的树脂,且工艺条件不能有明显变化;

(3) 劳动密集型;

(4) 适用于小批量生产;

（5）适用于任何尺寸的结构。

2）使用预浸料铺贴制造的夹芯结构特性

（1）好的力学性能；

（2）层压板中低孔隙率；

（3）一致的层压板质量；

（4）如果铺层直接铺贴到芯材上，则得不到好的外表面质量（但是使用刚性封闭模具则可能得到一个或两个好的表面）。

15.4.3　应用领域

预浸料铺层技术适合小批量产品的制造，力学性能好，但会增加成本。在航空航天工业中，最常见的是预浸料铺层直接铺贴在芯材上，应用区域包括：

（1）垂尾和平尾安定面；

（2）活动面；

（3）起落架舱门；

（4）地板；

（5）发动机叶片和副翼。

作为一个高性能应用的例子，如图15.7所示的瑞士军用战斗机 JAS‑39 鹰狮战斗机，其鸭翼、垂尾及舱门都是使用碳纤维增强环氧预浸料和铝制蜂窝制造的夹芯结构。

图 15.7　瑞典空军"鹰狮"JAS39 战机

正如之前提到的，直接在芯材表面铺贴预浸料的方法在船舶工业中应用，主要为了提高力学性能和改善工人的劳动环境。但是，在赛艇中这种应用并不普遍，稳定的湿法手工铺贴技术依旧占据主导。

15.5　胶接

前面两节主要讲了夹芯结构的一步法制造，尽管从成本角度考虑这是希望的，但并非经常能做到。在一些案例中芯和面板可能独立制造,然后胶接到一起,比如最初没有聚合物面板时,除了胶接别无选择。

15.5.1　工艺过程

理论上,面板和芯材的胶接是相当简单的,并且不依赖于面板和芯材的材料,如图 15.8 所示。胶层涂在面板和芯材之间,整个叠层按照树脂的固化要求施加温度和压力,然后冷却夹芯结构。对于高性能的应用中,很可能是需要使用真空袋或热压罐,而在一些低性能的应用中,则使用真空袋、重物或者液压就足够了。因为正确胶接的过程很少或几乎没有树脂溢出,所以,与层压板的制造相比,真空袋的打袋就很简单。

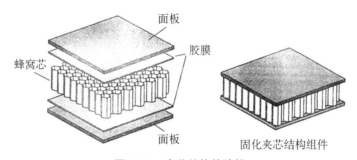

图 15.8　夹芯结构的胶接

一般情况下,为了实现好的胶接效果,被粘接表面的准备是必要的。除非已经采取措施,否则夹芯应被干燥,且所有松散的颗粒都需要被清除,且表面需要进行处理。层压板则表面应该采用可剥布,在胶接之前才去掉,从而提供一个干净且有些粗糙的表面。这个表面应该要进行打磨来保证合适的胶接,金属表面要进行打磨和化学处理以便于粘接。

不同的材料体系的工艺条件不同,但是,一般对于典型的复合材料层压板和蜂窝芯材采用环氧胶粘接工艺过程为:

(1) 除去可剥布,打磨表面并清洗;

(2) 在面板和芯材间涂胶层(或放置胶膜);

(3) 在模具上打真空袋;

(4) 放入热压罐,抽真空;

(5) 施加特定的压力,撤去真空;

(6) 以特定的速率使温度达到指定值;

(7) 维持温度和压力一段时间;

(8) 以一定速率冷却。

使用的面板材料可能是通过预浸料铺贴或者其他任何复合材料制造技术能够

制造的满足表面几何要求的复合材料层压板或者是金属薄板。在高性能领域,面板材料优先选择纤维增强环氧树脂,而芯材芳纶纸蜂窝或铝蜂窝,或者高性能和耐高温的 PMI 或者 PEI 泡沫等。典型的金属面板的夹芯结构通常采用泡沫芯材,比如 PUR 和 PVC。胶层根据使用要求可以是胶膜或者液态胶,材料常常是环氧树脂或者 PUR。热固性的胶占据主要地位,热塑性("热熔")的胶也有所使用。胶在参考文献[21—23,25,26]中有所讨论。

15.5.2 特点与特性

1) 胶接

(1) 需要少到中等的资本投入,如果使用热压罐需要高投入;

(2) 典型的胶接剂需要高温和压力来实现要求性能的树脂;

(3) 劳动密集型;

(4) 适合小批量生产;

(5) 适合中小型部件。

2) 通过胶接得到的夹芯结构件的特征

(1) 优异的力学属性;

(2) 高质量的表面(至少有一个好表面);

(3) 因为几何不匹配原因,在有曲率的部位可能存在脱粘。

15.5.3 应用

面板和芯材的胶接在航空航天工业里是相当常见的,并且也会用到直接在芯材表面铺贴预浸料技术[9,16—20,25]。金属面板的夹芯结构应用领域中最常见的是冷柜和各种船运容器、飞机货柜及建筑结构。一个有趣的案例是斯德哥尔摩球体馆的外部结构,如图 15.9 所示,其是采用铝面板与夹芯胶接而成的。

图 15.9 采用铝面板夹芯结构的斯德哥尔摩球体馆

15.6 液体成型

有几种液体成型工艺可以用来制造夹芯结构,其共同特点是首先把纤维铺到模具上,然后通过压力差使得液态树脂注入纤维中。液体成型工艺包括:

(1) 树脂转移模成型(RTM)[27—33];

(2) 结构反应注射成型(SRIM)[27—29];

(3) 真空辅助成型[27,29,34,35]。

液态成型近年来因其能以较经济的方式生产几何形状较复杂的结构,引起了广泛的兴趣。该工艺采用封闭模具,避免了不健康的工作环境。特别是 RTM 在汽车制造领域越来越流行,其可以为汽车制造小批量的部件。

15.6.1 工艺过程

下面对液体成型工艺过程的描述具有一般意义,覆盖了上述的所有液体成型工艺,而且给出了其差别。

以织物、片状或是预成型体的形式,把增强材料与芯材一起通过手工放到模具上。然而,在树脂注入之前,不仅仅是芯材,一些插入件和紧固件也可以镶嵌到增强体或者芯材中。模具闭合后,通过使用压力或真空将树脂导入模具来浸润增强体。树脂常常加热到较低的黏度以便注入。当树脂到达模具中的所有溢胶口并开始溢出时树脂的灌注就可以停止。树脂可能在室温下交联固化,或者加热模具以完成固化。在模具完全填满时交联固化的反应才会开始,否则树脂凝结会阻止其继续进入纤维层,将导致产生干斑和空隙。

RTM、SRIM 和真空注入成型因为树脂的类型、模具和使用的树脂注入技术不同而有所区别,如图 15.1 所示。在真空注入成型中,用的是与在湿法铺贴结构中使用的类似的传统配方树脂。相比之下,SRIM 使用高反应度的树脂,仅在注入前进行混合。尽管在 RTM 中使用的树脂与在真空注入成型中使用的类似,但是,却可能是预先配制的或者在注入之前混合。在 RTM 和 SRIM 工艺中,要使用刚性、闭合模具,但是真空注入成型中则使用单面模具,常常由湿法铺贴模具演变而来,并用真空袋覆盖。根据零件尺寸和注入压力,这些模具使用夹具或者压力封闭起来。在

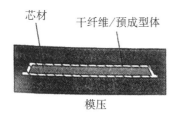

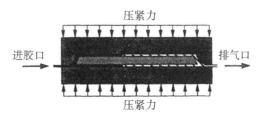

图 15.10　RTM/SRIM

RTM 和 SRIM 中树脂在压力下注入模具,在 RTM 中有时会在出口处抽真空进行辅助,而在真空注入成型中驱动树脂灌注的唯一动力就是从真空袋里的真空。图 15.10 为 RTM 和 SRIM 工艺示意图,图 15.11 为真空注入成型示意图。

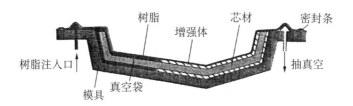

图 15.11　真空注入成型

　　RTM 和真空注入成型以及 RTM 和 SRIM 之间,根据树脂反应度的不同存在两个主要区别:前者树脂注入时间从几秒钟到几小时;后者则在大型零件的注入中在树脂黏性升高前就停止。相比之下,在 SRIM 中因为更高的树脂反应度,注入时间通常少于一分钟,意味着只适合制造小零件。另一方面,在 RTM 中交联固化的时间范围从几分钟到几小时,在真空注入成型中通常是几小时,而 SRIM 中几分钟后零件就可以脱模。SRIM 中的较高的注入速率增加了所谓的纤维冲开的问题,也就是纤维被树脂推动的现象。于是,大且有很高纤维含量的复杂部件的制造使用 SRIM 比 RTM 要更加困难。

　　在 SRIM 中,两种成分的树脂在注入之前,在混合喷嘴中使用专用的泵进行混合。在 RTM 中树脂注入可以通过一个专门的泵或者一个简单的压力罐来实现;后者通过注入空气和压力,树脂被压出罐体。在 RTM 中,也会采用专门的泵将树脂在注入之前混合好。所有三个工艺对于大部件都需要多口注入。一种便于实现大部件浸润的方式(特别是在 RTM 中)是把树脂注入包围整个零件外围的槽中,然后使树脂从各个方向一起注入增强体。抽真空或者让空气从零件的中心从一个或几个位置被排除,树脂从周边进入到零件中心。表 15.1 列出了几种成型工艺的性能对比。

表 15.1　液体成型工艺的对比

	RTM	SRIM	真空注射成型
树脂配方	配方树脂或注射前混合		
树脂反应速度	低	高	低
模具类型	合模,刚模	合模,刚模	单面模,真空袋
模具材料	复材,金属	复材,金属	复材,金属,单向带
注射类型	压力注射,可以真空辅助	压力注射	真空
固化时间	长	短	长
制件尺寸	小尺寸到大尺寸	小尺寸到中尺寸	小尺寸到大尺寸

在 RTM 和真空注入工艺中适用的几种树脂中,聚酯是最常使用的,乙烯酯、环氧树脂和其他树脂当然也会用到。在 SRIM 中,主要使用聚亚胺酯是因为可以通过灵活改变树脂的反应度实现快速交联固化。增强材料可以是各种形式的,E 型玻璃纤维因低成本而占据主导地位。增强体的形式常常是织物或者片状的,有时粗纱也可以编织到作为芯轴的泡沫上。几何复杂、大批量生产的零件一般需要对增强材料进行预成形[36, 37]。短切的纤维或者定型剂喷洒到模具上得到预定的几何外形,或者把增强体和热塑性的定型剂放在一起加热压实得到预定的几何体外形,使用这种预成形技术使得整个制造过程可以变得高度自动化,就可以实现诸如汽车零件可在几秒钟内制造出来。但是自由取向的短切纤维的使用降低了复合材料的力学性能,但如果需要,可以通过局部铺设织物的方法来进行增强。所有的泡沫芯材都会被使用;最常见的是 PVC、PUR 和 PMI。

15.6.2　特点与特性

1) RTM 工艺

(1) 需要较小资本投入(适合小批量和简单零件);

(2) 使用在室温或提高温度交联固化的树脂;

(3) 对于较大批量、低压注射的生产使用简单的工装;大批量、高注射压力和高质量表面需要金属工装;

(4) 可以实现半自动化,适于中到大生产量;

(5) 对于小到中尺寸制件的生产成本上较划算;

(6) 中到长的周期;

(7) 可以生产大型的、高度集成结构;

(8) 注射时可能引起纤维的移动;

(9) 因为采用封闭模具所以挥发物较少。

2) 使用 RTM 制造的夹芯结构的特征

(1) 好的力学属性;

(2) 纤维方向控制很好;

(3) 允许非常高的纤维含量;

(4) 可能存在有树脂和空隙富集的区域;

(5) 对控制好的表面可以有高的表面质量。

3) SRIM 方法

(1) 需要相对大的资本投入;

(2) 使用提高温度的交联固化的树脂;

(3) 对于较大批量、低注射压力的生产要使用简单的工装;大批量、高注入压力和高质量表面需要金属工装;

（4）可以是完全自动的，因此适合批量生产；

（5）对于大批量生产成本是划算的；

（6）生产周期短；

（7）可以生产小到中等尺寸、高度集成的结构；

（8）注射时可能引起纤维的移动；

（9）因为是封闭模具，所以挥发物较少。

4）使用 SRIM 制造的夹芯结构的特征

（1）好的力学属性；

（2）纤维方向控制很好；

（3）允许非常高的纤维含量；

（4）可能有树脂和空隙富集的区域；

（5）对控制好的表面可以有高的表面质量。

5）真空注入成型

（1）需要较小投资；

（2）使用在室温或较高温度下交联固化的树脂；

（3）使用简单的工装；

（4）劳动密集型；

（5）小批量生产较划算；

（6）长生产周期；

（7）可以制造大尺寸、高度集成的结构；

（8）因为是封闭模具，所以挥发物较少。

6）使用真空注入浇铸制造的夹芯结构的特征

（1）好的力学属性；

（2）纤维方向控制很好；

（3）可能有树脂和空隙富集的区域；

（4）有一个表面质量较高。

15.6.3　应用

RTM 和 SRIM 在汽车工业中已经非常流行[35, 37—40]；RTM 适合中等尺寸产品的少量生产，SRIM 适合大批量生产。主要原因是复杂零件可能通过使用低成本模具在一个工序里低成本地制造出来，并且零件有较高的表面质量。应用领域几乎包括所有的产品，但是主要是高级汽车的外面板。然而，制造诸如整个底盘的结构部件的尝试正在升温，真空注入成型适合小批量生产的大部件，比如造船业中的帆板和外壳等[34, 35]。

一种有趣的应用是将 RTM 的优势发挥到极致的瑞典全地形军用运输车

No.206 的整个车身的制造中,如图 15.12(a)所示。这辆车独特之处在于其通过 RTM 制造了 E-玻璃和聚酯的复合材料面板夹芯结构。顶部、地板和面板[见图 15.12(b)]采用了 PVC 泡沫芯材,在门上使用 PUR 泡沫芯材。面板通过使用环氧胶连接到一起从而形成一个自支撑独立结构。复合材料车身重大约 300 kg,复合材料地板的尺寸是 1.9 m×3 m,车身高度是 2 m。

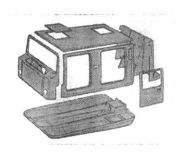

(a)　　　　　　**图 15.12　瑞典全地形军用运输车**　　　　　　(b)

(a) 全地形车　(b) 采用 RTM 工艺制造的整体式支撑体夹芯面板

　　类似地,一个瑞士火车头的司机驾驶室也是完全通过 RTM 制造的。驾驶室结构的四个独立的部分——车顶、前和两边的壁板——首先被预制好后,使用环氧胶把其连在一起。各个部分都是用玻璃纤维强化的聚酯面板和 PUR 泡沫形成的夹芯结构。为了把驾驶室和钢质车体连接起来,用了一种高弹性橡胶改良的 PUR 胶。另一个相似的案例是一种意大利高速火车的前驾驶室,其面板是在 PUR 泡沫上铺贴玻璃纤维片和织物,通过真空注入工艺将低黏性的高聚酯树脂注入固化而成。

　　另一种有趣的应用是用于各种支线飞机飞行器和直升机的复合材料螺旋桨叶片的制造,比如 Fokker F50、Saab SF340 和 Bell LCAC 直升机[33]。图 15.13 给出了叶片的基本结构。碳纤维采用固定剂形成预成形体且插入到叶片模具中,PUR 核在模具上发泡形成芯体。再采用玻璃纤维面板包裹泡沫填充的预成形体,接着安装金属接头和前缘增强层,并且铺放铝条以满足闪电防护要求。最后把上述组合体放入叶片的 RTM 模具,模具被加热以减少真空注入中的环氧树脂的黏度。

　　其他的高性能的应用案例包括一个长 8.5 m、中空的、通过一个内部的轴向的刚性隔板将内部空腔隔开风力发电机叶片及

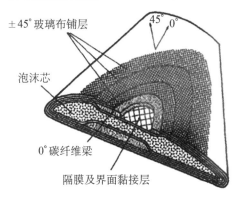

±45° 玻璃布铺层

45°0°

泡沫芯

0° 碳纤维梁

隔膜及界面黏接层

图 15.13　桨叶结构

一个长 18 m 的带有一个卷收机构的帆杆[41]。风力发电机叶片和帆杆都是通过使用"智能芯材"技术的 RTM 工艺制造的,"智能芯材"技术是一种去芯材方法,对传统的 RTM 进行了改进。使用的材料是碳纤维增强体,低黏性和热膨胀的 PVC 芯材。

15.7 连续叠层结构

从经济性的角度考虑,连续制造工艺自然是最合适的。一种制造连续的夹芯板的方法是使用双带挤压,如图 15.14 所示。使用双带挤压使得在形成特定外形结构的同时加热和冷却,于是通过合适的设备来注入或者压合复合材料。

图 15.14 双带压缩连续成型夹芯结构

当使用双带压缩来制造夹芯结构时,一卷面板材料很可能很长。两卷面板材料首先沿着压带方向展开,同时将芯材块体插入到两块面板之间,同时需要带上胶膜。然后芯材和面板通过热和压力的作用粘接到一起,接着夹芯结构在冷却中成型[42, 43]。

面板材料可能是金属薄板、未强化的聚合物以及复合材料层压板或者预浸料。为了得到一个真正连续的芯体,需要通过注入 PUR 之类的材料且实现原位发泡是比较方便的[44—46]。另一种可行的方法是在表面间将包裹发泡成分的热塑性聚合物胶膜均匀分散在面板间;当双压带融化了聚合物胶,泡沫分子开始膨胀,于是泡沫填充了面板间的空隙[47]。自然,也可以在面板间插入离散的木块和或者泡沫芯材,尽管这可能会存在芯材块体间的脱粘。

另一种稍微不同的制造连续夹芯结构的方法是与上述双带法类似的垂直设备[48]。在这种工艺中纤维被同时注入的树脂连续不断地铺放在芯材上。使用的材料是玻璃纤维织物、聚合物树脂和聚合物泡沫。

上面提到的连续工艺在概念上几乎没有明显区别,而最著名的连续性复合材料制造技术是拉挤成型,所以在夹芯板的制造中采用拉挤成型技术就不足为奇[49]。正如在上面的垂直半连续工艺中所描述的那样,这种制造需要面板和芯材在同一工序中一起制造完成。

所有的连续性制造工艺除等截面部件外都是一个技术困难。除了拉挤成形外,哪怕非平面的等厚制件,这都需要一个复杂的解决方案。

15.8 其他工艺

上面介绍的都是一些过去使用的最为常见的技术。由于复合材料的广泛应用,所以,没有什么可以阻止来自新发明或者对成熟技术的改良的创造性思维。非传统的工艺在夹芯结构的制造中已经尝试,其中包括模压制造、缠绕技术及各种泡沫原位成形技术。下面简要讨论这些技术。

夹芯结构的模压制造与层压板的模压制造相似(例如文献[50])。图 15.15 是其工艺的示意图。使用热塑性面板、材料在固化炉中加热到一定温度,超过材料的软化点后,放在铺设了芯材的冷模具上。模具快速闭合,材料在凝固前强制贴模,然后取出。为了实现好的表面质量,快速合模是很重要的。芯材选择的重要考虑是保证其有足够的强度来承受模具的压力(范围为 0.2~4 MPa),模具的压力对于尺寸稳定性和表面质量也是很重要的,同时也能保证面板与芯材之间的粘接。热成型性也是十分有利的,特别是对于复杂形状的零件,此时热塑性泡沫芯材比较适用,因为其容易再成型并可压实。如果热成形的芯材在尺寸上是正差,那么面板与芯材间的粘接及尺寸容差都会更好,因为芯材压缩所提升的压力可以降低表面的不规则性。热塑性芯材可能进一步提高黏接质量的原因是面板的加热会引起该表面融化。尽管上面描述的模压制造工艺都是应用到热塑性材料上,但是用在热固性材料上也是可能的,比如 SMC 和 BMC[9, 35, 40, 51]。

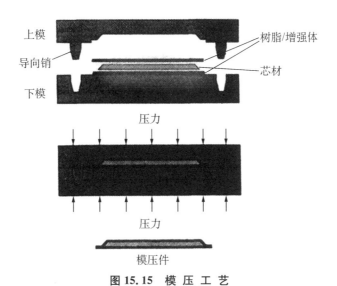

图 15.15 模 压 工 艺

模压工艺已经应用在汽车工业中的半结构性夹芯结构中,比如模压制造的缓冲器使用 PP 泡沫和玻璃织物强化的 PP 树脂面板[52, 53],也有模压的客车的顶盖使用

SMC 面板和泡沫芯体[40]案例,以及在大卡车中车箱体使用 PP 面板和苯乙烯丙烯腈(SAN)泡沫芯体[52],卡车的地板和可折叠后座靠背使用玻璃织物强化的 PP 面板和膨胀的 PP 泡沫[54]。之所以玻璃纤维增强泡沫夹芯结构在汽车工业[51, 52, 54, 55]中广泛使用,其主要原因是其外观、处理和加工制造都与钣金结构相似,而且具有轻量化和高的抗化学腐蚀的优点。

在夹芯结构的缠绕技术中,内表面很可能首先缠绕制造,然后在内表面结构上放置柔性的或者预先成型的泡沫,然后再缠绕外表面。缠绕夹芯结构的一个特别有趣的应用是火车车厢的内车体[56—58]。车体以上面提到的方式分成三段缠绕成型,然后通过机械加工工艺制造窗户和门,再将各部分车体装配到金属车身内,每部分都是通过车顶吊起并滑降到指定位置,然后盖上顶盖,如图 15.16 所示。车的内装饰部分要么集成到缠绕结构上,要么单独制造。

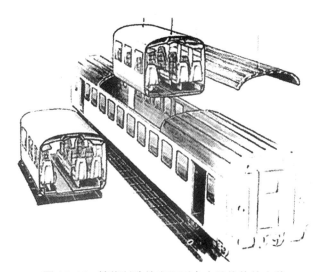

图 15.16　缠绕制造的客运列车内结构体的安装

另外一种相似的技术应用是制造火车厢体的外部结构,然后固定在传统的钢制底盘上,通过对 PMI 泡沫进行缠绕形成外壳结构,并机械加工出窗户和门。在缠绕夹芯结构完全固化前,内部的隔热层、配线和通风管都已经装到夹芯结构上。另外一个铁路上应用的例子是一个有顶的车体[59],其车体使用 E-玻璃纤维增强聚酯缠绕,车头和侧壁使用 E-玻璃强化的聚酯面板和软木芯体制造,帽形加强筋和梁分别使用手工铺贴技术和挤压成型技术制造。为了连接,同时采用了丙烯酸胶接和螺栓连接。一种稍微不同的技术在箱梁结构的制造中得到应用[60]:预先成型的芯体安装到一根管上,作为芯轴。表面的缠绕分两步:内部层压板直接被缠绕到芯体上,外部的缠绕在缘条上铺设单向预浸料后进行以增强结构的刚度。

也有使用热塑性的泡沫和热塑性的面板,通过热熔的方法形成全热塑夹芯结构的案例[61, 62]。热熔泡沫通过"预压"分布到面板之间形成夹芯结构,然后将其放在平压或者带有外形的成型模具上。随着加热进行面板与芯材融合连接形成夹芯结构。热塑性材料的特性允许对夹芯结构进行处理和热成型,比如形成边角和弯折[61—64]。热塑性夹芯结构之所以引起人们的兴趣,是因为可以使用局部加热或传统的钣金成形技术制造成型零件[65—67]。

在一道工序里制造净尺寸的热塑性结构的工艺方法也有研究[68, 69]。一般在这些工艺里,芯材(包括粉末状的热塑性树脂、发泡剂和填充剂)混合到一起并且在或混合或编织或者非浸润的预成形面板间形成夹芯结构,放在模具中进行加热。在这个工艺中,在芯材产生发泡的同时,树脂注入面板中。这种工艺具有其他工艺不具备的潜在优势就是芯材,表面板的预制造和连接及加工可以省去。

15.9　展望

就制造科学和材料技术而言,结构上应用的夹芯结构的发展似乎不是性能主要驱动的,因为虽然高性能的夹芯结构确实已经是可制造的,但成本却很高。相比之下,对于降低成本、提高循环回收利用以及提高工作环境的追求是这门科学发展的主要驱动力。通过上面的工程的介绍可以清楚地看到,今天流行的制造技术,除双带层压板技术和有限应用领域的 SRIM 技术外,趋于需要很大程度的手工劳动和较长的生产周期。劳动密集型转变成高劳动附加值,于是,相对小批量的生产对于大部分制造技术而言是经济的。另外,长生产周期在一些工业里是不可接受的,最著名的是汽车工业。因此,很少有夹芯结构被大批量地制造就不足为奇了。

最近大量的工作集中在为了满足汽车工业既要考虑生产效率也要考虑成本的复杂结构制造自动化技术方面[70]。循环回收利用的问题已经对在夹芯结构中的主要材料的选择产生了较大的影响。可能对于循环回收性最好的解决方法就是在面板和芯材中都使用热塑性树脂[52, 53, 70—72]。尽管在概念上不是一帆风顺的,但是,对于热固性混合材料的夹芯结构的循环利用的方法的研究工作已经起步,比如在玻璃/聚乙烯表面和 PVC 结合使用的船舶制造业中[73]。工作环境的问题是指溶液(主要是苯乙烯)的挥发和(与环氧树脂有关的)过敏。减少挥发问题的方法是使用闭合模具[29],比如液体成型,或者使用预浸料,后者已经在船舶工业中成为研究的重点以替代湿法铺贴。一种可以彻底解决挥发和过敏的方法是完全放弃使用热固性材料,以热塑性替代,其也是一种潜在的可以同时解决诸如提高生产率、降低成本、循环回收和改善工作环境的方法[47, 53, 61—64, 68—71]。

毫无疑问夹芯结构的制造技术会进一步发展,达到结构上的低成本和大批量制造。其发展将被新材料和成形技术的发展所推动,比如集成面板和芯材的三维增强编织体,从而提高结构的整体性[74,75]。同样毫无疑问的是循环利用问题和工作环境也会满意地解决,一种解决方法就是如前面提到的使用热塑性树脂替代热固性树脂,另外的一些解决方法在材料和制造技术的进步下也可能会实现。

参考文献

[1] Jansson J-F, Olsson K-A, Sorelius S-E. Fiber reinforced plastics. Thermosets, Materlials—Methods—Environment [M]. Swedish Tech Books, Solna, Sweden, 1989.

[2] Bader M G. Open mold laminations—contact molding [M]. Processing and Fabrication Technology, Deaware Composites Encyclopedia, Vol 3, 105, L. A. Carlsson and J. W Gillespie, Jr. , Eds. , Technomic, Lancaster, Pennsylvania, 1990.

[3] Batbyggnad med divinycell [M]. Diab, Laholm, Sweden, 1982.

[4] Olsson K-A. GRP-sandwich design and production in Sweden [R]. Report 87 – 3, Dept. of Aeronautical Structures and Materials, Royal Institute of Techoyogy, Stockholm, Sweden, 1987

[5] Hellbratt S-E. Design and production of GRP sandwich vessels [R]. Report 93 – 5, Dept. of Lightweight Structures, Royal Institute of Techonogy, Stockholm, Seden, 1993.

[6] Hertzenberg T. produksjonsmetoder og kvalitetssikring [M]. Sandwich I Fartoyer, Nordiskt Symposium, Det Norske Veritas, Oslo, Norway, 1980.

[7] Olsson K-A. Private Communication, 1995.

[8] Jansson J-F, Olsson K-A, Sorelius S-E. Fiber reinforced plastics 2. Composite Properties—Sandwich Theory—Design and Constructionm [M]. 2nd edition, Swedish Tech Books, Sweden, 1992.

[9] Rohacell. technical information brochure, Rohm GmbH, Darmstadt, Germany.

[10] Belgrano G, Gripops D. Advanced Laminated Composites. Developments is Materials, Manufacturing and Design Aspects, S. P Systems, Cowes, Isle of Wight, UK.

[11] Terceno J. Cocured, foam filled structural component design considerations [C]. the American Helicopter Society Northeast Region National Specialists' Meeting on Composites, Stratford, Connecticut, June, 1985.

[12] McGann T W, Crilly E R. Preparation for Cure [M]. Composites, Engineered Materials Handbook, Vol 1, 642 – 644, ASM Internationan, Metals Park, Ohio, 642,1987.

[13] SArh B, Moore B, Riedell J. Advancen manufacturing technologies for composite aircraft structures based on prepreg materials [C]. International SAMPE Symposium, Vol 40, 381 – 395,1995.

[14] Iden M, Pham D. Beoing 777 empennage manufacturing [C]. International SAMPE Symposium, Vol 40,421 – 432,1995.

[15] Taricco T. Autoclave cure systems [M]. Composites, Engineered Materials Handbook, 1, 645 – 648, ASM International, Metals Park, Ohio, 1987

[16] Pickett B E. A medium lift helicopter for a unique mission [C]. International SAMPE Symposium, Vol 40,411 - 420,1995.

[17] Wilhelmsson H. Development of the Tele-X receiving antenna main reflector [C]. First International Conference on Sandwich Constructions, 555 - 569, ENAS, Warley, UK, 1989.

[18] Offringa A R, Cole R T, Davies C R, et al. Gulfstream V carbon/PEI floor panels [C]. International SAMPE Symposium, Vol 40, 397 - 409, 1995.

[19] Magazine for Design and Technology [M]. Rohm GmbH,Darmstadt,April, 1992.

[20] Tumer G F. Advanced composite materials in European aircraft—present and future [C]. International SAMPE Symposium, Vol 40, 366 - 380,1995.

[21] Limning av Sandwich-Elementer [M]. Casco Nobel, Fredensborg, Denmark, 1990.

[22] Limning av sandwich-elementer [M]. DIVINYCELL, Konstruktionscellplast, Diab-Barracuda, Laholm,Sweden, 1982.

[23] Adhesive bonding of Cetex laminates to Nomex Honeycomb [M]. Ten Cate Advanced Composites, January, 1989.

[24] Cetex. Adhesive bonding [R]. Ten Cate Advanced Composites, August, 1990.

[25] van Tooren M J L. A new step to easier production of high quality sandwich structures [C]. First International Conference on Sandwich Constructions, EMAS, Warley, UK, 577 - 597, 1989.

[26] Williams J, Scardino W. Adhesives selection [M]. Composites, Engineered Materials Handbook, VOL 1, 683 - 688, ASM International, Metals Park, Ohio, 1987

[27] Johnsson C F. Resin transfer moulding [M]. Composites, Engineered Materials Handbook, Vol 1, 564 - 568, ASM International, Metals Park, Ohio, 1987

[28] Adcani S G, Bruschke M V, Parnas R S. Resin transfer molding flow phenomena in polymeric composites [M]. Flow and Rheology in Polymer Composites Manufacturing, Composite Mssterials Swies, Vol 10,465, S. G. Advani, Ed. , Elsevier Science B. V. , Amsterdam, The Netherlands, 1994.

[29] Drogt B. Closed moulding: a cheap solution to styrene emission [J]. Reinforced Plastics, 1994,38(3):38 - 46.

[30] Seibertm H. The use of high-performance rigid foam materials in RTM technology [J]. Compositse (Fr.), 1994,34(6):23 - 27.

[31] Palmqvist A. Rationell tillverkning av sandwichkonstruktioner men RTM [M]. Skrift 93 - 9, Dept. of Lightweight Structures, Royal International of Technology, Stockholm, Sweden, 1993.

[32] Cortesi A, Issenmann T, de Kalbermatten T. Light nose for locomotives [R]. Schweizer-Eisenbahn-Revue, no 12,435 - 442. 1991

[33] McCarthy R F I, Haines G H, Newley R A. Polymer composite applications to aerospace equipment [J]. Composites Manufacturing, 1994,5(2):83 - 93.

[34] Mazzola M, Spoleti R M, Russo M, et al. Development and production of the new aerodynamic self-supporting front cab for railway vehicles [J]. Composites (Fr.), 1994,34(3):23 - 32.

[35] Wood A S. The all-plastic car comes several laps closer [J]. Modern Plastics International, 1991,21(10):40 - 44.

[36] Owen M J, Middleton V, Rudd C D. Fibre reinforcement for high volume resin transfer moulding [J]. Composites Manufacturing, 1990,1(2):74 - 78.

[37] Brooks N. Is RTM ready for mass production? [J]. Reinforced Plastics, 1995,39(1): 26 - 34.

[38] Grande J A. Automotive composites target processing hurdles [J]. Modern Plastics International, 1995,25(10):45 - 51.

[39] Dodge Viper RT/10 body panels produced by liquid compositemolding [R]. Reinforcement Digest, no. 49. 29,1992.

[40] Qualite optimisee et economie d, utilization [R]. technical information brochure, Renault, Amiens, France.

[41] Brooks N. Hollow RTM becomes a booming buisness [J]. Reinforced Plastics, 1995,39 (1):20 - 23.

[42] Jungbluth O. Stahl/Kunststoff-Sandwichtechnik-eine neue Bautechnologie [J]. Industrie-spiegel, 1970,21:73 - 81.

[43] Nishimura H, Hara Y, Omura S, et al. Development of New Headliner Material and the Manufacturing Process [J]. SAE, Technical Paper 90836,1990.

[44] Friedl W, Ihbe J. PUR-Sandwichelemente rationell herstellen [J]. Kunststoffe, 1994,85 (10):1451 - 1456.

[45] Stamm K, Witte H. Sandwichkonstruktionen. Berechnung-Fertigung-Ausfuhrung, Inge-nieurbauten [M]. Vol 3, K. Sattler and G. P Stein, Eds. , Springer-Verlag, Wien, Austeia, 1974.

[46] Lundh A. Vaggelement och portar av sandwichkonstruktioner. Automatiserad produktion [M]. Crawford Door Production AB, Torslanda, Sweden, 1986.

[47] Brouwer W D. Foam Forming: A promising technology for the volume manufacture of AC sandwich components [M]. ASM/ESD, Vol 6,315 - 320,1990.

[48] Nilsson C, Svensson P. Automated and continuous production of sandwich panels [C]. First International Conference on Sandwich Constructions, EMAS, Warley, UK, 599 - 605,1989.

[49] Germar E, Nepasicky J, Kannebley G. Verfahren und vorrichtung zur herstellung von Verbundenprofilen [P]. European Patent 0 158 118 A2, 1985.

[50] Johnsson C F. Compression Molding [M]. Composites, Engineered Materials Handbook, 1,559 - 563, ASM International, Metals Park, Ohio, 1987.

[51] Mech R, Seidl F, Peis R, et al. Application of advanced composite materials in vehicle components [J]. Verbundverk, 1992,92(4).

[52] Gelhorn E v. GMT-Sandwichbauteile mit Kemematerialien aus Schaumstoffen [J]. Plastverarbeiter, 1991,42(5):30 - 34.

[53] Edshammar L-E. PRAVDA-en organization etablerad av tysk bilindustri for atervinning [J]. Plastforum, 1991,11:16 - 18.

[54] Hebecker D, Dittmar H. Significant recent GMT developments in the European automotive industry [J]. Composites (Fr.), 1994,34(3):8 - 14.

[55] Dittmar H, Suss G. Glasmattenverstarkte Thermoplaste in der Automobilindustrie [M]. Kunststofftechnik, no. 175, September, 1991.

[56] Anderegg K. Vorgefertigter Innenausbau mit Faserverbund-Technik [J]. Schweizer Eisenbahn-Revue, 1994,11:539 – 543.

[57] Anderegg K, Stamm M. Revvivo-ein neuartiges Renovationskonzept [J]. Schwizer Eisenbahn-Revue, 1995,3:71 – 75.

[58] Rigg P. Pilotanlage fur gewickelte Faserverbunwekstoffe lauft [M]. Kontakt, no. 46, Schindler WaggonAG, Pratteln, Swizerland, 1994.

[59] Ruhmann D C. The design, fabrication and testing of the Glasshopper prototype covered hopper rail cars [J]. Composite Seructures, 1994,27:207 – 213.

[60] Meier U, Muller R, Puck A. GFK-biegetrager unter quasistatischer und schwingender beanspruchung [M]. AVK,18, Ftedenstadt, 1982.

[61] Beukers A. A new technology for sandwich plats and structures based on the use of in-situ foamable thermoplastic films [J]. Internation Sampe Symposium & Exhibition, 1992,1: 172 – 185.

[62] A. Beukers, Cost effective composite plate & shell structures for transports by manufacturing technologies like foaming, thermoforming and pressure forming continuous fibre reinforced thermoplastic sheets [J]. Advanced Materials and Structures fromResearch to Application, J. Brandt, H. Hornfeld and M. Neitzel, Eds. , SAMPE/Elsevier, 427 – 443,1992.

[63] van Dreumel W H M. Origami-Technology-Creative Manufacturing of Advanced Composite Pants [M]. Ten Cate Advanced Composites, 1989.

[64] Airsan promotional brochure, Schreiner Composites, Zoetermeer [G]. The Netherlands.

[65] Rietdijk B, Brambach J A. Method of making an article from a thermoplastic sandwich material [P]. Us Patent 5,032,443,1991

[66] Brambach J A. Method of making a shaped article from a sandwich construction [P]. US Patent 5,043,127,1991

[67] Offringa A R. Application of advanced thermoplastics [C]. International Symposium on Advanced Materials Materials for Lightweight Strucres, ESTEC, 191 – 195,1922

[68] Saatchi H. Innovative, low-cost composite fabrication processes [J]. Fabricating Composites 89, SME, EM89 – 582,1989.

[69] Saatchi H, Murray P J, Coleman R E, et al. Enhanced foaming of thermoplastics for in-situ fabrication of advanced article [P]. US Patent 5,122316,1992

[70] Efficient manufacturing of all-thermoplastic composite sandwich components EWATS [R]. Brite-EuRam contract no. BRE2-CT94-0912, 1994.

[71] Manufacturing of high-Performance thermoplastic composite and sandwich components (TpCaSC) [R]. Nordic Industrial Fund project no. P93214, 1993.

[72] Gell Ev. Bauteile aus Sandwichelementn herstellen [J]. Kunststoffe, 1991, 81 (11): 1009 – 1013.

[73] Atervinning av hardplastkositer [R]. Nordic Industrial Fund project no. P93216, 1993.

[74] Verpoest I, Wevers M, De Meester P, 2. 5D and 3D-fabries for delamination resistant

composite laminates and sandwich structures [J]. SAMPE Joural，1989，25(3)：51 - 56.

[75] van Vuure A W，Ivens J，Verpoest I. Sandwich panels [J]. Internationnal SAMPE Symposium，1995，40：1281 - 1291.

索 引

A

凹坑　133

B

板

　板的有限元分析　150—152,161

　板的控制方程　86

　符号规则　80

　厚面板　89

板的剪切失稳　123

板的屈曲　112—113

　曲板的屈曲　167—175

　各向同性矩形板的屈曲　112

　正交异性矩形板的屈曲　115

　厚面板的屈曲　114

板的弯曲　79—83,92—111

边界条件

　自由边　90

　硬边界　91—92

　柱体的边界条件　61

　软边界　91—92

表面预处理　44

玻纤增强热塑性塑料　410,428

泊松比

　巴尔萨木头的泊松比　24

　板的泊松比定义　80

　复合材料单层的泊松比　18,22

　蜂窝材料的泊松比　31

　泡沫夹芯的泊松比　34

部分变形

　梁　57

　梁的屈曲　61

　板的屈曲　117

　正交异性板　86

C

测试

　胶接接头测试　332—335

　夹芯材料试验　308—331

　面板材料试验　250—307

　断裂韧性试验　281

层间剪切试验　264

超弹性梁　74

超声　377—379

冲击后压缩　273,344

冲击试验　268,341

传导　368

垂直惯性　58,85

D

大挠度　161

单胞尺寸　26—30,327

弹性地基模型　182—185

底基模量　182—185

Winkler 底基模型　182,231,238

点载荷　193

　　梁上的点载荷　66,68—71

　　板上的点载荷　96

动力学性能　278

动能　60—61,90

短梁剪切试验　264

断裂韧性试验

　　Arcan 方法　288

　　紧凑拉伸　317

　　带裂纹的夹层梁梁　349

　　裂纹带板剪切　286

　　曲率引起的分层　284

　　双悬臂梁　281,347

　　边缘分层　291

　　端部切口弯曲　283,318

　　混合裂纹模式　286

　　混合裂纹模式弯曲　287

　　I 型裂纹　281,316,347

　　II 型裂纹　283,318,349

　　单边切口弯曲　316

对流　369

多孔泡沫　23,32—35

　　疲劳性能　36

　　性能　34

F

Ritz 法　76,107,117,123

放射照相技术　377,379

酚醛的　47

蜂窝夹芯　23,25

　　铝蜂窝　27,419,421

　　分层　328

　　玻纤/酚醛树脂　29

　　Nomex　29—30,421

　　纸蜂窝　26

　　铁蜂窝　28

符号　51—52,80

符号约定　参见　符号

辐射　369

复合材料层压板　21

　　刚度　22,60

　　强度　23

复合材料单层刚度　17—21

G

高应变速率　291

各向同性板　88—89,92,95,112

各向异性　148,160

固化

　　放热　46

　　收缩　46

　　蒸发　44

滚筒剥离试验　357

H

横向剪切变形参见　剪切变形

横向载荷　51,55,80

红外技术　382—383

虎克定律　19

混合准则　17—19

J

夹层板的厚度　19

夹层效应　55

夹芯材料　23

　　性能估计　35

　　测试　308

　　塑性　157—159

夹芯对接　405—407

夹芯剪切断裂　131

夹芯嵌入物　218

剪切变形

　　定义　56

　　梁的剪切变形　57

　　板的剪切变形　86

剪切插头　362

剪切刚度　56,79,81,102

　近似　56,81

　定义　56

　板的剪切刚度　81

剪切裂纹　394

剪切模量

　夹芯材料的剪切模量　23,26—34

　复合材料的剪切模量　18

　测试方法

剪切试验

　压缩法　261

　夹芯的剪切试验　312

　夹层板的剪切试验　333,335

　面板的面内剪切试验　257

　拉伸法　262

　V 型缺口梁的剪切试验　258

剪切因子　69,95,168,171

剪切载荷　参见 横向载荷

剪切褶皱　132

剪应变

　应变片　362

　梁上的剪应变　54

　板上的剪应变　83

剪应力

　近似　55

　不同面板梁的剪应力　55

　相同面板梁的剪应力　54

　板的剪应力　83

胶接　21—25,44

胶接剂　44—46

胶接接头　44

　胶接剂要求　44—35

　胶接剂的黏性　45

胶接压力　45

接头　154,211,231

SRIM 结构反应注射模塑　422—426

界面脱粘　133

金属面板材料　12

紧固件（嵌入型）　213

局部屈曲 参见 褶皱

局部载荷

　弯曲　181

　弯矩　199

　设计图　192

　点载荷　193

　均布载荷　196

聚氨酯丙烯酸酯　48

PMI 聚甲基丙烯酰亚胺　42,411,418,421,
424,430

PVC 聚氯乙烯　33,41—42,411,418,421,
424,426—427,432

PEI 聚醚酰亚胺　34,411,418,421

聚酯　48

均布载荷　196

　梁上的均布载荷　67,71

　矩形板上的均布载荷　95,99,102

K

开孔含量　329

抗弯刚度 参见 弯曲刚度

壳

　有限元分析　152

孔洞　382,385,390

孔隙　375,393,412,414—417,422,425

孔隙含量　300

控制方程

　厚面板的梁　60

　薄面板的梁　59

　厚面板的板　89

　薄面板的板　86—88

块状模塑料　410,433

L

拉伸试验

　拉伸试验　308

面板拉伸试验　250

　　夹层结构拉伸试验　332

历史背景　1

例子

　　梁参见章节　61

　　有限元　149,151—153,163

　　嵌入物　221—229

　　L 型接头　242

　　局部载荷　186,203—207

　　板　87—91

　　T 型接头　240

连续层压工艺　427

梁的扭转　65

梁的弯曲　52—53

梁(固支边界)　68,70,72,74—76

梁(固支/简支边界)　68,71,73—74

梁和柱体的屈曲　61

　　塑性屈曲　62

　　厚面板梁和柱体的屈曲　62

梁(简支边界)　68,71—72

梁

　　有限元分析　151

　　控制方程　59

　　符号约定　51—52

　　厚面板　54,60,62

裂纹　394

螺钉紧固件　213,222

M

面板凹坑　132

面板材料　11—15

　　性能估计　16

面板断裂　130

末层破坏　160

Balsa 木头　23—24,37,409

N

挠度

圆板的挠度　93—94

　　梁的挠度　66—74

　　矩形板的挠度　95—111

能量法(参见 Ritz 法)

能量释放率　396,401

扭转刚度　66,81

O

欧拉载荷　61

P

疲劳

　　夹芯材料的疲劳　36

　　夹芯材料疲劳试验　315

　　面板材料疲劳试验　276

　　夹层结构疲劳试验　352

SMC 片状模塑成型　410,429—430

平衡方程

　　梁的平衡方程　58

　　板的平衡方程　88

破坏包线　160

破坏模式　130

破坏模式图　134

Q

嵌入物　211,224

曲板　167,175

曲梁　167

曲梁的弯曲　175—178

曲率

　　梁的曲率　51

　　板的曲率　79

屈服准则　157—159

屈曲模态 参见屈曲

屈曲试验　342

屈曲有限元分析　155

全息照相技术　376,378

缺陷类型　371—373,375—376,394

R

热力学
热传导性　367
热膨胀系数　13—15,25,33—34,305
热隔绝　367
热透射　323,359,367,374
热阻抗　367
热应力　45,83—85
热通量　367,369—370
热相法　380,383
韧性　45
溶解剂　44
蠕变试验　294,355

S

三点弯曲试验　265,338
设计
图表,局部载荷　192
夹芯密度　142
厚度　137
声发射　376,378
失效准则　130—134,159—161
湿喷成型　412
湿铺层　411—416
势能　60,89
首层失效　160
树脂　46
RTM 树脂传递模塑成型　422—429
双材料裂纹　399
双参数底基模型
双向屈曲　131
塑性效应
梁屈曲的塑性效应　62
褶皱的塑性效应　64
缩减模量　62

T

透湿率　326

脱胶　133
脱粘　373,375—376,386—387,394—405
弯矩(局部)　199
弯曲刚度
近似　52—53,80—81
面板不同的梁　53
面板相同的梁　52
定义　52
面板的弯曲刚度　53,60,89
正交异性板　80—81
弯曲试验　265,314,337
弯曲效率因子　178
无损检测　371—392
误差(有限元分析)　147
离散误差　147
建模误差　147
数值误差　148

X

吸湿性测试　304
吸湿性测试　304
纤维缠绕　428,430—431
纤维体积含量测试　296
V 型接头　232,236—238,240
L 型接头　232,234—236,242
T 型接头　154,232—234
示例　240
悬臂梁　57,66,75

Y

压缩试验　253,310,342
杨氏模量
夹芯材料的杨氏模量　23,35
金属和复材的杨氏模量　12,17—18
液态成形　422
乙烯基酯树脂　48
引入载荷　154
应变

梁的弯曲应变 54

板的弯曲应变 82

梁的面内应变 54

板的面内应变 83

应变能 60,89

应力集中因子 395—397,399,401—402,406

应力(正应力)

近似 55,82

梁的应力 54

板的应力 82

壳体径向夹芯应力 175—177

应用 5

硬化(各向同性,随动) 158

硬夹芯 61

有限元法

自适应方法 147

梁分析 149

边界条件 90—92,149,154—156

裂纹 164,396,400—401

建模 147,158

非线性 148,155—162

板分析 150—152,161

壳分析 152

预浸料 410,416—419

圆板 92—94

圆柱段的屈曲 167—175

圆柱体的屈曲 170

运动方程

梁的运动方程 59

板的运动方程 88

Z

折皱 63,131

双向加载引起的折皱 131

曲梁或曲板的折皱 175

塑性效应 64

波纹夹芯板的折皱 65

蜂窝夹芯板的折皱 64

真空袋 414,416—417,420

真空注射成型 422—426

振动模态 参见自由振动

振动试验 363

正方形板 95—126

正交异性板 99

制造 409—437

中性轴 53—54

重量/体积百分比转换 19

柱体参见梁

转动惯量 58,81,86

转换矩阵 20

自由度(用于有限元分析)

自由振动

梁 75—77

板 125

厚面板的板 125

阻抗,力学

组合加载 124

最小重量 141—144

最优设计

有限元分析 155

单参数 140

刚度约束 141

强度约束 143